U0243711

国家社科基金项目结项成果 项目编号:**14BZX100**

四川师范大学学术著作出版基金资助出版

环境治理学探索

唐代兴 著

人民出版社

责任编辑:孟令堃

装帧设计:朱晓东

图书在版编目(CIP)数据

环境治理学探索/唐代兴 著.—北京:人民出版社,2017.10

ISBN 978-7-01-018346-6

Ⅰ.①环… Ⅱ.①唐… Ⅲ.①环境综合整治－研究 Ⅳ.①X3

中国版本图书馆 CIP 数据核字(2017)第 247068 号

环境治理学探索

HUANJING ZHILI XUE TANSUO

唐代兴 著

人民出版社 出版发行

(100706 北京市东城区隆福寺街 99 号)

北京中兴印刷有限公司印刷 新华书店经销

2017 年 10 月第 1 版 2017 年 10 月北京第 1 次印刷

开本:710 毫米×1000 毫米 1/16 印张:27.5

字数:406 千字

ISBN 978-7-01-018346-6 定价:83.00 元

邮购地址:100706 北京市东城区隆福寺街 99 号

人民东方图书销售中心 电话:(010)65250042 65289539

环境：是民族国家永续存在发展的必须土壤

空气·水·土地：是人人持续生存的最低条件

表本兼治：是阻止环境崩溃运动的正确方式

生态危机是文明社会对自己的伤害，它不是上帝、众神或大自然的责任，而是人类决策和工业胜利造成的结果，是出于发展和控制文明社会的需求。

——乌尔里希·贝克

《什么是全球化？全球主义的曲解：应对全球化》

　　如果人类要想生存下去，我们就必然需要一个全新的思考方式。

——阿尔伯特·爱因斯坦

目 录

第一篇　基础理论与方法

第二篇 实践理论与路径

自 序

环境治理学以这种方式正式提出，并以这种方式展开尝试研究。

本书在《气候失律的伦理》和《恢复气候的路径》基础上，尝试对国家环境治理学的基础理论和实践理论展开初步探讨，既是对《气候失律的伦理》和《恢复气候的路径》的照应，又是对它们的深化拓展和理论提升。

1

我对国家环境治理研究的基本认知和理论基础的意识性检讨，基于对如下两个方面因素所形成的基本状况的应对。

第一个方面，基于我本人对国家环境治理的节点问题思考所展开的进程，必然涉及国家环境治理的理论基础的建构。具体地讲，关于国家环境治理，我抓住两个基本问题，即当代灾疫形成及防治问题和气候失律及恢复问题，这两个问题不仅是国家环境治理的难题，也是世界性难题。从伦理切入抓住这两个难题以探本溯源，自然将国家环境治理的认知基础问题突显出来。

第二个方面，学界展开环境治理研究的进程已触及基本认知和理论基础的深水区而需要突破与创构。

在我国，环境治理研究实际上展开为实践操作和理论探讨两个维度。在实践操作维度上，人们主要针对具体的环境问题展开治理、修复、保育研究。其主力军有三支队伍：一支是环境科学研究者，他们大都有地理学背景，并集聚在中国环境资源与生态保育学会旗帜下开展工作，运用严格的地理学专业工作方法，研究重心是环境保育；一支是环境社会学研究者，他们大都有社会学背景，并集聚在社会学学会环境社会学专业委员会旗帜下开展工作，主要运用社会学实证方法研究环境及治理问题；另一支队伍有很浓的官方背景，主要由环境科技、环境工程技术、环境教育和环境管理等领域的研究人员构成，并集聚在中国环境科学学会旗帜下开展工作。由这三支力量组成的环境治理研究队伍，体现三个方面的共同特征：一是注重具体研究，追求具体领域或具体地域的环境治理、环境修复、环境保育及实绩研究；二是注重实证性方法探讨、构建与运用；三是大都以自己的专业背景为认知基础。由此形成如上三个领域的环境治理，从整体上体现专业认知依赖，相对忽视对环境治理、修复、保育的一般原理和基础理论的探讨。

除此之外，在更宽泛的意义上，环境治理的实践研究，实际上呈开放性的拓展状态，比如环境经济学、环境法学、环境政策与环境管理、环境公共卫生学等领域的研究，都属于环境治理实践研究。

对环境治理的探讨以理论为侧重点的主力军有两支，一支是环境哲学研究者，他们由中国自然辩证法研究会环境哲学专业委员会所带领；另一支是环境伦理学研究者，他们以中国伦理学会环境伦理学专业委员会为旗帜。这两支队伍虽然在形式上各有旗帜、组织，但实际上一直统一行动。因为这两支队伍有共同的特征：一是大都由马哲专业转行而来，当然也有一部分研究者有一般哲学、伦理学专业背景，并且这部分研究者将会越来越多；二是大都持美国环境学者的观念，即将环境哲学与环境伦理学看成"同一个东西"；三是热衷于共同的话题、共同的主题——在较早一段时间里，他们主要评介国外的环境哲学和环境伦理学的理论、主张、方法、思潮以及论争。但是，这种对国外环境哲学和环境伦理学的成果、思潮、论争的评介性研究，终有尽头。在这种尽头状态中，这两支队伍深感跟在外国人后面亦步亦趋，没有前途，想构建中国特色的环境哲学、环境伦理学，然而又普遍痛感力不从心。于是其关注重心自然转向生态文明研究，但对生态文明的研究往往仅仅停留于政策性解读，这种做法持续一段时间之后，越来越多的人觉得有些失去意义，于是近年来，这两支研究队伍中的有识之士开始关注生态文明的理论基础问题，但这个问题同样困惑着环境哲学和环境伦理学研究者，即知道生态文明的理论基础是重要的和根本的，却不知如何探索和建构生态文明的理论基础。由是，在弘扬中华优秀传统文化的大社会背景下，环境哲学和环境伦理学研究又开始转向环境问题或者生态文明与传统文化的结合，祈望以传统文化为武器来解决环境问题，来建设生态文明理论。但同样遗憾的是，研究者们在知识积累和文化沉淀两个方面大都客观地存在着结构性局限，因而，关于环境问题以及生态文明的基础理论研究领域，在事实上成为一片空寂的天空。

在国家环境治理研究这个大舞台上，实践研究者们注重实践、操作、实效而相对忽视理论基础；理论研究者从盲目信崇国外理论到有意识地追求本土理论的建构，却又感到无能为力。正是如上尴尬的研究状况，引发我对国家环境治理的基本认知和理论基础的关注。

2

思考环境治理的基本问题，既需要深厚的环境科学专业智识结构，更应有社会学基础。客观地讲，我既缺乏环境科学的专业背景，也没有社会学的基础，由这两个方面缺陷导致本书的内容局限：仅围绕环境治理与生态文明之间的关系，从环境哲学、环境伦理学和环境社会学三个维度展开尝试探讨，其基本努力是对环境治理学的本体问题、伦理认知问题、方法论问题和治理实践的对象设定及路径选择问题，予以初步审查，以此尝试呈现环境治理学的学科视野和理论框架。

本书思考的主题围绕环境治理与生态文明建设而展开。在人们看来，第一，生态文明是环境治理研究的中国话语形态。第二，生态文明与环境治理几乎是一回事。

仅就第二点论，环境治理与生态文明是有区别的：相对环境治理而言，生态文明是其目标定位；反之，环境治理是实现生态文明的手段和途径。所以，环境治理只是生态文明之一构成维度，而不是全部。

要更深刻地理解如上两个方面的区别，前提是对"生态文明"的正确认知。

关于"生态文明"的主张，已经提出来20多年了，其间，研究者甚众，成果也丰富，但对客观知识、基本认知、基础理论、实践理性方法等方面的建构，几乎是空白。形成这种空白状况的重要原因，我以为有二：一是研究者们的自身智识基础限制研究往往只滞留于感觉理解、经验性描述和口号性言说；二是意识形态化的政策解读取向，即将生态文明的理论探讨变成纯粹的政策解读。如果持严肃的态度，面对问题，哪怕纯粹的实践问题，其学理研究和政策解读也是完全不同的，原因在于学理研究与政策解读是根本不同的两种方式。学理研究以求真知、得真理为目标，追求实践理性的建构、开启、规范、引导，必须有存在论依据，有形而上学审查，有合逻辑的论证，体现义理的一致性。政策解读追求规范性服从，更多地体现实利性要求，甚至应和与表赞。更重要的是，政策本身存在着其客观性、合规律性、普遍指涉性等方面的程度问题，相应地讲，客观性、合规律性、普遍指涉性程度越高的政策，其应和与表赞研究，可能会发现规律，提炼出原理、知识和方法；反之，如果政策本身的客观性、合规律性、普遍指涉性程度较低或很低，那么，对这类政策的应和与表赞性研究，就会产生意想不到的负面影响。

目前，生态文明作为发展国策的构成内容，对它的抽象就构成先进的社会意识形态内容。对生态文明的研究，主要从这样两个维度展开。但就其本身而言，这两个维度的生态文明也呈现两种取向，即政治学取向和人类学取向。前者将生态文明规定为与社会、政治、经济、文化并列的"五位一体格局"中的"一体"，在这一严格意义上，生态文明**等**于环境文明，生态文明就是政治-经济大框架规范下的环境文明，建设生态文明就是建设环境文明。后者却在此基础上将生态文明定位为工业文明之后的人类新文明形态，这种新的文明形态在认知方式、价值导向、社会理想、伦理规训、社会行动纲领和行动原则等方面超越工业文明，其实这也应该是"五位一体"的生态文明所追求的当代视野和发展远景。以此观之，环境文明就不只是生态文明之一构成维度，它也必须体现生态文明的认知方式、价值导向、社会理想、伦理规训、社会行动纲领和行动原则。

生态文明，无论作为具体的环境文明，还是作为新型的当代文明形态，它的本质定位都是生境化的。从本质讲，生态文明**只能是**生境文明，它的基本认知取向是"自然、生命、人"合生存在和"环境、社会、人"共生生存，其基本价值诉求是生境主义，其根本规范是生境逻辑法则、限度生存原理和生境利益生殖机制；其人性主义伦理指导，是社会律对自然律与人文律的真正统一。

3

作为生态文明的核心问题和基本内容的环境文明，必须通过环境治理而实现。通过环境治理来实现环境文明，则需要体现自然律和人文律的认知、理论和方法的引导。

目前，无论环境治理研究，还是生态文明建设研究，都将生态学作为基础理论。客观地讲，生态学可以为环境治理和生态文明建设打开认知视域，提供研究方法，但不能为其提供基础理论。因而，以生态学为认知资源和理论基础的人类中心论与非人类中心论之争所产生出的各种环境理论，都仅仅是环境哲学、环境伦理学的外围理论，或者说方法论。时至目前，关于环境哲学、环境伦理学之自身理论，几乎处于**待建**状态。

客观地讲，环境乃存在世界本身，它能构成地球生命和人类存在的环境的根本力量之源。以环境文明为目标要求的环境治理所需要的认知方法和理论基础，只能从环境中发掘、提炼，并且，只有且必须进入环境本身，从环境本性、环境自存在方式及共生运动进程中探究、发现、提炼。环境治理认知、方法、理论的建构，必须符合环境本性，体现自然律。进一步讲，环境治理所需要建构的基本认知、基础理论、根本方法，必须是自然律与人文律的统一。

为实现环境文明而展开环境治理，需要认知引导，需要基础理论，需要方法建构，正是这些需要使环境哲学和环境伦理学成为可能。

环境哲学和环境伦理学并不是同一个"东西"，虽然它们之间有直接的关联性。

环境哲学建构环境治理的基础理论、基本方式。

环境伦理学探讨环境治理实践的基本路径和根本规范。

2016 年 8 月 21 日书于狮山之巅

导论 国家环境治理学研究的尝试

恢复被人类损害的原生生态系统的多样性及动态的过程，通过保持和维持自然的更新过程，重新建立起可持续发展的、健康的自然与人类文明关系。

——威廉·R. 劳里《大坝政治学——恢复美国河流》

环境研究与环境治理研究有关联，也有区别。从时间论，环境研究始于 20 世纪 30 年代，但真正获得社会性关注，大致在 20 世纪 70 年代末 80 年代初。相应地，环境治理研究起步要晚得多，它始于 20 世纪 70 年代初，但真正形成社会性关注，却是在 20 世纪末至 21 世纪初。尤其 2007 年党的十七大报告正式提出"生态文明建设"后，国内环境治理研究才开始"热"起来。但时至今日，有关于环境治理的研究，都是一种治表性研究，并且这个方面的所有研究都体现局部性、实证性和随意性三个方面的特征，既缺乏明确的学科意识，也缺乏整体生态视野，缺乏相应的环境科学基础和哲学基础，更缺乏系统正误与细节正误、实证性量化研究与探本治源的定性研究的有机结合。更重要的是缺少对**环境本身**的规律、原理的发现和对环境破坏、恶化的自运行机制的探讨。从整体观，环境治理研究尚处于前学科的感觉经验层面，没有上升到实践理性、国家社会发展和学科建设相整合的研究层面。正是这种状况，构成了本人继《灾疫伦理学：通向生态文明的桥梁》之后，自觉运用生态理性思想、生态化综合方法和生境伦理学理论，从国家治理层面展开较系统的环境治理研究的真正动力。严格地讲，本人并不完全具备研究国家环境治理及展开环境治理学学科建设的主体性能力，但基于一种责任驱使尽己之力思考国家环境治理及学科建设的基本问题，由此初步形成《气候失律的伦理》和《恢复气候的路径》等文字，亦只是为国家环境治理学的形成、发展及如何具备卓有成效的实践引导功能做一初浅尝试。

本人对国家环境治理学的尝试探讨，有广狭义两个层面的指涉：狭义的国家环境治理学思考，即本书所呈现的内容；广义的国家环境治理学思考，则包括了《气候失律的伦理》和《恢复气候的路径》，以及 2012 年出版的《灾疫伦理学：通向生态文明的桥梁》和尚未出版的《环境悬崖上的转型》。本人所做的完整意义上的国家环境治理学思考，应该是狭义与广义两个层面的互补呈现。

1. 环境治理理论与实践导向

环境问题，始终是发展中涌现出来的**生存**问题，但它一经产生形成治理的要求时，就上升为人类**可持续生存**的问题。环境问题从产生到施治过程中这种性质的根本性变化，真实地构成了环境治理升格为基本国策的原发动力。

在我国，环境问题被普遍意识和关注，是在 20 世纪末，但真正被纳入社会治理范畴的时间表，则始于 2007 年。这一年召开的十七大，环境治理内容被写进了党的报告。其后，十八大报告将其擢升为基本国策。

在我国，将加速恶化的环境状况纳入社会治理范畴，并最终将其升格为基本国策，是以建设生态文明的方式和面貌出现的。十八届三中全会提出"深化生态文明体制改革，加快建立生态文明制度，健全国土空间开发、资源节约利用、生态环境保护的体制机制，推动形成人与自然和谐发展现代化建设新格局"，并将环境治理纳入"国家治理体系和治理能力现代化"的大规划治理体系中。

十八届三中全会通过的《中共中央关于全面深化改革若干重大问题的决定》将"完善和发展中国特色社会主义制度，推进国家治理体系和治理能力现代化"作为"全面深化改革的总体目标"。在这一总体目标中，"国家治理"概念以"治理"为中心词，它可作两个层面的理解：一是指以国家为对象的治理，意即治理国家；二是指以国家为主体的治理，意即治理必须以国家为准则。整合观之，所谓"国家治理"，是指治理国家必须以国家为准则，具体地讲，治理国家必须以国家为起点并以国家为目的。基于这一基本要求，国家治理的重心是体系和能力的突破，即必须实现国家治理体系和国家治理能力的现代化，它构成**国家现代化**的真正标志。

国家治理体系现代化，是国家现代化的客观标志，它的实质要求是国家治理程序、治理规则、治理方式、治理手段必须自洽和完备：国家治理的自洽性，意指国家治理必须合规律、合法则、合原理，包括历史规律、自然法则、社会原理；国家治理的完备性，意即国家治理必须摒弃片面、局部、孤立、静止而体现全面、整体、生态。概论之，全面、整体、生态，构成了国家治理体系现代化的外在要求；合规律、合法则、合原理，构成了国家治理体系现代化的内在规定。只有其内在规定与外在要求相合（有机统一）时，国家治理体系现代化才成为可能。

国家治理能力现代化，是国家现代化的主体条件，它的实质要求有二。一是国家治理必须以国家为起点并以国家为目的。因为无论从起源论，还是从目的论，国家应该成为"至高而广含的善业"①，国家治理就是使国家本身成为善业。国家作为"至高而广含的善业"，不过是以自身之力使存在于其中的每个人都成为生存、自由、尊严的人。所以，使人人成为生存、自由、尊严的人，成为国家治理能力现代化的根本要求。二是全面、整体、生态和合规律、合法则、合原理的有机统一，构成了国家治理能力现代化的基本要求。整合其主客观两方面因素，国家治理能力现代化的实质表述，即国家治理必须合自然律、社会律和人文律，凡是合自然律、社会律和人文律的国家治理能力，就是体现其现代化的能力。

由此不难看出，国家治理能力现代化，必须以国家治理体系现代化为前提条件；国家治理体系现代化，要求国家治理能力必须现代化。所以，在国家治理现代化进程中，明晰国家治理体系的定位是根本。

关于国家治理体系，党的十八大报告将其概括为"经济建设、政治建设、文化建设、社会建设、生态文明建设五位一体"，十八届三中全会

① ［古希腊］亚里士多德：《政治学》，吴寿彭译，商务印书馆1965年版，第3页。

《中共中央关于全面深化改革若干重大问题的决定》则提出"深化六大体制改革",即深化经济、政治、文化、社会、生态文明建设的体制改革和党的建设制度改革。概括地讲,国家治理体系由国家经济治理、政治治理、文化治理、社会治理、生态文明治理和党的治理六个宏观维度构成。并且,第一,加强党的治理构成了经济、政治、文化、社会、生态文明治理的根本保障;第二,如上六个维度的国家治理必须以体制和制度的深化改革为核心任务,其实质是不断完善和发展中国特色社会主义经济制度、政治制度、文化制度、社会制度、生态文明制度和党的制度。

在如上国家治理体系中,一个基本维度是生态文明建设,生态文明建设的实质,就是环境治理。并且,随着人口的持续增长,经济的纵深发展,环境破坏的立体化、深度化和本体化,环境治理越来越成为国家治理的核心问题和头等要务,经济、政治、文化、社会等方面的治理都将围绕环境治理而展开。

> 建设生态文明,基本形成节约能源资源和保护生态环境的产业结构、增长方式、消费模式。循环经济形成较大规模,可再生能源比重显著上升。主要污染物排放得到有效控制,生态环境质量明显改善。生态文明观念在全社会牢固树立。(党的十七大报告)

> 建设生态文明,是关系人民福祉、关乎民族未来的长远大计。面对资源约束趋紧、环境污染严重、生态系统退化的严峻形势,必须树立尊重自然、顺应自然、保护自然的生态文明理念,把生态文明建设放在突出地位,融入经济建设、政治建设、文化建设、社会建设各方面和全过程,努力建设美丽中国,实现中华民族永续发展。

> 坚持节约资源和保护环境的基本国策,坚持节约优先、保护优先、自然恢复为主的方针,着力推进绿色发展、循环发展、低碳发展,形成节约资源和保护环境的空间格局、产业结构、生产方式、生活方式,从源头上扭转生态环境恶化趋势,为人民创造

良好生产生活环境，为全球生态安全作出贡献。（党的十八大报告）

紧紧围绕建设美丽中国深化生态文明体制改革，加快建立生态文明制度，健全国土空间开发、资源节约利用、生态环境保护的体制机制，推动形成人与自然和谐发展现代化建设新格局。（《中共中央关于全面深化改革若干重大问题的决定》）

"十三五"时期是全面建成小康社会决胜阶段。必须认真贯彻党中央战略决策和部署，准确把握国内外发展环境和条件的深刻变化，积极适应把握引领经济发展新常态，全面推进创新发展、协调发展、绿色发展、开放发展、共享发展，确保全面建成小康社会。[《中华人民共和国国民经济和社会发展第十三个五年规划纲要》（以下简称《"十三五"规划纲要》）第一篇"导言"]

实现发展目标，破解发展难题，厚植发展优势，必须牢固树立和贯彻落实创新、协调、绿色、开放、共享的新发展理念。

创新是引领发展的第一动力。必须把创新摆在国家发展全局的核心位置，不断推进理论创新、制度创新、科技创新、文化创新等各方面创新，让创新贯穿党和国家一切工作，让创新在全社会蔚然成风。

协调是持续健康发展的内在要求。必须牢牢把握中国特色社会主义事业总体布局，正确处理发展中的重大关系，重点促进城乡区域协调发展，促进经济社会协调发展，促进新型工业化、信息化、县城和镇城化、农业现代化同步发展，在增强国家硬实力的同时注重提升国家软实力，不断增强发展整体性。

绿色是永续发展的必要条件和人民对美好生活追求的重要体现。必须坚持节约资源和保护环境的基本国策，坚持可持续发展，坚定走生产发展、生活富裕、生态良好的文明发展道路，加快建设资源节约型、环境友好型社会，形成人与自然和谐发展现代化建设新格局，推进美丽中国建设，为全球生态安全作出新贡献。

　　开放是国家繁荣发展的必由之路。必须顺应我国经济深度融入世界经济的趋势，奉行互利共赢的开放战略，坚持内外需协调、进出口平衡、引进来和走出去并重、引资和引技引智并举，发展更高层次的开放型经济，积极参与全球经济治理和公共产品供给，提高我国在全球经济治理中的制度性话语权，构建广泛的利益共同体。

　　共享是中国特色社会主义的本质要求。必须坚持发展为了人民、发展依靠人民、发展成果由人民共享，作出更有效的制度安排，使全体人民在共建共享发展中有更多获得感，增强发展动力，增进人民团结，朝着共同富裕方向稳步前进。

　　坚持创新发展、协调发展、绿色发展、开放发展、共享发展，是关系我国发展全局的一场深刻变革。创新、协调、绿色、开放、共享的新发展理念是具有内在联系的集合体，是"十三五"乃至更长时期我国发展思路、发展方向、发展着力点的集中体现，必须贯穿于"十三五"经济社会发展的各领域各环节。（《"十三五"规划纲要》第四章）

　　创新环境治理理念和方式，实行最严格的环境保护制度，强化排污者主体责任，形成政府、企业、公众共治的环境治理体系，实现环境质量总体改善。（《"十三五"规划纲要》第四十四章）

　　坚持保护优先、自然恢复为主，推进自然生态系统保护与修复，构建生态廊道和生物多样性保护网络，全面提升各类自然生态系统稳定性和生态服务功能，筑牢生态安全屏障。（《"十三五"规划纲要》第四十五章）

　　坚持减缓与适应并重，主动控制碳排放，落实减排承诺，增强适应气候变化能力，深度参与全球气候治理，为应对全球气候

变化作出贡献。(《"十三五"规划纲要》第四十六章)

加强生态文明制度建设，建立健全生态风险防控体系，提升突发生态环境事件应对能力，保障国家生态安全。(《"十三五"规划纲要》第四十七章)

建立健全国家生态安全动态监测预警体系，定期对生态风险开展全面调查评估。健全国家、省、市、县四级联动的生态环境事件应急网络，完善突发生态环境事件信息报告和公开机制。严格环境损害赔偿，在高风险行业推行环境污染强制责任保险。(《"十三五"规划纲要》第四十七章)

从党的十七大报告到十八大报告再到《中共中央关于全面深化改革若干重大问题的决定》和《"十三五"规划纲要》及所提出的"五大发展"，从不同层次体现了国家环境治理的紧迫性、重要性和根本性，并在国策层面，不断强化、提升对国家环境治理水平、能力、措施等方面的要求。一方面表明国家环境状况的严峻性，另一方面也揭示了国家环境状况与国家发展之间的紧张关系。面对如此严峻的环境状况，为从根本上消解环境与发展间的紧张关系，加强国家环境治理研究，包括国家环境治理的理论研究和实践研究，不仅必要，而且异常迫切。因为任何卓有成效的实践，都需要相对应的智识武装，更需要正确的认知引导和方法指南。《国家环境治理研究》就是在这样的环境生存背景下，在国家发展必须解决环境生态问题的进程中展开的，它紧扣国家治理发展的国策，体现国家环境治理的理论呼唤和实践要求，并通过真诚的探索和逻辑的表达，努力从理论和实践两个维度尝试建构国家环境治理学的中国话语，为全面建设中国特色和理论自信的国家环境治理学开辟路径，打开学科视野，提供认知基础和研究方法。

2. 环境治理学研究的对象范围

"国家环境治理"概念界定 国家环境治理是国家治理的基础内容。

在一般意义上，国家治理的逻辑表述应该涉及两个维度，即国家**社会治理**和国家**环境治理**，国家社会治理是指对**国家存在发展本身**的治理，主要展开为国家范围内之社会、政治、经济、文化、教育、科技的治理，包括政党的治理，其治理的基本对象和核心内容是权力，包括国家机器权力——国家立法权、国家行政权、国家司法权、国家政党权、国家媒体权和国家舆论权——及由此伴生的其他社会公共权力，构成国家社会治理的基本内容。国家环境治理是指对**国家存在发展的环境**（即平台和基础）的治理。需要治理的国家存在发展的环境，实际上由两个维度的内容构成，即国家存在发展的社会环境和自然环境，前者指国家存在发展的环境平台，它由法律、道德和公民三大要素构成，即以律法为依据、以道德为导向、以公民为主体所构成的社会环境，才是国家存在发展所需要的健康社会平台；后者指国家存在发展的环境基础，它由一国之地理、资源、气候三大要素构成，或曰一国域内的地球生境、资源再生力和气候周期性变换运动，构成了该国存在发展的自然环境基础。

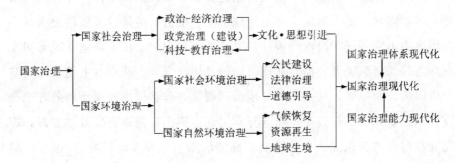

图导-1　国家治理构成

从广义论，国家环境治理是对国家之社会环境治理和自然环境治理的整体表述。狭义地讲，国家环境治理是对国家存在发展的自然环境的治理。《国家环境治理研究》更多地在狭义上使用"国家环境治理"这一概念，但在实践操作层面，也适度地在较广泛的意义上展开讨论。

"国家环境治理"概念，揭示了环境治理的地域性特征，即环境治理始终以国家为基本单位，是国家疆域内的国家治理行为。进一步讲，国家环境治理是以国家疆域内的实际环境状况为对象展开的治理运动，它虽然在治理经验或教训以及具体实践操作方式等方面具有跨越国域的启发性、借鉴性，但其治理的动机、目的、实际内容、宏观方式、社会方法等方面却始终体现鲜明的国域特征。正是在这个意义上，国家环境治理学始终呈现国家特色，这是我们反思性省察哲学社会科学探讨环境问题的西方模式何以最终不可取的真正原因。

正是在如上意义上，"环境治理"概念是对"国家环境治理"概念的简称，因为，没有超越具体指涉性的国家的环境，更没有摆脱实存的国家的环境治理。

国家环境治理学的研究对象　所谓环境治理学，就是系统研究一国之环境治理的科学。

根据这个定义，环境治理学只能是**国家**环境治理学，而不是世界环境治理学，也不可能产生世界环境治理学。以此为视域规范，我们所讨论的环境治理学，即中国国家环境治理学，简称环境治理学。

客观论之，环境不过是我们必须存在于其中的存在世界，或者说自然世界。自然世界是我们存在的土壤，也是我们得以存在的母体，它原发性地构成了我们的无机的身体。只有当我们将其作为意识的对象时，才发现它实际上已经与我们的身体或者与我们的存在相分离而对象化为"环境"。所以，从根本论，所谓环境，是被我们**意识到**的存在世界本身。

我们赖以存在于其中的存在世界之所以为我们所意识，是因为作为我们的无机的身体的存在世界出现了问题，这些问题不仅使环境本身不能为我们的存在提供安全，而且使我们的存在出现了不断加剧的危机。这就是我们身处其中的存在世界何以**沦为**"环境"的实然境况，基于这一实然境况，环境治理学的研究对象，表面看是环境治理，但实质上是**环境问题**。

国家环境治理学的研究范围　以环境问题为研究对象，环境治理学研究至少呈现如下开放性生成的几个维度：

其一，所谓环境问题，其实就是**问题环境**，即环境自身出了问题，产生了疾病，出现非健康状况；并且，业已出现问题的环境，不仅不能自行解决问题本身，也就是不能自修复其破坏性，而且自身运动反而将问题不断扩散，使环境问题更为严重，环境生态更为恶化。

其二，出现了问题并且问题不断扩散的环境，构成了对国家境域内地球生命存在安全和社会可持续生存的严重威胁，所导致的环境生存危机和存在风险不断加剧。

其三，降低或消解因为不断扩张的环境问题而带来的生存危机和存在风险的根本性努力，就是展开环境治理。

其四，治理环境并不是一件轻而易举的事情，因为环境问题的出现，既源于**环境自身的变异**，更有存在于其中的人力的作用。因而，治理环境既面临重新认识环境的问题，更面临重新认知并改变人和由人创建起来的社会的问题。

其五，重新认识环境，展开的将是前所未有的环境真理的探险，环境治理学将成为最前沿的新科学。

其六，重新认识人，必须将人推向认识的中心；人性、人欲，以及以人性、人欲为原动力机制所建构起来的人力社会、人力结构、人力市场和人力化的生产模式、消费模式、生存方式和认知、情感、行动方式，均将面临反思性解构和重构。由此，环境治理学将成为最具革命性的综合性哲学社会科学。

3. 环境治理学建构的必备智识

有关于国家环境治理的探讨，涉及内容很多，包括环境治理的认知探讨、方式方法的探讨；涉的面更广，不仅产生了专门的环境科学，而且还包括环境治理的生态学、哲学、伦理学、社会学、政治学、经济学、文化学、教育学探讨。虽然如此，但至今没有建立起独立、规范且具有引领性的环境治理学。形成这种状况自有许多因素制约，但有两点最为根本，这就是学科意识的缺乏和学科智识资源整合运用的错位。

客观地讲，中国社会的环境治理起步较晚，发达国家的环境治理探讨始于19世纪末，至今已逾一个世纪，但关于环境治理学的学科意识，却一直处于朦胧状态而不觉知。具体地讲，就是如上所有形式或领域的探讨都缺乏明确的环境治理学的学科意识。对任何一个有待于全力探讨和研究的领域来讲，一旦缺乏明确的学科意识，其学科建设就很难进入规范进程。

精神的涉险和思想的拷问，源于存在的困境和生存的危机。学科领域的发现和诞生，必然由生存领域的问题裂变所引发。这是因为环境问题的出现并持续扩张运动打破了地球生命的存在安全和人类的地域性生存的可持续展开，这一双重态势必然激发地域性生存的人类为阻止环境恶化而采取治理行动。然而，实践行动始终需要认知引导和方式方法导航，由是使环境治理探讨成为必然。但环境治理探讨的形成与广泛展开，只为环境治理学建构提供了可能性，环境治理探讨要上升为环境治理学建构，还需要具备如下基本条件：

首先，将环境治理探讨上升为环境治理学建构，需要明确的学科意识，即在环境治理探讨中必须形成明朗而共识的环境治理学意识。

对任何一个领域而言，明朗且可达成共识的学科意识，至少涉及三个维度：第一，学科的性质定位意识，即所要探讨并建设的学科，是属于纯粹的认知（即理论）科学，还是完全的技艺（即实践）学科，亦或二者兼顾之；第二，学科的归属定位意识，即所要探讨并建设的学科，应该归属于哪一门类，比如，属于自然科学，还是社会科学，或者人文学术，亦或属于大科际整合的综合性学科领域；第三，学科方向定位意识。环境治理探讨之所以至今没有走向环境治理学学科建构道路，是因为其研究至今没有获得如上三个维度的明确学科定位意识。

历史地看，环境治理探讨始于19世纪末美国的资源保护运动，这是因为独立战争后美国经济快速发展造成了意想不到的环境生态破坏，尤其无限度的资源开发导致大量生物灭绝、生物多样性丧失的环境状况，引发有识之士形成最早的环境治理思考，这些最初思考聚焦在环境保护和资源限度运用两个方面，并形成两种基本的环境治理思路：

一种是功利主义环境治理思路，它以吉福特·平肖（Gifford Pinchot，1865—1946）的主张为代表，提出了功利主义资源管理方式（conservation）的思想，这一思想的核心是"明智利用"资源来发展经济，由此提出了"科学管理、明智利用"原则，这一原则构成20世纪初资源保护运动的基本原则。在这一环境资源管理原则中，自然存在物和环境资源由过去的无限度的使用物变成了有限度的使用物，这种"限度"不是由自然存在物或环境资源本身来决定，而是由人来决定。所以，功利主义资源管理方式背后的存在论思想，是人类中心论思想和资源-环境的使用价值观念。

另一种是超功利主义环境治理思路，它以约翰·缪尔（John Muir，1838—1914）的主张为代表，提出了超越功利主义的资源保护方式（preservation），主张以自然方式善待环境，看待资源，主张回归自然、敬畏生命、关怀生态。这种超功利主义资源保护方式背后的存在论思想，是非人类中心论思想和资源-环境的存在价值观，深层生态学所讲的"内在价值"构成其基本标志。

如上两种环境治理思路，开启了 20 世纪至今方兴未艾的环境治理道路。功利主义的资源保护方式，构成了后来**以政府为主导**的环境治理思路，因为功利主义的"科学管理"资源和"明智利用"资源发展经济的思想和原则，成为政府所最需要的环境治理方略，为此而展开的环境治理研究，就是为如何最大程度地落实"科学管理，明智利用"的环境资源管理原则，使之获得最大经济成效和社会成效而展开实践操作探究，这一探究理路主要通过环境科学、环境社会学、环境经济学而得到全面展开，并且富有成效。与此不同，超功利主义环境治理研究，却更多地走了一条认知性（而非操作性）的道路，开辟这条道路的主潮者有阿尔贝特·史怀泽（Albert Schweitzer）、奥尔多·利奥波德（Aldo Leopold）、雷切尔·卡逊（Rachel Carson）、保罗·埃利奇（Paul Ehrlich）、詹姆斯·拉伍洛克（James Lovelock）、巴里·康芒纳（Barry Commoner）、彼得·辛格（Peter Albert David Singer）、罗德里克·弗雷泽·纳什（Roderick Frazier Nash）、肯尼思·艾瓦特·博尔丁（Kenneth Ewart Boulding）、纳厄斯（Arne Næss）、亨利·戴维·梭罗（Henry David Thoreau）、霍尔姆斯·罗尔斯顿（Holmes Rolston Ⅲ）等，其主要成就是环境伦理学，比如生命伦理学、动物权利理论、大地伦理学、环境哲学、生态中心主义、深层生态学、内在价值理论等，也包括环境政治-经济学理论、人口学理论，前者如罗马俱乐部（Club of Rome）发布的《增长的极限》（*Limits to Growth*）和博尔丁的宇宙飞船经济学理论；后者如保罗·埃利奇的《人口炸弹》（*The Population Bomb*）等成果。

如上两条路径展开所创造出来的成果，汇聚起来形成了环境治理探讨的整体，虽然动机和目的不相同，但却体现出三个方面的共同倾向：

其一，没有明确的环境治理学的学科定位意识，功利主义者将环境治理研究定位为实践操作研究，是纯粹的实证研究；超功利主义者将环境治理研究定位为认知研究，具体地讲，是环境伦理学（亦或环境哲学）研究。其实，环境治理学探讨应该是融理论与实践于一体的**综合性**研究。

其二，缺乏明确的学科归属意识：功利主义者们热衷于环境治理操作方面的实证性探讨，更多烙印了研究者们的学科专业背景，往往以特有的学科专业背景来定位环境治理学。比如，环境社会学研究者往往以社会学专业背景来定位环境社会学，来展开环境治理的社会学研究，此类研究更多地注重于环境问题的实证思考，难以走出来审视环境治理的广阔天空和整体关联奥秘。环境科学的研究者们因大多来自于地理学专业，更多地从地理学入手定位环境科学，形成环境治理研究的地学模式。实际上，环境治理既涉及环境的重新认知，更涉及人的改变，其研究必须是大科际整合视野。以此来看，环境治理学的学科归属，应该是跨越自然科学、社会科学、人文学术三大领域而形成的**大科际整合**的综合性学科。

其三，缺少明确的学科方向定位意识。在环境科学视野中，环境治理探讨取向于自然科学；在环境社会学视野中，环境治理探讨属于价值中立的社会学；在环境经济学那里，环境治理探讨仍然体现唯经济倾向；在环境哲学、环境伦理学那里，却主要是对西方各种环境主张、观念、理论的评价性研究。客观地看，环境治理学属于跨学科的**整合性**研究，这要求它必须是大科际整合的新型应用性的人文社会学科。

由于如上三个方面的学科意识要求，环境治理探讨要上升为环境治理学建构，需要具备的第二个基本条件，这就是学科方法。

　　仅一般论，方法既最具革命性，又更具建构性。从本质讲，任何一种思想的生成、理论的建构，首要条件是方法的诞生。因为，方法创造思想，方法创构理论。对于一个有待探讨的新领域，并由此形成需要创建的新学科，必须有独特的、能够引导探讨和最终支撑新学科建构的方法。否则，没有方法的领航性探讨，哪怕是再新的领域，也难以创建起涵摄该领域的学科理论。回顾和反省历时一个多世纪的环境治理探讨，之所以没有最终建立起涵摄环境治理领域的环境治理学概念系统、话语体系和理论蓝图，实质上与没有创造出能够引导建构它的学科方法直接关联。

　　客观地看，环境治理既牵涉复杂的自然存在、环境运行、生命消长等问题，也牵涉具有无限性的人和由人创构起来的复杂社会组织、运行机制及规律问题。环境治理既不是一个简单的科学问题，也不是一个体现太浓意愿性的人的问题，更不是一个可以用加法或减法方式呈现和解决的经济、政治、科技问题。环境治理探讨必须整合自然科学、社会科学、人文学术的相关智识形成大科际整合的方法，这就是整体生态论方法。它既融合并体现了整体动力学向局部动力学的实现方式，更贯通并彰显局部动力学向整体动力学的回归机制。

　　由于具体的学科意识规范和方法论要求，环境治理探讨要上升为环境治理学建构，必然要求研究者无论来自哪个具体的学科领域，具有怎样的学科专业背景，都不能故步自封、画地为牢，更不能将自己变成井底之蛙，以自己所见的（认知或专业）"井口"来认定环境世界的大小和方圆，应以自身学科专业背景为基础，突破专业知识模式的局限，走向大科际整合的学习，并在不断学习的过程中重构开放性生成的环境治理学认知体系、知识体系和方法体系。唯有如此，环境治理学的学科意识才会明朗，环境治理学的方法论视野才会形成，建构环境治理学学科理论才变得有希望。

　　4．环境治理学研究的理论基础

　　环境治理研究是一个全新的领域，进入这个领域的研究者，都是学术、精神、观念、思想、方法的探险者，几乎每个进入这个领域的人都以无畏方式来展开研究工作，由此形成"有知无畏"和"无知无畏"两类工作方式。

所谓"有知无畏"，是指抱着已知姿态进入环境治理领域探讨环境治理问题。这种研究方式主要体现两个方面：一是将已有专业知识背景视为环境治理研究的必备智识，或认为环境治理研究所需要的智识储备，就是自己所学专业的知识结构。基于这一基本认知，用已有专业方式——包括专业思维模式、专业技能方式和专业研究方法——来探讨环境治理问题，并认为是最科学的研究方式，以此排斥或拒绝其他任何探究方式。二是从自己的专业背景出发，将自己所学专业的学科作为环境治理学研究的智识资源和理论基础。

所谓"无知无畏"，是指研究者能够充分认识到环境治理探讨与既有专业背景、知识结构、认知方式、研究方法等方面的差异性，以跨越式学习的方式弥补智识结构的缺陷，缩小专业背景差异，以求融通不同专业、学科、领域之间的认知方式和研究方法。这种研究方式的展开，很自然地形成单向度生成性和复合生成性两种研究类型。

所谓单向度生成性的研究类型，是指进入环境治理领域的专业跨越者为尽可能弥补自己的专业缺陷，迅速缩小知识结构差异、最大程度地贯通不同认知方式和研究方法，几乎本能地将学习的目光投向生态学，用生态学的知识和理论武装自己，然后运用生态学方法研究环境治理问题，使生态学成为环境治理研究的基本模式，包括认知模式、问题发现和解决模式、方法模式。这种生态学范式的环境治理研究体现两个基本特点：一是认为生态学才是一切形式的环境治理研究的智识资源和理论基础；二是认为所有内容和形式的环境治理研究都属于生态学的构成内容。客观地看，环境治理问题研究的生态学化，是环境治理问题研究的外部化。从本质论，生态学不过是生物学研究的方法论提炼，是生物学的方法论。作为方法论，它给庞大的生物学领域以及相邻、相关学科提供的最大价值信息，就是认知视野拓展、探究方式更新和研究方法启迪。无论什么学科，从生态学那里获得的最有用的东西，就是开放性生成的认知视野、灵活变通的认知方式和生成过程论的研究方法。所以，当环境治理研究者将环境治理研究生态学化，研究就只滞留于方法论层面，忽视了对环境治理自身问题的探讨，这是环境治理研究始终难以上升到环境治理学高度进行学科理论建构的根本认知遮蔽和局限。

环境治理研究的生态学化，最为集中地体现在环境哲学、环境伦理学领域。如前所述，19 世纪末以来的超功利主义环境保护研究，从两个维度入手开辟环境伦理学道路：一是一批卓越的生态学家、哲学家、伦理学家从不同领域进入其中，围绕人类中心与非人类中心问题展开激烈持久的论争，结出各具个性的理论成果。然而，这些成果几乎都是环境治理研究的**外围性**成果，因为这些论争性研究几乎都滞留于方法论层面，并将方法论探讨视为环境伦理学的全部。二是一些杰出的科学家，他们分别从自己的学科领域透视环境问题，拓展了环境治理研究视野，比如生物学家蕾切尔·卡逊与她的《寂静的春天》（*Silent Spring*）、奥尔多·利奥波德及其《沙乡年鉴》（*A Sand County Almanac*）、梭罗的《瓦尔登湖》（*Walden*）等即是。更有一些自然科学家和社会科学家透过环境问题重新发现自然世界的奥秘，为环境治理研究提供了新的思维和方法，比如化学家詹姆斯·拉伍洛克提出地球的"盖娅"假说理论，经济学家肯尼思·艾瓦特·博尔丁的宇宙飞船经济学理论，就分别为研究环境治理提供了限度生存智慧和环境自生成视野。然而，这一切都只是环境治理研究的外围性成果，并且这些成果最终源于生态学的激励，强化了生态学作为环境哲学、环境伦理学以及环境政治学、环境经济学研究的理论基础的地位。

当将生态学作为环境治理研究的理论基础时，其研究越往后走，就越痛感难以向深度和广度展开，由此形成一种突围性焦虑。这种突围性焦虑近年来在中国环境哲学、环境伦理学领域流露得越来越明显，即本能地渴望突围西方话语，进行中国式的理论建构，却又深感无能为力。

要突破这种研究困境，需要建构复合生成性的研究类型。形成这种研究类型，既需要有意识地走出"有知无畏"的盲目专业自信怪圈，更应该重新认知环境治理学，重建环境治理学的理论基础。从根本论，生态学可以作为环境治理学研究的方法论资源，但绝不可能成为其理论基础。环境治理学创建所需要的理论基础，只能由当代环境学和当代哲学提供。

当代环境学，是正在形成的综合性自然科学的基础理论学科，它的基本内容有四：一是探讨气候周期性变换运动的时空韵律的气候学；二是探讨天体运行体系的地球科学和宇宙科学；三是探讨世界之自然体系的物理学；四是揭示以有机生命为基本主题的地球生物体系的生物学。对此四者予以整合性探讨所形成的科学，就是当代环境学。

客观地看，研究环境治理问题，必须先重新认知环境，重新发现环境的存在本性、自在方式、内在律令、生成法则和运行原理，以此才可找到环境问题的症结所在，把握环境**何以需治**的依据以及**怎样施治**的法则、规律和方式。整合气候学、地球科学、宇宙科学、物理学和生物学资源生成建构起来的当代环境学，能提供这方面的自然智慧。与此相对应，环境问题，表面看是环境本身所造成的，实际上是人力过度介入自然界的结果。治理环境、创建环境治理学的根本努力，是重新认识人，重新认知人性、人欲，重新认知以人性为根本要求、以人欲为根本动力所建构起来的人力社会的制度、律法、道德及存在理想、生存目的，何以造成了人、人力社会与自然世界及存在于其中的环境的根本对立，以找到环境治理的病根，对症施治。当代环境学以及任何自然科学、社会科学都不能提供这方面的思想智慧，只有当代哲学能够担当此重任。

哲学永远是人类的最高智慧，它始终扎根历史的土壤中，面对存在困境开辟追问之道。当代人类所遭遇的存在困境，既是人与世界的对立所形成的环境自崩溃运动，也是人与人、利益集团与利益集团之间的利益冲突形成的世界风险社会的不断加剧。当代哲学必须直面这一世界性存在的双重困境，开辟对人和人力社会的追问之道。这种根本性追问之道的敞开，是对存在、存在世界及人的存在的本原性状态、关联方式的重新发现，这种重新发现的哲学表述，就是在最深刻的维度上超越人类哲学的经验理性、观念理性、科学理性方式而形成生态理性哲学。

生态理性哲学具有如下意义：

（1）发现了人在世界中的本原性存在位态：人是世界性存在者，人必须以世界性存在的方式重新审视环境、重新审查人与世界的对立方式及观念源头。

（2）发现了世界存在的本原性方式：世界既是自性的，也是自在的，这种以自身本性为内在要求的自在方式，是以整体生态的场化方式彰显存在。因而，世界存在蕴含整体动力学与局部动力学统一的内在机制，蕴含野性创化与理性约束的对立统一张力。

（3）发现了人与世界的本原性关联方式：生命化，是人与存在世界本质同一的内在秘密；亲生命性，构成人和存在世界的本原性关联。

（4）发现了存在世界与人的世界、自然世界与生命世界的律法同源、智慧同一，这就是"自然为人立法，人为自然护法"：人间的全部思想、智慧、方法、原理、法则，都来源于自然，是人力对自然智慧的不断发现和个性化运用。

（5）发现了存在世界的历史性和此在化的本质同一：存在世界的历史性呈现，就是生境逻辑法则；存在世界的此在化敞开，必须突显隐匿的限度生存原理和生境利益生殖机制。生境逻辑法则、限度生存原理和生境利益生殖机制，此三者既构筑起自然、生命、人的合生存在智慧，更构筑起环境、社会、人的共生生存方法。

5. 环境治理学的学科概念系统

环境治理学的范畴系统　环境治理探讨，为创建环境治理学提供了全部的可能性：环境治理探讨源于环境问题；环境问题产生于环境不能以自在方式存在，这种状况的出现造成一种连锁性的生境丧失或生态链断裂。比如，原始森林消失，物种灭绝，生物多样性减少，江河失序，地面生境丧失，气候失律，酸雨天气扩张，霾气候嗜掠（即霾气候一旦形成，它就以吞嗜的方式贪婪地、无止境地扩张自身）……这种持续扩散的由地及天的生境破坏和整体性生态链断裂，最终造成存在世界的危机，更使人的可持续生存遭遇前所未有的威胁。于是，人开始了自我拯救，这种自我拯救方式就是环境治理，它从两个方面展开：一是自我改变，节制生存；二是改变存在现状，重建环境生境。

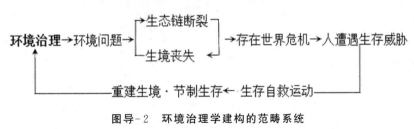

图导-2　环境治理学建构的范畴系统

如上简图直观呈现了环境治理学的范畴系统，它由环境治理学的原生范畴衍生而来。能够有资格成为环境治理学的原生范畴的是**"环境问题"**，它具体敞开为"生境丧失"和"生态链断裂"。如此严峻的环境问题得不到消解，直接导致了存在世界危机，引发人的生存威胁，产生生存自救，这就是**"环境治理"**，其基本努力是节制生存、重建生境。

从"环境问题"到"环境治理"，这是一个合生存逻辑的展开系统：基于"环境问题"之实然状况，必然发动"环境治理"之应然努力，最终以人的方式实现环境（存在世界）的"生境重建"，这既合人的生存目的，更合存在世界（即环境）之存在逻辑。

"环境问题"概念体系　以"环境问题"为原初范畴所生成建构起来的这一范畴系统，必然因内在的"双合"逻辑生成能够构建环境治理学学科理论的核心概念体系，即"环境问题"概念体系，它由"环境"概念系统和"问题环境"概念系统两部分内容构成。

"环境"概念系统——"环境问题"这一原生范畴包括两个层次的生成性语义诉求，这就是"环境"和"问题环境"。从"环境"到"问题环境"，这是环境本身的动态变化，也呈现环境动态变化的方向，并隐含环境动态变化的趋势。更重要的是，从"环境"到"问题环境"，二者呈现出实质性的区分；但形成这种区分的依据、尺度、标准、原则，却蕴含在环境之中。于是，"环境"构成"环境问题"这一原生范畴得以产生的真正母体。

环境虽然是为我们所意识到的存在世界，但它始终相对生命、存在物

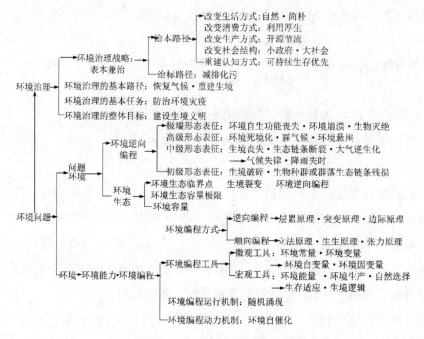

图导-3　环境治理学建构的概念体系

而论，是生命、存在物得以存在的土壤、母体或者说整体性条件；另一方面，存在于存在世界中的生命、存在物又成为环境的构成要素。由此，生命、存在物与环境之间的本原性关联构成互为体用的生成关系：环境运动推动了存在于其中的所有生命、一切存在物的生变运动；任何形式的生命或存在物的生变运动，总是从现实和潜在两个方面影响环境运动。环境与存在其中的生命、存在物之间的这种互为体用的生成机制，构成了从"环境"到"问题环境"再到"环境生境重建"的内在动力。

当用"环境"这个概念指涉我们意识到的存在世界时，不仅获得了质的和形态学的规定性，也获得了功能定位：环境的功能就是滋养存在其中的生命和存在物，使各自**自为存在**和**相互生生**。

环境能发挥如上功能的前提，是它具有**自为存在**能力和**自在生成**力量。这种自为存在能力和自在生成力量构成了环境之质的规定性。概括地讲，作为被我们意识到的存在世界的"环境"，它是超越存在于其中的一切生命和所有存在物并为其提供存在土壤和滋养条件的整体生命形态，环境的这一存在方式和存在样态源于它的自为存在能力。环境的自为存在能力内在地凝聚为环境本性，并向外释放为环境自在方式：环境的内在本性要求自为地以整体生成（自我）和整体滋养（他者）的双重方式存在。环境的这种自为存在能力源于环境的自在生成力量。环境的自在生成力量，就是**环境自生境力量**，即自组织、自繁殖、自调节、自修复力量。[①] 环境之自组织、自繁殖、自调节、自修复机制，就是**环境自生境编程**，亦称为**环境顺向编程**。[②]

环境自为地顺向编程所遵循的基本原理，是**环境立法原理、环境生生原理和空间张力原理。**（参见第二章）

环境自为地顺向编程的宏观工具是环境能量、环境生产、自然选择、生存竞适、生境逻辑；微观操作工具是环境量变体系，它由环境常量和环境变量构成，包括环境自变量和环境因变量。

环境编程运行的形态机制，是**随机涌现**。

环境自为地顺向编程的动力机制，是**环境自催化**：以环境随机变量为本质内容的环境序参数，构成环境自催化的动力机制；以物自性为本质内容的环境支配原理，构成环境自催化的秩序规范。当环境随机变量与物自性相向合力，环境自催化产生，自组织编程环境的网络化运动由此实现自为地涌现性敞开，环境生机勃勃。

自为存在和自在生成对环境予以双重的质的规定性，正是这一双重的质的规定性，赋予了环境以形态学特征。

环境作为我们意识到的存在世界，它是由地及天并由天罩地的整体，环境的自为存在能力的敞开，使它维系着这个整体运动；环境的自生成力量的敞开，使它在整体生成（自我）与整体滋养（他者）的互动运作中呈现具有不同类型的形态体系，这就是以地球上的种群、群落为基本形态的

① 唐代兴：《环境能力引论》，《吉首大学学报（社会科学版）》2014 年第 3 期。唐代兴：《再论环境能力》，《吉首大学学报（社会科学版）》2015 年第 1 期。
② 唐代兴：《环境编程：环境自生境规则及运行机制》，《鄱阳湖学刊》2016 年第 4 期。

微观环境，以地球表面和生物活动为整合呈现的宏观环境，以降雨为具体表征、以气候周期性变换运动为整体形态的宇观环境。

表征微观环境的基本概念：生物种群，生态群落。

表征宏观环境的基本概念：地质生态，地面性质，生物活动；地球承载力，大地自净化力。

表征宇观环境的基本概念：太阳辐射，地球轨道运动，大气环流，气候周期性变换运动，时空韵律，风调雨顺。

根据环境自为存在和自在生成的双重要求，环境运动的本原状态是自生境化。以自生境为本原性要求，环境自为地顺向编程亦获得形态学方式，这就是环境物际编程、环境群际编程、环境域际编程和环境宇际编程。

"环境问题"概念系统——环境的本原状态是**自生境化**，它源于环境以自为存在能力和自在生成力量为原动力的自组织、自繁殖、自调节、自修复机制。由于环境的自生境取向和自生成机制，环境始终处于运动不居的进程之中。然而，环境运动既是整体生成（自我）和整体滋养（他者）性质的，其运动敞开进程必然因环境变量系数或环境变量性质、取向的改变而导致环境的变异。根据环境自组织原理，环境自生境运动进程出现的环境变异能否获得自修复，取决于环境变异的量的累积程度和质的改变程度是否突破了**环境生态临界点**[①]。

环境运动始终有其**生态位**，环境运动的生态位可表述为**"环境生态"**。所谓"环境生态"，就是环境存在朝向及存在敞开（即运动）所呈现的本原性位态。环境生态由环境的自为存在方式和自在生成机制所规定，它真正决定了**环境容量**，即环境所能够容纳（他者）的空间域度。**环境生态临界点**是对**环境生态容量极限**的表述。环境运动发生的自我变异一旦突破环境生态临界点，就会朝着与生境完全相反的死境方向运动，形成**环境逆向**

---

① 唐代兴：《"环境悬崖"概念之界定与释义》，《道德与文明》2016 第 2 期。

编程。①

　　一般地讲，推动环境运动展开逆向编程，必须由外部力量与内部因素形成合力方可实现。推动环境逆向编程的外部力量有两种，即环境要素力量和人类力量，前者如宇宙星球运行、气候变化、地球轨道运动等宇观环境要素发生质的变异从而构成环境逆向编程的推动力量；后者乃指人类改造自然所形成的强大破坏力量层累性生成为环境逆向编程的推动力量。推动环境逆向编程的内部力量，是指构成环境的各要素均发生了**生境裂变**，自生境驱动力弱化或丧失，环境整体性地滑向死境方向。

　　客观地看，环境逆向编程的最终推手是**人类力量**。人类活动无限度地介入自然界，所造成的破坏性影响力以层累方式集聚形成强大的力量突破环境生态临界点，推动环境逆向编程。具体地讲，当支撑环境自在编程的主要四个内部要素——环境空间、环境资源、种群密度、物种数量——在整体上丧失促进环境自生境再造的功能，即当环境空间张力域度消失、滋养环境自身的资源严重匮乏、种群密度高度失调、生命种类多样性锐减到不能支撑环境的自生境运行时，此四者形成自我消解的合力，必然推动环境运动自为展开逆向编程。

　　环境逆向编程的初级形态学表征：地面性质的生境破碎，生物种群或生态群落之生态链条损裂。在环境逆向编程的最初阶段，环境呈局部死境化倾向。

　　环境逆向编程的中级形态学表征：生境丧失、生物种群或生态群落之生态链条断裂；大气环流逆生化；气候失律；降雨失时。

　　环境逆向编程进入高级阶段的形态学表征：地面性质和生物活动形成死境化的整体态势；气候失律极端化，其表征为酸雨天气扩散、霾气候嗜掠、酷热与高寒无序交替、洪涝与干旱无序交替、气候灾疫全球化和日常生活化，作为整体存在的环境被推上悬崖，形成环境悬崖状态。

　　环境逆向编程进入极端状态的形态学表征：环境自为地生成性敞开崩

---

　　① 唐代兴：《逆向编程：环境滑向悬崖的运行机制》，《哈尔滨工业大学学报（社会科学版）》2016年第1期。

溃运动进程，环境自组织机能遭受完全破坏，环境自生境功能整体丧失，地球生命进入灭绝进程，人类面临毁灭性危机。

"环境治理"概念体系　环境逆向编程所形成的**环境悬崖**及**悬崖崩溃**运动进程，敲响了人类的丧钟。为存在自救，必须实施环境治理。

环境治理的浅表努力朝两个方面展开：首先是对环境的直接作为，就是"环境保护""环境保育""资源保护"，并由此划定"环境红线"；其次是对环境的间接作为，这就是"可持续发展"，"减少排放""治理污染"，开发"环保能源""绿色技术""低碳产业"。

环境治理的浅表努力的持续展开，就是环境治表运动。环境治表运动的基本思路是二元论，即一边治理环境，一边发展经济，以求实现经济的持续高增长。

环境的治表运动最终不能解决环境悬崖和**环境自崩溃运动**，相反，它可能在最深刻的维度上加速推进环境悬崖的自崩溃运动进程。因而，环境治理必须探索表本兼治之道。

探索环境的表本兼治之道，首先是重新认知人和由人力构成的制度社会应对环境悬崖及崩溃运动所担负的责任。客观地看，当前出现的所有环境问题，包括环境悬崖形成和悬崖上的环境崩溃运动，最终由人力造成。人力破坏环境，必须同时具备两个基本条件：一是人类力量必须强大到在某些方面可以超越环境力量；二是超越环境力量的人类力量能够持续地释放，这就需要一个强劲的并且是持续增长的驱动力，这个驱动力就是人类欲望。

就前者论，人类从农牧社会进入工业社会，经历了科学革命和哲学革命的双重胜利的洗礼，一路凯歌进入**科技化生存**时代，不断发明和创造的高科技将人类全面武装，人类在整体上获得可以任意按照自己的意愿改变地球的力量。这种力量一旦为无限度的物质幸福观念和欲望所鼓动，必然无所顾忌地释放出来形成改造自然、掠夺地球资源的生产力量，这种生产力量最终造成对环境的破坏。然而，人类始终只是存在世界中一分子，无论人类向自然世界释放出来的力量何等强大，它也会被作为整体的环境

（即存在世界）所吸纳，因为环境本身具有自组织、自繁殖、自调节、自修复的动力机制和功能。人类作用于自然世界所形成的对环境的破坏力可以变成推动环境逆向编程的强大力量，最终秘密是环境本身的**层累机制**，即人力破坏环境的力量遵循自然世界的**层累原理**层层累积集结为强大的力量，推动环境突破自身生态临界点，改变了环境运动的性质和方向，迫使原本是生境运动的环境发生突变，朝着死境方向展开逆向编程。这种突变性逆向编程如果得不到及时、正确和根治性抑制，就会产生巨大"环境之殇"的边际效应。换言之，以无限度的物质幸福观念和欲望为原动力的改造自然、掠夺地球资源的人类活动，所形成的环境破坏力遵循**层累原理、突变原理、边际效应原理**而发挥功能，使环境从根本上改变自生境运动方向展开逆向编程，环境由此拾级而上朝生境丧失、环境悬崖、悬崖自崩溃方向运动。

探索环境逆向编程机制和层累原理、突变原理和边际效应原理，是为了掌握环境规律，实施环境治理。

环境治理的根本目标，是重建**环境生境**，实现"自然、生命、人"合生存在和"环境、社会、人"共生生存，亦可谓实现"人与天调，然后天地之美生"① 和"天人之美生"。

环境治理的基本任务，是防治**环境灾疫**，它是对因为环境逆向编程生成的所有气候灾害、地质灾害以及由此滋生的流行性瘟病的简称。

防治环境灾疫，要改变自然主义立场、就事论事的经验主义认知方式和唯效益主义经济观，从整体上构建**"预防治理为本、救助治理为辅"**的国策，在预防环节确立**"治理为本，防范为辅"**的战略。②

环境治理的基本路径，是**减排化污、恢复气候、重建生境。**

实施国家环境治理必须表本兼治。表本兼治呈双重结构努力：在表层结构上，治表，是控制和减少二氧化碳等温室气体及其他污染物的排放；

---

① ［清］戴望：《管子校正》，中华书局 2006 年版，第 242 页。

② 唐代兴、杨兴玉：《灾疫伦理学：通向生态文明的桥梁》，人民出版社 2012 年版，第127—150 页。

治本，是净化地球和大气中的污染物质，恢复地球和大气层的自净化功能，最终恢复气候，这不仅需要改变生产方式和消费方式，更需要改变生存方式和生活方式。这就需要推进社会经济、生产和消费全面转型，恢复大地自净化功能。在深层结构上，治表，是探索可持续生存式发展方式，推动经济、生产和消费全面转型；治本，是重建社会基本结构，实施"小政府、大社会"，建立"利用厚生"的社会发展方式和"简朴生活"的生存方式。

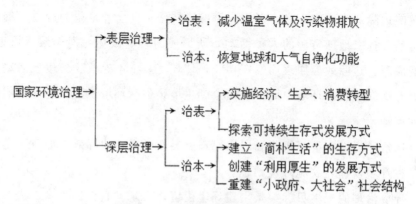

图导-4 环境表本兼治的双重结构

以防治环境灾疫为基本任务，实施减排化污来恢复气候，实现生境重建，包括自然环境生境和社会生境的重建，这既是遵循**生境逻辑法则**重建**生境利益生殖机制**的过程，更是遵循**限度生存原理**再造人性的过程，这一双重过程的展开和实现，就是**生境文明**，即以生境主义为价值引导，以生境化为目标的生态文明。

6. 环境治理学的学科蓝图

以如上概念体系为认知框架和逻辑结构，环境治理的学科蓝图获得如下呈现。

环境治理学得以创建的理论基础，是环境学和当代哲学。正在形成的环境学，将以**大科际整合**方式贯通气候学、地球科学、宇宙科学、物理学和生物学等学科知识和方法，发掘它们之间的内在关联和共守原理，为环境治理学学科蓝图建构提供自然依据和科学原理，即为环境治理学建构**自然律**基石；已初成体系的当代哲学即生态理性哲学，为环境治理学的学科建构奠定存在智慧和**人性再造**底色，即为环境治理学建构**人文律**土壤。

以环境学为自然律基石，以生态理性哲学为人文律土壤，环境治理学学科蓝图既可以两维方式呈现，也可以三维方式呈现：以两维方式呈现，环境治理学学科蓝图由环境自然学和环境社会学构成，而环境社会学客观地存在认知和实践两个维度，前者是环境哲学，后者是环境社会科学；以三维方式呈现，环境治理学学科蓝图由环境自然学、环境社会科学和环境哲学构成。下面将按三维构成方式对环境治理学蓝图予以简要勾勒。

环境自然学的全称是环境自然科学，按国际通行称谓，应叫做环境科学（environmental sciences）。遵照国际通用的理解，所谓环境科学，是指许多门与环境有关的自然科学。环境科学实际上是一个学科群概念，即当问题环境引来相关领域的自然科学的持续关注，并将其作为该学科的全新研究对象时，该学科就因对问题环境的关注和研究而产生具体的环境科学。比如，当人力持续增强地征服自然、改造环境、掠夺地面资源和地下资源，导致整个地质生态发生根本性裂变这种状况进入地学研究视域，引来地学学者研究时，由此产生一门新型的综合性自然科学，这就是环境地学。环境地学，就成为一门名符其实的环境科学。

环境科学作为一个开放性的学科群，它将根据环境问题向纵深和广阔两个领域扩展的程度，引发越来越多自然科学参与对它的研究，从而形成日益庞大的环境科学学科群体系。仅目前论，比较成熟的环境科学是环境地学、环境化学、环境生物学、污染生态学、环境医学、环境数学、环境史学等。在处于开放形成状态的环境科学学科群里，与环境相关的自然科学运用该学科知识、研究方法研究环境问题，为解决环境问题提供自然科学依据、研究方法或评价工具。

环境社会科学是指各社会科学学科参与环境问题研究所形成的环境社会科学群。环境社会科学作为一个学科群概念，仍然呈现开放生成性取向，这是因为加速恶化的环境引发越来越多的社会科学学科的关注和研究，环境社会科学迅速壮大。仅目前论，已初成规模的环境社会科学新学科有环境社会学、环境经济学、环境政治学、环境法学、环境管理学、环境教育学等；并且，环境制度学、环境公共政策学、环境科技学、环境消费学、环境公共卫生学、环境媒体学、环境舆论学等新型环境社会科学学科正处于迅速形成之中。

　　环境治理学学科蓝图所呈现的第三部分内容，就是环境哲学。环境哲学从存在论入手来探讨环境逆向运动的自然原理和运作机制，为人类矫正自己对环境的错误认知和无度行为提供反思的智慧、方式和方法。环境哲学的主要构成是环境本体论、环境认知（即知识）论、环境伦理学、环境美学和环境治理方法论。环境伦理学构成环境哲学的实践论形态，它具体展开为环境生命伦理学、环境灾疫伦理学、环境气候伦理学、环境医学伦理学、环境生物伦理学等实践学科。其中，环境灾疫伦理学和环境气候伦理学构成环境伦理学的综合性学科。

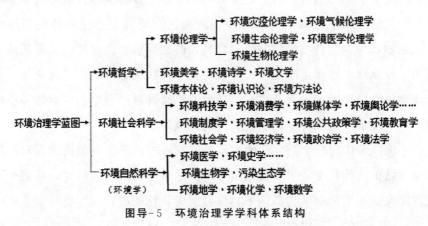

图导-5　环境治理学学科体系结构

第一篇

基础理论与方法

第一章 环境存在中的哲学理论

　　环境存在中的哲学，就是环境哲学。环境哲学蕴含在环境存在中，环境研究者对环境哲学问题的思考，必先进入环境世界，发现环境存在。

　　对环境哲学（environmental philosophy），我从来虔诚地敬仰，但通观现有环境哲学研究成果，与其历史不相配。环境哲学研究虽已近 40 年，但并没有形成相对自洽存在的自我，而是形象杂芜，问题甚多甚至相互纠缠。溯其原因，实乃自身在源头定位上出了差错。从复杂性角度观之，任何事物都具有对初始条件的敏感依赖性，并且经历时间的孕育，这种敏感依赖性总会将自己变成另一个自己。环境哲学就是这样，它从一开始就将自己作为"环境伦理学"（environmental ethics）的别称，致使它直到现在都没有找到自己的独立方位。由此，讨论环境哲学问题的基本任务，是厘清环境哲学与环境伦理学的区别，确立环境哲学的独立空间、独特视野、独立功能和作用。

　　以整体姿态审视环境研究，不可或缺的基本维度，就是环境哲学。对环境问题展开哲学审查形成的智慧成果，应该成为整个环境问题研究的指南。然而，环境哲学研究并没有肩负起如上使命，究其原因，在于我国的环境哲学研究也如同其他许多领域一样，始于对国外"新话语的引进"或"新题材炒作"的"评价性研究"，缺乏独立自主的问题探究意识。所以，一方面环境哲学研究者经历岁月打磨后亦对这种"研究模式"深感不满，期望能建构起属自己的学科话语和理论体系，以此可以在西人面前"站着说话"；另一方面又本能地热衷于以一种感觉化的方式将西人的东西视为"圣经"，不允许有任何"异端邪说"的出现，并将一切不符合西人的东西都视为离经叛道。环境哲学研究的这种状况构成了环境哲学领域的"冰山"困境。这种困境来源于认知思想的贫乏和基础理论选择的错位。仅后者论,环境哲学研究的困境,直接源于研究者将环境哲学嫁接在生态学这棵树上,认为生态学才是环境哲学研究的理论基础和思想认知源泉。

以正本清源的姿态审视生态学,它并不构成环境哲学的理论基础和认知源泉,这是因为,环境哲学的真正智慧源头是哲学和环境学。环境哲学构成哲学和环境学的**共同实践形态**;哲学和环境学分别为环境哲学提供**理解的方式**和**认知的方式**。以理解的方式审查环境,形成环境本体论,包括环境本原论、环境生成论和环境本质论:环境本原论探讨,必然发现宇宙创化的野性狂暴创造力与理性约束秩序力的对立统一张力;环境生成论拷问,必然指向对环境自组织机能的把握;环境本质论考察,必然揭示环境的内在**生生**本性和外在**自在**方式。以认知的方式审查环境,则形成环境认知论,它关注环境存在演变的自生规律及运动机制,包括环境认知的依据、前提、条件和环境认知的范式与途径以及环境知识生成论。反过来看,环境科学是对环境的正面研究,意在于多元探求环境的自生规律及自在运动机制,由此形成宇宙环境科学和地球环境科学。环境哲学是环境的反面研究,意在于探讨环境变异规律及逆向运动机制。由此形成的环境哲学本体论研究和认知论研究必然为实践论研究所统合,或曰,将哲学的理解方式和环境学的认知方式统合起来的是**实践的**方式,这就是环境伦理学,它着重解决三个基本问题:一是确立环境道德的基础,构建环境原理;二是明确环境道德的边界,确立"自然、生命、人"合生存在和"环境、社会、人"共生生存的机制;三是实现传统伦理对环境伦理的融会和环境伦理对传统伦理的贯通,构建以生利爱原理和权责对等原理为导向的环境-伦理规范体系。

一、环境哲学的自身位置

1. 环境哲学的常识认知

环境哲学的研究起点　环境哲学产生于 20 世纪 70 年代,它的直接动力是生态学，生态学发展把人与自然之间的生态关系矛盾突显出来，使环境的生态危机得到最充分的暴露，生态学由此展开了对环境生态危机的深层哲学拷问，环境哲学由此诞生。

中国对环境哲学的研究起步比西方国家要晚 20 年。对环境予以哲学思考，始于 1979 年，以余谋昌《环境科学的几个哲学问题》（《新疆环境保护》1979 年第 3 期）为标志。其后，马志政先后发表《环境问题的哲学思考》（《哲学动态》1987 年第 6 期）、《环境：一个哲学范畴》（《兰州学刊》1988 年第 4 期），粟石恒（1989）、白屯（1991）、陈国谦（1994）等人也围绕"环境中的哲学问题"做过思考。"环境哲学"概念，于 1993 年在周昌忠的《中国传统哲学天人关系理论的环境哲学意义》（《自然辩证法通讯》1993 年第 6 期）中正式提出。西方环境哲学思想引进中国学界始于 1990 年，《国外社会科学》1990 年第 9 期刊发了李志更翻译的 R. 沃特森的《环境伦理学中的哲学问题》，但最早正面译介西方环境哲学思想、理论的是刘耳和叶平，他们同于 1999 年分别发表了《西方环境哲学述评》（《国外社会科学》1999 年第 6 期）和《对环境哲学实质的考察》［《哈尔滨工业大学学报（社会科学版）》1999 年第 1 期］，正式开启了中国的环境哲学研究。自 1999 年至 2017 年 6 月，以"环境哲学"为篇名的文章达 630 篇（数据来源于 CNKI 中文数据库）；从 2000 年第一本环境哲学著作（林娅：《环境哲学概论》，中国政法大学出版社 2000 年版）问世，到 2016 年，国内已出版环境哲学著作 17 本，生态哲学著作 6 本。

如上成果表明，中国环境哲学研究虽然起步较晚，但成果颇丰。从整体观，中国环境哲学研究体现两个特色：一是在理念层面，基本上属于对西方环境哲学思想成果的引进性或评价性研究；二是在视域范围方面，展开了较广泛的拓展，这种视域拓展研究几乎涉及每个相关领域，形成一种趋势，即力图使研究回归到主流思想的轨道上来。

要真正理解中国环境哲学研究的特色，需要理解西方环境哲学的整体状况。从整体讲，由于环境哲学源于生态学，其思维-认知视域和赖以立足的基本理论与表述模式，都体现生态学特色。这突出展现为两个方面：

一是生态学对生态危机的思考，引发出环境哲学的环境危机主题，奥尔多·利奥波德的土地伦理、肯尼思·艾瓦特·博尔丁的宇宙飞船经济学理论、加勒特·哈丁（Garrett Hardin）的公地悲剧理论等，都从不同角度以新颖方式探讨人类生存环境的危机，并企图将这种经验得来的东西上升到理性高度，以求赋予其普遍价值，使之获得参照系或尺度功能。人类生存环境的危机实际上是人类**自为**的结果，人类这种自为性来源于两个方面的自我定位：人类对自我的主观定位和对自然的主观定位。前者以主观方式定位人，将人视为宇宙的中心、自然的主宰，由此确立人的唯自我目的论，它的呈示形态是人类中心主义，其基本诉求是物质财富无限幸福；其生存准则是傲慢物质霸权主义和绝对经济技术理性；其行动指向是向自然要财富，向地球索幸福，用通俗的话讲，就是"与天斗其乐无穷，与地斗其乐无穷"。后者以主观方式定位自然，认为自然没有生命，因为人类存在需要才获得价值，由此确立起自然的唯手段论，它的呈示形态是自然的使用价值观。洛克（John Locke）宣称："对自然的否定，就是通往幸福之路。"必须把人们"有效地从自然的束缚下解放出来"，因为自然世界中"仍有着取之不尽的财富，可让匮乏者用之不竭"。① 对此二者的反思必然引出环境哲学探讨的第二个方面的内容：为了使自然摆脱人类手段论的控制，环境哲学必须对自然的目的性存在进行合法性证明，其中心话题展开为三个相互关联的维度，即自然的内在价值论争、动物的权利争论和环境人权的求证。

如上两个方面，既展示了环境哲学的特征，也呈现环境哲学的视野局限。从理论与实践两个层面观之，近40年来西方环境哲学思潮始终囿于伦理的范畴，因而，环境哲学始终在环境伦理学的视野范畴内展开自身，几乎每个环境哲学家都把环境哲学和环境伦理学视为同一个东西。西方环境哲学所敞开的这种基本视界，在中国环境哲学探讨中得到了较充分的表现；并且，从整体讲，中国环境哲学探讨无论在深度或广度上，都没有超

---

① 转引自［美］杰里米·里夫金、特德·霍华德：《熵：一种新的世界观》，吕明、袁舟译，上海译文出版社1987年版，第23—24页。

过西方环境哲学。

我之所以做如上简要陈述，意欲表达一个基本判断：西方 40 余年的环境哲学研究，产生出了多种学说、理论、观点，为当代环境哲学的发展耕耘出了肥沃的土壤，奠定了很好的基础，提供了必需的价值框架和宏观原则。但客观地看，西方环境哲学家们所思考的问题，都是环境哲学的外围性问题。当然，对这些外围性问题谋求解决，是进入关注环境哲学之自身问题的必须路径。并且，一旦通过广泛持久的论争使这些外围性问题得以初步澄清，环境哲学的本体问题就会自然得到突显并以此构成环境哲学研究的重心。本章就是在这样一幅背景画面上尝试致思环境哲学的自身问题。

概念释义及思维清理　环境哲学研究从起步到今天，一直伴随两个基本问题：一是环境哲学与生态哲学的关系，有人将环境哲学视为生态哲学的一部分，也有人把生态哲学看作环境哲学的一个领域，但更多的人把环境哲学和生态哲学看成是"同一个学科的不同说法"；二是环境哲学与环境伦理学的关系问题，这个问题表述为环境哲学就是环境伦理学，或环境伦理学就是环境哲学，即使间或有人想将此二者分开，也最终无功而止。

第一个问题涉及环境哲学蓝图构建需要解决的外围性问题，思考和解决环境哲学与生态哲学的关系，是在为环境哲学确立自身的外延，或者说范围疆界。根据基本的学理常识，凡是能称之为一门"学"者，总是必然要与另外的各"学"区分开来，因为它之所以可以成为一"学"，必须有标识独立存在的特性和疆域规定性。因而，把环境哲学和生态哲学看成"同一学科的两种不同说法"的观念，有待于重新检讨。

从学科分类学和学科生成论观，生态哲学隶属生态学的分支学科，它是对人与自然以及人与生命世界之间何以可以并能够构成动态生成的生态关系予以存在依据的探讨和最终理由的提供的一门学科，所以生态哲学属生态学的基石学科。但生态学隶属生物学：在庞大的生物学学科群体系中，生态学（ecology）是专门研究生物与环境之间互动关系及生成机理的科学，或可看成是"研究动物与其有机及无机环境之间相互关系的科学"

[恩斯特·海克尔（Ernst Heinrich Haeckel）]。因而，生态学的研究重心是动物与其他生物之间动态变化的损益（即有益或有害）关系。从严谨学科分类学看，作为对生态学问题予以哲学审查为己任的生态哲学，应该属于自然哲学范畴。

环境哲学的产生与发展，确实与生态哲学有关联，并且还有渊源关系，但二者客观地存在着研究对象范围的区分：生态哲学研究的对象范围由生态学所规定，它关注的基本问题是生物世界中动物与环境的互动关系；环境哲学研究的对象范围由人类社会学所规定，它关注的基本问题是人与环境的互动关系。正是因为这一区别，环境哲学应该隶属环境学的分支学科，它是对人与环境之间何以可以且必须达成一种良性生成关系予以存在依据的探讨和法则、原理、价值尺度的提供的一门学科。因而，环境哲学属于环境学的基石学科。进一步看，环境学所研究的是**社会的环境**问题和**环境的社会**问题，这些研究无疑要涉及自然，与自然科学研究形成许多交叉性，但它仍应该隶属于人文社会科学。从学科分类学讲，环境哲学应该属于社会哲学的范畴。

第二个问题涉及环境哲学蓝图构建需要解决的内部问题：思考和解决环境哲学与环境伦理学的关系，是在为环境哲学确立自身的学科体系。

对这个问题的思考，需从常识入手，无论以古代的哲学理念为依据，还是以今天的学科划分标准为参考系，哲学和伦理学都不属于同一个分类标准下的并列学科，更不是可以互用的同一个东西。以古代哲学理念为依据看，哲学是人类的最高智慧形态，伦理学是哲学的组成部分，它是哲学向下行引领或指导人及社会生活的普遍方式和实践方法论。从现代学科分类观之，哲学属于一级学科，伦理学是隶属于哲学的二级学科之一。这是一个常识，学理探讨必须尊重这一基本常识。以此为依据，环境伦理学只是环境哲学的构成部分，由此形成它们的研究对象和侧重不同：环境伦理学探讨人与环境之间生成关系重建的目的论、价值论、原则论和规范论等基本问题；环境哲学探讨人与环境之间的生成关系得以重建的最终依据、理由、法则、公理等基本问题。

如上区分要得到普遍确立，必须重新审视"环境哲学"这个概念。

首先看"哲学"这个概念。在古代智者那里，"哲学"是一个很神圣的词，它意味着对存在本身的问题予以反思和追问。这种反思和追问一旦落实到具体的存在者（或者说存在对象），就是对其存在根基、存在原生状态、存在原始关联以及存在自身所蕴含的内在规定（法则、原理、动力）的审查与拷问。因而，哲学运用到环境问题上时，也应该使其保持自身的纯粹性。

然后看"环境"这个概念。环境哲学家们对它的描述性定义很多，但归纳起来不外乎两种方式，即具体方式和抽象方式：

> 环境，指的是影响人类生存和发展的各种天然的和经过人工改造的自然因素的总体，包括大气、水、海洋、大地、矿藏、森林、草原、野生物、自然遗迹、人文遗迹、自然保护区、风景名胜区、城市和乡村。[①]

> 环境的概念指的或许是，或者应当是，人们可以生活的地方，这对所有人概不例外。[②]

第一个定义从具体入手，意在揭示环境的构成及何以构成。第二个定义从抽象入手，力求展示环境由什么生成并最终成为什么。这两个定义体现了对"环境"定义的两种类型。比较而言，第二种类型的定义更适合于环境本身。因为从根本讲，"环境"相对人而论，没有人或人没有以主体性身份参与其中，环境就不存在。尽管如此，第二个概念也有其视域局限。更准确地讲，环境是指人类生命**实际生活**和**可以生活**的地方，这对所有人来讲概不例外。但人类实际生活和可以生活的地方，只有进入人的意识的视野，使之成为生存性的审视对象时，它才构成"环境"。

当分别界定了哲学和环境这两个概念之后，再来看环境哲学，它所关心的是人类生命实际生活和可以生活的地方如何才可能成为生境的问题。

---

① 裴广川主编：《环境伦理学》，高等教育出版社 2002 年版，第 18 页。

② ［英］E. 库拉：《环境经济学思想史》，谢杨举译，上海人民出版社 2007 年版，第 219 页。

环境哲学就是面对种种环境危机为重建人类生境提供最终存在理由、人性依据、生存公理、价值尺度和行动原则的学问。

2. 环境哲学的两个来源

将环境哲学与环境伦理学等同，这从未有过疑问。用生态伦理学（比如霍尔姆斯·罗尔斯顿）、生态哲学（比如纳厄斯等人）指涉环境哲学，也得到较为广泛的宽容性理解，因为从事环境哲学者——无论在西方或在中国——都或多或少从生态学那里获得启发，因而大都将生态学看成是环境哲学思想形成的重要理论基础。但正是这种几近本能的渊源意识，才导致了对环境哲学的"失身"性理解和定位。

客观论之，环境哲学虽然与环境伦理学、生态伦理学、生态哲学有关联性，但绝不构成等同关系。要辨明这一点，须从学科分类学和学科构成论两个方面入手。

环境哲学的哲学来源　在人类知识生产学科化的时代，任何方面的理性致思，都将（主动或被动）承受学科分类学的框架，从而获得相应学科归属。以此来看环境哲学，如下两个问题构成了环境哲学如何确立自身的根本问题：

（1）环境哲学的学科归属于何处？

（2）环境哲学的学科身份何以确定？

审视这两个问题，就会发现生态学并不构成环境哲学的来源，因而生态学也没有资格构成环境哲学的理论基础，人们将生态学视为环境哲学思想形成的重要理论基础，是基于急功近利地以断源截流方式从生态学那里吸收营养，却忽视了对本属于自己的源头智慧的吸取。

环境哲学的源头智慧有两个：一是哲学，二是环境科学。

从哲学看，环境哲学是**哲学的实践形态**，因而，它的第一个来源是哲学。

既然环境哲学来源于哲学，那么，它在哲学中应该居于什么位置？这需要从哲学的构成性角度来审视。

考察哲学的构成性，有两种并行的方式：一种是范围构成式，一种是内涵构成式。

范围构成式其实就是现行的统一学科分类法：哲学被定位为一级学科，下设中国哲学、外国哲学、伦理学、逻辑学、美学、科技哲学等二级学科。这种划分既没有逻辑规则，也没有意义的内在关联性：就前者论，将哲学划分为中国哲学与外国哲学，既是以地域为标准，也是以自我为尺度；但将伦理学、逻辑学、美学、科技哲学与中国哲学、外国哲学并列，哪怕是很勉强，也找不出什么划分的"标准"或"尺度"。就后者论，这种学科划分下各并列的"二级学科"之间，难找到其内在关联性。虽然如此，这种根本没有章法和依据的学科分类法，却被学术管理体制所认定，由此形成学科分类的主导性认知模式。与此不同，其内涵构成方式是哲学的语义生成性方法：哲学（philosophy）意即爱智慧，这源于词源学规定：希腊文 philia 乃"爱"或"友谊"之意，sophia 即智慧。由此形成哲学关注三个方面的问题：一是存在本性的拷问，由是形成形而上学（meta-physics），亦即人们通常所讲的哲学本体论，它展开为三个维度，即世界存在的本原论、生成论和本质论；二是知识（或真理）探讨，即什么可以认知和如何认知以及真正的知识是如何构成的，即认知论（epistemology）；三是德性生成的研究，即道德如何生成德性和德性怎样生成美德，这就是伦理学（ethics），也就是人们通常所讲的哲学实践论，康德（Immanuel Kant）将其概括为实践理性（Praktische Vernunft）。

在哲学的内涵构成中，哲学对存在本性的拷问，必然自我超拔达向神学，这是哲学的上升之路；哲学对德性生成的关注，必然伫立大地统摄政治、经济、法律、教育。将此二者统一起来的是认知论，具体地讲就是逻辑、知识、真理，它所达到的是自由和美。

哲学与其他领域的关联，往往通过实践（包括认知实践和方法实践）本身而实现。哲学作为人类存在的最高智慧，它因为人的存在和生存获得**上天入地**的全景视域性的实践功能，由此形成各种实践哲学，比如管理哲学、政治哲学、法哲学、科学哲学、艺术哲学、宗教哲学等，环境哲学就是如此实践意义上的**哲学实践形态**。

在现实生活运动进程中，哲学的实践形态往往被人们理解为部门哲学或实践哲学，大而划之，的确可这样说，但实际上不是这样：部门哲学通常指从某个特定领域里归纳、提炼出来的并涵摄此领域的基本认知理念和操作准则及方法；实践哲学通常指从整个社会劳动中提炼、抽象出来的一般认知理念、准则和方法。与此二者不同，哲学的实践形态，是指以**哲学的方式**去观照实践问题，以求得根本的解决（比如本体解决、认知解决、方法解决、操作行动解决）之道。这里所讲的哲学的方式，既是古希腊人对"哲学"的原初定义方式，即爱智慧方式，也可通俗地表述为"理解的方式"："哲学既非事关知识的扩展，也非事关世界新真理的获取；哲学家也不占有其他人得不到的信息。哲学并非事关知识，而是事关理解；也就是说，哲学事关已知事物的条理。"[①] 哲学的实践形态，就是哲学以自身方式理解具体领域的已知事物，以及这些已知事物的形成性智慧与本体性存在方式。

数学家和有机论哲学家怀特海（Alfred North Whitehead）曾认为，欧洲哲学传统所形成的最可靠的特征是：后来所有哲学成就都不过是对柏拉图（Plato）思想的注释而已。表面看，怀特海之论有夸饰柏拉图之嫌，但从实质讲，怀特海客观地陈述了一个历史性存在事实，那就是后世欧洲哲学始终没有真正摆脱柏拉图。欧洲哲学之所以没有摆脱并且也不想摆脱柏拉图，是因为柏拉图构建起了哲学理解世界的总体性框架和基本路径，这就是他区分并突显了存在的本体的世界（world of being）和存在的形成的世界（world of becoming）。哲学作为对存在的理解方式，它是从本体的和形成的两个维度展开的：存在的本体的世界，或可说是赫拉克利特（Heraclitus）所讲的"变中不变"的世界；存在的形成的世界，或可说是赫拉克利特所讲的"不变中变"的世界。哲学就是从**整体入手**来理解存在的"变中不变"和"不变中变"之两维世界；哲学的实践形态则是从**具体入手**来理解存在的"变中不变"和"不变中变"之两维世界。因而，哲学达

---

① ［英］安东尼·肯尼：《牛津西方哲学史》第 1 卷，王柯平译，吉林出版集团有限责任公司 2012 年版，第 3 页。

向实践领域的任何形态，都必然涉及对存在的本体的世界和存在的形成的世界的理解。换言之，哲学的实践形态的展开同样面临对存在之本性、存在之认知和存在之伦理的理解问题。

以此来看环境哲学，它就是以哲学的方式来对我们存在于其中的环境的理解，即理解我们已知的环境及已知环境的形成性智慧和本体性存在方式，由此形成环境本体论、环境认知论和环境实践论。

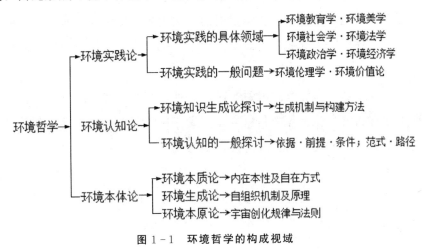

图 1-1 环境哲学的构成视域

环境本体论包括环境本原论、环境本质论和环境生成论：环境本原论探讨必然发现宇宙创化力，即宇宙律令，具体地讲是宇宙野性狂暴创造力与理性约束秩序力之对立统一张力；环境生成论拷问必然指向对环境自组织机能的把握，即对环境自生境编程原理及运作机制的发现（参见第二章）；环境本质论考察必然揭示环境的内在生生本性和外在自在方式。

环境认识论涉及三个方面：一是环境认知何以可能，包括认知环境的依据、前提、条件；二是如何认知环境，即环境认知的范式和路径；三是环境知识的生成机制与构建方法。

环境实践论将环境哲学推向广阔领域，使之与人的存在敞开的方面联系起来，形成一个开放性生成构建的世界。从总体讲，环境哲学的实践论之基本问题，是环境伦理学问题，环境哲学的价值论探讨主要在这个领域的这个层面展开。环境伦理学就是构建环境哲学的实践价值论。在实践价值论规范下，环境社会学、环境政治学、环境法学、环境经济学、环境美学、环境教育学等，构成环境实践论的具体形式。概括地讲，环境哲学的实践论问题，涉及环境实践的一般问题和环境实践的具体问题，对这两个方面的内容的整体探讨和把握，就构成环境哲学的实践论。

环境哲学的科学来源　环境哲学作为哲学的实践形态，指向实践的领域是环境。环境，是被我们所**意识到的**存在世界，即被我们所意识到的存在世界，是环境；未被我们所意识到的存在世界，即人们通常所讲的自然世界。

环境虽然是被我们所意识到的存在世界，但首先且最终还是自在的存在世界。自在的存在世界，是以自在方式存在的世界，这个世界既是存在者的、生命的，也是人的。或可说，哪怕是人充斥其间，它仍然是以自在方式存在的世界。正是在这个意义上，存在世界，无论是被我们所意识到的存在世界，还是未被我们所意识的存在世界（即康德所讲的自在之物的世界），都是科学所认知的世界。所以，科学构成了环境哲学的另一个来源。

科学与哲学，有本源上的联系，有认知层面的同构性，但又有根本性区别。这种区别主要体现在两个方面：

首先，哲学和科学都面对存在世界，但哲学在于理解存在世界，因而哲学构成对存在世界的理解方式；科学在于认知存在世界，因而科学构成对存在世界的认知方式。

哲学作为对存在世界的理解方式，重心指向对存在世界之**问题**的追问；科学作为对存在世界的认知方式，重心指向对存在世界之**规律**的发现。并且，哲学作为对存在世界的理解方式，必须启动理性直观，追求形而上学，达于先验演绎；科学作为对存在世界的认知方式，必须启动感觉直观，追求经验实证，达于逻辑推理。

其次，哲学作为对存在世界的理解方式，融形而上学、认识论、实践论于一体，敞开的是全景视域的方法论。与此不同，科学作为对存在世界的认知方式，主要停留于认知论领域。柏拉图揭示存在的本体的世界和存在的形成的世界，其实也是在为形而上学和认识论分界，或者说是在为哲学和科学分界：存在的本体的世界，感觉、经验、实证以及观念逻辑的推论等都将失效；与此相对，科学只能在存在的形成的世界中发挥功能，这就是亚里士多德（Aristotle）之所以将形而上学定位为"物理学之后"的理由。

亚里士多德总结希腊哲学，以物理学为主体形式，他所讲的"物理学之后"，究其实，可理解为"物理学之上"，以此与"物理学之下"相对应：亚里士多德构建哲学体系之所以以物理学为主干，是因为希腊哲学的最初形态是以物理学和数学为基本内容的自然哲学，通过它才开启了一般哲学，即形而上学，亚里士多德将其称为"第一哲学"。亚里士多德哲学体系以物理学为轴心而形成形上和形下两大部分：物理学之上，是形而上学，这是对存在的本体的世界的理解的必须道路；物理学之下，就是实践的科学。亚里士多德构建哲学体系，不仅要实现综合，更为根本的是要呈现哲学发展的历史取向和历史进程。在古希腊，以物理学为主要形态的自然哲学，以认知为取向，并且以经验为基础，以理性为方向。但也正是这种经验理性思维的局限激发自然哲学自发突破经验理性束缚展开观念理性之思，这种新的思考方式发轫于毕达哥拉斯学派，经过爱利亚学派和柏拉图等人的努力，开辟出**认知向上**的形而上学；与此同时，经过智者运动，尤其是苏格拉底（Socrates）的努力，从经验理性转向观念理性的努力中开辟出实践探讨的广阔天地。亚里士多德以物理学为界标，将**向上行**的探讨称之为形而上学；将**向下行**的探讨称之为实践的科学。从知识论角度看，前者是理论的知识，后者是实践的知识。但亚里士多德还认为，早期的纯认知的自然哲学向生活世界拓展所形成的生活智慧成果，除了政治学、伦理学等实践的知识外，还有一类视野更广阔、内容更丰富的知识形态，这就是创制的知识。亚里士多德将这类知识形态归纳为创制性的知识形态，意在于区别政治学、伦理学等实践的知识形态：实践的知识形态，呈**实践规则、实践原理、实践方法论**取向，或可说其探讨侧重于以生活世界的实践规则、原理和方法论为主题；创制的知识形态，却呈**技艺**取向，即主要考察实践的操作方式、程序、方法。在亚里士多德看来，对实践的知识的探讨，更多地解决**实践认知**的问题；对创制的知识的探讨，更多地解决**实践操作**的问题。亚里士多德之所以将表面看来各不相关的诗学（即美学）、医学、建筑等领域探讨的知识成果从实践的知识中剥离出来，称之为创制的知识，是因为诸如医学、建筑、文学创作等领域所形成的知识系统，表面看虽然各不相属，但实际上却呈共性取向，那就是实践操作的技艺。技艺，就是对生产规律和方式的发现和运用；对技艺的发现和运用，就是创造和制造，就是生产。对技艺的发现，就是对生活世界中的实践操作的程序、技术、方式、方法的系统总结。正是在这个意义上，我尝试将亚里士多德所总结归纳的创制的知识，称之为**技艺学**。

亚里士多德将哲学的实践方式概括为政治学、伦理学、技艺学，并且认为在实践的科学中，政治学高于伦理学〔笛卡儿（RenéDescartes）认为伦理学高于政治学〕。由此，科学获得严格的自为边界：向上，科学的边界是形而上学；向下，科学的边界是伦理学、政治学等实践的科学。

科学作为对存在的世界的认知方式，只关注存在的形成的世界，认知它何以可能和怎样认知它，为人们尽可能理解不断形成的存在世界提供认知的基本知识、方式和方法。由于边界的限定，科学侧重于训练人们的心智，或者说开发我们的智力，拓展人们的感觉并提升我们的经验；面对心灵、情感、意愿、美等，科学则显示出更多的无能为力，因为心灵、情感、意愿、美要以灵魂为本体，以自由意志为源泉，以生命激情为原动力，需要开启先验天赋，形而上学却为其提供了激励方法和理解方式。实践之于社会，不仅需要经验，更需要理性；实践之于个体，始终是心灵、情感、意志、理性、感觉、经验接受价值引导的**境遇性**涌现行为（emergent behavior）。所以，科学只能走向认知实践，如果要走向操作实践，必须与哲学结合，更具体地讲，伦理学是哲学达向生存实践的普遍方法论和基本方式，科学向走向实践，必须与哲学之实践方式伦理学相结合。换言之，科学要从认知实践（思维与心智训练）达向操作实践，必须接受伦理的规范，并且只有通过伦理规范才可进入政治、法律、经济、教育、文化等领域。

通过如上思路清理，再回过头看环境哲学，环境哲学的关注对象是环境，但环境首先不是并且最终不是环境哲学的专有研究对象。在原初的或者本来的意义上，环境是科学研究的对象，由此形成环境学。环境学实际上由三部分构成：首先，环境学的一般认知研究，主要是对气候学、地球科学、宇宙科学、物理学、生物学这些有关于环境的基本学科认知、学科智识、学科方式之间的内在关联、自然依据、共守法则和共通原理的探讨和揭示，以此构成环境学的基础理论，以统摄环境科学和环境哲学。

其次，环境科学是环境学的具体认知研究，由此形成环境学的领域性认知论。客观地讲，环境科学是一个学科群概念，它从不同的自然科学领域出发关注环境存在演变的自生规律及运动机制。环境科学的基本形态是地球环境学和宇宙环境学，前者如地理学、地质学、海洋学、土壤学、环境化学、环境生物学、污染生态学、环境医学、环境数学等，都是地球环境学的具体学科形态；后者如天文学、宇宙学、气候学、气象学等，是宇宙环境学的具体学科形态。整体观之，地球环境学和宇宙环境学各自不断辐射形成既相互交叉又相互独立的开放性学科体系。其中，数学是环境科学的思维工具，物理学是环境科学的理论基础，环境史是环境科学的认知指南。

最后，环境哲学是环境学的实践形态，它关注环境存在演变的变异规律及运动机制。换句话讲，环境科学是环境学的正面研究，它从不同方面、不同领域探讨环境**自在**运动的规律和机制，为人类提供了解环境、认知环境、实践环境的知识、方法、智慧；环境哲学则是环境学的反面研究，它从不同方面、领域探讨环境**逆向**运动的规律和机制，为人类矫正自己对环境的错误认知和无度行为提供反思的智慧、方式和方法。这是环境哲学在环境学中的基本定位。在这一明晰定位下，环境哲学同样不是对环境的领域性研究或者方面性研究，而是对环境予以整体性的实践论研究。

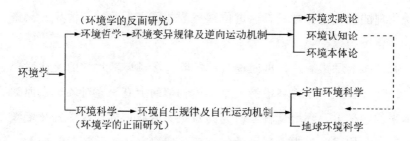

图 1-2 环境学研究的对象范围

二、环境哲学的思想基石

1. 环境哲学的哲学基础

视野与范围 概括上述，环境哲学有两个来源：一是哲学，二是环境学。这两个来源使环境哲学在认知及功能发挥方面获得了双栖性，即环境哲学既是理解方式的，也是认知方式的。并且理解方式和认知方式必须统一，这种必须的统一最终只能通过**实践的方式**才能达成。具体地讲，环境哲学的理解的方式和认知的方式必须通过伦理的方式才能达成。

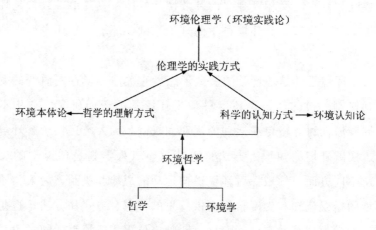

图 1-3 环境哲学的展开方式

上图展示环境哲学的基本构成框架。

　　环境哲学的底座是哲学和环境学。并且，哲学和环境学分别构成环境哲学的知识源泉，也为环境哲学提供不同的认知方式和思维方法：哲学为环境哲学提供先验的和超验的理解方式以及反思性的定性研究方法；环境学为环境哲学提供经验的认知方式和实证性的定量研究方法。

　　实证性的定量研究方法，贯穿价值中立、追求客观真实的诉求，它具体呈现为材料和数据的分析。环境哲学研究须立足于环境事实本身，真实反映环境变异、恶变或者恢复、治理的基本状况及可能性趋势，为此，必须收集材料、信息、资料、数据，并用社会学的定量分析方法对材料、信息、资料、数据予以客观分析。否则，环境哲学研究就会蹈空现实、脱离实际、忽视事实。

　　实证性的定量研究方法让环境哲学研究落地，但落地并不等于生根，更不等于正确前行。因为落地生根需要土壤的培植，正确前行需要眼睛的明亮。此二者是实证性定量方法所不能自给的，它需要反思性的定性研究方法的帮助。"无论是自然科学还是社会科学，各个学科都同时需要定性和定量研究，两者实际上不可能完全分割开，也不能把它们相互对立起来。"并且"定量分析通常是以定性分析的结果为基础，再对社会现象的变化过程、社会不同因素之间的相互作用进行数据分析，从而总结出带有规律性的结论。"① 因为定性分析是发现本质、理解规律、把握方向。在环境哲学研究中，它具有奠定基础、提供土壤、发挥指南的功能。所以环境哲学研究必须是哲学与科学的统一，或是哲学的理解方式和科学的认知方式的统一。

　　在环境哲学中，哲学与科学的统一、哲学的理解方式与科学的认知方式的统一，必须要有媒介，这就是伦理学的方式，因为伦理学既是实践的，更是理论的。伦理学的理论诉求，使它开辟形而上道路，追求以理解的方式看世界；伦理学的实践诉求，使它开辟形而下道路，追求以认知的方式看世界。并且，伦理学对实践的关注，不仅仅停留于认知层面，还要指向操作实践，并且必须指导操作实践。所以伦理学的实践方式，既是认

_____

　　① ［美］谢宇：《社会学方法与定量研究》，社会科学文献出版社 2012 年版，第 11 页。

知实践的方式，也是操作实践的方式，是认知实践方式和操作实践方式的有机统一，这种统一最终以理解的方式为主导来完成。

由此不难看出，环境哲学作为哲学的实践形态和作为实践的理论形态，其学科构成的基本框架由环境本体论、环境认知论、环境伦理论和环境方法论和环境美学五部分构成，或可简化为环境本体论、环境认知论、环境实践论和环境方法论，环境伦理论和环境美学乃环境实践论的两个基本维度：前者为环境实践论探讨提供价值导向系统、原理原则规范体系；后者为环境实践论研究提供目标，即"自然、生命、人"合生存在和"环境、社会、人"共生生存的环境自由。

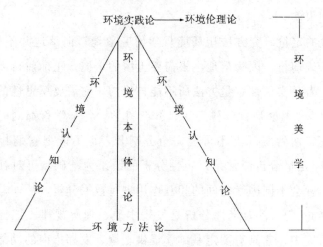

图 1-4   环境哲学研究的基本框架

以如上五大要素为基本构成框架，环境哲学形成如下广阔的学科视野、学科范围、学科群体系。

其一，环境本体论涉及环境存在论的全部问题。其二，环境认知论的展开，形成环境社会学、环境史学、环境人类学、环境文化学等具体研究领域。其三，环境伦理论的展开，首先是环境伦理学，这是环境伦理的一般研究、基础研究；在此基础上展开两个维度的探讨：一是环境伦理问题的正面具体研究，比如，目前已经展开的灾疫伦理学研究和气候伦理学研究，随着环境问题的深入，这方面的研究空间将会不断拓展，研究领域将会不断出现；二是环境伦理的拓展运用研究，目前，这方面研究的展开已逐渐产生环境政治学、环境法学、环境经济学、环境管理学、环境美学等，随着环境问题深入，这方面拓展的应用研究的新领域将会不断涌现出来。其四，环境方法论，主要探讨环境哲学研究的方法生成。环境问题，是一个开放性的形成性的复杂系统，对它展开哲学研究，必须探索和具备大科际整合方法。一般的科际整合方法，是对相邻或相近学科的理论资源、学科智识和方法予以整合运用；大科际整合方法，是指因研究对象的复杂性而跨越自然科学、社会科学、人文学术这三大领域，进行自然科学、社会科学、人文学术各领域智识、理论、方法的整合运用，这种整合最终将落实为原理分析和实证分析、定性分析和定量分析的有机运用。客观地看，环境方法论是异常复杂的环境研究问题，其详述见第三章。

一般哲学基础 环境哲学是一种哲学的实践形态，是关于环境生境丧失及其生境恢复或重建的哲学拷问，这种拷问需要一般哲学为其提供思想基础、认知视野和方法。因为任何具体的哲学实践形态，都是开辟和求解领域问题之根本道路与方法的根本性学问，但它必须接受此时代的最高智慧，即一般哲学的指引与激励，才可能使自己始终运行于正途。

当专业哲学家研究环境伦理学进入第三个十年的时候，有迹象表明，从更广泛的视角认识环境哲学正在悄然兴起。在过去20年及最近一些年中，环境伦理学讨论的问题集中在自然事物（似乎任何事物都有）的内在价值，人类是自然的一部分还是独立于自然的一部分以及在评价什么事物有资格纳入道德关怀的讨论过程中，利益、感觉和定向目标的行为的作用问题等等。然而，**这些问题如果不投入到与其他某种哲学或世界观的部分联系，就不可能被充分地揭示。**[①]

这种将环境哲学关心的主要关注点从伦理学转到本体论的努

---

① 转引自王正平：《环境哲学》，上海人民出版社 2004 年版，第 25—26 页。

力，清楚地构成了对一般的环境哲学的一个基础性的或革命性的挑战。①

澳大利亚哲学家安卓·布恩南（Andrew Brennan）揭示了这样一个应该且必须正视的事实：环境伦理学探讨必然要上升到环境哲学才可能为所涉及的基本问题谋求到正确的解决之道；环境哲学要能担当起此一任务，需要一种能够支撑它并激励它正确展开自身的一般哲学。也就是说，唯有当通过这种一般哲学的洗礼获得某种明晰的审查世界的全新姿态、视域和方法（合而言之即世界观、认识论和方法论）时，环境哲学所涉及的基本问题才可能得到最充分的揭示。所以沃里克·福克斯（Warwick Fox）才如此肯定地说道：环境哲学必须把自己从伦理学中提升出来关注本体论，去寻求本体论的支撑，这应该是当代环境哲学研究所面临的基础问题，也是经历了 40 余年努力之后的环境哲学所遭遇的一次不可避免的自我革命的挑战。

当以如此视野重新审视环境哲学时，就会发现环境哲学所开辟的自身道路中呈现出来的全部问题、困惑以及思维的混乱，都源于它缺乏一般哲学的支撑。一旦清楚环境哲学困境的根源所在，另一个问题就必须面对，即什么样的哲学才可以构成环境哲学的基石？

事实上，这个问题已经在环境哲学家们的探索中得到了自发地呈现，比如，中西环境哲学探讨的思维辐射到先秦哲学、古希腊哲学或马克思主义哲学领域寻求环境思想智慧的种种努力，都是在自觉或不自觉地寻求一种哲学的支撑。然而这种努力却忽视了一个基本的存在事实，即环境哲学所面对的是当代环境问题并为之谋求解决的根本之道。因而环境哲学所需要的哲学支撑，只能是当代哲学而不是传统哲学。这是因为，任何一个时代都有体现并引导所处时代的哲学。哲学面对的是存在问题，为解决存在问题提供最根本的理解的方式（思想、智慧和方法）。而存在问题，既具

---

① Warwick Fox, "Deep Ecology: A New Philosophy of Our Time?", *Environmental Ethics*, Vol. 14, 1984, pp. 194—203.

有永恒不变的方面，更具有变化不居的方面。其变化不居的方面，就是存在的时代性问题，或者时代性的存在问题。正是因为存在的时代性问题或时代性的存在问题，将不变的存在问题变成全新的问题，而渴求新的理解，或者渴望新的理解方式。所以，哲学永远是存在困境的时代性追问方式。作为存在困境的时代性追问的当代哲学，只能是人类传统哲学智慧与当代人类存在发展之未来精神趋向的合谋结晶。以此来看，环境哲学所寻求奠基的一般哲学，只能是正在形成的当代新哲学，即**生态理性**哲学。

生态理性哲学不是生态哲学：生态哲学所关注的是地球世界上生物与环境之间生境关系问题，其研究的基本主题是生物与环境之间生境丧失的复杂机制以及生境恢复何以可能的自然律何在。与此不同，生态理性哲学却是人类哲学发展经历了（古希腊早期的）经验理性、（古希腊至近代的）观念理性再到（现代社会的）科学理性［亦有些近似于马克斯·韦伯（Max Weber）所讲的"工具理性"］，至于当代（20世纪后期以来）应运而生的一种正在形成的新理性形态的哲学。

生态理性哲学所面对并努力求解的是"当代人类何以理性存在发展"这一基本问题，围绕这一基本问题，生态理性哲学必须为当代人类存在发展重建本体论、知识论、方法论。生态理性哲学所努力探求的当代本体论、知识论和方法论浓缩在如下六个基本命题之中：

（1）人是世界性存在者

    人不是单个的存在体，他与整个世界具有亲缘关系。这种亲缘关系决定了人的存在离不开宇宙，离不开地球和地球生物圈，更离不阳光、空气、水、土壤以及山川河流，离不开地球生命和一切存在者。人要能够成为人，人的社会要能够永续，必须具有世界性存在眼光和世界性存在胸襟，并学会具备世界性存在的生产方式、消费方式和生存方式。只有如此，人才可能学会谦卑，学会向自然学习，学会在向自然学习的过程中发现自然的智慧、宇宙的力量和生命的奥秘。①

（2）世界是生生不息的生存语义场

人的世界性存在源于世界的亲生命本性。正是这种亲生命本性，使整个世界的存在敞开，既体现确定性、秩序性，更体现非确定性、非秩序性。确定性与非确定性、秩序性与无序性，二者交互作用才生成自然、生命、人、社会的场态运动，并且生生不息。生生不息的生存语义场，构成一切存在的整体动力。人类存在及谋求可持续生存式的永续发展，最终须接受这种整体动力的推动或制约。因为，世界的场化运动，最为实在地构成了人类存在及生存敞开的整体环境；反过来看，人类存在及生存敞开的整体环境，始终在不以人的意愿为转移的自在的场化方式运行。然而，环境自在的场化运动方式，往往被人类所忽视，正是因为这个原因，才使自以为是的人类狂妄地设置二元分离的认知模式，把自然世界与人的世界截然分开，将自然世界看成是一个没有生命、任人开发的资源世界，无视自然世界的生命化、无视生命化的自然世界的场化运动，最后才导致今天人类存在安全的丧失。②

（3）自然为人立法，人为自然护法

人是自然的造物。人保持完整而安全存在的根本前提，是必须遵循宇宙律令、自然法则、生命原理，因为宇宙律令、自然法则、生命原理灌注进生命之中，构成人的生命本性。③ 人类一旦违背宇宙律令、自然法则、生命原理、人性规律，人与社会、自然、地球生命之间就会出现生存失律，导致存在无序，灾难，包括天灾和人灾必然降临。④

---

① 唐代兴：《生态理性哲学导论》，北京大学出版社 2005 年版，第 92—97 页。
② 唐代兴：《语义场：生存的本体论诠释》，中央编译出版社 2015 年版，第 4 页。
③ 唐代兴：《优良道德体系论》，中国大百科全书出版社 2003 年版，第 273—274 页。
④ 唐代兴、杨兴玉：《灾疫伦理学：通向生态文明的桥梁》，人民出版社 2012 年版，第30—35、87—122 页。

提出"自然为人立法，人为自然护法"命题，是在重建一种新存在论思想，旨在为当代人类创建生境文明社会提供全境视野和新价值坐标。因为，人类虽然创造了辉煌的文明，但一切创造的智慧源头都蕴含在自然宇宙和生命世界之中，人类的伟大，在于它向自然学习的过程中发现了自然的智慧、思想和方法、法则、规律，然后予以个性化运用。这是人类物质文明和精神文明的最终源泉。①

（4）自然、生命、人、社会相共生

世界的场态运动和世界的亲生命性，此二者决定了"自然、生命、人"合生存在和"环境、社会、人"共生生存。人、社会、自然、地球的生态状况，最终取决它们之间的共互状况，其共互状况向生成、生长方向敞开，就是生境；反之，如果朝沉沦、消解、弱化方向敞开，就会沦为死境。当代社会正在朝死境方向形成，均因为人类遗忘自然、生命、人、社会的共互生生本性，单向追求物质幸福所造成。②

（5）书写的形式化乃生态修辞方式

存在就是存有其在，存有其在必以时间为保证。唯有通过时间存在才获得存有其在的可能与现实。然而，当时间参与存在，存在被此在化：存有其在始终是此在化的在，它获得了空间性。对于存在言，时间的参与创造出空间，空间向时间敞开，既使在获得位态，也使在享有既定的朝向、并持有自性生成的方式。由此，存在，既是达向此在的过程，也是此在中存有在本身的过程，这一双向过程既暴露存在的位态、朝向、方式，也隐匿存在的位态、朝向、方式。由于暴露，天机向智者泄漏；由于隐匿，

① 唐代兴：《生境伦理的哲学基础》，上海三联书店 2013 年版，第 57—84 页。
② 唐代兴：《生态理性哲学导论》，北京大学出版社 2005 年版，第 154—156 页；唐代兴：《生境伦理的哲学基础》，上海三联书店 2013 年版，第 85—152 页。

天机始终隐藏而永远在黑暗处对众人操纵。存在的此在化暴露和隐藏，其天然方式是书写。[①] 在本原意义上，书写乃神之为，书写主体是神、上帝，或者为上帝代劳的智者，因为，存在向此在让渡，就是书写。只有当存在向此在让渡而书写时，存在的暴露与隐匿才互动生成。存在向此在让渡之书写的必然方式是形式化，唯有形式化才可在暴露中隐匿，亦或在隐匿中暴露。[②]

存在向此在让渡的时间进程和空间舞台上，形式化实现了存在的此在化本身，即此在的位态、此在的朝向、此在的方式的生成和持有，这就是生态修辞。[③]

生态修辞源于书写，是书写形式化的成果。书写有原生方式和继生方式：原生书写是自然书写，它解决存在的**本体的世界**如何生成存在的**形成的世界**、存在的形成的世界怎样回归于存在的本体的世界问题，为柏拉图所讲的本体的世界与形成的世界之间如何共生与转化提供了路径和方式。继生书写就是人力书写，它解决自然言说与人言之间的生成关联性，自然言说向人言敞开如何可能？人言彰显或遮蔽自然言说何以可能，均因为继生性书写。同时，人言如何开启人类精神的广博道路，书写形式化和形式化书写却为其提供了最隐秘的机制与方法。[④]

（6）哲学方法乃思辨与诗意的融通

哲学是对人的世界性存在的境遇性生存困境的追问，基本方式是沉思，即悟性之思和理性之思：前者开辟诗意智慧的中国传统；后者开创以"经验理性→观念理性→科学理性"为历史道路的技艺（思辨）智慧之西方传统。生态理性哲学融合贯通"不变

①　唐代兴：《生态理性哲学导论》，北京大学出版社 2005 年版，第 112—114 页。
②　唐代兴：《人类书写论》，香港新世纪出版社 1991 年版，第 29—56 页；唐代兴《生态理性哲学导论》，北京大学出版社 2005 年版，第 271—285 页。
③　唐代兴：《生态理性哲学导论》，北京大学出版社 2005 年版，第 312—326 页。
④　唐代兴：《生态理性哲学导论》，北京大学出版社 2005 年版，第 285—291 页。

中变"之思辨智慧和"变中不变"之悟性智慧基础上，以人与世界合生存在为基点，以"已在→此在→彼在"融流共生为视角，以人、文化生存场和世界存在场相向书写为视域，探寻人与天宇、大地、生命万物之相向言说的整体生存智慧；生态理性哲学以更高存在境界和更广阔生存视域，追求生存论分有与解构中谋求存在论融合与贯通，在配享融合与贯通之智慧洗礼进程中达向更高水平的分有与解构，并在新的分有与解构中开辟更为广阔无限的融合与贯通之路，以此生生不息。[①]

　　哲学在本质上是一种方法。并且，哲学的原初形态是方法。哲学家首先发现和掌握不同于先哲的方法，他才可能开辟自成一体的哲学道路。生态理性哲学对悟性之思的诗意智慧和理性之思的思辨智慧的融合和贯通，同样体现在哲学方法的创构上：能够融通悟性之诗意智慧和理性之思辨智慧的生态理性哲学，其内生性的哲学方法是生态化综合。[②]

　　生态化综合蕴含一种存在论。这种存在论从自然和人两个方面得到彰显：第一，人是世界性存在者；第二，自然为人立法，人为自然护法。它们共同表彰一个基本认知：存在于先，认知随后；并且思想、观念、命题，不过是认知的产物。因而，生态化综合首先表述两种存在事实，即"人是世界性存在者"和"自然为人立法，人为自然护法"的存在事实，然后才是有关于"人是世界性存在者"和"自然为人立法，人为自然护法"的命题、观念、思想的表达与阐述。

　　生态化综合对如上存在论思想的蕴含，使它内生巨大解释功能。这种解释功能源于它自身的存在本质，即静态的存在和动态的生变。生态化综合的这一自身存在本质，在中西哲学中其经典表述是存在之"变中不变"和"不变中变"，它是中西哲学的源

---

①　唐代兴：《生态化综合：一种新的世界观》，中央编译出版社 2015 年版，第 17—61 页。
②　唐代兴：《生态化综合：一种新的世界观》，中央编译出版社 2015 年版，第 127—274 页。

头智慧，也贯穿中西哲学演进发展全过程。生态化综合就是对古代"变中不变"和"不变中变"智慧的当代整合表述：自然、生命、人合生存在和环境、社会、人共生生存；并且，这种共在共生的存在论前提，是人、生命、自然之间存在本原性亲缘关系。这种本原性亲缘关系得以构建的内在灵魂，是亲生命性：自然（即宇宙和地球）亦是活的生命存在形态，每种生命存在形态都有亲生命本性，这种亲生命本性源于天赋生命以自身之力勇往直前、义无反顾的生生朝向。①

生态化综合的如上解释功能，使它成为具有无限整合潜力和整合前景的哲学方法。从哲学方法论角度讲，生态化综合表征为一种动力学，它既是整体的，也是局部的，是整体动力学向局部动力学实现和局部动力学向整体动力学回归。因为，生态化综合立足个体、具体、局部而强调整体，亦强调从整体到个别、具体、局部和从具体、局部到整体的内在通道性，这就是生、变、通：因生而变，为变而通，通而求新生、谋新变，再求新通以至无穷的敞开过程，就是存在敞开的生境化。从方法运用方面论，生态化综合方法是一种大科际整合方法，它是对社会-物种学方法和文化-宇宙学方法的整合创构。生态化综合方法强调生境逻辑对观念逻辑的引导，强调生态整体的认知视域，强调生境利益的根本性，强调限度生存的绝对必然性，强调整体动力学与局部动力学的统一，强调自然、生命、人、社会存在敞开的生变性、互动性和层累性，强调"人与天调，然后天地之美生。"（《管子·五行》）从运思操作角度讲，生态化综合方法呈现三维要求：一是致思必追求形而上学辩证；二是致思必以存在问题为根本驱动力，将基础理论系统建构与实践探讨有机结融合；三是必须在具体问题研究中追求系统正误与细节正误的有机统一，使问题探讨及解决之道内驻开放性生成的巨大解释张力。①

由如上六个基本命题所构建起来的生态理性哲学，可以为环境哲学展开自身工作提供整体生态的视域、本体论基石、价值生成原理和哲学方法论。具体地讲，生态理性哲学所揭示的那幅自然（宇宙、地球）、生命、人合生存在和共生生存的图景，为环境哲学的构建提供了整体、动态、生成的认知视域；生态理性哲学所揭示的呈现自然宇宙和生命世界野性狂暴创造力与理性约束秩序力之对立统一张力所展布的生生不息的生存语义场，为环境哲学的构建提供了本体论基石；生态理性哲学所发现的"自然为人立法，人为自然护法"的律令与法则，为环境哲学的构建提供了价值生成的存在论原理；生态理性哲学探讨所呈现出来的"环境、生命、人"相共生、"过去、现在、未来"相融合、"自然、社会、历史"相整合的生态化综合方法，为环境哲学的探讨与构建提供了视域融合的哲学方法论。

2. 环境哲学的基本理念

以生态理性哲学为认知基础、以方法论为指南来审视环境哲学，环境哲学的生态理性探讨，必然发现其内在支撑的认知理念，它们分别由自然失律人为论、人与环境亲缘性存在、生境逻辑法则、限度生存原理、生境利益生殖机制、可持续生存这六大环境思想构成。这六大环境思想构成了环境哲学学科建构和理论探讨的基本认知框架和具体的方法论视野。

人力征服造成自然失律 自然是指宇宙和地球，以及网罗地球和宇宙使之形成推动生命存在整体生生循环的大气环流。正是在这个意义上，自然运行自有时空韵律性。自然失律是自然运行丧失本有的时空韵律，沦为无序运行状态。

自然失律展开为两个方面。一是气候失律。气候失律的常态化运行状态，是气候变暖和气候变冷，或可描述为酷热与高寒无序交替运行；气候失律的极端形态，是地域化的酸雨和霾污染气候及自由扩散。二是地球失律，其具体呈现形态是灾疫失律，灾疫失律的典型表现是灾疫全球化和日

---

① 唐代兴：《生态化综合：一种新的世界观》，中央编译出版社 2015 年版，第 127—274 页。

常生活化。并且，在当代社会，由气候失律所引发出来的灾疫失律，构成了世界性难题。

从气候失律到灾疫失律，这是近代科学革命和哲学革命以来，不断加速的工业化、城市化、现代化进程持续征服自然、改造地表、掠夺地球资源所造成的负面影响力、破坏力遵循**层累原理**而生成，并又遵循**突变原理**而暴发的体现，当代气候失律所引发出来的日益严峻的灾疫失律，对地球环境生态和社会环境生态产生的扩张性破坏力和摧毁力，又恰恰遵循**边际效应原理**。

概括地讲，人类无限度地发展科技、发展经济的行动进程本身，构成了自然失律的强劲推动力。

人类征服自然、改造环境、掠夺地球资源的行动进程所造成的日益严重和普遍化的自然失律状况，源于工业化、城市化、现代化建设的自然资源无限论的机械论世界观、唯人类中心论的价值观、唯物质幸福的目的论，所遵循的是由如上三者所形成的傲慢物质霸权主义行动纲领和绝对经济技术理性行动原则。所以，人类过度介入自然界的物质幸福论作为，才是造成自然失律和人类生存失律的罪魁祸首，更是造成当前国域内霾气候自由扩张的真正根源。

人与环境的亲缘存在　自然失律，最终源于人类的自我迷失，或者说人性迷失。人类自我迷失或人性迷失的根本表现，是人类在工业化、城市化、现代化进程中不断丧失了人与环境的亲缘性存在，这种丧失的最终根源是人因为物质主义膨胀而遗忘（或者说抛弃）人的亲生命性。

所谓"环境"，是为我们**所意识到的**存在世界。环境即存在世界，它先于我们存在，并成为地球生命安全存在的土壤和人类可持续生存的平台，一旦它不能成为地球生命安全存在的土壤并不能保障人类可持续生存时，就引发我们对它予以意识关注，于是原本自在的存在世界就在我们的意识中成为"环境"。人与环境的亲缘关系，是指人与其赖以存在和生存的一切条件之间所形成的血缘关联，这种血缘关联具体表述为人与宇宙、人与地球、人与生物世界的生命之间的本原性关系，这种本原性关系是自然的伟力（亦可简称为自然力）在自创生中实现他创生时，赋予给它所创造的每种存在方式、每种生命形态的内在性质、存在本质、关联方式。人与环境的亲缘关系是人与宇宙、人与地球、人与生物世界所有生命之间的本原性关系。这种本原性关系揭示一个存在法则：在这个充盈生命的世界里，人与他者（无论作为宇观的宇宙还是作为个体的事物）所建立起来的关联性始终是内在的，并且原本是内在的，是每种存在、每个生命诞生本身就已经形成的，所以它源于存在本身，源于生命的内部，构成生命得以创造世界并在世界中存在的根源。从这个角度看，无论宇宙、地球、生物世界的生命之于人，还是人之于宇宙、地球和生物世界的生命，最真实的和最根本的价值，不是使用价值，而是他们各自自为存在的**存在价值**和存在敞开生存的**生成论价值**。

以此审视人类自身，人并不具有主宰世界的权力，虽然他可能具有主宰世界的能力或想望及野心。因为人原本且最终是世界一分子，并且人原本且最终必与他者构成亲缘性存在关系。人与他者所构成的这种亲缘性存在关系的最终表述，就是人乃世界性存在者。人作为世界性存在者，他既是世界的浓缩形式，也是世界的敞开方式。世界因为人得到敞开，人因为世界获得照亮性生存和存在。人与宇宙、人与地球、人与生物世界的生命之间既共在互存，又共生互生，简单表述就是**合生存在**。人与世界合生存在的内生力，才是人与环境（即人与宇宙、地球、生命）的本原性亲缘关系生成的最终动力。所以，在自然失律的存在进程中，重建人与环境的本原性亲缘关系，就是恢复和重建人与环境之间的生境关系。这是人类得以实践理性方式展开国际合作、协作减排、自觉于低碳生活的根本前提，亦是人类得以恢复环境的自生境能力、重建可持续生存式发展方式、开辟生境文明道路的内动力。然而，要重建人与环境的本原性亲缘关系，必须重建"人是世界性存在者"这一认知论视野，重建"自然为人立法，人为自然护法"这一新存在论思想和生存论信念，这是当代人努力于自我节制、限度生存、终止掠夺、重建生境的最终思维基础和认知依据。

生境逻辑的指南功能 近代以来不断加速的工业化、城市化、现代化进程带来两个结果：一个结果是今天仍在膨胀的工业文明，它以可持续发展方式改头换面，更加迷人心智，这就是所谓后工业文明、后城市化、后现代社会；另一个结果就是自然失律，具体地讲即气候失律和灾疫失律，气候失律和灾疫失律的地域性整合的极端形态，就是霾气候。对人类来讲，前者是呈正价值取向的积极结果，因为它是人类所期望的；后者是呈负价值取向的消极结果，因为它是人类所不愿意看到的。然而，无论其正价值结果还是负价值结果，都融进了人类特有的思想智慧，即人的唯主体论、唯物质幸福目的论和二元分离论思想。这些思想落实在行动领域，就锻造出人类集权专制的征服主义行动模式。

在工业化、城市化、现代化进程中，集权专制的行动模式展开为两个维度：指向对人的集权专制和对自然、地球、环境的集权专制。仅后者论，人类集权专制的征服主义行动模式及连绵展开所形成的征服自然、改造环境、掠夺地球资源，释放出一种强大的张扬人定胜天的自身逻辑，这就是观念逻辑。从根本讲，气候失律及所导致的灾疫失律、霾气候、环境死境化，都是人类无限发挥观念逻辑的产物。

观念逻辑的具体呈现形态有形式逻辑、辩证逻辑和数理逻辑。它们的共同认知特征，是对大前提观念的主观预设，形成指涉对象时必然生成认知与行动的内在困境。这种内在困境渗透在人类工业化、城市化、现代化进程中，激发人类单一追求物质霸权主义和绝对经济技术理性的行动，层累性制造出气候失律、灾疫失律。具体地讲，近代科学革命和哲学革命所合谋创建起来的机械论世界观和二元分离的认知模式，构成工业文明的认知基石。构建这一认知基石的逻辑前提，是"自然没有生命"，并且它对人类只有使用价值。这一观念主义的价值假设，鼓动人类为了自己的意愿性存在和需要，可以任性地否定自然，这是合规律的，也是合人的法则的。这就是康德宣扬人的"理性为自己立法"和"知性为自然立法"的逻辑大前提，也是洛克鼓吹"对自然的否定就是通向幸福之路"的逻辑大前提，更是人类肆意改造环境和征服自然、创建工业文明的逻辑大前提。但当经历300年工业化、城市化、现代化发展到今天，面对满目疮痍的地

球、蔽日的霾气候、绵绵的酸雨、漫天的粉尘和无所不在的污染，人们不
得不异常沉痛地发现，不断恶化的气候失律和灾疫失律，毁灭了工业文明
的幸福美梦。追根溯源，问题出在创建大工业文明的逻辑大前提上。因
为，自然是有生命的，并且自然是一切物种生命和所有个体生命的本源生
命。否定自然的生命性，最终否定了人类的幸福之路。

要恢复失律的气候，根治灾疫，必须恢复地球环境**自生**能力，其前提
是必须清算观念逻辑，恢复生境逻辑对观念逻辑的指南功能。所谓生境逻
辑，是指事物按自身本性敞开存在的逻辑。生境逻辑的宏观表达，是宇宙
和地球遵循自身律令而运行，自然按照自身法则而生变，地球生物圈中物
种按照物竞天择、适者生存法则而生生不息。生境逻辑的微观表达，就是
任何具体的事物、所有的个体生命、一切存在，均按照自己本性（或内在
规定性）展开生存，谋求存在。

生境逻辑与观念逻辑的根本不同有三：其一，观念逻辑是人为逻辑，
生境逻辑是宇宙逻辑、地球逻辑、自然逻辑、事物逻辑、生命逻辑、人性
逻辑。其二，观念逻辑以对观念的假设为前提，生境逻辑以实际的**存在事
实**为准则，任何形态呈现的生境逻辑，都必须以事实本身的存在为前提，
任何观念假设都与生境逻辑无关联性。其三，观念逻辑张扬人力意志，追
求人按照自己的主观意愿或强力意志设定其目的，因而，观念逻辑始终追
求**目的性的合目的性**；相反，生境逻辑敞开事物本性、存在本性，具体地
讲，生境逻辑敞开的是宇宙本性、地球本性、生命本性，张扬的是宇宙律
令、自然法则、生命原理、人性要求，**体现无目的的合目的性**。概论之，
生境逻辑就是宇宙、自然、生命、事物的本性逻辑，是宇宙律令、自然法
则、生命原理、人性要求的生态整合所形成的逻辑。在存在世界里，人类
遵循生境逻辑，就是尊重事物本身，就是尊重事物本性、生命本性、自然
本性、宇宙本性，使它们在各自成为自己的同时尊重对方、并促成对方成
为自己。亦或可以说，生境逻辑就是事物与事物、生命与生命、个体与整
体等等之间的共互逻辑，是宇宙、地球、人类或者自然、生命、人的合生
存在，它可形象地表述为"人与天调，然后天地之美生"的逻辑。

限度生存的世界法则　从根本讲，工业化、城市化、现代化进程无限地征服自然、改造环境、掠夺地球资源的激情与行动，最终来源于一种无限度思想的激励。这种无限度论哲学强调两个方面：一是人类潜力无限和人类创造力无限。这种无限论观念和思想膨胀为"人定胜天"的主体条件，亦成为人类追求无限度的物质幸福的主体性认知依据。二是自然无限和宇宙无限，这种无限度观念和思想构成了资源无限论、财富无限论的最终依据，亦是人类为自己追求和实现无限度的物质幸福设定了最终源泉。因为无限度论哲学让人类坚信，人作为万物的尺度和自然世界的立法者，他拥有创造幸福、获得幸福和享受幸福的绝对权力，无限物质幸福论构成了无限度论哲学的人本目的。人为把拥有、获得和享受无限物质幸福的权力变成生活的现实，必须同时具备两个条件，即主观条件和客观条件。这两个条件均由近代科学革命和哲学革命提供。因为，近代哲学革命重新发现了人自己：人是拥有无限潜能的个体生命，对任何人来讲，只要他愿意将自己的潜能释放出来，就会创造出无限的生存幸福。与此同时，近代科学革命重新发现了自然：自然世界具有无限性，这种无限性首先展现为资源无限，只要人类愿意以自身潜能为武器开发无限的自然世界，就会创造出无限的物质财富，实现无限的物质幸福。

无限度论哲学的这种假设观念，并不是需要证明的问题，而是它从根本上违背了事物、自然、世界的有限性这一存在事实，因为任何事物都是个体性的事物，事物的个体性本身决定了事物的边限，即此事物与彼事物的界限性。即使自然、世界是整体的，但作为整体的自然、世界，却是由一个又一个个体性事物和一个又一个个体性生命、个体性物种组成的，自然、世界的这种构成性本身就决定了自然、世界是有限度、有边界的。将事物、自然、世界赋予无限性，这是人类主观意愿上的狂想，当人类将这种主观意愿上的狂想释放为一种行动，去开辟和构筑无限度地改变自然、掠夺地球资源，征服世界的历史进程，必然播种下使自然失律的恶果，层累起绵绵不绝的灾疫之难。所以，要从根本上治理失律的气候、失律的灾疫及国域内的霾气候，必须决然抛弃无限度论哲学，从根本上消解观念逻辑对人类的指控，恢复生境逻辑对人类生活的引导，这需要唤醒人类为自然、生命、事物担当生境责任而学会限度生存。

为担当生境责任而学会限度生存，首先需要具备一种全方位的限度意识：世界是实然存在的世界，任何实然存在都是有限度的，都要接受数量、质量、时空等方面的规定性。世界存在的有限性，决定了地球的有限性，也决定了事物的有限性，更决定了地球生命存在的有限性，当然更包括地球资源、生命资源的有限性。有限性是世界、地球、事物、生命的本原性存在事实。具备限度意识，就是对世界、地球、事物、生命的本原性存在事实的尊重。正是这种尊重，才使人与世界建立起动态协调的生境关系；正是通过对这种动态协调的生境关系的重建，我们才可能真正恢复失律的自然，重建生境，创构生境幸福。

其次，为担当生境责任而学会限度生存，就是自觉培育限度生存的品质、精神和能力。其根本前提是全面确立"自然为人立法"的存在论思想，努力促进"人为自然护法"。以此为导向，学会尊重宇宙律令、自然法则、生命原理，尊重普遍的人性要求，然后在此基础上学会自我限制、自我节制。

最后，为担当生境责任而学会限度生存，必须重新学会承认、敬畏和尊重，因为自然宇宙、地球世界不仅是生命的存在体，更是创造生命的存在体。自然的生命化存在事实要求我们必须学会承认，即学会承认自然及生存于其中的所有事物、一切物种、全部生命均拥有存在神韵和生的灵性；自然的生命化存在事实要求我们必须学会敬畏，即学会敬畏宇宙律令、自然法则、生命原理和普遍的人性要求本身；自然的生命化存在事实更要求我们必须学会尊重，即学会尊重自然、生命、事物和尊重人，尊重它们在整体生态框架下生生不息地存在和生存。从本质讲，学会限度生存，就是学会遵循人与宇观环境协调的整体原则，万物平等的物道原则，地球、生命、人相互照顾的持续再生原则。

生境利益的生殖机制　根据人与环境的亲缘性存在关系要求，遵循生境逻辑法则，学会限度生存，这是恢复失律的自然、根治环境生态、恢复环境自生能力、重建生境社会的基本认知进路，这一认知进路要获得生存行动上的落实，需要重建一种全新的利益谋求的权衡取舍机制，这就是**生境利益生殖机制**。从根本论，世界是一个利益化的世界。在这个利益化的世界里，人的存在和生存同样是利益化的，利益构成了人类生存的根本动力。恢复失律的自然、消灭霾气候、根治灾疫、重建生境，不可能忽视利益，更不可能抛开利益；相反，必须以利益为启动力，这需要抛弃工业化、城市化、现代化进程中所宣扬的物质主义利益观，重建一种生境利益观。

生境即生生不息的环境。生境利益，是指无论何种维度的环境，要获得生生不息的朝向，必须有利益的滋润。这种能够滋养不同层次的环境，并使之具备生生不息的自生力的利益，只能是生境利益。所谓生境利益，就是使世界上一切存在者、所有生命都能够在互动进程中获得生生不息的功能或能力的利益，或者，凡是能够在事实上推动或促进自然、生命、社会、人合生存在的利益，就是生境利益。

通俗地讲，生境利益是指能够促其生并生生不息的利益，对它可做三个方面的表述：其一，生境利益是指**生境关系化**的利益，它包括了构筑这种生境关系的个体或群体的利益，但它绝不仅仅是个体或群体单方面的利益，而是构筑这一实际存在关系或生存关系的双方或多方共享的利益；其二，生境利益是现实生态关系中使双方**利益生殖**的利益，即使缔结成实际生存关系的双方或多方都能获得生生不息的存在朝向和生存动力的利益，就是生境利益；其三，生境利益既是一种谋取的利益，也是一种给予的利益，或者说它是一种谋取与给予同时生成、同时展开的利益形态。比如协作减排一旦实施，无论是何方，比如 A 企业，它的减排行动为所在地区以及国家低碳化做出了一份实际贡献，付出了利益，或者说使所在地区以及国家获得了低碳利益，它亦必须同时谋取应得的利益，这就是它必须依法获得实施减排所应该获得的经济补偿，这种经济上的补偿来源于"谁排放谁付费"："谁排放谁付费"的具体落实，就是"谁减排谁受益"，其具体的补偿方式，可能是税收减免或政策补贴。同样，国家与国家之间也是如此，国家与国家之间的协作减排所形成的生境利益，由两个方面的内容构成：一是现实层面的内容，在现实层面上必须根据"谁排放谁付费"和"谁减排谁受益"的原则，减排者享受国际政策补贴；二是历史层面的内容，当一个国家在过去的发展历程中超量排放了温室气体，仍然要根据"谁排放谁付费"和"谁减排谁受益"的原则，支付排放费用，以作为现实国际减排的跨国经济补偿。

概括上述，存在即利益。生存乃谋求和分配利益，自然世界运行本身就启动了生境利益生殖机制，在这一生境利益生殖机制的运作中，所有存在物的存在，一切生命的生存，都接受生境利益生殖机制的规范而生生不息。人力参与自然世界的运作，要获得存在安全和可持续生存的环境，同样必须有意识地觉醒自然世界的生境利益生殖机制，并能自觉地遵从或运用它，才可从根本上解决人与环境之间的生成关系，使之生生不息。

可持续生存的大同道路　恢复失律的自然和气候，恢复环境自生能力，重建生境，必须终止以经济增长为中心和实质性目标的可持续发展模式，探索可持续生存式发展方式。

从根本讲，工业文明以物质幸福为目的，以此为准则构建起以财富创造为认知起点和价值核心的发展观，这种发展观的价值导向是物质主义，其关注重心是唯经济发展论，具体表述为唯经济增长的发展观。由此，傲慢物质霸权主义构成社会行动纲领，绝对经济技术理性构成社会行动原则。以此观之，"可持续发展"这种发展观和发展模式，并没有从根本上改变工业社会的物质幸福目的论观念，仍然坚持物质主义价值导向、唯经济增长发展论、傲慢物质霸权主义行动纲领和绝对经济技术理性行动原则。

通俗地讲，可持续发展就是发展的可持续性，它强调的是发展，是发展的不停顿性、不间断性、连续性。这种发展观落实在实践操作领域，就是追求经济增长的高速性和不间断的持续性。因而，可持续发展观所追求的方向与以生境为导向的生态文明的努力方向，构成内在的不一致。因为，以生境为导向的生态文明，努力于碳的低排放或零排放，重建生境，恢复失律的自然和气候，消灭人为的灾疫和霾气候。碳的低排放或零排放、生境重建、恢复失律的自然和气候以及消灭霾气候等问题，都不是发展问题，而是生存问题。抽象地讲，创建低碳社会、恢复环境自生能力、创建生境文明所致力于实现的自然、生命、人、社会合生存在，都不是发展问题而是生存问题；同样，"人与天调，然后天地之美生"的问题，也不是发展问题，而是生存问题；"人与天调"状态，更不是发展状态，而是一种生存状态。所以，无论从具体方面审视，还是从整体角度观察，低碳社会、生境文明所面对的根本问题、基本问题都是生存问题，而不是发展问题；创建低碳社会、建设生境文明所肩负的根本任务，也是生存问题，而不是发展问题。所以，恢复环境自生能力，探索低碳方式，重建生境社会，只能走**可持续生存式发展**的道路，而不是可持续发展道路。因为如果选择可持续发展方式，恢复环境自生能力、创建低碳社会和生境文明只能成为空话。比如，走可持续生存的路子，要实现低碳排放、重建环境生境，必须启动税收等法律手段和政策杠杆，规范、压缩汽车产业，抑制汽车消费；如果走可持续发展路子，就是为保持经济持续高增长指标而可出台各种鼓动政策，鼓励汽车消费，刺激汽车产业无限度发展，其结果，低碳排放、地球环境生境化重建只成为空洞的装饰理念而被束之高阁。再比如，如果按照可持续发展观，在长江流域再修建更多的水电站，也是符合可持续发展要求的，一旦这样，长江流域的生存能力将更加弱化，最后有可能丧失最基本的可持续生存潜力；反之，如果按照可持续生存式发展要求，面对环境生态方面已经不堪重负的长江，要使它恢复可持续生存能力，应该采取消极不作为方式，即禁止在长江流域修建任何水电大坝；并在此基础上采取积极的作为方式，对长江流域的水电站展开全面审查和清理，然后对这些大小水电站实施有计划的拆除，使长江这条母亲河重新恢复流畅，重新恢复自净化能力和生境化自承载能力。

所以，面对自然失律和灾疫日常生活化的今天，要真正实现自我拯救，必须探索可持续生存式发展方式，开辟可持续生存式发展道路。首先，需要重新认知并厘清生存与发展的关系。可持续生存式发展强调生存的根本性，强调生存是发展的前提、基础、动力：没有生存，不可能有发展；并且，发展只能是为了更好地生存。所以，生存不仅是发展的前提、基础、动力，还是发展的归属。其次，必须重新认知并厘清可持续生存与可持续发展的关系：可持续生存强调的是**生存的**可持续性，可持续发展强调的是**发展的**可持续性。可持续生存式发展强调可持续生存的根本性，没有可持续生存，根本不可能有可持续发展。所以，可持续发展只能是在可持续生存基础上的发展，并且也是为了可持续生存的发展。最后，必须重新确立人的目标：可持续生存式发展，是指在实现可持续生存基础上的发展，是为了不断强化和在更高水平上保障人的可持续生存的发展。

三、环境哲学的目标任务

1. 环境哲学的目标定位

当以生态理性哲学为认知视域，以人的世界性存在为出发点，以"自然为人立法，人为自然护法"为价值导向，重新审查环境哲学时，就会发现，环境哲学要能够从外围性探讨转向自身构建，必须确立明晰的目标任务。

全面的环境哲学的中心任务在于对自然和价值范畴（scope of value）的思考。①

就现在的目的而言，环境哲学可以定义为连接人类、自然和价值的一般理论。更加具体地说，环境哲学由以下四部分组成：一是关于自然是什么的理论，自然包含哪些种类的客体和过程；二是关于人类的理论，为人类生活以及生活在其中的背景关联和所面对着的问题提供某种总体性的观点；三是关于价值的理论和上述两点人类行为评价的理由；四是关于方法的理论，在被检

---

① ［美］戴斯·贾丁斯：《环境伦理学》，林官明、杨爱民译，北京大学出版社 2002 年版，第 149 页。

验、确证和拒斥的总体理论范围内，表明所要求的标准。①

戴斯·贾丁斯（Joseph R. DesJardins）和安卓·布恩南的这两段话，表达了环境哲学家的普遍意见：自然和价值是环境哲学的思考对象，环境哲学就是自然和价值的学科（即"一般理论"）。这样来定位环境哲学，无疑相当片面。环境哲学所指涉的范围并不只是自然，还有人和社会，换言之，只有当人、社会、自然三者达向共谋状态时，环境才会产生，环境哲学才有真实的对象。并且，环境哲学不仅探讨价值和提供价值，还要为当代人创建和提供怎样存在、如何生存的知识和方法。

基于此，环境哲学所努力的目标，是为当代人类生境重建提供普遍的知识论原理、价值论导向系统和方法论视域。由此，环境哲学研究的核心任务有二：一是解决环境的生境重建问题；二是解决环境权利问题。且生境重建是环境权利全面确立的基石，环境权利确立是生境持续敞开的保障。

环境哲学产生和存在的根本理由，就在于它能为当代人类重建生境提供存在论理由、生存论依据、知识论原理、价值导向系统和方法论视野。

生境重建，涉及对"生境"的理解与定位。

"生境"概念相对"环境"而立论，然"环境"却相对人而立论。因为环境之于人，首先表征为一种意识，一种观念。当意识到环境并从环境出发来看待存在并思考生存问题时，我们才获得一种生成意识，形成一种整体观念。因而，"环境"概念与"生成意识"同语：我们关注环境，就是生成并发挥环境意识；并且，"环境"概念也与"整体观念"同义，我们意识到环境，实际上已经在发挥一种整体观念，并以它为视野和方法来对付当下存在和未来生存。因而，讲环境，必须抛弃孤立、片面、静止的观念。

环境的整体性敞开为环境的多维化，即环境敞开不仅呈自然维度，也呈社会维度，更呈人和生命这一维度，还呈历史维度。如果说环境的整体

① 转引自王正平：《环境哲学》，上海人民出版社 2004 年版，第 26 页。

性告诉了我们环境不仅是一个自然问题，还涉及人的问题和由人缔造出来的社会问题，那么环境的生成性则展示环境不是一次性完成的，环境也是一个生命体，它是动态变化并生生不息的。马克思讲："环境的改变和人的活动一致，只能被看成是并合理地理解为革命的实践。"[1] 与环境相关的恰恰是人的需要，它也是动态生成的，"已经得到满足的第一个需要本身、满足需要的活动和已经获得的为满足需要用的工具又引起新的需要。"[2]

马克思在这里表述得再清楚不过了：第一，环境是动态变化的，是生成性的。第二，环境的动态变化和生成，不仅源于环境这个生命体自身的推动，更源于人的需要，源于人从它那里进行资源摄取和以此进行征服和改造。"但是我们不要过分陶醉于我们对自然界的胜利。对于每一次这样的胜利，自然界都报复了我们。每一次胜利，在第一步都确实取得了我们预期的结果，但是在第二步和第三步却有了完全不同的、出乎预料的影响，常常把第一个结果又取消了。美索不达米亚、希腊、小亚细亚以及其他各地的居民，为了想得到耕地，把森林都砍完了，但是他们梦想不到，这些地方今天竟因此成为荒芜不毛之地，因为他们使这些地方失去了森林，也失去了积聚和贮存水分的中心。阿尔卑斯山的意大利人，在山南坡砍光了在北坡被十分细心地保护的松林，他们没有预料到，这样一来，他们把他们区域里的高山牧畜业的基础给摧毁了；他们更没有预料到，他们这样做，竟使山泉在一年中的大部分时间内枯竭了，而在雨季又使更加凶猛的洪水倾泻到平原上。"[3] 人构成了环境动态变化和生成的重要力量。第三，人对环境的作用力与环境的变化生成往往形成一致性，在人类已经掌握和运用高科技来对付自然世界的情况下更是这样：人类对环境的作用力有多大，人类以什么姿态和方式对待环境、作用于环境，环境就会朝着什么方向变成什么样子。第四，人类行为与环境的生变关系，呈现出两种

---

① 《马克思恩格斯选集》第3卷，人民出版社1972年版，第17页。

② 《马克思恩格斯全集》第3卷，人民出版社1960年版，第32页。

③ 恩格斯：《自然辩证法》，载《马克思恩格斯选集》第3卷，人民出版社1972年版，第517—518页。

生态取向，即当人类与环境为亲、善待环境贯穿其行为活动始终，或者说善待环境、亲近环境构成人类行为的价值导向与指南，环境会随人类的行动而发展生境取向；相反，如果人类将环境当成使用对象，总是希望从自然世界中摄取更多的资源为其利用，那么人类行为对环境的作用所产生的最终结果与效应，就是使环境的生变朝更坏的方向展开，环境将越来越缺少生机而最终沦为死境。

生境与死境相对，它指使人、生命、自然（或者说个体与整体）合生存在的状态，或曰人、生命、自然生生不息地生育、生长、繁衍的环境。生境生成的前提，必须以生命与生命、个体与整体合生为生存姿态，以互为体用为基本方式。一旦生命的生存姿态因某些原因而变异，改变互为体用的生存方式，使生命蜕变为单纯的"体"或单纯的"用"，其生命展开生存的全部条件，将沦为互不关联的"客体对象"，由这些缺乏内在生命关联的"客体对象"所组成的环境，往往丧失"生生"的聚合力、内动力和创生力，这样的"环境"就将成为把生命引向死亡的"死境"。

概括地讲，生境重建就是对环境的创生；生境重建的前提是确立环境权利。

环境权利即环境本身所拥有的权利，而不是人赋予环境的权利。要理解环境权利，须先理解环境的构成。如上所述，环境是人实际生活和可以生活的地方，并且这个地方一定为人所意识到。根据这个定义，环境的基本构成有三：一是自然（宇宙和地球），二是生命，三是人。要言之，环境由自然、生命、人三者构成。环境的基本构成决定了环境权利的基本构成要素亦有三：一是自然的环境权利，即宇宙权利和地球权利，宇宙和地球有自生自在的权利，有按照自己本性展开自存在的权利；二是生命的环境权利，它包括物种生命权利和个体生命权利；三是人的环境权利。有关于人的环境权利，简·汉考克（Jan Hancock）在《环境人权：权力、伦理与法律》中将其称为环境人权。① 布莱克斯通（William T. Blackstone）

———————

① 参见［英］简·汉考克：《环境人权：权力、伦理与法律》，李隼译，重庆出版社 2007 年版。

指出："没有一个适宜的环境，我们的权利就无法得到保障。"① 但根据历史经验和现实存在状况，人的环境权利要得到全面确立与保障，必须以自然的环境权利和生命的环境权利得到全面确立为基础。要确保环境权利的全面确立，应该遵循两个基本原则，即环境免受有毒污染原则和生命不伤害原则。环境哲学必须为其提供最终的依据、最高的立法原理和最普遍的知识论原则。

2. 环境哲学的任务重心

环境哲学作为一门综合性人文社会科学，基于对象范围、学科视域及目标规定，其研究任务重心是环境本体论、环境认识论、环境实践论。并且此三者构成了环境哲学研究的基本学科蓝图。

环境哲学的本体论问题 环境哲学始终是哲学的实践形态，因而，哲学必须为环境哲学研究提供思想基石，这是哲学对环境哲学的基本要求，也是环境哲学对哲学的基本期待。因为从根本论，"哲学是一门思考的学科，包括对推理和争辩方法的思考。作为一门学科或一系列学科的哲学，研究的是学科内用以工作的方法途径。这样一种哲学的核心基础是它的认识论或它的关于知识的理论，它提供诸如'我们能知道什么？'和'我们怎样才能知道它？'这类基本问题的答案。认识论包括知识的四个方面：它的性质——一个人所相信的是什么；它的类型——诸如自己体验的知识和别人描述的知识（即第一手知识和第二手知识）；它的客体——知识所反映的事实；以及它的起源。在哲学框架内与认识论联系在一起是的本体论，即关于存在的理论或关于可知的理论。在形而上学，即关于超越于实际问题的世界之性质的争论中，本体论的理论限定着'什么可能存在'（例如像在宗教中那样）。然而在作为学术学科的哲学中，它与'接受什么为'（事实）有关。"② "因此，每一种学科的哲学都既包含某种认识论又

---

① Warwick Fox, "Deep Ecology: a New Philosophy of Our Time?", *Environmental Ethics*, Vol. 14, 1984, pp. 194—200.

② ［英］R. J. 约翰斯顿：《哲学与人文地理学》，蔡运龙、江涛译，商务印书馆 2001 年版，第 12 页。

包括某种本体论——一个限定着'我们能认识什么'和'我们怎样才能最终认识它'的框架。它们一起被用来限定某种方法论,一套指示研究和争论将如何在学科内进行的规则和程序,即如何才能将信息收集并组织起来。"① 哲学所能为环境哲学研究提供的思想的基础,涉及三个方面,即本体的、认知的和实践的。但这三者要真正对环境哲学发挥功能,只能通过方法。哲学的根本方法就是形而上学:环境哲学研究必须充分运用形而上学方法,因为环境哲学的基本问题仍然是形而上学的本体论问题。

运用形而上学方法探讨环境的本体论问题,构成了环境哲学的奠基性任务。

环境本体论是环境哲学的基础,它以环境哲学的构建及环境哲学达向为人类进行环境引导提供思想源泉。环境本体论即对环境予以形而上学拷问,它所探讨的基本问题有三:一是环境存在论,它涉及环境生成的存在论依据、原初条件、世界(由宇宙、地球、生命、人构成)本性,以及环境生成的存在论法则;二是环境生成论,主要探讨环境的生成性本质、方向、方式,以及自然、生命、人在环境生成性敞开进程中的合生存在(即共在互存、共生互生)原理;三是环境本质论,重点讨论环境的生殖与演变,环境生殖与演变的生命朝向及对人性、人的影响,落在实处就是杜绝、排除或消解环境死境化的可能性,以及环境生境重建的自然依据、生命依据和人性依据。

环境本体论拷问要卓有成效地展开,必须在认知视域和存在理念上接受生态理性哲学的引导,具体地讲,环境的本体论拷问,应该获得生存语义场视域,接受"人是世界性存在者"的存在理念,自然、生命、人合生存在的存在论思想和环境、社会、人共生生存的生存论智慧洗礼,接受"自然为人立法,人为自然护法"的认知引导。

环境哲学的本体论探讨涉及的首要问题,是环境存在论问题。环境存在论的核心问题,是环境的本原论问题,即"环境何以产生?"和"环境

① [英]R. J. 约翰斯顿:《哲学与人文地理学》,蔡运龙、江涛译,商务印书馆2001年版,第13页。

如何产生?"的问题。

相对第一个问题论,环境可能因为人的生存而被有意识地突显,但环境始终先于人而产生。这是因为,从宗教讲,人是众生物的神性方式;从科学论,人是众生物的进化方式。所以环境首先相对生命论:环境即生命得以存在的栖息地。

从起源讲,环境虽然为众生物的诞生和存在提供了条件和土壤,但它本身却是自创化的:从宗教论,环境(即天地)乃上帝创造的最初成果;从科学论,环境是(宇宙)自创化的结果。综合此二者,环境不过是自创化的体现,其自创化的原初动力非他,乃无形的自然力:在上帝创世蓝图里面,"上帝"不过是自然力的神性表达;在科学创世图景里,推动宇宙大爆炸的是一个不知来源于何处的"致密炽热的奇点"。

无论从宗教观还是从科学论,环境起源论中蕴含环境本原论:即环境是无形之自然力自创化的呈现形态。这一无形的自然力是野性狂暴创造力与理性约束秩序力共生所形成的对立统一创化张力。这种对立统一创化张力既创造了环境,又在创造环境的同时赋予环境以内生力量和内生机制,由此形成环境本性。环境本性是环境自持存在的内在规定或者说内在要求,敞开为自存在的外在方式:作为自持存在的内在规定,环境本性是环境自我创造力量和自我秩序力量的对立统一,即野性狂暴创造力与理性约束秩序力的对立统一张力,构成了环境本性。作为自持存在的外在方式,环境是自在的,即以自持本性的方式敞开存在。

环境哲学的本体论探讨必须关注的第二个问题,是环境生成,这个问题具体表述为两个方面:环境"怎样生成自身?"和"如何生成他者?"。

要理解环境生成论的这两个基本方面,首先必须重新理解"环境"与生命、存在物之间的内在关联性:环境是对生命、存在物的整体表述;生命、存在物是环境的构成内容。从存在形态学论,环境是自为生成的,即环境以自持方式生成自身;但从存在构成学论,环境是以自持方式生成他者(包括他种生命、他种存在物)。

环境以自持方式生成自身的同时生成他者,源于环境的自在本性。环境的自在本性是自我秩序和自我创造实现对立统一的生生本性。这一对立统一的生生本性的时间化敞开方式，就是自组织方式，即自组织、自繁殖、自调节、修复方式，它构成环境生生不息地创造自己的同时又生生不息地创造存在于其中的所有存在物、一切生命的基本方式。

环境哲学的本体论探讨涉及的第三个问题，是环境本质问题。基于环境本性和环境自组织之双重规定，环境的本质只能是生殖。无论从存在形态学论还是从存在构成学论，生殖是环境自在之基本诉求：从存在形态学论，环境必须自我生殖——环境自我生殖是整体论的，即以整体动力向局部动力的完成方式实现整体生殖；从存在构成学论，环境必须生殖他者——环境生殖他者是具体论的，即以局部动力向整体动力的回归方式展开具体生殖，比如敞开具体环境的生殖，或具体物种、具体种群、具体群落的生殖。

环境生殖自身，推动环境自组织、自催化，即环境自我编程，实现环境的自我新陈代谢；环境生殖他者，推动环境敞开他组织、他催化进程，即环境编程存在、存在物和存在者，实现环境之整体与具体的共生互生。相反，环境生殖功能弱化，本质上是环境自组织能力和自催化功能降解所造成的，一旦出现这种情况，环境编程就会朝相逆方向敞开，形成环境死境化（参见第二章）。

环境哲学的认知论问题　环境哲学的本体论构建，为环境哲学的认知论探讨奠定基础，提供基本视域和形而上学方法论。以此为基础，环境哲学的认知论关注三个基本问题：

环境认知论关注的第一个基本问题，是求解"环境认知何以可能"，其目的是解决环境认知的依据、前提和条件问题。

环境认知的依据何在？涉及的实质问题是认知环境的真实逻辑起点在哪里？对这个问题的考察，形成客观与主观两个维度。但要想探求到环境认知的真正逻辑起点，主观的方式往往难以做到，所以必须从客观入手。仅从客观论，认知环境的真实逻辑起点是存在世界，因为环境就是为人类所意识到的存在世界，这个存在世界由自然（地球和宇宙）、地球生命和其他存在物、人三者共生性生成。从主观论，当我们存在于其中的存在世界一旦被我们有意识地突显，只有一个原因，那就是我们存在于其中的存在世界本身出现了问题，并且其所出现的问题已经危及我们的安全存在。所以，存在世界出现问题并且这些问题实际上危及我们的存在安全，才构成认知环境的逻辑起点。换言之，**环境问题**（或曰**"问题环境"**）才构成环境认知的逻辑起点。因而，考察环境问题生成的根源，成为环境认知的必须前提。

然而，考察环境问题生成的根源，必须有判断的客观依据，即什么样的环境才是正常的环境？什么样的环境才是问题环境？要获得这一判别依据，必须首先考察环境（即存在世界）得以正常存在的内在原理，简称为**环境原理**。遵循环境原理展开存在的环境，是正常存在的环境；反之，脱离或者违背环境原理而运动的环境，就是逆生态化的问题环境。所以，环境原理构成了考察环境问题生成的客观依据。

环境认知的客观依据和环境认知的逻辑起点，此二者一旦被我们整合把握，就整体性具备了认知环境问题的主观性条件，即具备了正确认知环境的主体思维、主体认知、主体能力。

环境认知论所关注的第二个基本问题，是环境认知的范式与途径问题。

环境认知是人对环境的认知，因而，环境认知本身就是**构建认知范式**。构建环境认知范式有两种基本方式，即主观性认知方式和客观性认知方式，由此形成两种认知范式，即主观性认知范式和客观性认知范式。主观性认知范式采取二元分离的方式，将人与环境一分为二，形成主客对立的认知范式：人是环境认知的主体，它是自为的和为自己的；环境是环境认知的客体，它是异己的和为他的。在这种主客对立的认知范式中，环境是静止的、无生命的，只具有使用价值，是人的任意使用物。这种二元分离的认知方式，落实在工业化、城市化、现代化进程中，就是财富增长无穷论和地球资源无限论。这种二元分离的认知方式，落实在可持续发展观和可持续发展模式中，就是经济发展和环境治理两张皮，即一方面花大力气、大投入治理环境；另一方面却竭泽而渔地开发资源发展经济，不顾一切地维持经济高增长。客观性认识范式采取主客一体的方式，发现和把握人与环境的相互嵌含性："从严格的字面意义上来说，你在环境之中，环境也在你之中。你的皮肤并不是一道将你和环境分离开来的屏障。相反，你的皮肤，就像你身上的其他器官一样，都是环境的一种延续。你是一个有机体，也就是说，是一种过程，进行着持续的交换，与环境中的其他力量进行着某种交易。你绝不是世界中孤立的看客，而是世界中活的生物。"① 从人与环境的相互嵌含角度入手，可构建起生态整体的认知范式：在这种认知范式中，人与环境互为主体，因为环境本身是自组织、自繁殖、自调节、自修复的，是动态生成的，它不以人的意愿为转移，因为环境首先是生命存在体，它以自在方式存在这一**本原性**位态决定了其存在价值是首要的、根本的，它为人所利用是有限度的，即环境被人所利用的前提是它必须确保自己的完整存在。

客观地看，主客对立的环境认知范式，是无视环境本性和自在方式的认知范式，这种认知范式变成了人类推动环境发生变异和逆生化的最终推手。与此相反，生态整体的认知范式，是尊重环境本性和自在方式的认知范式，这种认知范式的构建将规范人们节制自己的行为，按照环境法则谋求生存及发展，其前提是始终维护环境的自生境功能。

以生态整体的认知范式为指南，环境认知探讨应该着手解决三重关系：一是整体与具体的关系；二是生命与人的关系；三是物理与生命的关系。对这三重关系的关注与探讨，则构成环境认知的宏观途径。

首先，环境认知应该改变由具体构建整体的认知路径，开辟由整体构建具体的认知路径，这一认知路径的抽象表达，就是"人是世界性存在者"，或曰整体存在的环境创化具体的生命和人，它实在地开启整体动力向局部动力实现和局部动力向整体动力回归的双重路径。比如面对霾气候，探讨它的形成或谋求对它的解决之道，客观存在着两种思路，即具体主义思路和整体主义思路。前者从眼前的、感觉得到的、直接的现象出

---

① 〔美〕罗伯特·B. 塔利斯：《杜威》，彭国华译，中华书局 2002 年版，第 22 页。

发，把握推动气候失律、霾嗜掠的归因，总是具体的和单向度的，比如排放。因而，谋求解决的思路也是单一、具体和经验主义的，具体地讲，就是治理，即气候治理、霾治理、环境治理，更具体地讲，就是减排。后者发现导致气候失律、霾嗜掠的原因是整体的和动态生成性的，它不仅是一个排放无度的问题，更是地球和大气层丧失自净化能力的问题。谋求解决之道，不仅仅是治理、减排，还需要恢复、化污，而且后者才是治本之道，前者仅是治表之策。治表与治本的有机统一，恰恰是整体动力向局部动力实现和局部动力向整体动力回归。

其次，环境认知应改变由人主宰地球生命的认知路径，重新恢复环境、生命、人三者的原本性关联：环境是生命的摇篮，生命是人的本体，人源于物种生命的进化，最终不能摆脱物种生命。敬畏生命、热爱生命、尊重生命，既是通向环境认知的必由路径，也是人在世界中构建共互存在之主体地位的正确途径。

最后，应改变自然与生命两分的认知路径，重新恢复自然与生命的内在生成关系。自然与生命的内在生成关系，具体化为物理与生命之内在生成关系，这种生成关系可抽象表述为："自然为生命立法"。"自然为生命立法"这一法则可具体化为：第一，自然为人立法，人的存在必须遵循自然的律法；第二，环境为人立法；人的生存和发展必须以环境生境化为准则。

环境认知论所关注的第三个基本问题，是环境知识如何生成的问题，对这个问题的实质性解决，就是对环境知识生成构建的内在机制和方法的探讨。

由于环境认知范式的双重性，环境知识生成构建起两种不同的运行机制。其一，采取主客对立的认知范式，环境知识生成构建的内在机制是人本中心论的：它以人为出发点和目的，主观想象性地构建环境知识，比如人与环境的二元分离观、环境的非生命观、环境的使用价值观、环境利害观、单纯的环境治理观等等，都是人本中心论的环境知识论内容。比如，单纯的环境治理观，总是把环境看成是静止的、无生命的、需要人来拯救才可重新获得生机的，这种环境认知和环境观念构成了环境治理的基本智识。其二，采取生态整体的认知范式，环境知识生成构建的内在机制是自然中心论：它以自然为出发点和目的，构建客观主义环境知识，因为环境虽然是被我们意识到的存在世界，但它本身却按照自身本性要求而自在存在。正是因为如此，环境存在及敞开运动必体现宇宙律令、自然法则、生命原理。换言之，环境的生变运动并不按照人的意愿而敞开，而是按照自身本性要求以自在方式敞开；更抽象地讲，环境的生变运动遵循宇宙律令、自然法则、生命原理而敞开。所以，一切形式的环境知识的生成构建，都必须遵循环境的内在本性和自在方式，必须遵循宇宙律令、自然法则、生命原理。更具体地讲，环境知识的生成构建，必须遵循环境原理，即环境自生境原理和环境编程原理。

环境自生境原理和环境编程原理揭示了环境存在敞开是自组织、自繁殖、自调节、自修复的，其内在运行机制是自催化和竞争：环境自组织、自繁殖、自调节、自修复的实质就是自催化。环境自催化的基本动力有二：一是环境本性，具体地讲就是所有生命之生命本性和一切存在物之自身物性，因为环境是由生命及存在物构成的，生命本性和物性构成环境自催化的本原性动力。二是环境序参数，即**环境随机变量**，它构成环境自催化的外部动力。对初始条件有着敏感依赖性的复杂的开放性生成的环境系统会因为任何一个外在的环境随机变量，产生意想不到的改变。比如，太平洋上一场龙卷风，可能来源于几个月前伦敦上空一只蝴蝶任意地扇动了几下翅膀。伦敦上空的那只蝴蝶所扇动的那几下翅膀，就是环境随机变量，这只蝴蝶随意扇动的那几下翅膀通过几个月时间孕育龙卷风的过程，就是环境自催化的运行过程，但这一过程的生成却需要环境自在运动的内在本性的推动。

环境哲学的实践论问题　环境哲学对其本体问题的拷问，是为环境生境重建确立自身依据和最终理由；环境哲学对其认知问题的检讨，是为环境生境重建提供必备的智识体系。然而，无论本体论拷问还是认知论检讨，都必须走向实践论引导与规训，环境哲学才能获得应有价值，产生实际意义。所以，实践论求证与检验，构成了环境哲学的最终归宿。也就是说，环境哲学研究需要上天，即必须要达向形而上学，去探求环境本体问题、环境神性问题、环境动力学问题，但上天的最终目的是入地：开启形而上道路，仅仅是环境哲学的前提性工作；开辟形而下的践行道路，才是环境哲学的目的性努力。由此，环境哲学对本体论、认识论的探讨，必然要指向实践论道路的开辟。环境哲学对实践论道路的开辟方式，就是环境伦理学。

环境伦理学探讨，必须以环境本体论和环境认识论探讨为基础，因为，只有当以环境本体论为思想基石，以环境知识论为认知平台和方法论视域时，环境伦理学探讨才可有目标和方向。环境伦理学与环境本体论的根本区别在于：环境本体论侧重于通过存在论、生成演化论、本质论这三维视域探讨环境的根本问题；环境伦理学却侧重于为环境恢复生境提供基本的伦理方案，并为人类在现实环境危机中全力以赴展开生境重建提供生存理想、价值导向系统、生存实践原则和行动规范体系。

在环境哲学研究中，环境伦理学是最成熟的，但同时又是问题最多的。客观地看，环境伦理学从诞生到发展的全过程，都以论争方式展开，并通过这种论争式方式，产生出许多环境伦理观念、理念甚至理论，比如大地伦理理论、救生艇理论、公地悲剧理论、生态伦理学理论等，但这些有关于环境的观念、理论都是由人类中心论与非人类中心论之争所催生出来的，它们都属于环境伦理学的外部性探讨成果，时至目前，有关于环境伦理学的自身建设尚未起步。

环境伦理学研究呈现的这种状况，源于它对三个基本问题的忽视或无力解决，这就是环境道德的基础、环境道德的边界和环境伦理与传统伦理的内在关联问题。

前两个问题是环境伦理学研究得以正确展开的前提性问题，解决它的正确路径，是从审查并定位"环境"概念入手：环境相对生命和存在物而论，它既是生命、存在物得以存在的土壤、平台，也是创造、繁衍生息生命、存在物的母体。但无论相对生命、存在物论还是相对人而言，环境都是自在自为自生的。环境是一个生命体，它具有自组织、自繁殖、自调节、自修复能力。以此来看，环境道德的基础乃在于环境本身；并且环境道德的边界亦在环境本身。因为环境作为被我们所意识到的存在世界，它的宇观形态是涵摄宇宙和地球的气候运动，它的宏观形态就是地球运动，地球表面的生物群落、种群的生存运动以及人类的区域性活动则构成了不同尺度意义上的微观环境。

环境伦理学的核心问题是如何看待和处理传统伦理的问题，环境伦理学关于人类中心论与非人类中心论之争的症结，恰恰是双方本能地采取二元对立的观念和"非此即彼"的方法，表现为"有我无你"的敌视和对抗。这种敌视和对抗的实质，是错误地定位环境伦理所致。

首先，环境伦理学的研究对象，并不是环境本身，而是出现了无法自恢复的**问题环境**：问题环境进程中的伦理问题构成了环境伦理学研究的对象。环境就是生命、存在物存在于其中的存在世界。这个使我们赖以存在于其中的存在世界之所以被我们有意识地关注，恰恰是因为它本身出现了问题，并且这些问题影响到了生命、存在物，当然包括人的安全存在。从本质论，当我们用"环境"这个概念来指涉我们赖以存在于其中的存在世界时，就表明了它存在问题。环境伦理学的研究对象就是问题环境，或环境问题。环境伦理学研究的目的，就是找到环境问题形成的伦理根源和解决环境问题的伦理路径与方法。

环境的具体构成是生命和存在物，其中，最重要的是人，因为人的意识的进化使其成为一种在某些方面不断获得超越力量的生命存在形式。在这种状况下，环境出现危及生命和存在物安全存在的问题，表面看是环境的问题，但实质上却是人的问题，即只有当人及存在普遍地出现了问题时，环境才形成问题。因而，环境伦理学所要为之努力的，表面上看是探求环境问题形成的根源和解决环境问题的伦理路径与方法，实质上却是探求解决人的问题形成的根源和解决人的问题的伦理路径与方法。以此来看，环境伦理必然与传统伦理发生关联，即环境伦理必须正视传统伦理，传统伦理必须融入环境伦理。

环境伦理一旦必须正视传统伦理时，必然涉及如何正视的问题，这个问题的解决之道是确立正确的认知，即环境问题的实质是人的问题，人的问题导致了环境问题，人对自身的主观看待和定位形成了对环境的错误看待和定位。具体地讲，人将自己抬高到"尺度"和"唯一目的"的地位时，环境就成为人的附属物而获得纯粹单一的使用价值，由此使用价值观引导所形成的人类活动，自然展开向自然进军、向环境开战、向存在世界要永不满足的财富和物质幸福的行动。

环境伦理正视传统伦理，涉及三个方面：一是正视传统伦理的偏执与弊病、错误与荒谬，传统伦理的唯人本中心论、物质幸福论和权力价值取向论，从根本上异化了人类伦理，使伦理功能变得偏执与狭隘；二是正视传统伦理的功能，伦理对人及由人缔造的社会具有规范、矫正、引导、激励功能，这种功能并不会因为环境伦理的兴起而消失，相反，它会因环境伦理的兴起而得到拓展和强化，即伦理对人和社会的功能由原来指涉人与人、人与社会的关系维度，拓展到同时要指涉人与生物圈中的生命、人与环境、人与自然（地球和宇宙）的关系维度；三是正视传统伦理基本内容的合理性及对现实世界和人类发展的要求性，这主要体现在传统伦理的基本认知原理和行为规范准则始终体现了普遍的人性要求，蕴含能够显现和张扬的自然法理。

基于这三个方面的正视，环境伦理学研究必须慎重考量传统伦理，并寻求构建起对传统伦理资源——包括知识资源、理论资源、思想资源、方法资源——的正确处理方式方法。这种处理的方式方法的最终呈现，就是传统伦理对环境伦理的融会和环境伦理对传统伦理的贯通。

传统伦理对环境伦理的融会和环境伦理对传统伦理的贯通的根本前提，是探究、发现和确立环境原理。环境原理的实质是自然原理，它由环境自生境原理和环境编程原理所构成，其中，环境编程原理敞开正反两个维度，即自生境编程原理和环境逆生化编程原理：环境自生境编程原理，是由宇宙自创生和他创生原理、自然生变原理和生命生生原理所构成的原理体系，它的宏观表达是宇宙律令、自然法则、生命原理。简要地讲，环境自生境编程原理体系由宇宙律令、自然法则和生命原理所构成①；环境逆生化编程原理，由逆向编程的层累原理、突变原理和环境滑向自毁灭的边际效应原理所构成②。

以环境原理为规范和指南，传统伦理对环境伦理的融会，具体表现为环境伦理学为传统伦理打开视域空间，使传统伦理走出人本中心论的狭隘，获得环境视野和生命维度。

以环境原理为规范和指南，环境伦理对传统伦理的贯通，首先要求环境伦理学抛弃一切形式的观念偏见，以客观姿态审查环境、进入环境，并以环境原理为环境伦理的自然依据，构建环境伦理原理。换言之，环境伦理对传统伦理的贯通，就是以环境原理为依据来构建环境伦理原理，使所构建起来的环境伦理原理能够涵摄制度社会和自然社会两个领域，并指导人的生存行动。

以环境原理为自然依据构建起来的环境伦理原理有二：一是环境伦理的动力原理，这就是生利爱之人性原理，它具体表述为生己、利己、爱己与生他、利他、爱他的对立统一原理。生利爱之人性原理，原本是传统伦理的基本原理，但当环境伦理赋予它环境视野之后，就获得了对自然世界和制度社会的双重指涉，因而，生利爱的主体及指涉对象，不仅仅是人，也包括地球生命及其他世界存在物。二是环境伦理的认知规范原理，这就是权责对等原理，它同样是传统伦理原理，它一旦为环境原理所贯通，必然构成环境伦理的认知规范原理。

权责对等原理，是权利与责任对等原理的简称，在传统伦理体系中，权利与责任的对等是相对人与人、人与群体社会而论的。在为环境原理所贯通的环境伦理世界里，权利与责任对等，既相对人与人、人与群体社会论，也相对人与地球生命、人与自然、人与环境论。由此，权责对等原理涵摄了自然社会和制度社会两个领域，构成了人进出自然社会和制度社会

---

① 有关于环境自生境原理的系统阐述，可参见唐代兴：《生境伦理的哲学基础》，上海三联书店 2013 年版。

② 有关于环境的逆生化原理的系统阐述，可参见唐代兴：《灾疫伦理学：通向生态文明的桥梁》，人民出版社 2012 年版。

两个领域都必须遵守的规范原理。

权责对等原理之所以具有如上认知规范功能，是在于它统摄了四个环境自生境法则，即存在关联法则、价值生成法则、顺性生存法则和成本支付法则。存在关联法则揭示环境与地球生命及所有存在物之间存在着本原性关联，这种本原性关联使环境与地球生命及存在物之间必须共在互存、共生互生。价值生成法则揭示生命与生命、存在物与存在物之间所形成的这种本原性存在关联的实质，是平等指向的价值生成链条。在这一价值生成链条上，每个生命、每个存在物都顺性生存，这种顺性生存法则可表述为在有限度的竞争中有限度地适应。一旦因为强力或偶然的不得已因素打破这种竞争与适应相协调的限度时，必然要为之担负责任，这就是成本支付的环境法则。这一环境法则运用到人类生活领域，就获得三个维度的指涉与规范功能，这就是谁消费谁买单，谁污染谁付费，谁破坏谁恢复。

以生利爱之人性原理为动力指南的权责对等原理不仅具有普遍的认知规范功能，更具有全面的行为规范功能，这是因为权责对等原理最终落实为利己不损他和利己亦利他两个环境伦理原则。利己不损他这一环境伦理原则，蕴含环境利益的最大化再生诉求；利己亦利他这一环境伦理原则，蕴含环境利益的平等共享诉求。

传统伦理对环境伦理的融会和环境伦理对传统伦理的贯通，二者相互介入、互为参照，生成建构起环境伦理学的规范系统。正是这一规范系统的构建，才使环境伦理学对环境政治实践、环境经济实践、环境法学实践、环境教育实践、环境技术实践的规范、引导变得可能。

第二章 环境运动的自编程原理

环境存在的自为性敞开，就是环境运动。环境运动既可呈生境取向，也可呈死境取向。如呈死境取向，必然影响地球生命安全存在，尤其造成人类可持续生存与发展的困境。这种情况一旦出现，必须为解决它而展开环境治理。环境治理的认知前提，就是对环境的认知。这个方面是环境研究中最薄弱的环节，几乎所有的环境探讨，都缺乏对环境自身问题的关注，由此形成环境治理方案设计及实施，更多体现主观意愿性，缺乏环境原理、法则、智识的引导。

理论的价值，就是破解实践的困惑并为实践提供正确的行动智识、智慧和方法。为解决环境治理的主观意愿性，需要对环境自身予以理性认知。以理性方式展开环境自身认知的基础性努力，就是对环境予以形上的系统探讨，形成环境本体论智识。环境本体论关注环境本体，涉及环境存在、环境本质、环境生成三大根本问题。在这三大问题中，环境存在的问题最为根本，它涉及"环境何以存在"和"环境怎样存在"两个方面的内容。

"环境何以存在"的问题，涉及环境本原和环境创化两个方面内容，对它的探讨，可能是多元的，既可寻求科学的解释，比如地球物理学和天体物理学的解释，也可做哲学探讨，还可寻求神学解答。以神学方式考察，环境是上帝的造物，比如基督教《旧约全书·创世纪》，描述了上帝耶和华是如何创造地球生命和人类存在的原创环境的。以科学的方式考察，环境是宇宙创化的体现，比如天体物理学中的宇宙大爆炸理论，就描绘出一幅支撑世界存在的环境图景。采取哲学的方式考察"环境何以存在"的问题，或许只能得出环境是自创生的产物并以自创生方式存在。

"环境怎样存在"的问题，是环境以怎样方式敞开存在的问题，也可说是环境以何种方式生成自身的问题，这个问题涉及环境的本质。所谓环境本质，就是环境生殖，环境生殖源于环境成为自身的内在规定性，并接受环境的存在方式的制约，前者可用"环境本性"概念表述；后者可以用"环境自在方式"表述。环境的本质问题，也可表述为环境本性与环境自在方式的相互照顾，这就是环境生殖。环境生殖的本质是生生，所以，环境生殖即环境生生，包括环境自生生和环境他生生。

本章讨论的主题是"环境怎样存在"，具体地讲，就是环境生成和环境本质问题，对所讨论的问题的抽象表述，就是环境原理。围绕环境原理这一主题，讨论重心是环境编程原理；讨论的核心问题是环境逆向生成何以可能，以及逆向编程的本质性规律。因为通过这两个方面的探讨可为环境治理提供直接的思想资源、智识方式、行动准则和操作智慧。

一、环境编程原理与工具

对"环境何以存在"问题的探讨虽然有三种方式，但本书选择哲学方式。以哲学方式考察环境存在问题，首先面临环境本原问题，即使环境得以产生的最原初的、并且是最小的和不可再分的那个因素是什么。答案只有一个，那就是生命。生命构成环境的本原。这是因为，生命之于环境，是最小的存在物，也是不可再分的存在物，任何个体生命都不可分，一旦分离了，它就丧失生命而不成为自己。比如一个微生物，它是一个具体的生命存在物；再比如人之个体，就是一完整的生命形态，它一旦被分离，作为生命的人就不会存在。所以，无论宇观环境、宏观环境或者微观环境，构成的最小单位只能是生命。生命构成环境的本原这一事实，表明环境是生命的。环境生命化这一认知，对治理环境异常重要，它构成环境治理的前提性认知和灵魂性思想。

生命是环境的本原，自创生构成环境存在的方式。环境以自创生方式存在，涉及三个方面。首先，环境是以生命为本性规定的存在，或曰，环境自创生的内在规定性，是生命本性。生命以自身本性方式而存在，以生命为构成单位的环境，必须以生命自在为内在本性。其次，以生命本性为内在规定的环境，是以自在方式存在的，这种"自在方式的存在"可简要表述为自存在：环境是自存在的。最后，以生命自在为内在本性、并以生命自在为彰显方式的环境，其敞开存在的基本方式，就是自在编程，亦称为环境编程。

1. 什么叫"环境编程"？

环境自在编程，就是环境编程。环境编程构成环境敞开自存在的基本方式，也是环境使自己处于生生状态的自生境机制。

"环境"及运动取向　什么叫环境编程？理解环境编程，需要理解环境编程的自生境机制。要理解环境编程的自生境机制及逻辑起点，还需要从"环境"入手。环境就是被人们**意识到的**存在世界。并且，这个被人们意识到的存在世界，是以自身本性为内在规范敞开自在方式进行生生不息的自我编程运动。

作为被人们意识到的存在世界，既是整体的，也是开放的。环境的整体性，揭示环境既是一个复杂系统，更是一个开放系统。

环境作为一个复杂系统，具有复杂系统所具有的一切特征。"复杂系统是由大量组分组成的网络，不存在中央控制，通过简单运作规则产生出复杂的群体行为和复杂的信息，并通过学习和进化产生适应性。"[①]梅拉妮·米歇尔（Melanie Mitchell）概括了复杂系统的基本特征，这些特征亦构成了环境的自身取向及其内隐机制生成的自动力因素。

首先，环境是整体动力学的，并且其整体动力学功能表现为对局部动力学的整合运用。这种整合整体动力对局部动力实现和局部动力向整体动力回归的环境运动，始终呈现为复杂的集体行为。"复杂的集体行为"这个短语，蕴含三层语义内容：第一，它指环境的自身运动；第二，它指环境自身运动的实质是构成环境各要素的共同行动；第三，它指构成环境的各要素即个体存在物（个体生命存在物或个体非生命存在物）总是遵循

---

① ［美］梅拉妮·米歇尔：《复杂》，唐璐译，湖南科学技术出版社 2015 年版，第 14 页。

"简单的规则" 形成集体行为，而且这种集体行为模式处于不断变化的过程之中难以预测，构成复杂的环境之集体行为的单个要素中任何一个要素一旦有变化，都会导致整个复杂的环境系统之集体行为发生变化，这就是"环境条件的微小变化将引起总体结构中的大变化"①。

其次，环境这个复杂系统虽然由众多要素构成，但构成环境运动的所有要素并没有主次之分，在复杂的环境系统中，所有构成要素都是等质的，并且呈现平等性：环境是由不同生命性或非生命性的个体所构成的充满**生之意向**的网络，在这个网络中，没有控制因素，没有领导力量。每个个体、每个要素以及每个偶然变化，都可能获得其控制性，形成其主导力，但既或如此，该个体、该要素或该偶然变化所获得的控制性或主导力，也仅仅是整体运动进程中的**偶然状态**。环境运动的非控制性、非主导性倾向源于构成环境各个体遵循的"简单的规则"，集体行动的最终动力非他，乃是环境的自组织（self-organizing）力量，这种自组织力量往往以**涌现**（emergent，即"整体做功"）的方式展开。

最后，以自组织为动力机制及运行方式的环境运动，所要实现的是环境自创造和自创生，前者意指自我创造能量；后者意指自我创造生机。这就涉及自然选择、竞争与适应问题：环境运动亦是自然选择、相互竞争、相向适应运动，这一运动进程带动其他所有构成要素、所有存在个体必须相互学习或向外学习以求对环境运动本身的适应，包括对更大的环境运动进程的适应。

整体观之，环境的复杂性不仅在于它的整体性，更在于它的开放性。环境的开放性，既揭示环境的随机性和无序性，更揭示它的未完成性：环境运动之所以成为可能，是因为环境始终是未完成、待完成和需要不断完成的运动进程。环境的整体性，当然体现在它的有序性上，更源于它的开放的生成性。但环境的生成性，恰恰因为它的生命化。

环境的生命化敞开为两个方面：首先，它的基本构成要素本身就是生

---

① ［德］赫尔曼·哈肯：《协同学：大自然构成的奥秘》，凌复华译，上海译文出版社2013年版，第116页。

命，比如构成环境的动物、植物、微生物，都是生命存在物。其次，构成环境的存在物之间具有生命转换的功能，也就是说，环境具有将无生命的存在物变成有生命的存在物的能力，也具有使有生命的存在物变成无生命的存在物的可能性。因为环境所展示的是一个复杂的存在世界，这个复杂的存在世界的表象是有序的，但其本体却呈生成性的混沌状态，生命与非生命均存在于其生成性的混沌之中，生成性混沌构成了它们的土壤，也成为它们**无以边界的边界**。所以考夫曼（Stuart A. Kauffman）才感叹"生命存在于混沌的边缘"①生命与非生命之间的这种生成性混沌关系，其实早在几千年前就被亚里士多德所触摸到了："大自然逐渐将无生命的东西变成有生命的动物，其间的界线无法分辨。"② 亚里士多德对生命的直观表述，再次为现代协同学所揭示：自然世界因为无生命存在物与生命存在物之协同才可共生，并且，无生命存在物与生命存在物之能够协同共生，源于它们都接受达尔文自然选择规律，或可说只有达尔文的自然选择规律才将无生命存在物与生命存在物统一起来而形成一个共生的世界。达尔文的自然选择理论的核心是"为生存而斗争"和"为适应而选择"：为生存而斗争和为适应而选择，这不仅是生物学原理，也是物理学原理，它既符合生命存在物的根本存在要求，也符合非生命存在物的根本存在要求，比如无论激光放射，还是流体中的滚卷运动，都存在着竞争。③ 正是因为如此，拉伍洛克才用"盖娅"一词来指涉存在世界——"盖娅"即生命——世界是生命化的世界，环境是充盈着生命的环境：生命，构成环境的本体；生命化，构成环境的存在朝向。没有生命灌注其中，没有生命化朝向，环境无法自我编程。

环境编程的基本问题 定位"环境"及生成特征，为理解环境编程奠定认知基础，但要能真实地理解环境编程，还需要从"编程"概念入手。

"编程"的功能与要件——"编程"是一个计算机概念，即为了进行

---

① Stuart A. Kauffman, *The Origins of Order*, New York: Oxford University Press, 1993.

② ［美］梅拉妮·米歇尔：《复杂》，唐璐译，湖南科学技术出版社 2015 年版，第 141 页。

③ ［德］赫尔曼·哈肯：《协同学：大自然构成的奥秘》，凌复华译，上海译文出版社 2013 年版，第 59—60 页。

人机对话而编辑程序让电脑执行人的意志的过程。

作为计算机概念，编程就是编制使用计算机这个**工具的工具**，或者说**方法**。因而，编程具有工具论和方法论的双重特征。作为工具论，编程就是使用某种程序设计语言按照计算机能够理解的方式编制一套解决问题的程序代码，人们只要掌握这套程序代码，就可以操作计算机来执行自己的指令完成其意愿性任务；作为方法论，编程就是设计一套具备逻辑运演功能的可控体系，这一可控体系最终以程序代码的方式呈现，以便于人们掌握和运用。

编程需要具备三个基本的条件，包括编程的主体能力、程序设计语言、逻辑规则。主体能力涉及两个方面：一是正确地理解和运用程序设计语言和逻辑规则的能力；二是创造性思维和想象力。由此来看，编程在本质上是一种创造活动，但这种创造活动既充分释放创造主体的个性，又必须无条件地满足其共性。

环境编程是否成立？——将一个计算机概念运用到环境学领域，提出"环境编程"概念，所涉及的首要问题是：环境编程是否成立？

考量环境编程是否成立，不能从观念方面寻立论，也不能从逻辑方面找依据，应从环境角度看它是否符合环境运动本身？是否体现或者说揭示了环境运动的自身规律和特征。环境运动的自身规律，是指环境作为整体与其各构成要素的相向作用而行动，更具体地讲，构成环境的个体要素遵循"简单的规则"展开的"复杂的集体行动"，蕴含了整体动力与局部动力的内在统一，这种统一的真正力量不是源于外部，而是环境本性要求；并且，统一整体动力与局部动力的运作机制，也源于环境自身，即环境以自身本性为要求的自在方式，它的具体敞开形式就是环境自组织。

概括地讲，凡是以自身本性为原发要求和以自在方式为根本规范并具备自组织功能的存在物，其存在敞开运动都体现自我编程。这是因为人间所有智慧和方法都源于自然界，计算机编程的智慧和方法同样是发现并运用自然界编程智慧的体现。自然世界本身就是以自我编程方式展开其存在：凡是以自组织方式敞开自身存在的活动，就是自我编程。以此来看，所谓环境编程，就是环境自组织运动：气候变换运动、厄尔尼诺-南方涛动现象（ENSO）、地震、海啸、龙卷风……其生成运动无不是自我编程的体现。

环境编程不仅指向自身，也指向他者。首先，环境编程造就了地球生物的存在方式，即地球生物的种群、群落方式和个体方式，均是环境编程的呈现形态。达尔文讲"物竞天择、适者生存"，也是在讲环境编程法则："物竞天择"讲的是环境对生物及所有存在个体的编程；"适者生存"讲的是各个个体必须要适应大自然的程序设计才可生存。其次，环境也在为人以及人所缔造的社会编程，人和由人所建构起来的社会，是按照环境编程的方式而存在，而建构起生存方式的。不仅如此，人类的科学发展、文化创造、思想探索等，也同样要接受环境编程。比如自然界的能量，不论以什么方式出现，都具备能够保存下来的特性，但能量既不能被创造，也不能被销毁，它只是从一种形式转化为另一种形式，这就是一个简单的能量编程，这一编程智慧和方法在事实上为人类社会的能量开发、储存、运用提供了根本的法则。再比如，"热不会自发地从较冷的物体过渡到较热的物体"①，克劳修斯所发现的不过是能量编程必须遵循的法则，即能量自我编程必须接受温度法则，必须接受温度的调节。人们发现自然世界能量编程的这一智慧和方法，然后运用它开发出各种保温技术和制冷技术，但所有这些保温技术和制冷技术，都需要外部能量的供应才可运作和实现自身，原因何在？那就是"热"的能量不会自发地从较冷的物体过渡到较热的物体，只能从较热的物体过渡到较冷的物体，这是自然界能量自我编程的程序规定，人类社会必须遵守这一编程规则，服从能量传递这一既有的自然程序。

在人类世界中，不仅科学发现和技术开发都是对自然世界的自我编程智慧的发现和运用，而且学术思想的创造与运用也是如此。比如，中国文化思想包括中国人的特有思维方式、认知方式和生存方式，它表现出与西

---

① ［英］曼吉特·库马尔：《量子理论：爱因斯坦与玻尔关于世界本质的伟大论战》，包新周等译，重庆出版社 2012 年版，第 9 页。

方文化思想的根本不同，追溯这种不同形成的最终原因，是不同地域环境对生存于其中的人和社会进行特定存在程序的编制，使各自获得了体现自身特征的生存程序，这些不同的生存程序又各自烙印上了独特的环境自性智慧和自在力量特征。关于这一点，梁启超先生在《论中国学术思想变迁之大势》中讲得很清楚，他说：一国之学术思想发展、伦常道德建构、包括政治智慧之形成，均在深刻的存在论维度上接受自然环境的编程——"弱地苦寒硗瘠"的北方环境，编制出了北方学术发展以经验为取向，侧重于政治、伦理、天文、历法、历史的学术范式；其"气候和""土地饶"的南方环境，却编制出使南方学术发展形成以超验为取向，侧重于形而上学、宗教、艺术等方面的智慧和方法。[①]

环境编程的特征与类型——所谓环境编程，就是环境以自在方式进行生成性建构。

如上定义简单而清晰，但含义深刻而奥博。首先，环境编程是**自为的**，也是为自己的。这意味着环境编程的原动力机制蕴含在环境自身之中，环境编程体现了自然无目的的合目的性，这种无目的的合目的性的实质，就是实现环境自身。其次，在无目的的合目的性框架中，环境编程是为了实现建构，但所建构的对象却不是别的东西，而是环境本身：环境编程不仅是自在的存在方式，而且自为地创造存在的方式。最后，环境编程所为之实现的建构，必是一种**生成性**建构，这种生成性建构意味着环境编程必须遵循共生原则：环境作为整体与其构成要素以及各构成要素之间，必求**共生**。唯有共生才能生成，唯有生成才能建构，唯有建构才能实现编程本身。因而，自为性、生成性、共生性，此三者构成了环境编程的自身特征。

根据其定义，环境编程存在两种可能性，并由此形成两种类型：当环境以**自在**方式进行生成性建构时，就是环境**自在**编程，亦可称之为环境**顺向**编程；反之，当环境以**他在**方式进行生成性建构时，就是环境**他在**编程，亦可称之为环境**逆向**编程。

---

① 梁启超：《论中国学术思想变迁之大势》，上海古籍出版社 2012 年版，第 14 页。

环境自在编程，是环境编程的原生方式，它展示环境自我生成建构的生生个性和生机倾向。反之，环境他在编程，是环境编程的继生方式，它展示环境逆向生成建构的衰变个性和死亡取向。

2. 环境自在编程原理

环境编程，是存在世界自为地生成性建构的运动方式、运动状态和运动进程。所以，被人所意识到的存在世界以自我编程方式敞开存在和生存的事实一旦被我们所发现，就从根本上颠覆了以前的三个根本的自然观念，即"人是万物的尺度"（普罗泰戈拉）、"知性为自然立法"（康德）和"自然无生命"（洛克），这三种自然观念都是人在自然世界面前的自我虚妄：首先，自然是生命的自然，环境也是生命化的环境，生生构成自然的本质，亦构成环境的本质；其次，不是人为自然立法，而是自然为人立法；最后，自然创生万物生命，万物生命进化然后产生人。从使用角度看，人可能成为取舍万物的尺度；但从存在论讲，人永远需要接受万物的尺度规范。

环境编程，是环境自为地生成性建构存在世界的运动方式，据此，环境编程必须从环境立法、环境生生和环境自为性空间张力这三个维度接受普适化的原理规范。

环境立法原理　环境编程的首要原理，是环境立法原理。这一原理揭示环境是立法者。并且，环境既是环境编程法则的创造者，也是环境编程法则的执行者。仅后者讲，环境编程必须接受环境立法原理的引导和规范。就前者论，环境立法包含三层语义指涉：首先，它意指环境为自己立法，即环境既是自己的立法者，又为自己确立自我编程的法则。其次，它意指环境为生命立法，并为生命确立编程的法则。这是因为生命不仅是环境的构成要素，也是环境运动的具体主体，每个生命或生命的种群，都存在于环境之中，并接受环境的编程。最后，它意指环境是人和人所缔造的社会的原初立法者，并为人和人所缔造的社会确立编程的法则。这是因为人是地球生命系统的一部分，并与地球生命一样存在于环境之中，既构成环境的基本要素，也构成环境的存在主体，既要接受地球生命系统的编程，更要接受环境的编程。

环境作为立法者，为自己、生命、人、社会立法之成为可能，首先在于它拥有立法的内在依据，这就是**环境本性**：环境是自己的存在者，它必须按照自身本性自为地存在。其次在于它拥有立法的外在依据，这就是生命存在物——包括非生命存在物、人以及人所缔造的社会——都是环境的构成要素，并且都必须通过环境而获得存在土壤、平台、条件。

环境立法的最终依据是自然：自然是自己的立法者，自然也是存在于其中的一切存在者的立法者。环境，既是自然的构成内容，又是自然本身。作为前者，环境必须接受自然法则；作为后者，环境立法就是自然立法。

环境生生原理 环境本身是有生命的。环境立法的内在依据是环境本性，即作为充满生命的环境始终不渝地以己之力**倾向生**的朝向，这一倾向生的朝向就是要求生、渴望生并求生生不息。概括地说，**生生**，即环境本性。生生原理，就是环境编程必须遵循的基本原理。

环境立法原理揭示了环境编程的自为法则、自为要求和自为规范，它的内在依据是环境本性。环境生生原理揭示了环境编程的动力源泉和目标意向，即自为地**生成性建构**（自我）的原动力是为自己。如果说立法构成了环境编程的主体原理的话，生生则构成了环境编程的动力原理和目标原理。

生生之所以构成环境编程的动力原理和目标原理，是因为生生乃宇宙的生成法则，是自然的本质，也是生命的源泉。宇宙大爆炸理论揭示：宇宙的本原是一个致密炽热的奇点，它经过漫长的自我膨胀之后于137亿前自我爆炸而形成宇宙。一个无限小的奇点自我膨胀的过程，就是宇宙本原之自我生生过程。这个自我生生的过程不仅通过现代宇宙学借助精密仪器的观测和逻辑的推演而发现，而且早在两千多前就通过哲人的直观而得到把握：老子《道德经》里所论之"道"，其实就是宇宙生生的另一种表述。"道生一，一生二，二生三者，三生万物，万物负阴以抱阳，冲气以为和。"① 其中贯穿了一个"生"字，即整体由个体所生成，但首先是个体生成个体。在个体生成个体然后踏上个体生成整体的道路上，无数的个体生成出"万物"来，这个"万物"就是既由个体所生又包含个体于其中的环境，它不仅"负阴以抱阳"，而且还"冲气以为和"。由此不难发现，环境是一个对立的统一体，形成这个对立的统一体的内在力量恰恰是生，是生生本身。

空间张力原理　环境编程既要以自己为主体，也要以自己为动力和目标，更要以自己为规范和边界。这个规范和边界的基本原理，就是空间张力原理。

要真正理解环境编程的空间张力原理，需要从**还原**环境的自身构成性入手。环境作为被人所意识到的存在世界，是由各不相同的个体所构成的。从现象论，存在世界原本是一个物理世界：由于物理世界的个体构成性，所以物理世界又是一个数学世界，或者更准确地讲，数学世界才是物理世界的**本体**呈现。两千多年前，毕达哥拉斯（Pythagoras）将宇宙世界及万事万物，看成是由 1、2、3、4……10 这些基本的数构成的。因为 1 是点，2 是线，3 是面，4 是体，宇宙及世界万物的生成过程朝着两个方面敞开并生成出两类东西：一是朝向形体生成的方向敞开，就是由点而线、由线而面、由面而体、由体而形成可感的形体，产生水、火、气、土四种元素，这四种元素生成出万物；二是由点而线、由线而面、由面而体、由体而产生抽象的实体，这就是正义、婚姻、友谊、爱情、完满等。在毕达哥拉斯看来，数学不仅是数的问题，还是情感、伦理、政治问题。人间的一切情感，都是自然情感，人间的所有伦理都来源于自然伦理。比如，汉语中"伦理"之"伦"的本原语义是"辈"，它蕴含血缘、等级、自然秩序等，由此使伦理与生物学相通了。并且，"伦理"之"理"乃"治玉"，意即将具有内在纹路的璞石打造成美玉。但无论血缘、等级、自然秩序之"伦"，还是物理的内在纹路之"理"，均从不同方面揭示了事物存在的基本条件是始终与他物之间构成最低限度的空间距离，由此形成边

① 《老子校释》，朱谦之撰，中华书局 2000 年版，第 174 页。

界、权限，而这些恰恰包含在数学的数量与顺序之中，更构成物理学的自身规定，然后又成为政治学的基本准则：人性主义的政治学，始终是**边界**与**权限**的政治学。

换言之，政治、伦理所张扬的边界和权限，蕴含在数的数量与顺序之中，或者说是对数之数量与顺序中所蕴含的空间张力原理的发现与社会化运用而已。只有从这个角度看，才可能理解笛卡儿何以要将数学称之为"普遍数学"（mathesis universalis）、普遍方法的根本缘由。客观论之，数学关注空间性问题，是探讨空间生成与展开法则的学问，所以"度量"和"顺序"构成数学的一般特征。由于限度和顺序这一特征，使数学成为自然科学的思维工具和方法论而被广泛地运用：数学的度量往往指相同对象的量与量的比较，哲学所探讨的对象往往不相同，如何使数学中的一般特征变成世界的普遍方法呢？笛卡儿发现，原来"度量"本身蕴含**性质**和**程度**的含义，对数学中"度量"的哲学界定可以扩展其"度量"的"性质"和"程度"领域，找到不同事物之间在性质方面的**相似**和程度方面的**差异**。在笛卡儿看来，数学中的顺序有两种：一是**从简单到复杂**，它蕴含**综合**的方法；二是**从复杂到简单**，它蕴含**分析**的方法。综合与分析，这两种方法相逆，所研究的对象却同质。但数学以外的科学，比如形而上学，所研究的对象往往不同质。如何将数学的"顺序"扩展到所有的领域，使之构成普遍方法呢？这就需要从哲学高度来重新界定数学的"顺序"——无论从简单到复杂，还是从复杂到简单，它都包含一种内在的**因果关联性**。这种因果关联性既使同质的事物产生顺序成为现实，又使异质的事物之间形成顺序成为可能，由此，数学中的"顺序"特性构成了推论世界事物的**原因**与**结果方面**知识的基本方法。

物理世界可以抽象为数学世界，数学世界亦可还原为物理世界，但贯通这种抽象与还原并使其相互转换的桥梁，恰恰是空间距离张力，简称为空间张力。

具体地讲，在物理世界，存在物与存在物之间蕴含数量关系，这种数量关系的抽象表达式就是度量。并且，存在物与存在物之间所构成的度量关系中，还蕴含性质定位与程度取向。比如以树为坐标，第一棵树下有一头牛在吃草：第二棵树下有两头牛在吃草；第三棵树下有三头牛在打架。树与牛，在数量关系上存在着程度的区别，但在性质上却等同。不仅如此，在物理世界里，存在物与存在物之间所形成的数量关系又蕴含顺序，这一物理顺序的数学表达，就是从简单到复杂和从复杂到简单的关系，前者即"1、2、3、4……"，后者即"10、9、8、7……"。并且，无论从简单到复杂，还是从复杂到简单，都内在地蕴含一种生成性关系，正是这种生成性关系才构成了存在物与存在物、个体与整体、环境与生命之间的亲缘性生生关联。

进一步看，数学中的度量与顺序还原为物理世界的存在关系，性质上蕴含普遍的平等意趣；其因果关系所表现出来的顺序，蕴含秩序的意向；其因果关系所蕴含的生成性关联，揭示存在物之间的共生本质；其程度上的等同性或差异性，却展示出实际存在关系的空间边界诉求。整合地看，在物理世界中，存在物与存在物之间的秩序取向、平等意趣、共生本质，都要通过空间边界的明朗与确定才可获得落实。所以，空间边界构成了物理世界的存在论规范，没有明确的空间边界，既不可能有平等，也不可能产生秩序，当然更不可能有共生，因为共生的前提是平等，共生的平台是秩序。

数学世界的度量还原为存在世界的物物关系，就是空间边界。物物之间的空间边界，实际上指存在物与存在物之间的空间距离，它是存在物根据自身内在本性对自在存在的最低**空间场域**要求。空间场域构成了存在物绝对**自为的边界**，一旦这一自为边界遭受自身之外的其他存在物所侵犯或占有，就面临自为地生成建构的危机（一棵树下三头牛为草而争斗的现象即最平常的例证）。因为，在被我们所意识到的存在世界，即环境里，物物存在的基本条件，是空间距离所形成的空间张力。空间张力决定着物物的存在能否持续。空间张力，是物物共生的前提条件，也是物物共生的基本准则。"我们决不能看到这些细节而忽视全貌。通常绝不是只有两三种动物相互竞争或共生。事实上，大自然过程是牙磕着牙似的紧密联系着的。大自然是一个高度复杂的协同系统。"① 但协同共生的前提是必须有相应的空间距离：物物存在的空间距离消解或空间距离太近，物物共生必然丧失其基本条件；相反，物物存在的空间距离太远，同样丧失协同共生的条件。前者揭示物物共生的前提是必须各自成为独立的存在者，享有独立的存在空间，这一能够使物存在的独立存在空间是任何其他存在物都不能侵犯的，一旦遭受侵犯，物就丧失独立存在的最低条件，协同共生就成为空话。后者揭示物物相依：一物的存在必以他物的存在为支撑，离开了他物的协助，其物不在，他物支撑的根本体现，就是此物存在需接他物之气。所以，对任何存在物来讲，存在最需要的是他物，如同人的存在最需要的是他人一样。或者说，"人最需要的东西是他人"② 这一存在法则，源于"物最需要的东西是他物"这一物性法则。这一法则来源于物物共生的空间距离张力原理。"如果一个生命，其周围的同类过于稀疏，生命太少的话，会由于相互隔绝失去支持，自身得不到帮助而死亡；如果其周围的同类太多而过于拥挤时，则也会因为缺少生存空间，且得不到足够的资源而死亡。只有处于合适环境的细胞才会非常活跃，能够延续后代，并进行传播。"③

3. 环境自在编程工具

环境编程意指环境以自在方式进行生成性建构，这一定义揭示了要讨论环境编程问题，还须先掌握必备的编程工具，它涉及两类，即环境宏观认知工具和微观操作工具。

环境编程的宏观工具　环境编程的宏观工具，就是编程环境所需要的认知或者说概念工具，它主要指环境能量、环境生产、自然选择、生存竞适、生境逻辑。

环境能量——根据定义，环境编程是环境自为地生成性建构的行为。由此不难发现，环境编程需要自为性动力。环境编程的自为性动力源自环

---

① ［德］赫尔曼·哈肯：《协同学——大自然构成的奥秘》，凌复华译，上海译文出版社2013年版，第69页。

② 周辅成主编：《西方伦理学名著选辑》上册，商务印书馆1996年版，第89页。

③ 张天蓉：《蝴蝶效应之谜：走进分开与混沌》，清华大学出版社2013年版，第155页。

境作为整体所蕴含的存在能量，它最终来源于构成环境各要素所蕴含的自在能量。环境编程行动展开的必要前提，就是环境自组织、自调节这两个方面的能量，使之形成整体动力能量与局部动力能量的有效整合而生成编程所需要的具体能量。

环境能量即环境编程能量。"环境能量"和"环境编程能量"这两个概念从不同角度定义和描述环境力量或者说环境能力：环境能量是从环境力量或者说环境能力的自在性角度讲的，即环境蕴含使之成为自身的存在力量和能力；环境编程能量是从环境展开自为地生成性建构活动角度讲的，即环境展开自为地生成性建构运动，必须集聚和整合其自在力量使之成为发动、强化和完成生成性建构的编程活动的实际能力。

环境生产——环境编程的自为性努力，就是实现对自我的生成性建构，这一努力过程就是环境生产。因而，环境编程不过是环境实现自我生产的方式。环境自我生产，是指环境具有生产能力，这种能力就是环境自组织、自繁殖、自调节、自修复能力。环境生产能力，首先是指环境生产自己的能力，使自己不断处于生生状态；同时还指环境生产他者的能力，即环境作为自生产者始终是以整体方式展开的，这一自生产的运动过程，促进了或者带动它的构成要素即环境个体的生生运动。

环境生产，是环境编程的本质。基于实现环境生产的本质要求，环境编程必须遵循环境自性原理。环境编程的自性原理，是环境成为环境的自我规定性，它既蕴含在环境之中构成环境的本质规定和内在要求，又表现在环境编程运动之中，构成环境编程的根本规则。前者即环境本性，后者乃环境自在方式。环境自在方式是环境本性的运作方式和生成性建构（环境自身）的尺度、规则；环境本性是环境自在方式的本质规范、方向要求和动力之源。

如前所述，环境本性即生生，它展开为两个方面，即生己和生他。由于环境作为整体既呈现构成性取向，又呈现敞开性取向，环境生己与生他运动具有了多元倾向：环境的构成性既形成环境作为整体与构成要素相向生己与生他，也形成构成环境各要素之相向生己与生他。环境的敞开性形成了环境在微观、宏观、宇观层面的相向生己与生他。然而，环境本性所呈现出来的如此多元的生己与生他，其实质仍然是自为与为他的互动生成。换言之，环境在构成性和敞开性两个维度上呈现利己与利他的对立统一，恰恰对生物世界的自私理论①和利他理论②进行了内在编程，也为人类社会利己与利他的伦理矛盾与对立统一编写出了反道德、道德与美德三道普适性的程序。客观地讲，人类社会探讨和建构人性伦理，必须符合环境本性；反之，一切不符合环境本性的道德或美德，都成为破坏环境的异己力量。

生生之环境本性的存在敞开就是自在方式。环境编程既要以生生本性为根本要求，又要以自在方式为根本尺度和规范。环境一旦无视自身本性的内外要求，就意味着环境编程失性。环境编程失性，这是环境编程向衰变方向滑动的具体呈现。

但是，环境编程无论朝向生生方向展开，还是朝向衰变方向展开，都体现**生产**本质。或可说，环境编程的生生朝向和环境编程的衰变朝向，乃**环境生产**的两种方式：前者呈现为增长的、充满生机的生产方式；后者呈现为衰弱的、渐进消亡的生产方式。

自然选择——根据环境的生性要求和自在方式，环境编程必须面临自然选择。自然选择，狭义地讲，属于生物进化概念；但从广义论，却是自然进化概念。在狭义层面，每个种群以及每个生物个体，其存在必须接受自然选择；在广义层面，每个群落以及个体存在物，其存在必须接受自然选择。环境编程亦是如此。

环境编程接受自然选择，源于环境本身的构成性和敞开性特征所生成的多元可能性。

从环境构成性角度看，环境呈现三个维度，即作为整体的环境、作为整体构成要素的环境和作为整体与个体、个体与个体互动生成的环境。在构成性层面，每个维度的环境编程必须接受自然选择，比如山脉或河流、

---

① ［英］道金斯：《自私的基因》，卢允中等译，中信出版社 2014 年版。
② ［俄］克鲁泡特金：《互助论》，李平沤译，商务印书馆 1997 年版。

平原或丘陵、地面性质与大气环流等等的自我编程，均要接受宇观、宏观、微观层面的自然选择。比如，气候变换运动是地球生命和人类存在的宇观环境，但气候变换运动要接受太阳辐射、大气环流、地面性质、生物活动的编程（即选择），否则，气候无法展开变换运动，更不可能呈现变换运动的周期性时空韵律。

从环境敞开性角度讲，环境形成了微观、宏观、宇观等层级上的区别，这种层级区分使环境编程同样获得了层级性，即环境微观编程、环境宏观编程和环境宇观编程。比如，环境微观编程始终面临接受宏观环境和宇观环境的选择问题，宏观环境编程亦不得不接受宇观环境和微观环境的选择，当然，宇观环境编程也要接受宏观环境和微观环境的选择。仅从现实观，如今的霾嗜掠、气候灾害频发，都是气候失律所致，但前提恰恰是生物活动、地面性质逆生化编程了大气环流，使大气环流逆生化；逆生化的大气环流又编程了气候，使气候失律；失律的气候才编程了嗜掠的霾气候扩张和气候灾害的频繁暴发。

生存竞-适——环境编程接受自然选择，亦是自然选择环境编程。从自然选择环境编程角度讲，自然选择必须遵循环境本性，体现环境自在方式，因为环境编程的实质是实现环境本性、张扬环境自在方式，唯有如此，环境编程才可形成自为地生成性建构，即才可实现环境生产，包括环境生产环境本身和环境生产他者。否则，环境编程就会逆生化。从环境编程接受自然选择角度看，环境编程必须接受竞-适规范，因为自然选择编程环境的实质，就是使其竞争与适应实现对立统一，并且，唯有其竞争与适应达向对立统一，自然选择才会实现环境编程，环境编程才会接受自然选择。

环境编程所体现出来的竞争与适应之间的对立统一，具体展开三个维度：首先是构成环境各要素之间的竞争与适应的对立统一；其次是环境整体与构成要素之间的竞争与适应的对立统一；最后是在宇观环境或宏观层级上，以群落为基本单元的微观环境之间的竞争与适应的对立统一。在环境自为地生成性建构运动中，无论宏观与微观之间，还是整体与构成性要素之间，或者其构成性要素之间，竞争仅仅是手段，相向适应才是自为地生成性建构的目的。并且，这种生存竞争与适应的对立统一的原发动力是生生，最终规范是空间张力域度。

生境逻辑——环境能量、环境生产、自然选择、生存竞-适等宏观认知工具，最终要构成环境编程的逻辑运演体系的构成内容。与计算机编程一样，环境编程同样是在建构一套逻辑运演体系，或者更准确地讲，环境存在敞开本身就蕴含只属于自己的逻辑。环境编程将环境之自身逻辑予以系统化呈现，并且对自身逻辑的系统化呈现，构成了环境展开自我编程的必须前提。换言之，建构逻辑运演体系，是编程得以展开的必须前提。

以此来看，环境编程与计算机编程有根本区别，这一区别体现在各自努力建构的逻辑运演体系不同。简要地讲，计算机编程所努力建构的运演体系，必须接受观念逻辑的规范：观念逻辑是人造的逻辑，具体地讲是人基于思维和认知的需要所创造的逻辑，是如何更为有效地展开人的思维运演或者认知运演的逻辑。它的基本类型有三，即形式逻辑、辩证逻辑和数理逻辑。这三种类型的逻辑形式体现了人的思维和认知运演的三个不同的抽象层次、三种不同水准的方法。以此来看，计算机编程是人根据自造的逻辑方式——具体地讲是人根据自造的数理逻辑方式——进行人机对话的程序编写方式。与此不同，环境编程所努力遵循的逻辑却是自然逻辑，即自然如何呈现自身本性并张扬自在方式的逻辑。进一步讲，环境编程的逻辑是自然如何自为地生成性建构（环境或世界之）生生（或曰生殖）的逻辑，简称为生境逻辑。生境逻辑的宏观表达，是宇宙和地球遵循自身律令而运行，自然按照自身法则而生变，地球物种接受物竞天择、适者生存的法则而生生不息。生境逻辑的微观表达，就是任何具体的事物、所有的个体生命、一切具体的存在，均按照自己的本性要求展开生存，谋求存在。比如平澹而盈、卑下而居是水的本性，水总是按照自身这一本性而流动不息，生生不已；起于地平线而直耸云霄，这是高山的本性。概括地讲，存在世界、自然宇宙自身所彰显的逻辑，就是**生境逻辑**，它可具体地抽象表述为生殖逻辑；宏观地抽象表述为宇宙律令、自然法则、生命原理、人性要求。当它获得人的发现并被人为表达时，生境逻辑就是宇宙律令、自然法则、生命原理、人性要求的具体认知规范和生活规范的理性表达，它构成了人造的观念逻辑得以建构和运用的**基础逻辑**。

环境编程的操作工具　环境编程不仅蕴含一套属于自己的逻辑运演体系，更呈现一套自为地展现逻辑运演体系的操作工具。这套编程环境的逻辑运演体系的操作工具，就是环境量变体系。

环境量变体系的基本构成是环境常量与环境变量：环境是常量与变量的有机构成。相对地讲，环境常量是指环境自为地编程的不变因素，它主要有土地、江河、湖泊、山岭、海洋等地球之地形地貌；环境变量是指环境自为地编程的变动因素，它主要有人类行为、地球生物活动、降雨、日照、风云、大气环流、气候变换运动等。在环境变量体系中，核心因素是气候：气候是将环境常量与环境变量有机地统一起来进行有效编程的宇观变量。从这个角度讲，气候编程环境，气候也编程社会和文化。早在两千多年前，亚里士多德就对这一思想做过形象的表述，他说："寒冷地区的人民一般精神充足，富于热忱，欧罗巴各族尤甚，但大都绌于技巧而缺少理解；他们因此能长久保持其自由而从未培养好治理他人的才德，所以政治方面的功业总是无足称道。亚细亚的人民多擅长机巧，深于理解，但精神卑弱，热忱不足；因此，他们常常屈从于人而为臣民，甚至沦为奴隶。唯独希腊各种姓，在地理位置上既处于两大陆之间，其秉性也兼有了两者的品质。他们既具热忱，也有理智；精神健旺，所以能永保自由，对于政治也得到高度的发展；倘使各种姓一旦能统一于一个政体之内，他们就能够治理世上所有其他民族了。"[1] 孟德斯鸠更是从气候如何影响民族性格、人的个性、政治、法律、文化气质等方面系统地阐述了气候如何编程不同地域的不同民族及不同社会与文化。[2]

在环境编程的量变体系中，环境常量是环境编程的基本工具。客观地

---

[1]　[古希腊]亚里士多德：《政治学》，吴寿彭译，商务印书馆1965年版，第360—361页。
[2]　[法]孟德斯鸠：《论法的精神》下册，张雁深译，商务印书馆2004年版，第283—286页。

看，环境常量虽然是环境编程的不变因素，但它只相对变动不居的环境变量而论；就自身论，环境常量也存在着**变**的问题。只是，环境常量的变，不是一种表象层面的、能够当下感觉得到的具体尺度的变，而是一种本体性的、看不见的大尺度的变。这种变化是一种影响环境编程性质及朝向的变。所以，体现隐性的、缓慢变化的环境常量，形成了"存"或"负"的区分，即存量性环境常量和负量性环境常量。一般地讲，环境常量构成了环境编程的基本倾向：无论从宇观或宏观看，还是从微观论，环境常量如果处于存量状态，其自为性编程倾向于生境性建构；反之，环境常量如果处于负量状态，其自为性编程则倾向于死境性建构。

在环境编程的量变体系中，环境常量无论以存量方式变化或以负量方式变化，相对环境变量来讲，它都是缓慢的、看不见的变化，所以环境常量也可称之为**环境慢变量**。与此相反，环境变量却是快变量。在环境编程的量变体系中，最根本的操作工具是环境变量，它构成了环境编程复杂化的根本因素。

从整体观，环境变量因环境的多元要素的构成性取向和多元层级的敞开性方向，形成环境自变量和环境因变量。环境自变量是影响环境自为地生成性建构的变量，它构成引发环境因变量使之发生变化的因素或条件，比如大气环流的自变量与因变量，就是温室气体与水蒸气。在大气环流中，增加温室气体，水蒸气就更多：温室气体是空气的自变量，温室气体的变化，导致因变量水蒸气的变化。与此不同，在环境编程中，具体的环境要素因另外的（一个或数个）环境要素的变化所引发的变量，就是环境因变量。

在环境编程运动中，环境自变量和环境因变量的区别，在于变化的直接动力不同：环境自变量的直接动因是环境（或环境要素）自身；环境因变量生成的直接动力是环境（或环境要素）之外的因素。由此形成环境自变量与环境因变量之功能发挥对环境编程的影响亦不相同：一般地讲，环境自变量推动环境编程难以超出自为地生成性建构的生境轨道；环境因变量则有可能推动环境编程突破环境生态临界点展开逆向建构。

在环境变量体系中，无论自变量或因变量，都潜在地具有两种可能性取向，这就是环境渐变倾向和环境突变倾向，由此形成环境渐变量和环境突变量的区分：前者是缓慢地改变环境编程的波动空间的变量，后者是以突变方式改变环境编程的空间边界和性质方向的变量。一般地讲，环境渐变量发挥环境编程功能，更多地促进其自为地生成性建构；环境突变量发挥环境编程功能，往往推动环境编程突破其生态临界点滑向逆生道路。

4. 环境自在编程机制

环境编程的互动涌现　环境编程运行的形态学机制，是随机涌现。要理解此一随机涌现机制，须从两个层面入手。

首先是对环境编程的形态类型的认知。

认知环境编程的形态类型，必须从环境编程的构成要素入手。环境编程展开微观、宏观、宇观三个层次。在静态意义上，每个层次的环境编程的构成要素各不相同：在微观层面，环境编程的基本要素是个体存在物，包括个体生命存在物和个体非生命存在物。比如一棵树，一头猪，一株草，一块稻田，一个人等，都构成了环境编程的微观要素。在宏观层面，环境编程的基本要素是陆地海洋、江河湖泊、山川平原、森林草原等地形地貌以及种群、群落等。在宇观层面，环境编程的基本要素是太阳辐射、地球轨道运动、大气环流、地面性质、生物活动等等。

由于构成环境编程的基本要素的层级性，使环境编程本身成为一个完整却又绝对开放融合的梯级形态体系，它由环境的物际编程、群际编程、域际编程和宇际编程构成。在环境物际编程中，其"物际"中的"物"是指存在物，包括生命存在物或非生命存在物，都构成环境物际编程的基本要素。环境物际编程之"物际"，是指物物之间所构成的存在关联。环境物际编程是指存在物与存在物之间自然形成的存在关联，就是存在物与存在物之间按照"简单的规则"进行相向编程所体现出来的"复杂的集体行为"朝向。

在环境编程的形式规则构成中，物际编程是最低一级的编程形式，也是最基本的环境编程形式，一切其他形式的环境编程都是建立在物际编程基础上的。具体地讲，环境物际编程建构起了环境群际编程的基础，环境群际编程在环境物际编程平台上展开自为编程运动。

环境群际编程中的"群际"，是指地球生物圈中的种群及群落。种群和群落都是生物学意义的，但种群是物种性质的，群落不仅具有物种性质，更具有地域性质，即特定地域中多样性种群的集聚性存在状态就是群落。所以，种群嵌含在群落之中，群落又嵌含在更大的环境之中。联系物际编程看，存在物之间的相向编程，自为地生成性建构起种群；种群之间的相向编程，自为地生成性建构起群落；群落之间自为地生成性建构起更大的环境域，这就是域际环境。

域际环境是环境域际编程的产物。环境域际编程中的"域"，既指区域，也指地域。环境域际是指具体的环境地域、环境区域。比如，海洋环境、江河流域环境、山地环境、平原环境，也可指亚太环境、太平洋环境、中东环境等等。

宇际环境是指宇观环境，宇际环境编程实际上是指气候编程，气候编程不仅仅是域际环境之间的编程运动，而且更是太阳辐射、地球轨道运动、大气环流、地面性质、生物活动的相向编程运动。

从动态层面看，环境编程是一个运动进程。这个运动进程将各种环境要素带入其中，使各个层次的环境自为地生成性建构形成相互融合的**涌动**体系。从本质讲，无论在宇观层面，还是在宏观层面或微观层面，各要素之间相互交织形成复杂的网络性涌动体系。在这个网络性涌动体系里，每个要素既是自变量也是因变量，并且每个变量都没有固定的位态，更没有运行的固有轨道性。每个变量都处于**随机**状态，随机性，构成了环境编程运动中各个要素的行动方式，并且这种随机化的行动方式又在网络化生成创构的平台上任意敞开，由此形成交叉、整合、变异的涌动运行状态。所以，网络化的涌动呈现的实质，是各环境层次、各环境要素的整合做功：环境编程是环境自为地生成性的整体建构。所以，网络化的涌现运动，构成了环境编程的行为机制。

环境编程的动力机制　环境编程运动，既由其构成性的各要素以自在方式构成了纵横交错的编程网络，又将物际编程、群际编程、域际编程、宇际编程嵌入纵横交错的编程网络之中形成随机化的涌现行为机制。然而，这仅仅是从现象观察。透过眼花瞭乱的网络化涌现现象，则呈现本体状貌：各种要素交汇融合随机涌现的环境编程行为得以发动、持续和敞开的持久动力机制，是环境**自组织**机能。

环境是充盈无限生命张力的生成状态和生生进程，使环境始终涨满生成状态和生生进程的是环境自生境能力。环境自生境能力的动力机制，是其自组织机能。环境自组织机能是环境在自繁殖、自生长、自调节、自修复中崩溃或在自崩溃中建构的力量。这种力量虽然最终源自环境的生生本性，但它却在其生生本性之内在规定和自在方式之外在规范的双重规训下，形成自组织的内秩序机能。

环境自组织的内秩序机能的核心机制是自催化，"物质自行催化的反应叫自催化。"① 自催化是一个化学概念，但它的功能却超出化学领域而对整个存在世界发生功能："自催化概念所具有的重要性远远超出了化学领域。在这个意义上，流体中的滚卷运动也具有自催化的特性。不断发展的滚卷运动，即使开始时运动是微弱且纯粹是偶然形成的，也将得到加强。自催化和集体运动不稳定性不断增加，二者是一回事。这表示大自然显然一再应用同样原理来造成各宏观有序运动或模式。"② 我们将由自催化构成环境自组织机能的核心机制，简称为**环境自催化**。环境自催化是环境自组织编程的内隐行动方式，发动这一内隐行动方式的是环境序参数和环境支配原理。

序参数原本是一个热力学概念，它是物理现象中处于涨落临界点的一个物理量，也是复杂事物或者说存在世界得以自组织的动力因素："我们将认识到，单个组元好像一只无形之手促成的那样自行安排起来，但相反正是这些单个组元通过它们的协作才转而创建出这只**无形之手**。我们称这

---

① ［德］赫尔曼·哈肯：《协同学：大自然构成的奥秘》，凌复华译，上海译文出版社 2013 年版，第 55 页。

② ［德］赫尔曼·哈肯：《协同学：大自然构成的奥秘》，凌复华译，上海译文出版社 2013 年版，第 59—60 页。

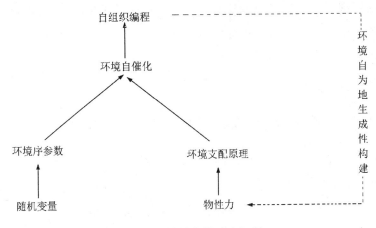

图 2-1　环境编程的动力机制

只使一切事物有条不紊地组织起来的无形之手为序参数。"① 从环境编程角度讲，推动环境自催化以实现自为地生成性建构的动力因素即环境序参数，就是**环境随机变量**。这个推动环境自催化以实现自为地生成性建构的动力因素，既可能是隐藏于环境编程运动进程之中的随机变量，也可能是游离于环境编程运动之外的随机变量，如果属于前者，这种随机变量就是随机**因**变量；假如属于后一种，这种随机变量则是随机**自**变量。

以随机变量为本质内容的环境序参数，构成环境自催化的动力机制。但仅有环境序参数这个动力机制，还不能形成环境自催化的方向性敞开以推动生成性的自组织编程，因为以随机变量为本质内容的序参数，只解决了环境自催化的动力问题，却没有解决环境自催化的方向问题。在环境编程的敞开运动中，环境自催化到底朝着哪个方向推动自组织编程，还需要接受环境支配原理的规训。环境支配原理即**物自性**。所谓物自性，就是存在物的内在本性及敞开的自在方式，它是环境随机变量的自身规定与自我释放的方向定位。所以，以环境随机变量为本质内容的环境序参数，是环境自催化的动力机制；以物自性为本质内容的环境支配原理，是环境自催

---

① ［德］赫尔曼·哈肯：《协同学：大自然构成的奥秘》，凌复华译，上海译文出版社 2013 年版，第 7 页。

化的秩序规范。只有当环境随机变量与物自性形成相向合力时，环境自催化才可产生，自组织编程环境的网络化运动才实现自为地涌现性敞开，环境生机勃勃。

二、环境失律的构成条件

概括上述，环境以自在编程方式敞开存在，也以自在编程方式展开生成，所以环境编程既是环境自存在方式，也是环境自生存方式。环境自存在向自生存敞开，就是环境编程，亦可谓环境自生成。环境以自编程方式敞开自生成，遵循环境立法原理、环境生生原理和环境自为性空间张力原理；环境以自编程方式敞开自生成，以环境能量、环境生产、自然选择、生存竞-适、生境逻辑为宏观工具，以环境常量和环境变量为操作工具，其动力机制是环境自组织机能，环境自组织的核心机制是环境自催化，其原动力是环境变量和物性力。

将环境以编程方式敞开自生成原理、方式和运行机制予以抽象，就是环境自生境原理和自生境机制，前者乃环境自生生原理，后者是环境自组织、自繁殖、自调节、自修复机制。

由于生命是环境的本原，环境最终由个体生命构成这一事实，决定了环境是有限的。环境的有限性，以自身保持内在生命本性和自在方式为前提，一旦丧失内在生命本性和自在方式，就是环境失律。环境失律的宇观方式，就是气候失律；环境失律的宏观方式，就是地球失律；环境失律的微观方式，就是生境破碎化。生物多样性丧失和生物种群、群落生境链断裂，是生态破碎化的不同水准的概念陈述。

1. 环境失律的运动原理

所谓环境失律，是环境在自存在向自生成敞开进程中丧失自生境原理和自生境机制后滑向死境方向的运动状态。环境失律并非一蹴而就，它经历长期渐变才形成，并且也有规律可循。这个渐变生成的**失律**规律，就是环境失律的运动原理，简称环境灾变原理，它包括环境灾变的层累原理、突变原理和边际原理。

层累原理　以更通俗的方式讲，环境失律是指环境运动丧失有序性。导致环境运动丧失有序性的最终之因，是人力活动过度介入自然界，这是判断环境失律的根本指标。人类活动过度介入自然界造成环境失律，并不是一次性或短时性所能做到的，它是经过长期积累形成的。具体地讲，人类基于自己的生活目标无所顾忌地展开征服自然、改造环境、掠夺地球资源的活动，长期以往持续地形成对地球环境的破坏性负面影响，以层累方式积聚起来形成强大的力量，将环境推向逆生态方向运动。

所谓"层累"，就是层层累积，它遵循从无到有、由少到多、从小到大一点一滴地累积的规律，由于这个规律在存在世界里普遍存在，所以称之为层累原理。层累原理揭示了**时间**和**聚集**在存在世界中的秘密：**时间发动聚集，聚集创造时间**。时间和聚集合谋生成出一种神奇的**生化**功能，即将小尺度变成大尺度，并拥有将细微末稍变成改变大尺度、大事物、大世界的无穷力量。同时，层累原理还揭示了环境舞台上的能量运动，服从宇宙大爆炸原理。宇宙大爆炸之所以产生，根源于初始条件即体积无限小的"致密炽热的奇点"，具有自聚合能量的潜力，当它一旦获得**时间的保证**，就开始了自我聚集能量的活动。[①]由此不难发现，在存在世界里，层累原理得以生成建构的内在条件有二：一是**自力因**，它是事物层累活动得以生成的初始条件，这个初始条件一定内在地具有自聚合能量的潜能；二是使时间成为能够**孕育层累效应**的母体。正是初始条件和时间这两个因素的合生运作，使它获得普遍原理的资格而构成解释个体性因素如何影响整体、小尺度怎样改变大尺度的最终依据。

在构成层累原理的两个基本条件中，时间是最根本的因素，因为时间构成了对初始条件的孕育，初始条件在时间孕育的进程中生成、聚集能量，此二者的互动生成，构成层累原理的工作机制，这一工作机制蕴含四个基本规律。一是**流变**规律。时间是一种进程状态，它成为变化的机制，

———————

[①]　［英］史蒂芬·霍金：《时间简史：从大爆炸到黑洞》，吴忠超译，湖南科学技术出版社1997 年版，第 109—130 页。

当初始条件获得对时间的保证时，必然按照时间敞开的进程机制发生有规律的流变。正是因为如此，层累原理始终强调变化，并且变化是一个无限展开的过程。二是**渐生**规律。层累原理揭示变化的过程始终是一个渐生的过程，在常态下，任何事物的存在敞开都在变化，其变化始终是渐进的，是一点一滴积累生成的。并且，这种渐进变化的朝向是生，是使变化本身和变化着的事物本身不断地生，即生成、生长、积累、壮大。三是**乘积**规律。层累原理揭示了流变与渐生所遵循的规律，不是算术规律，而是几何规律，即按照乘法方式展开流变和渐生，即初始条件在接受时间孕育的进程中，越是往后，流变速度越快，渐生力度越大，以至于当其力量在加速层累进程中达到某种临界点时，就会脱离渐生轨道滑向突变。四是**推力**规律。事物的流变与渐生，既可能是事物自身的内在要求使然，更可能是事物自身之外的力量推动。如果以前者为推动力，事物的流变与渐生运动促进事物本身生境化；如果以后者为推动力，事物的流变与渐生运动，会将自身推向死境化道路。

层累原理揭示了环境失律的生成规律，即层累规律。层累规律揭示环境如何从自生境编程向逆生化方向编程的动力机制。首先，环境失律不是由环境自身推动的，而是由现代人类征服自然、改造环境、掠夺地球资源的无限度活动创造出来的负面影响力层累性积聚推动生成的。其次，人类力量作用于环境导致环境编程逆生态化，是一渐变生成的过程，在这一过程中，当下情境或者说小尺度上的环境失律不易被发现，只有在历史长河中、在宇观的或宏观的大尺度上，人们才可发现环境失律的内在推动力和自身规律。其三，环境失律的内在体现，是环境内在生命本性和自在方式丧失；环境失律的外在表现，是环境灾害和疫病的日常生活化。

突变原理　环境失律，必然由内在生命本性丧失推动自存在方式丧失，最后形成环境运动失序。环境运动失序的抽象表述，是环境逆生态化；环境运动失序的具体形态，是环境灾害频发。并且，在环境失律状态下，环境失序、灾害频发是以突变方式产生的。比如，在当代生活中，地震、海啸、暴雨、干旱、高寒、酷热、霾气候、流行性疾病、瘟疫等环境逆生态运动，都以突如其来的暴虐方式暴发，这种体现存在世界生变运动之普遍规律的暴发方式，即突变方式。这种体现存在世界之普遍规律的突变方式所蕴含的原理，就是突变原理。

突变原理揭示事物发生性质改变的两个基本特征：一是突发性，即事物变化的不可预料性，不可预测性和暴发的随机性、突兀性；二是非连续性，即事物突变，既没有直接因果，更不会重复出现，它始终只具有一次性。虽然如此，但突发性和非连续性的突变现象背后又蕴含可把握的规律，这种规律体现三个方面。首先，突变现象相对系统秩序而论，由此形成三个方面的性质规定性：一是一切形式的突变现象必然发生在系统之中；二是能够导致突变现象发生的系统原本是动态的秩序体；三是突变现象一旦发生，就是对这个动态秩序体的秩序的彻底破坏或瓦解。概言之，突变现象一旦发生，生成这一突变现象暴发的动态秩序体必然遭受瓦解或破坏，并由此打破原有动态平衡而进入非平衡的重构进程之中。其次，突变现象产生虽然体现出突发性和非连续性特征，但突发行为要经过很长时间的能量积蓄，并且，只有当这种不断积蓄的能量达到能够突破动态秩序体的临界状态时，才可暴发出突变。所以，突发行为是建立在层累基础上的，突变原理必以层累原理为依据。最后，根据宇宙律令、自然法则和生命原理，任何事物都有标识自身存在的内在本性和秩序要求，毫无例外地遵循内在本性和秩序要求展开自生成、自建构、自调节或自修复运动。因而，任何事物都是一个动态秩序的系统，并且任何事物的动态秩序化存在必须置于更大的动态变化的系统中才可得到呈现和保障。事物突破自身自生成、自建构、自调节、自修复的生存运动轨道发生突变行为，一定是某种或多种外力推动使然。根据层累原理，当这种或多种外在能量因素以层累方式积蓄起来达到能够破坏该事物的秩序结构和内在稳定性的临界状态时，任何一个微小的变化都将可能导致整个事物状态发生整体性变化，这种突发性的颠覆性变化，就是"一根稻草压死一头骆驼"。

边际原理　边际原理即边际效应原理，它原本是经济学原理，因为具有普遍指涉性功能，并能够实实在在地解释环境失律造成的双重边际效应，所以，边际原理构成了环境失律的第三大运动原理。

边际原理也是一种普遍原理，它产生于世界存在、事物存在、生命存在的有限性，这三个维度的有限性铸造了环境自生境运动的边限性。边际原理由边际效应递增和边际效应递减两个具体原理构成。环境失律之所以遵循边际原理，并同时从两个维度产生边际递增效应和边际递减效应，仍然是因为环境自生境运动的边限性，这种边限性形成了环境内在本性和自在运动的限度，一旦突破这种限度，它就以几何方式扩张其边际效应。虽然如此，但二者所遵循的规律都存在差异，即由相反因素推动展开。从根本讲，环境失律的边际效应递减规律，遵循人类介入自然界的活动无限度**重复的削弱效应**；与此相反，环境失律的边际效应递增规律，遵循人类行为介入自然界的活动无限度**重复的强化效应**。

无论在何种意义上，人类介入自然界的活动是为了追求更大经济效益。但人类介入自然界的活动在获得预期经济效益的同时，也在创造破坏环境的负效益值。并且，人类介入自然界的活动，所收获的经济效益值与意外地破坏环境生态的负效益值之间，既呈正比关系，也呈反比关系：一方面，人类介入自然界的活动获得的经济效益越多，其破坏环境生态产生的负效益值越大，因而，经济活动对环境破坏，或者环境破坏之于经济活动而论，形成边际效应递增关系。另一方面，越是往后，人类介入自然界的活动所付出的成本越大，经济效益越低，因而，经济活动对经济收益的贡献，显现出边际效应递减态势。与此同时，其介入自然界的活动制造的破坏自然环境生态的负效应值却伴随人类经济"成本越大、效率越低"的走势而成几何方式递增。进一步讲，人类介入自然界的目的是谋取更大经济效益，但人类在不断朝深度和广度方向介入自然界的进程中，其行为付出的经济成本越大，随之而付出的环境成本更大。换言之，在人类从深度和广度两个方面过度介入自然界的进程中，其单位经济收益付出的经济成本只能以算术方式增加，与此同时所付出的环境成本却在以几何方式层累地增长。这种以几何方式层累地增长的负面值一旦累积到一个临界点，就以突变方式暴发出来，形成环境失律，这时环境就如同"蝴蝶"那样，当它煽动失律的翅膀，整个存在世界就刮起连绵不断的龙卷风，这个"龙卷风"就是层出不穷的环境灾害。

2."环境生态"概念释义

环境丧失本原性的存在位态（自存在位态）和运动秩序（即自存在向自生成方向敞开）而滑向失律状态，遵循层累原理、突变原理和边际原理。但这三大原理只是对环境失律运动的宏观机制的描述，环境如何从本原性的有序运动滑向失律的逆生态运动？要解释这个问题，必须考察"环境生态"。

"环境"之本原语义指向　　"环境生态"概念，是对环境自为地生成性建构的敞开状态予以得体陈述的基本概念，对这个概念内涵及功用的理解，仍然需要从"环境"概念入手。

环境，作为我们存在于其中的存在世界，以感觉的方式，人人都能很好地理解。但如果真要问什么是环境时？往往使人们甚为茫然。究其原因，表面看，"环境"一词含义单纯而语义清晰，但实际上却语义复杂，它之所以被轻慢地予以简单看待，往往源于人们以感觉方式浅表理解它或错误地定位它。客观论之，感觉理解与理性理解的根本区别，在于理性理解可以达成语义认知的共识；相反，感觉理解总是以个人的感觉方式和感觉能力赋予"环境"概念以具体语义内容，所以感觉理解始终呈个性化和个体性，难以达成语义认知的共识。从这个角度看，感觉理解（事物、对象、问题）所形成的是理解的障碍，获得的是认知的蛛网。

以理性方式理解"环境"，至少可以达成如下共识：

首先，"环境"概念源于"环境意识"，是对"环境意识"的对象化（即概念化）呈现。"环境"是人的意识的成果，它所指涉的是被我们**所意识到的**存在世界。所以"环境"概念既呈现客观取向，也具主观性："环境"概念的客观取向，源于它是人的生存能力之外的存在世界，并先于人而存在，环境与人之间的这一存在关系，不仅提醒我们**"环境在先"**，而且警示我们**"环境自在"**且**"环境自律"**和**"环境自为"**；"环境"概念的主观性，意指人存在于其中的存在世界一旦承受人的意识的指涉时，它就成为**存在的**"环境"，这告知我们，当我们将自己存在于其中的存在世界称之为"环境"时，其前提是我们必须有"意识它的能力"和"意识它的冲动"。

其次，由于环境始终是被人所意识到的存在世界，所以赋予"环境"概念以什么性质的语义内涵和观念，完全因为人的作为。一般地讲，人意识自己所存在于其中的存在世界，有两种观念取向可供选择：一是**人为主义**观念取向；二是**自然主义**观念取向。以前一种观念为取向，"环境"概念的内涵及所体现出来的认知，必以人为起点和目的，环境不过是人的存在的外在条件、工具或者使用对象，人单向度地成为环境的主体或环境的主宰者，人可以在环境面前任意和任性。反之，以后一种观念为取向，"环境"概念获得了自然的还原和生命中心论的内涵及认知诉求，由此，环境的工具性质和使用价值被排后，其存在论价值获得第一性。客观地讲，人为主义的环境概念，造成了对环境的曲解和误解；自然主义的环境概念，才可引导人们正确认知和看待环境。

从人与环境生死相依的关系角度观之，人为主义的"环境"概念不可取，这是因为它蕴含并宣扬了三个错误的观念。其一宣扬了人类**利害**观，即当自然没有从根本上危害到人的存在和生存时，我们无视它的存在，并随心所欲地利用它；反之，我们开始关注自然的存在，自然及存在状况就成为我们意识的对象而变成了"环境"。其二宣扬了环境**利用**观，即把自然看成是没有存在价值而只有使用价值的使用物，并认为这种观念是正确的。其三宣扬了自然的**僵死**观或者说自然的**非生命**观，并将"对自然的否定"视为是"通向幸福之路"①。

与此不同，自然主义取向的"环境"概念揭示了"环境"三个方面的本原性存在事实。

其一，揭示了环境与生命的本原关系。生命必以环境为存在平台，但它首先是环境的构成要素，并且环境总是要通过生命存在状态来彰显自身

---

① ［美］里夫金：《熵：一种新的世界观》，吕明等译，上海译文出版社 1987 年版，第 21 页。

编程状况。真实地理解环境与生命之间的本原关系，应确切地体认生命本身。量子力学奠基者埃尔温·薛定谔（Erwin Schrödinger）在《生命是什么》中定义生命是一种充满自活性力的有机体。[①] 生命之充满自活性力，因为它是有机体。从生物学论，具有新陈代谢功能的存在物就是生命；但从物理学观，凡按照自身本性自在敞开存在的存在者，都是生命。所以，生命的自活性力源于它自身存在本性以及遵循本性而**自在**的方式。环境生态运动的实质，是存在物基于共存的需要遵循自身本性以自在方式与他者**对接**的活动。

其二，揭示了环境与人的本原关系。人乃生命之一种，它既是生命进化的产物，也是环境进化的产物。所以，环境不是外在于人的存在物，相反，人存在于环境之中既参与了生命进化，也参与了环境编程。但人参与环境编程，同样需要遵循环境本性及自在方式，违背此二者，人参与环境编程的努力，将导致环境逆生化。人类近代以来以工业化、城市化、现代化为基本诉求的工业文明，就是违背环境本性及自在方式强行推动环境展开逆向编程运动，结果是导致了环境悬崖及自崩溃运动。

其三，揭示了环境的生命化。这源于环境的构成单元始终是充满自活性力的有机体，这是因为地球上所有物种形态、一切生命形式都参与了环境自生境建构，并实际地构成为环境的要素。正是因为如此，环境的生命化，内生于它的自身本性，外彰为自在方式：环境以自身本性为规范敞开存在方式进行生生不息的自我编程。环境自我编程的感性呈现，就是环境生态。

"环境生态"的两维方式　在作者所思考的环境世界中，拒绝使用流行的"生态环境"概念，一直坚持用"环境生态"这一概念，首先是因为"生态环境"这个提法本身就是错误的。

"生态环境"概念是 20 世纪 80 年代初由我国著名地理学家、全国人民代表大会常务委员黄秉维先生提出的，用以替代"生态平衡"概念。因

---

① ［奥地利］埃尔温·薛定谔：《生命是什么》，罗来欧、罗辽复译，湖南科学技术出版社2003 年版，第 68—70 页。

为黄先生的特殊身份和主观努力，1982 年此概念被写进宪法，从此，"生态环境"一语不胫而走，成为一个广泛运用的概念。1998 年 2 月 13—14 日，中国科学院地理研究所（该年 9 月更名为"地理科学与资源研究所"）和中国地理学会庆祝黄秉维先生 85 岁华诞，同时在京召开了"黄秉维先生学术思想研讨会"，黄秉维先生应邀做了长篇讲话，其后会议主办者将此讲话综合整理为《地理学综合工作与跨学科研究》。在这篇被整理的讲话稿中，黄先生重提了使用"生态环境"一语的来历，以及如何写进宪法的过程，最后很客观地指出：当年他提出用来替代"生态平衡"概念的"生态环境"概念，原来是错误的。他说："顾名思义，生态环境就是环境，污染和其他的环境问题都应包括在内，不应该分开，所以我这个提法是错误的。"为此，黄先生还提出了两点补救性措施：第一，"现在我不赞成用'生态环境'一词，但大家都用了，你禁止得了吗？禁止不了，但应该有明确的定义"；第二，"我觉得我国自然科学名词委员会应该考虑这个问题，它有权改变这个问题"。①

客观地看，"生态环境"这个词不仅存在语义重复，而且存在构词法的问题，即"生态环境"这个合成词要得以成立，必须要么以"生态"为定冠词，要么以"生态"为中心词，但无论哪种方式，都存在构词法与语义之间的不协调。"环境生态"这个概念则可解决"生态环境"一词本身所存在的问题。

概括地讲，"环境生态"意指环境以自在方式彰显其存在本性的运动状态，或可说，环境以自在方式进行自我编程的进程状态，就是环境生态。为更好地理解这个概念，有必要明晰"生态"概念。 "生态"（ecology）一语源于古希腊文 οἶκος，意为生命的"住所"或"栖息地"。但这只是从功能方面讲，并未揭示其本质语义。在汉语中，"生态"中的"生"，既是动词也是名词：作为名词，意即对"生命"的缩写；作为动词，意为使之存活而谋求生路、创造生机。概括地讲，"生"乃指生命以

---

① 候甬坚：《"生态环境"用语产生的特殊时代背景》，载唐大为主编：《中国环境史研究（第 1 辑）：理论与方法》，中国环境科学出版社 2009 年版，第 5 页。

自存自在本性为动力谋求生路、创造生机。"态"乃位态、姿态，以及由此而形成的状态、进程。整体观之，"生态"乃以自在方式敞开自身存在状态及朝向。简言之，所谓生态，是生命敞开自身的**存在位态**，这一存在位态既蕴含固守本性的姿态，又体现固有本性的朝向。

环境由充满自活性力的有机体予以自在编程的进程状态，这一编程个体生命的整体进程状态，同样既蕴含固守本性的姿态，又呈现固有本性的朝向。以此观之，"环境"是一个开放的存在世界，它的开放性呈现两个方面。一是呈现从局部到整体、由具体到抽象的层级性，这就是具体地生成性敞开指向微观环境、宏观环境、宇观环境等；二是构成环境的个体（包括物种个体）生命存在的消长，形成环境的动态生成性，即环境始终处于未完成、待完成、需要不断完成的进程之中。环境展现出来的这两个方面的开放性品质，使环境生态亦处于生变进程之中，构成环境的任何要素一旦具有突破自身本性的力量参与编程运动，就有可能改变环境的固有姿态和自在朝向而向逆生态方向敞开。换言之，构成环境的所有要素均以固有本性和自在方式参与环境编程运动，环境朝生境方向敞开，形成环境生境化：环境生境化，这是环境生态的本原性朝向。如果构成环境的要素中有异化内在本性和自在方式的生命形态参与环境编程运动，环境就有可能朝死境方向敞开，形成环境死境化：环境死境化，这是环境逆生态朝向。概括地讲，环境生态呈两种方式，即生境化的原生态方式和死境化的逆生态方式。

生境或死境，都只相对环境才有具体的语义内容和实际的意义，因为它是环境自我编程呈现出来的两种相反的存在位态和朝向：生境是环境的本原状态，它之所以能够构成种群、物种及个体存在者得以生长、繁衍且生生不息地存在的自然空间，是因为自身存在本性和敞开这一存在本性的自在方式。进一步讲，环境的本原状态之所以是生境的，是因为环境生命化。环境生命化，表述环境作为整体生命形态，内在地拥有生的朝向、生的活力、生的力量，这就是环境的内在本性。环境本身所拥有的生的朝向、生的活力、生的力量一旦向外敞开，就获得自在方式。环境自在方式就是环境以自生的内在本性为动力和方向展开自组织、自繁殖、自调节、自修复的编程方式。环境按照自在方式展开自我编程表明：环境生态的本性是生，是按照内在本性要求自在地生生不息。这种以内在本性要求自在地生生不息的力量，就是自组织、自繁殖、自调节、自修复能力，简称为环境能力，或环境自生境能力，亦可称之为环境生产力。①

环境生态生境化的真正动力，是蕴含在环境自身之中的环境能力，它的内聚形态是朝向生并生生不息的内在本性，它的彰显形态是自组织、自繁殖、自调节、自修复的自在方式。反之，环境生态死境化的真正秘密，恰恰是其生之本性的异化，其自在方式由此被扭曲，或可说环境自组织、自繁殖、自调节、自修复力量被弱化或被消解，环境必然出现死境朝向。导致环境死境化的直接原因，恰恰是外在力量的内在化，即构成环境的某种或某些要素突破自身本性的限制，以暴虐的强力参与环境运动，导致环境失性并展开无序编程，实际后果是环境丧失自生境功能朝向死境方向敞开。

整体观之，导致环境丧失生境功能的外部力量通常有两种：一是自然力量；二是人类力量。客观地讲，在人类弱小到只能向自然学习、顺从环境意志的存在境遇中，能够改变环境的本原性生境朝向而使之逆生化的力量，只能是自然力量。当人类强大到可以按照自己的意志任意地改变地球状貌甚至地质结构的情况下，只要人类介入自然世界的活动没有限度，改变环境生境朝向并使之逆生化的力量，更多的是人类活动向环境的积累。

3. 环境的超强外部压力

正确定位"环境"，然后以此为认知出发点客观理解"环境生态"，就会发现环境失律是相对环境生态而论的：只有当环境生态持续承受超强外部压力时，环境才丧失内在生命本性和自存在方式，最后被推上失律道路。能够从外部对环境生态形成持续超强压力，最终使其超强的外部压力内部化，使之构成环境编程的主导因素的力量，除了自然力量，还有一种

---

① 唐代兴：《环境能力引论》，《吉首大学学报（社会科学版）》2014 年第 3 期。唐代兴：《再论环境能力》，《吉首大学学报（社会科学版）》2015 第 1 期。

就是人类力量。

持续超强的自压力方式　"自然"概念，本来应该指涉包括人在内的整个存在世界，因为从本原和最终归宿这两个维度讲，人不过是存在世界的构成要素。本书所讲的"自然"，既是人存在于其中的，又是存在于人的世界之外的整个存在世界。

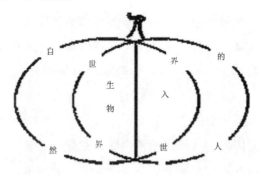

图 2-2　人双栖存在的世界

如上简图展示了人的世界和自然世界的复杂关系。人的世界和自然世界虽然是各不相同的两个世界，但由于人本身的双栖性，即人既是人，也是动物；既是**人在**形式，也是**物在**形式；既拥有创造文化的力量，成为文明的存在者，又始终不能摆脱生物本性最终还是生物世界的一分子。人的双栖性形成了人的世界和自然世界的交叉，在这种交叉状态中，人的世界构成人类赖以存在的社会环境；自然世界构成了人类赖以存在的自然环境。

人赖以存在的自然环境，因与人的存在的关联性是否直接、具体而形成不同维度，即地质生态、地球和宇宙。此三者构成自然环境的三个维度：地质生态是由具体的地质地貌和生存于此地质地貌上的生物所共同生成的环境，它是人赖以存在的最具体的自然环境；地质生态附着于地球表面，其存在必以地球存在为先决条件，所以地球本身构成了宏观维度上的自然环境；但地球仅是宇宙中的一颗行星，它只有接受宇宙引力才可获得自身存在位态和自在方式，所以宇宙构成人赖以存在的宇观环境。

环境，始终是充满自生张力的有机体之间的关联状态，并敞开生生不息的动态朝向。地质生态、地球、宇宙，此三者亦如此，它们之间相互生成的存在关联和动态生成的运作方式，就是气候的**周期性**变换运动。[①] 气候的周期性变换运动敞开的感受性状态，就是人们通常所直观到的风调雨顺。以此来看，环境发挥对人类存在（亦包括对地球生命）的滋养与再生功能，必须通过气候的周期性变换运动来带动宇观环境、宏观环境、微观环境发挥整体性功能。换言之，环境对地球生命和人类存在发挥柔性滋养与再生功能，就是风调雨顺，但风调雨顺的前提却是气候的周期性变换运动。

气候周期性变换运动的内生动力，是气候本身，即气候**自秩序**的自在本性，构成了气候周期性变换运动的内在指南与外在要求。气候以自秩序的自在本性发动周期性变换运动，亦要受它的构成要素，即太阳辐射、地球轨道运动、大气环流、地面性质、生物活动等因素的制约，因而，构成气候周期性变换运动的各要素中的任何要素的**变异**运动，都将影响气候的周期性变换运动的节奏、方向，甚至导致其性质的改变。这里所讲的"变异运动"是指存在物丧失内在本性和自在方式的运动。在存在世界里，所有存在物，当然也包括存在世界本身，都有以内在本性要求而存在的自在方式。存在物以内在本性为动力并以自在方式为根本规范敞开生存，就形成有序运动；反之，当存在物丧失内在本性要求被迫以他在方式敞开生存，就产生无序运动。

以归纳的方式观，构成环境有序运动的如上宏观要素，可归为两大基本类型：一类是天体因素，相对地球生命来讲，宇宙、太阳、地球乃天体构成的主要因素；另一类是地球因素，主要是地面性质和生物活动。将天体因素和地球因素统合起来的是大气环流。客观地看，天体因素和地球因素是确保环境有序运动的根本性条件，即只有当天体因素和地球因素相向达成**自律性合力**时，环境有序运动才得到展开和保持。反之，当天体因素

① 唐代兴：《气候伦理研究的依据与视野：根治灾疫之难的全球伦理行动方案》，《自然辩证法研究》2013 年第 4 期。

与地球因素相向形成的自律性合力消解时，环境运动就会消解自身有序性而朝逆生态方向敞开无序运动，这就是环境失律。环境失律带来的是环境灾害频发，包括气候灾害和地质灾害的频发；并且，频发的环境灾害，又推动各种次生灾害和疫病的流行。

层累性积聚的人类强力 推动环境运动丧失自存在秩序滑向失律的逆生态进程的宏观力量，是地球轨道运动对太阳运行轨道的极度偏离，它与地球生命活动没有任何关联，因而，由此种因素所造成的对地球环境的持续超强度压力，纯粹是自然的，是自然世界的自调节运动，不属于环境失律的范畴。影响并改变环境自在运动规律并造成地球环境持续超强度压力的另一种因素，是地球生物活动。生物活动改变气候周期性变换运动，形成对地球环境的超持续强度压力并把地球环境推向失律进程，具有与前一种宏观路径完全不同的开启路径和运作机制。概括地讲，地球轨道运动造成气候失律、迫使地球环境承受持续超强度压力，所开启的是从宏观到微观的路径，开启这一宏观路径的根本力量，是地球轨道运动的偏离性变化；生物活动造成气候失律，迫使地球环境承受持续超强度压力，所开启的是从微观到宏观的路径，开启这一微观路径的根本力量，是存在于地球表面的人类活动。

人类是存在于地球表面的生物世界中的一种生物，它如同地球上所有生物一样，其活动都是为了生。但人类活动对生的要求性，远远超出地球生物世界中任何生物，而且在范围、质量、空间与时间等方面对生不断提出新要求。换言之，生物停留于本能求生层面，人类物种却超越本能而在谋生与创生两个方面不断拓展和提升。人类对生的高要求自然表现在谋生和创生两个方面完全不同于其他生物，必然要指向赖以存在的自然世界，展开持续不衰的资源摄取。这种持续不衰的资源摄取活动的实质，就是掠夺物理资源、改造地球环境、征服自然。这一掠夺、改造、征服活动持续展开所形成的历史过程，就是人类活动无度介入自然界所造成的对自然世界的自生境能力的消解过程。因为这一历史过程的展开，以层累方式改变了自然世界两个最基本的方面，一是改变了地面性质，二是改变了生物活动。

人类活动过度介入自然世界，造成对地面性质的改变，体现在无限度地摄取地球资源，从而破坏地球表面的有机性，即破坏了地球表面各种群、群落的自生机能和关联机能，使地球表面的自生境功能丧失，具体表现为原始森林消失、草原沙漠化、土地无机化、江河截流断流、海洋逆生化。

在人类活动作用下，地面性质的整体改变所造成的直接结果，是存在于地球表面的生物世界被迫滑向死境方向。在这种不断死境化的存在境况里，物种大量灭绝、生物多样性丧失、地球生态链条发生连锁性断裂，使整个生物活动规律、活动方式发生了根本性的改变。

地球生物包括海洋与陆地上的微生物、植物和动物，它们共同构筑起地球生物圈。但地球生物圈的形成取决于两个根源性原因。一是太阳辐射为地球提供了热量，为地球产生生命和维持生命的存在、繁衍创造了气候条件。二是地球的地质构造所形成的海陆分布和气候地理，使不同的生物得以产生，为不同的生命提供了适应存在和繁衍的地理气候条件；另一方面，地球生物的存在、生息、繁衍，又调节气候，地球生物对气候的调节，主要通过光合作用，吸纳二氧化碳，释放氧气。

地球生物活动和地面性质被人类活动所改变的过程本身，就是以层累方式积聚起强大的整体力量推动大气环流逆生化。大气环流逆生化具体表现为大气环流的方向改变、规律丧失、节奏逆生化。因为，人类改变地面性质和生物活动所造成的直接后果，是地球表面和生物世界的自净化功能丧失：生物世界和地球表面，既在源源不断地排放，又在源源不断地吸纳。在原生态化的自然世界里，排放与吸纳呈动态平衡，但由于人类活动无限度地介入自然世界，形成对地球表面性质和生物世界的改变，一方面无限度地排放各种温室气体和污染物，另一方面地球表面性质和生物世界因自死境化倾向，弱化或丧失对温室气体和污染物的自净化功能，造成大量的温室气体和污染物被排放到大气层中，层累性积聚在大气层中，形成温室效应，产生霾气候和酸雨天气。

4. 环境生态临界点

在世界风险社会和全球生态危机构成的当代境遇中，人类赖以存在的地球环境所承受的超强度压力，主要来自人类对自然世界的暴虐行为所产生的破坏力得以层累性积聚作用在环境上的表现。

客观地讲，地球生命和人类存在总是要面对环境生态压力，并且在许多时候，地球生命和人类存在于其中的环境也要承受超强压力。这正如一个在平时只负重 100 斤的人，有时也要在特定的处境中被迫负重 130 斤一样。问题的关键不是环境能否承受来自外部的超强压力，而是环境在承受超强压力的过程中能否迅速恢复自生功能。比如，人年轻时，做一件超过自己身体承受能力（比如承受时间长度或承受强度）的体力性或非体力性的工作，只要睡上一觉，第二天就可恢复体力和精力，生命活力一切如常。但如果他天天做超长度或超强度的工作，而且这种超长度或超强度的工作还不断加码，开始一段时间，他可能睡一大觉后第二天就可恢复。但过一段时间，比如一个月、三个月、五个月……最后，他越来越不能通过睡觉来恢复精力，以至于后来周日睡上一天都无济于事，身体最后被超长度或超强度的工作压垮了。这类例子在生活中不少见，虽然它并不为人们所重视。这种现象蕴含了四个基本认知。第一，人作为一个存在者，他有使其存在的基本身体能力，并且其身体能力有明确的限度。第二，人的身体能力不仅体现在他为存在而做某事的能力，也体现在他应对和承受外部压力的能力，但这种应对和承受压力的能力同样是有限度的。第三，人的身体能力虽然有限度，但却是一个弹性限度，也就是说，人应对和承受外部压力的能力具有弹性空间：在其弹性空间内，人可以在应对和承受外部压力的过程中恢复弹性力。但恢复的前提是这种外部压力必须有张弛，如果这种外部压力没有张弛，而是一直处于压力增强的状态，人应对和承受外部压力的弹性活力将丧失，最终丧失承受外部压力的能力。这有如弹弓一样，如果拉紧的弦一直不松，或者拉动的力越来越大、越拉越紧，最后只能导致弓裂弦断。第四，人的身体能力的限度表征为它应对和承受外部压力的弹性活力的限度，这个限度构成了人的身体健康或疾病的临界点，突破这个临界点，人的身体能力的弹性活力就此丧失，必然从健康状态转向疾病状态。

人是一个生命体，环境也是一个生命体，它如同人一样，也有属于自身并体现自身的"身体"能力，前者即是构成环境的各要素，包括人这个生物也构成环境身体的具体要素；后者即环境能力。环境能力就是环境自组织、自繁殖、自调节、自修复能力。① 这种能力也是有限度的，它的限度同样体现为弹性张力。环境弹性张力所呈现出来的空间限度，以它能否保持自恢复、自净化功能为标志。相对具体的环境来讲，哪怕它有时承受外部的超强压力，只要它仍然保持自修复和自净化功能，就是自生境的环境；反之，如果它因持续的超强压力而弱化或丧失自修复和自净化功能，必然呈现死境态势。比如，这条奔流不息的河，这座树木参天的山脉，这块绿茵流溢的草地，这个清澈见底的湖，这片广袤肥沃的土地等等构成了这个村庄的具体环境，并且这个村庄的居住者因为这个充满生机和活力的环境而富饶、宁静和幸福。但很不幸的是，突然进来一批人，带来了物质幸福的梦想，也带来了改造自然的观念和技术，于是，在湖里养殖，在河床上修建水电大坝，砍伐山中的树木建筑城市，将肥沃的土地变成高楼和街道……最后，滋养这个宁静幸福的村庄的环境最终突破了生的临界点而进入膏肓状态，因为无论是这条河、这座山、这个湖，还是这块草地、这片土地，都因为"水泥森林"而丧失了自修复和自净化的功能。

环境永远如同人一样，既具有自生的能力，也具有生他的能力。这种自生能力之于环境来讲就是自生境恢复能力，诗人白居易在《赋得古原草送别》中对环境自生境恢复能力做了最形象的描绘，即"离离原上草，一岁一枯荣。野火烧不尽，春风吹又生。"环境的生他能力就是环境的自净化功能，即它吸纳净化各种污染及温室气体所产生的实际效果，就是帮助和促进其他生命生或更好地生。如上那个村庄的环境之所以突破了生态临界点而陷入膏肓状态，就在于它在整体上变成了"害"，既害了自己，比如因水电大坝而使这条河断流，成了这个村庄的污染源；再比如因为大量

---

① 唐代兴：《再论环境能力》，《吉首大学学报（社会科学版）》2015 年第 1 期。

砍伐树木而使这座山脉变成了秃岭，雨季来临，山洪暴发，水土流失不断，并由此抬高了这条河的河床，加剧了它的干涸。同时也害了这村庄和村庄中的人，比如再没有清洁的水源，也没有清洁的空气，更没有无毒的粮食、蔬菜和水果，当然也没有芳草绿茵，没有清风徐来……有的只是喧嚣和污染、争斗和挣扎。

概括地讲，环境生态临界点，就是环境是否保持自生与生他的功能，具体地讲，就是环境是否保持自恢复和自净化功能：环境自恢复和自净化功能得到保持，意味着环境保持着内在本性和自在方式，仍然以内在本性为动力并按自在方式而展开编程运动；反之，当环境丧失自恢复和自净化功能，环境就出现疾病状态，它的内在本性被弱化并被迫接受外部力量的强迫而以他在方式展开编程运动。

以此来看今天的环境状况，它在整体上已经突破了自身生态临界点，滑向了死境方向。因为我们无止境地追逐无限度的物质幸福而征服改造自然、掠夺地球资源的持续活动，造成了森林消失、草原锐减、土地沙漠化、江河断流、海洋逆生态化等地表性质的改变；地表性质的改变，从根本上剥夺了地球生物的生存条件，大量物种灭绝、生物多样性锐减，地球生态链条断裂。由此推动大气环流逆生化，大气对流层臭氧稀薄，臭氧空洞出现并不断扩散，太阳辐射功能增强，导致气候失律，降雨逆生化。这样一来，包括宇观环境、宏观环境、微观环境在内的整个环境对地球生命和人类生存的柔性滋养与再生功能衰竭，环境灾难和疫病频频暴发，并向全球化和日常化方向蔓延。

更具体地讲，在今天，我们身处其中的环境生态已在整体上突破自身临界点。评价环境是否突破生态临界点，有两个客观的基本尺度，即评价的内在尺度和外在尺度：评价环境突破生态临界点的内在尺度，是环境自在编程的内生机制被破坏了，环境编程转向了他在方式，即以他在方式展开逆向编程；评价环境突破生态临界点的外在尺度，是环境生境丧失，即环境出现大量的和越来越多的生境碎片，最后造成生境碎片化的环境完全逆生化恶化运动。

"环境生态临界点"的实质　环境因外部强力的推动突破自身生态临界点，是地球生命和人类存在进入环境危机的真正标志。理解这一自身生态临界点被突破所带来的环境危机意味着什么，需要先理解"生态临界点"这个概念。

"生态"这个概念是相对整个存在世界而言的：存在世界及其构成存在世界的所有存在物，不管以什么形态和方式存在，都拥有标志自身存在的位态及朝向。因为无论整体的存在世界还是具体的存在物，都以自在方式敞开自身状态及朝向，这是它的自身本性所要求的，也是他彰显自身本性的自在方式所规定的。所以，生态就是任何存在物敞开自身存在位态，这一存在位态既蕴含固守本性的姿态，又体现固守本性的朝向，将固守本性的姿态和朝向统合起来的固化形态，就是存在物自塑的自在方式。所以，"生态"这个概念蕴含对存在物的三重语义规定：在本体层面，生态意指该存在物区别他者的内在规定性，这就是该存在物的本质内涵或"内在本性"；在认知层面，生态意指存在物彰显自身内在本性的具体位态，这就是存在物固守本性的外向姿态和朝向；在实践操作层面，生态意指存在物塑形自我的基本方式，这就是存在物突显自身的"自在方式"。

以此看生态临界点，实质上是指存在物改变自身存在位态、存在朝向、存在方式的转折点。在临界点内，存在物按照内在本性要求敞开自我规定性的存在位态、存在朝向，并以自在方式塑形自己。当存在物不幸突破生态临界点，首先被迫改变存在位态和存在朝向，即违背自身内在本性要求形成逆向位态、逆向朝向，以此消解自在方式，然后以他在方式塑形自己。以生物活体实验为例，如果对研制的治病药物进行生物活体实验，所追求达到的目的，是该药物能在保持生命本性的前提下发挥治疗某种疾病的最大功效。如果所研制的是生化杀伤武器，该药物试验所追求达到的成功标志，恰恰是能够彻底地改变生物体的内在本性，使之失性。所以从本质讲，生态临界点讲的是一个存在物自身的**持性**或**失性**的问题：对一个存在物来讲，无论外部超强压力如何巨大，只要它作为存在物的内在本性仍然保持，它就在生态临界点内；如果作为存在物的内在本性丧失了自身要求，或者说它的内在本性难以发挥存在要求的功能，在事实上由于内在本性弱化而使其朝违逆本性的方向展开时，它就在其生态临界点之外而失性地存在。生态临界点是以自身之性的失或守为标志。以此来看我们正身处其中的环境，已在整体上失性，即环境已从整体上突破其生态临界点。

　　5. 环境悬崖的进程方向

　　环境悬崖的形态表征　客观地讲，当环境突破生态临界点后没有遭遇来自任何方面的实质性阻碍时，必然以逆向编程的他在方式将自己推向自崩溃的悬崖之路。当这样表述环境生态临界点与环境悬崖之间的动态生成关系时，意在表明：从环境突破生态临界点到环境悬崖的形成，其实还有一小段路程，并且这一小段路程很自然地构成了一个难得的缓冲时空。这个难得的缓冲时空之于环境运动本身来讲，既可能是环境逆向编程的彻底他者化过程，也可能是环境逆向编程运动的自我弱化过程，即可能是逆生化的环境恢复自生境的过程。对于身处这一逆向编程中的地球生命，更确切地讲，对于环境逆向编程的最终制造者人和由人缔造起来的社会来讲，就是一个环境危机处理的过程。所以，从环境突破生态临界点到环境悬崖之间的这个"缓冲时空"所蕴含的这两层含义，具有特别的意义。首先，环境生态失性的逆向编程虽然可怕，但它同样蕴含一种恢复内在本性和自在方式的有序编程的可能性。其次，处于失性状态的逆向编程的环境，潜在地具有恢复自在本性的有序编程的可能性，但这种可能性要变成现实性，根本不在于环境本身，而在于制造环境失性的外部力量，具体地讲在于人类的觉醒与作为。最后，人类处理环境危机的态度、决心、方式，构成了丧失内在本性和自在方式的环境是否终止逆向编程的决定性力量。如果人类面对已经从整体上展开逆向编程的环境生态，仍然我行我素按照既有模式继续不遗余力地追求物质主义和消费主义，逆生化的环境必然被推上悬崖，并展开万劫不复的悬崖崩溃运动。

　　就整体讲，丧失自身本性和自在方式的环境展开逆向编程所形成的环境危机，已从深度和广度两个方面呈现。环境逆向编程的危机，不仅危及环境本身，更涉及存在于环境中的所有存在物，包括人、社会、地球生命等都因此被拉扯进这种逆向编程运动之中。所以，环境逆向编程把人、地球生命、社会以及社会政治、经济、制度、文化等等都紧紧地捆绑在一起，使之形成一个逆向生存的整体。因为环境是个整体，它就是存在世界本身，环境的整体性或者说世界性，使人、生命以及社会和社会中的一切，均成为世界性的存在物。环境一旦突破生态临界点展开逆向编程所形成的危机，必然立体发散蔓延渗透整个存在世界，形成整个存在世界的危机。德国社会学家乌尔里希·贝克（Ulrich Beck）将其概括为"世界风险社会"和"全球化危机"。我国社会学者张玉林将这一整个存在世界的危机概括性地归类为"五重社会危机"："由于污染物排放量长期超过环境容量，它是全面的环境危机；环境恶化导致了千百万人的生存困境，它是严重的生存危机；而现实的和潜在的生存危机引起了严重的社会不安，它是严重的社会危机；上述状况都是在不断强调环境保护这一'基本国策'的过程中发生的，反映出制度的低效甚至无效，因此也是制度危机；在更深层面上，我们还面临着无限扩张的物质欲望与有限的资源和脆弱的生态环境之间的矛盾，从而表现为文明的危机。"① 如何处理这五重环境危机的社会化问题，认知仍然是根本的。因为**认知永远是行动的指南**。唯有深刻正确的认知才铸就正确行动的指南；反之，片面的、浅表的甚至错误的认知，最终只能将行动者引向自毁。以此来审视我们身处其中的社会当前处理环境危机的行动方式和社会方法，恰恰是在迅速结束其"缓冲时空"并在事实上加速了环境逆向编程运动，将环境推向上了悬崖，即我们和我们身处其中的社会，已经伫立于环境悬崖之上，向前推进则必坠入万劫不复的深渊，即整个环境崩溃，社会崩溃，我们亦不复存在。

我们已伫立于环境悬崖之上，这一判断的基本依据如下：

我们——不仅是环境研究者，更主要的是政府和民众——已经越来越深刻地意识到环境危机的社会化广度和深度，并雷厉风行地展开了处理环境危机的行动。这就是**自上而下**的环境治理，比如治理水源和水体，治理

---

① 张玉林：《环境问题演变与环境研究反思：跨学科交流的共识》，《南京工业大学学报（社会科学版）》2014年第1期。

土壤，治理污染和排放，治理霾和酸雨……。用治理的方式处理社会化的环境危机，其行为本身没有错，但将处理社会化的环境危机的方式单一地锁定在治理方式上，并用简单的治理思维模式处理复杂化的环境危机的做法与行动，才成为环境逆向编程运动加速将悬崖上的环境推向崩溃方向运动的真正动力。

何以会如此呢？这是因为：

环境突破生态临界点展开逆向编程运动，展示了经济发展与环境生态之间的根本对立：因为经济与环境之间在本质上是一种嵌含关系：经济嵌含在环境之中。在这种嵌含规律控制下，经济发展与环境生态之间呈相反的矛盾张力取向——**经济发展必以环境为代价，经济每向前发展一步，环境就向后倒退一步：经济全速发展，环境就全速后退；经济无止境地发展，环境就遭受全面破坏而死境化。**经济与环境之间的这种反向关系，是**"用废退生"**的关系，即经济发展越缓慢、越有节制，环境越具有自生境的恢复功能；反之，经济发展依然追求持续高增长，处于逆向编程进程中的环境生态只能加速踏上自崩溃道路。今天，自上而下的环境治理，是在不仅不放缓发展经济的速度，而且想尽各种招数加大经济发展步伐的轨道上展开的。在今天，发展经济才是正道、才是主戏，治理环境只是配角。在不改变经济发展方式，不放缓经济增长需要的整体格局下，越是治理环境，环境逆向编程速度越快。这是因为：第一，浅表的、单向度的治理环境的行为本身，就具有对环境生态的破坏性；第二，治理环境的行为远远赶不上经济发展对环境破坏的速度。

缓解环境逆向编程、终止环境悬崖运动的根本措施，是全面放缓经济发展速度，在此基础上，一是彻底终止高消耗、高污染、高浪费的经济发展方式；二是有序地停止人类介入自然界的活动，最少地干预自然，让环境休养生息，自我修复，逐渐恢复环境的自生境功能。这是比治理环境更根本的环境治理方式：治理环境，仅仅是使环境生态生境化的治表方式；让环境休养生息，使其自我恢复，才是环境生态生境化的治本方式。唯有当治表与治本有机结合时，才可减缓环境逆向编程运动，阻止悬崖环境的自崩溃运动。

　　然而，人们普遍缺乏恢复环境生境功能的意识，正是这种认知的匮乏，才形成这种一边努力展开环境治理，一边加大经济发展、追求经济高速度增长，或保持经济持续高增长的状态。这种二元分离的社会认知模式所支撑起来的治理环境和发展经济两张皮的社会发展模式，恰恰成为将逆向编程的环境推上悬崖使之向崩溃方向运动的整体社会动力。

　　环境崩溃的两可性　环境失律的普遍方式，是环境逆生态化运动。环境失律的极端方式，就是环境逆生态运动进入悬崖进程。客观审视今天，我们已伫立在环境悬崖上，我们的行动选择决定着我们的生死：面对悬崖深渊，向前一步，就是环境崩溃，所拥抱的只能是死亡；向后一步，即可获得生还的机会。我们到底是向前还是向后，必然取决于我们自己。

　　取决于我们自己的什么呢？

　　取决于我们自己是放下还是继续挥舞手中的"屠刀"。这把屠刀就是经济：继续无限度地发展经济，无止境地追求经济高增长，环境必然惨死在经济的屠刀下，我们所有的人都将成为陪葬的冤魂。放缓经济的发展，将经济的发展限定在环境生境恢复的范围内，这就是"后退"，这种"后退"换来环境的自恢复，我们也因此而获得重生。是重生还是陪葬，这一切都取决于已经被绑架在环境悬崖上的我们每一个人的选择，当然，最根本的是政府的选择，但更需要环境学者及所有知识分子的环境责任和存在使命所凝聚起来的旷野呼号和理性启蒙。

　　选择的行为是简单的，但做出选择的抉择却是艰难的，因为它是一场意识的、精神的甚至是灵魂的革命：首先，它需要我们以巨大的勇气面对自己，面对自己的欲望，面对自己的贪婪，面对自己的人性，在检讨中发现环境悬崖形成的最终人类根源、人本根源、人性根源。其次，它需要我们重新走向环境，重新走进环境，回返环境的生命源头，发现人与环境的本原性亲缘关系，真正领悟环境的自性智慧和自在力量，这才是困顿于悬崖之上的我们能够得以自救性重生并追求生生不息的源头活水。

三、环境逆向编程运行机制

每个人都追求自利，使得所有人的利益都受损。

——阿克塞尔罗德

以理性的客观审视，我们赖以存在于其中的环境已经进入悬崖运动进程，为此，首先从现象学入手考察环境悬崖运动生成的历史进程；然后进入本体探讨层面审查"环境悬崖"本身。由是自然牵涉出两个基本问题：

（1）我们身处其中的环境悬崖运动是如何形成的？

（2）形成环境悬崖运动的运行机制是怎样的？

为此，不得不正视环境编程问题。正视环境编程，必须考察环境编程的实质。环境编程的实质问题，是环境生成环境和环境决定地球生命和人类存在何以可能的问题，对这一问题的正面解答，得出两个基本结论：第一，环境以自为地生成性建构方式生成环境；第二，环境也以自为地生成性建构方式塑造着地球生命和人类社会。这两个观念性的结论是建立在对环境的内在本性和自在方式的整体认知、并以此为准则揭示环境编程自生境机制基础上的。客观地讲，面对我们身处其中的环境，一旦发现并掌握编程的自在规律和运行机制，就获得了审察我们身处其中的环境是如何滑向悬崖的全新认知与方法。运用这一认知和方法来考察环境悬崖形成的运行机制，构成本章最后一部分所讨论的基本任务。

1. 环境逆向编程宏观描述

所谓环境，是人所意识到的存在世界，它是由生命、存在物相向嵌含所生成的整体存在状态。这一存在状态既先于人而产生，更具有自生和生他的功能而优先于人。

环境先于人而自性地和自在地存在，简称为**环境自存在。**

环境自存在的内在规定是环境本性；环境自存在的外在规范是环境自在方式。

　　环境自存在的前提，是环境具有自组织、自繁殖、自调节、自修复的本原性力量，这种本原性力量使环境获得自生境本性和自生境功能。

　　环境保持自生境本性，环境的自生境功能就得到强化，环境就生生不息；反之，环境自生境本性一旦被改变，比如被弱化或被迫丧失，环境自生境功能就会弱化或丧失，这样一来，环境必然出现逆生化。环境逆生化，不仅指环境自生境破碎化，更指环境自生境丧失。

　　环境自生境保持，得益于环境顺向编程；环境逆生化运行，源于环境逆向编程。

　　环境顺向编程的自生境功能　环境作为我们赖以存在于其中的存在世界，它的自存在客观地敞开为三个维度，即微观环境、宏观环境和宇观环境。环境自存在所呈现出来的生境功能，必须凭借顺向编程来实现。环境顺向编程客观地敞开两个方面，一是环境在自身的维度敞开自为地编程，比如生命群落，相对地球表面性质和宇宙运行言，它就是微观环境。在微观环境里，构成它的每个因素都在自为地编程，比如在群落中，种群、个体生命、具体的存在物，都在自为地编程，具体地讲，都在自为地展开新陈代谢运动。正是通过这种自为编程活动，存在物本身构成的存在物得以存在的微观环境才可获得生境功能。另一个方面是存在物在关联的维度敞开相向编程，比如，微观环境与宏观环境、宇观环境与宏观环境、宇观环境与微观环境之间，始终相互推动、互为促进地展开相向编程，正是这种相向编程运动，才使环境在整体上获得了生境功能。环境的整体生境功能的保持或强化，才是个体求生的整体力量和保障性来源。

　　下图所示，环境顺向编程是其自为性与他为性的互动。在自为性层面，环境顺向编程以内在本性和自在方式为秩序要求，以自组织力量为动力，推动生命的自创生。从微观论，微观环境即地球生物群落。生物群落主要由生物种群和非生物性存在者构成。微观环境的顺向编程就是生物群落的自生境编程。生物群落的自生境编程的实质，是生物种群的自创生力量的更新和自创生功能的强化，具体地讲，就是群落中生物种群多样化和生物种群密度能**生气相接**。

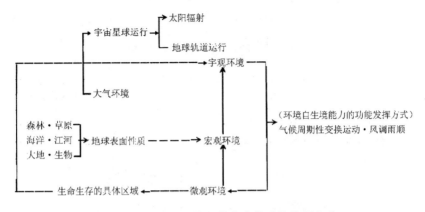

图 2-3 环境顺向编程的自生境功能发挥方式

在他为性层面，环境顺向编程展开两个方向，即从微观环境向宇观环境编程和宇观环境向微观环境编程。前者表述为，生物种群顺向编程推动了生物群落的生境运动；生物群落顺向编程推动了宏观环境的生境运动；在宏观环境里，地球表面性质，具体地讲，就是生物、大地、江河、海洋、森林、草原的顺向编程，推动了宇观环境的生境运动。后者具体地讲就是周期性变换的气候运动创造了风调雨顺。风调雨顺为地球表面的一切生命存在物或非生命存在物提供了自创生的动力、源泉甚至方式和方法。

概括地讲，环境顺向编程，是其自为性和他为性的互动生成。

环境逆向编程的死境态势 环境展开顺向编程，就获得自生境功能；反之，环境逆向编程，就朝死境方向运动，环境最后被这种逆向编程推向悬崖，形成环境悬崖崩溃运动。

环境丧失本原性的顺向编程功能，堕入逆向编程状态，主要缘于人为。人类活动过度介入自然界所造成的负面效应或者说破坏性影响以层累方式集聚生成，推动环境逆向编程从微观向宇观然后从宇观向微观的实现。

下图揭示了环境逆向编程的宇观运行机制。首先，人力征服自然、改造环境、掠夺地球资源的行为，构成对环境的逆向编程运动。从单个行动看，人类征服自然、改造环境、掠夺地球资源的行为，可以着手于某个具

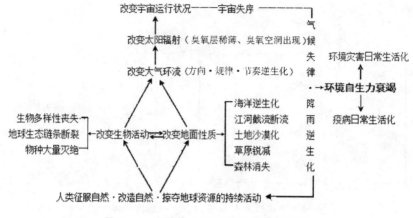

图 2-4　环境逆向编程的宇观运行机制

体环境对象或环境区域，使某个具体环境对象或对象区域发生形态学、状貌学方面的改变，但它并不能直接改变这一具体环境对象或环境区域的运动方式和存在位态。也就是说，无论怎样强大的人力，其单位环境行动所造成的影响力是异常微弱的，根本不可能改变环境存在位态。但是，当人类征服自然、改造环境、掠夺地球资源的行动以前赴后继的方式持续展开时，所产生的负面效应以层累方式集聚起来形成强大的能量，推动环境突破自身生态临界点，环境运动改变本原性方向而展开逆向编程。

　　人类对自然界持续不断地征服、改造、掠夺，之所以产生层累效应，最终构成环境逆向编程的实际推动力量，是因为人类对自然界的征服、掠夺、改造活动，总是在如下领域创造了量的积累最后才由过度的量的积累导致了质的改变：持续不断地砍伐森林最后导致原始森林消失；无度放牧最后导致草原锐减；大量开垦土地和频繁使用土地使土地无机化和沙漠化；随心所欲拦截江河、在江河上任意修建水电大坝，最终使江河断流而成为干涸的河床；在江河以及湖泊流域开发经济、修建工厂、倾倒废物、排放污水，使江河、湖泊遭受污染，成为废江废河废湖；任意开发海洋，随心所欲向海洋倾倒废弃物、排放污染物，导致海洋逆生化……人类的这些活动经历时间的发酵，重新编程了地球的表面性质，使地面性质丧失对越来越多的生物提供生存环境的能力，导致了生物存在方式和生物活动方式的改变。比如原始森林消失，首先改变了地球生物的存在方式和生存位态，因为森林为鸟类提供了栖息地，"随着树林的消失，鹦鹉这种如梭在林地的鸟也变得稀少。它们体现了森林作为生物资源保留地的双重性。"① 其次改变地球生命、人类与环境之间的关系，使其生存关系丧失缓冲地带而硬化："森林的萎缩或消失意味着失掉了环境缓冲，而会有损于安全——我们将经常回到这个主题上来，森林的消失相当于取消了百姓的环境保单，这反过来又会成为危害人与作物的渊薮。这种双重特征使得森林与人类的关系暧昧。"② 最后改变了具体的气候环境，从而影响整个气候环境，形成气候失律。这是因为森林始终在塑造着周边的气候生境，森林消失导致小气候生境的消失，继而影响到气候的周期性变换运动方式和周期性变换运动节奏。"森林也会影响小气候。在温带，它们常常通过蒸腾作用以及遮荫来降低温度。湿度也会随之上升。在一定条件下，它们往往可以增加当地的降雨，当然相反的情况也有可能发生。一些历史证据表明，在热带和亚热带地区消除森林实际上减少了降雨，但在某些情况下，这甚至对人类有利。"③

人类过度介入自然界强行改变地面性质和生物活动的行为，构成一种新的编程力量，对地球生物存在重新予以逆向编程。在这一逆向编程过程中，地球生物多样性持续地加速减少，大量物种灭绝，地球生态链条断裂。地面性质和生物活动持续地加速改变，重新编程着大气环流，改变大气环流的运动方向、运动规律，运动节奏逆生化。大气环流改变的实质内容，还不是其运动方向、运动节奏的改变和运动规律的扭曲，而是其构成要素和构成结构的改变。这种改变的实质有二：一是其结构成分的改变导致了酸雨天气和霾气候；二是状况的改变导致了臭氧层的裂变，这就是臭

---

① ［英］伊懋可：《大象的退却：一部中国环境史》，梅雪芹译，江苏人民出版社 2015 年版，第 37 页。

② ［英］伊懋可：《大象的退却：一部中国环境史》，梅雪芹译，江苏人民出版社 2015 年版，第 35 页。

③ ［英］伊懋可：《大象的退却：一部中国环境史》，梅雪芹译，江苏人民出版社 2015 年版，第 32 页。

氧空洞的出现和臭氧空洞的扩散，形成了日照的增强，气温升高。由此两个方面形成的合力，重新编写了气候变换运动的程序，导致气候失律、降雨逆生化。气候和降雨，这是宇观环境的整体运动方式，气候失律和降雨逆生化，表明宇观环境的整体运动方式被改变，环境的宇观编程方式逆生化。这种逆生化的气候编程方式和降雨编程方式，又反过来推动了宏观环境编程和微观环境编程的逆生化运动。换言之，宇观环境逆向编程的基本方式，就是气候的失律运动和降雨无时。气候失律运动的极端方式，就是酸雨天气和霾气候；降雨无时的极端方式，就是高寒和酷热的无序交织，还有就是强降雨与特大干旱的无序运动。酸雨天气、霾气候、酷热与高寒、强降雨和特大干旱，这四种气候失律、降雨无时的极端形态，又无时不在以自身运动方式重新编写着生物活动的存在方式和生存位态，并无时不在以自身运动方式重新编写着地球表面性质，这一逆向的双重程序编写，推动整个地球环境的自生力衰竭，导致环境灾害日常化和环境疫病生活化。

2. 环境逆向编程条件

环境编程的顺与逆，都是相对环境生境而论：环境编程顺其生境展开，就是顺向编程，顺向编程推动了环境自生境化运动；反之，环境丧失内在本性和自在方式朝背离自生境原理方向展开编程，就是逆向编程，逆向编程推动了环境死境化运动。环境死境化运动，就是环境被推上悬崖后的自崩溃运动。要从根本上阻止悬崖上的环境自崩溃运动，必须掌握其规律，由此需要更深入探讨、更具体地把握环境逆向编程机制，其思维前提是对"环境逆向编程"概念的明晰。

何谓环境逆向编程？ 考察环境逆向编程，仍然需要从"环境"概念入手。

环境这个为我们所意识到的存在世界，既将我们的存在嵌入其中，也将它本身嵌入在我们的存在之中。在本原意义上，我们与被我们所意识到的存在世界**互为嵌含**：我们与环境互为嵌含地存在。"我们与环境互为嵌含地存在"这一事实，给予我们以如下客观的认知提示：

其一，我们与环境是互为体用的，环境状况的好坏，我们都不能摆脱。

其二，环境状况的好坏与我们的作为直接关联。更准确地讲，生存发展能力日趋强大的我们，其生存作为本身直接关联起环境状况的好坏。

其三，如果我们有能力使环境状况变得恶劣，也同样有能力使恶劣的环境状况得到改善。

其四，在相互嵌含地存在中，我们与环境之间互为自己的存在主体和行为主体，同时也是对方的存在客观和行为受体。

如上四个方面为我们审查环境编程提供了基本的认知理路和正确的认知方式。

环境编程是指环境自为地生成性建构（存在世界和我们的存在），其编程对象实际上展开为两个维度，即我们所身处其中的存在世界和我们的存在："我们所身处其中的存在世界"，乃我们通常所讲的自然环境；"我们的存在"，即社会环境。由此形成环境编程也指涉两个领域，即自然环境编程和社会环境编程。

根据环境编程定义，自然环境编程就是自然环境自为地生成性建构（自然环境）；社会环境编程就是社会环境自为地生成性建构（社会环境）。由于我们身处其中的存在世界和我们的存在之间本身是相互嵌含的，自然环境编程和社会环境编程同样互为嵌含，即自然环境编程必然影响社会环境的编程，社会环境编程同样会影响自然环境的编程。这种**在相互嵌含中互为影响**的编程活动，为环境编程本身获得双重可能性提供了动力机制：环境编程是环境自为地生成性建构（自身），由于自然环境编程与社会环境编程相互影响，形成环境编程的两种轨道，即自然环境编程影响社会环境编程的取值如果大于社会环境编程对自然环境编程的影响，整个环境编程将沿着生境化的顺向轨道运行；反之，当社会环境编程影响自然环境编程的取值大于自然环境编程对社会环境编程的影响时，整个环境编程将滑出生境化的顺向轨道朝向死境化的逆向轨道运行。由此，环境编程——无论自然环境编程还是社会环境编程——形成了两种轨道，并产生两种编程方式，这就是生境化轨道的顺向编程和死境化轨道的逆向编程，简称为环境顺向编程和环境逆向编程。

环境顺向编程，就是环境**自为地**生成性建构（环境本身）。理解环境顺向编程，最重要的是理解"自为地"，其意乃"自在自为地"，即环境遵循自身本性以自在方式生成性地建构（环境）自身的方式。以自在方式生成性建构（环境）自身的环境编程运动，就是环境的自生境运动。以此来看，环境顺向编程亦可被称为环境自在编程，或环境自为编程，简称为环境编程。

反之，环境逆向编程，就是环境**他为地**生成性建构（环境本身）。根据这一定义，环境逆向编程也是一种建构，并且同样是一种"生成性建构"，即在生成中建构，并在建构中生成。但环境逆向编程与环境顺向编程的根本区别，在于其生成性建构的方式和动力机制各不相同：对环境顺向编程而言，其生成性建构的动力源于环境本性，其生成性建构的动力是环境自在方式；对环境逆向编程而论，其生成性建构的动力却源于环境之外，即违逆环境本性的外部力量，这种外部力量也可能是其内部力量的外在化，其生成性建构的动力是他在方式，即外部力量以自身方式构成了环境逆向编程的动力机制。因而，理解和把握"环境逆向编程"的关键，是理解"他为地"这个定冠词，它意为"他在他为地"，环境违逆自身本性以他在方式生成性建构（环境）自身的方式，就是环境逆向编程，这种逆向化的环境编程运动，就是环境的死境化运动。以此观之，环境逆向编程亦可被称为环境他在编程，或环境他为编程。

环境逆向编程的条件构成　无论是自然环境还是社会环境，其逆向编程不仅有自身的运行机制，更有严格的条件规定性，只有同时具备了使其逆向运动的基本条件时，它才以他为的方式展开逆向编程。从整体论，形成环境逆向编程的条件有内外两个方面：首先是外部力量；其次是内部力量。只有这内外两种力量各自变得强大并形成合力运作状态时，环境逆向编程运动才形成。

首先看形成环境逆向编程的外部力量，概括地讲有三种：

考察导致环境逆向编程的第一种外部力量,必然要联系环境分类学,即相对微观环境而言,构成环境逆向编程的外部力量,就是宏观环境或宇观环境;同样,相对宏观环境而言,构成环境逆向编程的外部力量,则是宇观环境。

导致环境逆向编程的第二种外部力量,是环境的内部能量的外部化,即构成环境的某种或某些要素自我膨胀到超出自身边界而形成特别强大的能量,并且这种能量的自为性释放改变了环境编程轨道,这就是环境内部能量的外部化。从自然史和自然环境演变史观察,这种内部能量外部化的"力量",通常是椭圆形的地球轨道偏心运动导致日照酷烈或日照严重不足所致。

导致环境逆向编程的第三种外部力量,就是超强大的生物力量。在地球生物世界里,具有超越环境自身力量的生物,只有人类。所以,改变环境编程运动性质和运动方向的生物力量,只能是日益超强大的人类力量。

其实,这三种外部力量可以归类为两种,即环境要素力量和人类力量。

环境要素力量一旦变得超强大,推动环境编程逆向运作往往是突变的,它不以人的意愿为转移,最终结果是环境全面崩溃,地球生物承受毁灭性灾难。与此不同,人类力量一旦变得超强大,推动环境编程逆向运作往往是渐变的,它可以人的意愿为转移,由此形成的最终结果具有两可性,即环境毁灭或环境再生。

人类要成为推动环境逆向编程的外部力量,需要具备两个基本条件:一是人类力量必须强大,并且强大到在某些方面可以超越环境力量;二是超越环境力量的人类力量能够释放并在事实上持续地释放,这就需要一个强劲的并且是持续增长的驱动力,这个驱动力就是人类的欲望。

从整体讲,今天的人类力量已经在许多方面具备超越环境的力量,并且这种超强的力量实实在在地释放了出来,而且这种释放方式获得了人类无限度地增强的物质欲望的强化,我们今天身处其中的悬崖环境,就是我们以暴虐方式参与环境进行逆向编程的结果。

其次，形成环境逆向编程的内部力量，是指构成环境的各要素均发生了生境裂变，其自生境驱动力弱化或丧失，从而推动环境整体性地滑向死境方向。

环境是一个复杂的非稳定性系统。环境的复杂性，首先体现在它的构成要素的复杂性；其次体现在这些复杂要素的网络化交织和随机性生成。由此形成了探讨环境逆向编程的内部力量很难求得无一遗漏的整体性把握，促使我们把关注的目光投向地面环境逆向编程生成的基本条件，因为地面环境的逆向编程才是推动宇观环境逆向编程的源发力量。当我们将关注的目光投向地面环境时，就会发现导致地面环境内部力量裂变并最终汇聚成整体力量推动环境逆向编程的主要要素有如下四个方面：

一是**环境空间**。所谓"环境空间"，首先是指环境生境化所必须具备的空间张力域度。这是因为每个自为地生成性建构的环境，都有具体的空间场域。任何具体的空间场域（即环境），要维持或强化自身生境状态，必须有一个能够使其自持或强化的自由空间范围，这就是环境必须具备的空间张力域度。任何具体的环境，其空间张力域度弱化或消失时，就丧失了自为性和自为地生成性，或者说丧失了自为地保持或强化自生境的能力，在这种情况下，它不得不滑向逆生状态运动。不妨以苏州和成都为例来说明环境空间为何是环境逆向编程的第一个（环境）内部条件。

在中国文化和历史中，历来有"上有天堂，下有苏杭"之说。自古以来，人们对苏杭的美誉，不仅在于这里出才子佳人，不仅在于有积淀深厚的浓郁人文情怀，也不只是因为这里物产丰富，更重要的是这里的环境优越。过去我们讲"人杰地灵"，其实应该反过来讲：只有地灵，方有人杰。但地灵的前提，是地域环境必须具备强大的自生境功能或者说全生境功能，只有具有全生境功能的地域环境，才能释放出独特的灵性，人生存于其中时，才可成为人杰，因为他无时不接受**地域灵性**的陶冶。

苏州就是这样一块灵性四溢的地域，所以它才堪比天堂。然而，今天进入苏州地界，却很难感到古代的地域灵性，更多是各种污染充斥其间的人力喧嚣。为什么会这样呢？因为苏州的环境空间已经丧失了孕育和净化地域灵性的能力。追溯形成如此状况的最终原因，那就是苏州地区在最近30多年的工业化、城市化建设进程中，已开发征用了其区域内50％以上的土地，使50％以上的土地变成了无生境活力的水泥森林，包括工厂、道路、城市、休闲娱乐旅游场所。

成都亦如此。成都被誉为"天府之国"，是因为富饶的成都平原。成都平原的富饶，主要源于两个根本要素的整合生成：一是土地肥沃、物产丰富；二是环境优越，包括水体丰富、雨水充沛、气候宜人、四季青葱、景色如画。但今天的成都虽然成为西部经济发展的"高地"和通向世界的"门户"，但它却成为了高污染的霾都城市。何也？因为滋养成都的自然环境空间张力已经消失：23000平方公里的成都平原，已大都被开发掉了，整个成都平原几乎沦为了水泥森林。一个由水泥森林支撑起来的"天府之国"，能有使其生境化的环境空间吗？

环境空间是由存在于环境之中的存在物，包括物种、种群、群落等等之间明确的空间距离边界来形成的。每个生命、每个存在物、每个种群、每个群落，其存在敞开的最低条件，就是有相对自足的空间，这个相对自足的空间只属于自己而非他者所占有。一个生命与其他生命之间、一个存在物与其他存在物之间、一个种群与其他种群之间、一个群落与其他群落之间，客观地存在着这样一个各自止步的空间边界，如果构成环境的各要素相互之间各自必须止步的空间边界消失了，这个具体的环境的空间张力域度就不存在了。一旦形成这种状况，就为环境滑向逆向编程提供了可能性。

二是**环境资源**。环境资源是指构成环境的具体要素，或可说是具体环境的构成要素。在宇观或宏观层次上，环境资源是指构成环境的宏观要素，比如太阳辐射、地球轨道运动、大气环流、地面性质、生物活动等；在微观层面，环境资源是指构成具体环境的基本要素，比如这块土地，那条江，某类动物，一个村庄，等等。

环境资源既相对环境主体而论，也相对环境本身而论。相对环境主体（即地球生物和人类）而论，环境资源就是能够满足地球生物和人类存在需要的物质性材料，包括树木、能源、土地等实体性物质材料，也包括阳光、空气、风云、气候等虚体性物质材料。相对环境本身而论，环境资源就是滋养环境自身的环境要素，它既指能够满足地球生物和人类存在所需要的物质性材料，也指难以为地球生物和人类存在提供所需物质的其他环境要素，比如荒山乱石、沙漠、死水以及沼泽、荒野、峡谷等等，都构成滋养环境的必不可少的因素。

一般地讲，越是拥有丰富多彩的环境资源的环境，越具有自生境张力；反之，环境资源越贫乏的环境，其自生境张力域度就越小。比如沙漠与草原，前者的自生境张力远不如后者，这是因为支撑沙漠的环境资源远远贫乏于支撑草原的环境资源。同样，自进入 21 世纪始，中国的经济战略重心为何从东部转向西部，这是因为东部环境的死境化程度越来越高，相对地讲，西部在整体上拥有相对丰富的环境资源，所以自生境化程度相对高于东部。以此来看，环境资源的丰富或贫乏，既有天然赋予性，也有后天生成性。相对地讲，一个具体环境所拥有的环境资源的先天赋予性，哪怕再贫乏，也能生成性地建构起最低限度的生境功能，使环境本身不至于滑向死境状态。至于后天生成性的环境资源，在于外部力量对它的开发和运用程度。哪怕再丰富的先天性的环境资源，一旦为外部力量所摧毁性地开发利用或浪费消耗，它也会极度贫乏，最后导致环境死境化。曾经作为中国历史上最富饶之地的中原，今天之所以沦为中国最贫穷的地区之一，就是因为其环境资源的高度贫乏，但造成这种高度贫乏状况的实际力量，恰恰是人为的掠夺性开发的历史运动。对具体的环境来讲，当环境资源减少或者耗费得不能为环境生境化提供最低支撑时，那么这一环境运动就临近逆向编程，一旦其他条件均具备时，它就开始逆向编程运动。

三是**种群密度**。在宏观上，环境是由地球表面上不同群落生成性建构起来的共生世界，或者说充满各种随机性的复杂网络创构起世界本身。但在具体的维度上，一个环境往往是一个具有绝对开放性的共生群落。所谓共生群落，是指由不同种群按照其本性要求以自在为边界相向自为地生成性建构起来的开放性的共生存在体。

群落和种群，原本都是生物学概念，但在这里它们都属于环境学概念，这是基于两个考虑：首先，我们是从环境角度来运用"种群""群落"等生物学概念的；其次，环境学是比生物学更大、包容性更广的学科概念，即生物学是包含在环境学中的，生物学却不能包含环境学，因为环境学所涉及的除了生物学内容外，还有非生物学内容，比如石头、峡谷、河流、土地、地形地貌、地质结构等等，都不是生物学内容，但它却是环境学的基本内容。但生物学所涉及的所有内容都能被环境学所涵摄。

客观地看，群落是比种群更大的环境学概念。种群（population）指在特定的时空进程中同种生物基于共同生物本性和相同自在方式相向生成性建构起来的共生性生物群体，因而，种群以狭义进化为基本准则，以相向竞争和相互适应为动力机制。与此不同，群落（community）既指由不同种群相向自为地生成性建构起来的共生性生物群体，更指生物群体与非生物群体自为地生成性建构起来的共生性存在群体。所以，群落以广义进化为基本准则，以存在-需要之自然选择为动力机制。比如，山脉不仅需要树木、猛兽，更需要各种各样的嶙立怪石。因为山脉需要体丰骨壮，各色怪石的有机组合则构成了高山群岭巍峨挺拔的自在骨架。

群落构成具体的环境，或者说群落是微观意义上的环境：群落即微观环境，微观环境即群落。以此来看，群落密度恰恰构成了具体环境的生态状况和活力程度。这里"群落密度"，既指构成此群落（即具体环境）的生物种群与生物种群、生物种群与非生物种群、非生物种群与非生物种群之间的数量的多少、比例的协调，以及它们各自在空间分布上的稀疏程度和均匀程度。在一个群落中，如果生物种群与非生物种群处于极端的不协调状况，那就必然形成生物种群与非生物种之间的数量、比例的失调，同时也影响到生物种群与生物种群，以及非生物种群与非生物种群之间在生存数量、比例上的失调，这种失调直接导致了空间分布上稀疏程度与均匀程度的失调，这一双重失调的持续扩张，必然为环境逆向编程创造基本条件。

在通常意义上，生物多样性减少是种群密度非生境化的典型案例。种群密度非生境化，就是种群密度稀少到不能支撑该一群落的自为地生成性建构自身的状况。地域环境的沙漠化，是种群密度非生境化的又一典型案例，即一地域因为存在于其中的种群——包括生物种群和非生物种群——急剧性减少到已经没有任何支撑其环境生境的能力时，环境快速地展开逆向编程，形成沙漠化的环境生态。

这两个典型的环境案例表明：种群密度从根本上决定着环境逆向编程的可能性和现实性。但种群密度能否支撑环境生境化，从大的方面讲，却现实地受制于环境资源状况和环境空间域度。具体观之，取决于物种数量的多寡。

四是**物种数量**。客观地讲，任何具体的环境的核心构成要素都是物种数量。要理解这一点，必须从两个方面来理解"物种数量"问题本身。

首先，应明确定位"物种"概念。"物种"，既是一个生物学概念，更是一个环境学概念：作为一个生物学概念，物种是指生物种类；作为一种环境学概念，物种是指存在物种类。本书是在环境学意义上使用"物种"这一概念的。物种作为一个指涉存在物种类的概念，它涉及两大类：第一类是生命种类，它由动物、植物、微生物三大种类构成；第二类是非生命种类，它涵盖了所有非生命存在物。

其次，在环境学意义上，"物种数量"问题实质上是指生命种类和非生命种类的多样性与多样性的生命种类和非生命种类的自我限度问题。客观地讲，任何具体的环境的自生境化程度，都取决于存在于其中的多样性的生命存在物与非生命存在物之间的协调共生程度，即该环境空间的非生命存在物能够承载的生命种类，构成了该环境中多样性的生命种类的最终限度。反之，如果该环境中的非生命存在物不能承载其中的所有种类的生命，那意味着该环境空间中生命种类过剩，该环境自然启动自然选择机制，进行生命种类的优胜劣汰的筛选，以达到二者的动态平衡、协调共生。当该环境空间中生命种类减少、非生命存在物增多时，就会出现该环境的自生境功能衰弱。如果这种状况一直朝着生命种类越来越少的方向持续扩散，那么最终会导致过少种类的生命不能支撑该环境的自生境状态，在这种状况下，该环境将滑向逆向编程。

我国当前的整体环境状况，是在朝着逆向编程的方向全面展开，这是因为支撑环境自在编程的四个内部要素——环境空间、环境资源、种群密度、物种数量——都极度地弱化了它们各自的自生境功能，此四者不仅在整体上丧失了促进环境自生境再造的功能，而且还形成一种消解环境自生境化的整体力量，所以环境逆向编程成为必然。

3. 环境逆向编程机制

环境违背自身本性和自在方式展开逆向编程，所需要的环境内部条件，就是环境空间张力域度消失、滋养环境自身的资源严重匮乏、种群密度高度失调、生命种类多样性锐减到不能支撑环境的自生境功能的再造，此四者形成的自我消解合力，推动环境朝着逆向编程方向展开。然而，环境的如上四个内部因素各自形成自消解取向，以及在整体上自发形成消解环境自生境功能的合力，却是通过渐变形成的。以此来看，环境逆向编程也是有规律地展开的。环境形成逆向编程的这种规律性，表现为它不仅有逆向运作的内在机制，更有逆向运作的力量积累、条件生成的自身原理和规则。

从整体观，导致环境逆向编程的力量积累、条件生成的基本原理有三，即层累原理、边际原理和突变原理。以环境编程的层累原理、突变原理和边际原理为根本规范，生成环境逆向编程的运作机制。

环境逆向编程规则 环境逆向编程的实质，就是环境异化。

环境异化源于两种力量：一种是环境要素力量；另一种是人类力量。由前一种力量推动所形成的环境异化，是环境自我异化，或者说它不属于异化的范畴，是环境自调节的方式，它不以人的意愿为转移，因而不是环境学所关注和讨论的基本问题。后一种力量推动形成的环境异化，是环境被迫异化，它虽然不是人意愿的产物，但它却是人类意志层累性释放的产物。所以它成为环境学必须关注和讨论的重点问题。

环境被迫异化的主体性规则，就是**脱嵌化**。

从本质讲，人类与环境是相向嵌含的：人类存在嵌含在环境之中，环境也因为人类的超自然性的特别力量而嵌含在人类社会之中。一方面，人类能力所到之处，环境嵌入在人类世界中展开自我编程，不能脱嵌，这是环境保持动态秩序运动的必要前提。另一方面，人类能力无论增强到何种程度，他都嵌含在环境之中而展开自我存在，不能脱嵌，这是人类获得存在安全的必须前提。

但是，人类因为自身能力的不断增强导致了无视与环境相向存在的嵌含法则，或盲目无知地、或知而狂妄地违反人类与环境相互嵌入的嵌含法则，无止境地扩张自身欲望并无限度地提升剥夺性的力量，单向度地发展科技、发展经济、构筑物质幸福。这必然推动自己的行动脱嵌环境、脱嵌自然、脱嵌存在世界。人定胜天、战天斗地，以及征服自然、改造环境，肆无忌惮地掠夺地球资源，无节制地高浪费和高消费有限地球资源等行为，所遵循的都是人类存在可以任意地脱嵌环境和自然的主体性规则，并且这种主体性规则既获得了神学和科学的支撑，也获得了哲学的支撑。前者如人代上帝管理大地、自然和万物的天职观念，以及人乃高阶物种的生物进化理论，均表达人类这种傲慢于自然和环境的主体性诉求；后者是各种形式的认知主体论哲学和实践主体论哲学，比如康德哲学代表前者，实践唯物论以及哈贝马斯（Jürgen Habermas）的商谈理论，则体现后者。

环境被迫异化的客体性规则，就是**他组织性**。

环境以自在方式展开顺向编程，遵循自组织原理，其前提是环境本身具有自生生能力，即自组织、自繁殖、自调节、自修复能力。这种能力的自为性释放，就构成环境的自编程运动。但环境被迫改变运行轨道展开逆向编程，是因为自生生能力丧失，这种自组织、自繁殖、自调节、自修复能力一旦内在地丧失，就表征为自组织原理的自我瓦解，并被迫接受他组织规则。

环境逆向编程的他组织规则，是指规训并推动环境展开编程运动的真实力量，不是源于环境本身，而是源于外部，即或源于环境内部异化力量的外在化，或源于环境之外的人类力量。客观地讲，今天我们存在于其中的环境展开逆向编程的真实推动力量，是人类无度介入自然世界的活动本身所残留下的负面影响力或破坏力，经历时间的孕育膨胀其能量潜力所形成的颠覆性力量。所以，环境逆向编程所遵从的他组织规则，所蕴含的动力学实质是人类异己力量。

环境自在编程的内动力是环境本性，因而，环境自在编程是为己的，即自为地生成性建构（环境本身）。与此相反，环境逆向编程是其内动力的丧失，推动它的是外动力，这种外动力与环境本性无关，所以环境逆向编程是异己的，即为他地生成性建构（环境本身）。比如，我们修建三峡大坝，被修建起来的三峡水库本身构成了一个复杂的环境，这个复杂的环境也在展开编程运动，既编程着（三峡水库）自己，也编程着长江流域生态甚至整个西部环境生态状况。然而，三峡水库自行发动的这种编程运动，却是按照修建它的人为性意愿展开的，换言之，三峡水库以及由此带动的长江流域的生态编程的动力，已经不是长江流域的内在本性及自在方式，而是以人力意愿为原动力的三峡环境，这种人造的环境在很大程度上弱化甚至丧失了长江流域的自在本性而张扬着一种**人力自然**的意志，它构成最强劲的原动力推动三峡环境展开一种他在性的逆向编程运动，自三峡水库建成蓄水后长江流域以及整个西部环境生态的剧变所形成的各种气候灾害，均是三峡环境逆向编程的自然体现。

环境逆向编程机制　根据边际效应递增原理和边际效应递减原理所呈示的双重规律，环境在层层累积的外部力量推动下，自生境功能一旦降至临界点，其自消解力量也上升到临界点，此两种力量相向整合而形成合力，就会迅速制造出突变效应，使有序的环境生态瓦解而沦为无序的环境生态，这样，环境就被推向了逆向编程的悬崖。

环境生态从有序态瓦解自我而沦为无序态的逆向编程，实际上是环境在外力作用下自发启动了两套运行机制，即环境逆向编程的直接运行机制和环境逆向编程的间接运行机制：直接运作逆向编程的机制是自然机制，间接运作逆向编程的机制是人为机制。

环境逆向编程的自然机制，客观地敞开为两种方向：这就是从微观到宇观的环境逆向编程机制和从宇观向微观的环境逆向编程机制。从发生学看，从宇观向微观的逆向编程机制，是一种继发编程方式；从微观向宇观的逆向编程机制，是一种原发编程方式。这就是说，从发生学论，环境逆向编程始于微观领域，然后扩张到宏观领域，最后在宇观领域展开。一旦宇观领域发生逆向编程运动，它又反过来促进宏观领域逆向编程的加速，这种加速的直接结果是推动微观领域逆向编程深度化，以致循环展开，首尾相应，生生不息，如在无强劲外力干预情况下，这种首尾相应的逆向编程运动最终只能通过环境全面崩溃才宣告终止。

环境的微观形态或者说基本单元是群落：一个群落就是一个相对自足的环境。以群落为构成单元的环境，其基本构成有三：一是相对稳定不变的群落常量（即环境常量），比如具体的地理结构和地貌分布，如平原丘陵、江河湖泊、水土、矿藏等等；二是始终处于变动进程状态中的群落变量（即环境变量），其主要构成是生物性和非生物性种群及其密度与空间分布，更具体的构成要素是动物、植物、微生物及其生殖繁衍状况与态势；三是构成群落的综合性因素，比如气候、地温、气温、日照等，既是变动不居的因素，其背后又蕴藏着始终不变的因素。相对地讲，第一类因素构成微观环境的背景内容；第二类因素构成微观环境的主体性内容；第三类因素构成微观环境的条件性因素。

在层累性的外力推动下，微观环境的逆向编程主要从第一类因素和第二类因素入手。比如改变微观环境中的地貌，矿藏的减少或枯竭，江河的干涸或湖泊污染化，水土得不到保持等等，或者森林面积大幅度缩小，草原沙漠化，土地大面积裸露，或者生物多样性锐减，物种绝灭普遍化等，都是微观环境逆向编程的具体展开方式。

在微观环境里，各构成要素的相向逆向编程，才形成群落的逆向编程；群落与群落的相向逆向编程，才形成区域环境的逆向编程；区域环境与区域环境的逆向整合，其逆向编程才由地及天推向大气环流的逆向编程运动，最后导致气候失律、降雨逆生化、灾疫频发。气候失律、降雨逆生化、灾疫频发，就是宇观环境的逆向编程方式。

宇观环境的逆向编程，通过气候失律、降雨逆生化和灾疫频发，既改变日照，也改变气温和地温。日照、气温和地温，此三者本来是微观环境生成的条件，当它为失律的气候和降雨所改变时，构成微观环境的动态因素就获得高度的敏感性而迅速改变，从而推动相对稳定的微观环境因素不同程度地改变，这种改变又引发宏观和宇观两个层面的环境发生更进一步的逆向改变……以此循环不息，整个环境逆向编程运动无阻碍地敞开。

始于微观领域的环境逆向编程运动，直接受环境本身自然机制启动的影响。这种启动力是一种环境要素对周围环境要素的敏感依赖性。在微观环境里，构成这一环境的具体要素之间，本原性地存在着存在空间上的相向依赖性，这种相向依赖性的内在本质，就是亲生命性，即一物对他物的亲近性朝向，就如同向日葵向太阳那样的亲近性朝向。存在物与存在物之间，本原性的相向敏感依赖性，往往形成一物静则可能物物静，一物动则可能物物动。因为物与物之间的空间定位，是物与物根据各自本性和独立存在的最低限度自然形成相向支撑、相向依赖的空间关系，当一物动时，其相向存在的空间格局就被迫发生微小的波动或较大的乃至巨大的改变。但无论哪种幅度的改变，都将影响到对方，对方又影响到他方，以至无限。这就是环境逆向编程的内在机制。

今天，环境悬崖的出现，表明环境逆向编程已经全面启动。但已被全面启动的逆向编程环境的自然机制，并不是最终的动力机制，推动环境展开全方位逆向编程的最终动力机制，恰恰是人力。人力机制是环境逆向编程的间接机制，也是原动力机制。这种原动力机制敞开的行为方式有三：即征服自然、改造环境、掠夺地球资源。

征服自然，是让自然服从人类意志；改造环境，是让环境更适合人类生存；掠夺地球资源，是使人类生活资源更充沛、生活条件更方便、生活幸福感更强烈。因而，征服自然和改造环境的努力，最终都要落实在第三个目标上来，掠夺性开发地球资源构成最实质的人类工作。人类大多数的精力、时间、智慧甚至爱憎情感等，都运用到这个方面来，因为只有源源不断地掠夺性开发地球资源和不断提高运用地球资源的水平、能力，以及不断掘进开发地球资源的广度和深度，才是生活幸福的前提条件。由此，掠夺性开发地球资源，构成了推动环境逆向编程的不竭动力，即为永不满足的物质生活幸福欲求，永无止境地开发地球资源，包括地面资源、地下资源和太空资源。正是这种种不断拓展范围和领域的资源开发运动，才使草原沙漠化，江河断流，原始森林消失，海洋立体污染，更使水体破坏，土地无机化，霾污染蔽天，大气环流逆生化，气候失律……这一切都根源于人的自私自利的无限膨胀。阿克塞尔罗德（Robert Axelrod）说："每个人都追求自利，使得所有人的利益都受损。"[①] 不仅如此，每个人只关心自己的利益，只追求自己的利益，才导致了人赖以存在的环境受损，才形成了环境悬崖。如果每个人仍一如既往地只追求自己的利益，必然共同用自私之手将悬崖之上的环境推向万劫不复的深渊。这，或许是我们不愿看到的明天！

---

① 　Robert Axelrod, *The Evolution of Cooperation*, New York: Basic Books, 1984, p. 7.

第三章 恢复环境的伦理学智慧

对呈死境倾向的环境展开治理，其直接动机和目的，是恢复环境，使之重获生境功能。环境治理要卓有成效地实现环境恢复，需要正确的环境认知（环境哲学、环境原理）的引导。但这仅是前提，正确的环境认知要实现对环境治理恢复的实践引导，还需要以环境伦理为中介。这是因为，对环境的本体认知所发现的环境思想、环境原理、环境规律、环境机制，要获得实际的运用，成为治理环境、使环境重获生境的智识和方法引导，需要环境研究从纯粹的认知领域转向实践的操作领域，其中间环节就是环境伦理学研究。

环境伦理学，就是引导人们从对环境的纯粹认知转向环境治理操作实践的中介方式，正如人类哲学达向生活领域必须通过伦理学，并使伦理学成为哲学走向社会引导人生的普遍方法论一样，环境哲学的实践论方式就是环境伦理学，或曰，环境伦理学是环境哲学达向实践指导的方法论。正是因为如此，环境伦理学的状况和进展，既体现了环境哲学的状况与进展，也体现了环境政治学、环境经济学、环境法学、环境教育学、环境技术学以及环境治理学等实践领域的研究状况和进展。所以，环境伦理学成为环境人文社会科学研究进程的标志。

在环境人文社会科学领域，环境伦理学成为最早的研究形式，也是成果最多的领域，同时还是争论最激烈的领域。整体观之，环境伦理学的诞生和发展，一直以论争方式展开。具体地讲，环境伦理学一直围绕人类中心论和非人类中心论之争展开。人类中心论与非人类中心论之争虽然催生了许多环境伦理学新观念和新理论，但这些新观念、新理论大都属于外部性探讨。正是这样的关注重心所形成的研究取向，导致环境伦理学研究始终停留于外部而忽视甚至难以进入环境伦理问题本身。这种关注重心和研究取向长此以往地展开，自然使环境伦理学研究陷入一种几乎难以自拔的"高原"困境。今天，面对这种"高原"困境，探求其形成的根本之因：一是有意或无意割裂、抛弃伦理学传统，使之无本；二是忽视原理的探讨和构建，使之无根。要突围这一**无根无本**的"高原"困境，必须重新定位环境伦理学的自身性质、内涵及所属性，在此基础上着力解决"环境道德的基础何在"和"环境道德的边界何在"这两个根本问题，重新续接人类已有的伦理传统，构建环境伦理的自然原理和实践规范原则体系。具体地讲，环境伦理学必须突破人类中心论的虚妄认知，重新发现原本就存在的自然原理，也就是宇宙律令、自然法则、生命原理，为重新释放人类伦理传统的当代光辉奠定本体性基石，提供认知和方法动力。人类伦理的核心思想和精神传统，就是人性原理，它以生命原理为基础，以宇宙律令为指南，以自然法则为源泉，展开为道德作为或美德追求。从本质论，美德是求义的，所以美德追求必须遵守**舍利执爱**原理，其激励原则是无私奉献和自我牺牲；道德却是求利的，所以道德必须遵守**权责对等**原理，它蕴含统摄四条环境伦理法则，即环境与人共生的关联法则、环境与人相向敞开的价值生成法则、人顺性适应环境的生存法则和人向环境取予的平等成本支付法则。以如此环境伦理法则为规范，人们在走向环境生境重建的进程中，才能做到凡事利己不损他或利己亦利他。

一、环境伦理学的发展进程

1. 环境伦理学诞生的土壤

环境伦理学的诞生，是因为环境问题。环境问题是环境关注和环境研究的核心，亦是环境治理学的研究对象。环境问题的产生，是人们对存在于其中的存在世界的对象性意识，所以，环境问题是现代人类生存意识的产物。对环境关注所形成的环境问题，萌发于19世纪末美国的资源保护运动。独立战争后的美国，经济快速发展，无限开发自然资源和大量地浪费自然资源，层累地造成了环境生态的严重破坏，生物灭绝、生物多样性丧失。这种日益恶化的环境状况，引发一些有识之士的关注，生发出对盛行于世的资源无限论观念的质疑。最早提出这一质疑的是乔治·帕金斯·马什（George Perkins Marsh），他在《人与自然》（Man and Nature）中指出："事实上，公共财富在美国一直没有得到足够的尊重。同时，还有一个事实是，几乎在每个成年人的脑海中，木材在这个国家都是那么不值钱，以至于连那些拥有私人林地的人，几乎无需争辩，无论在哪儿，也会对那种会是对他们真正有所损害的行为让步""在这种情况下，是很难去保护森林的，无论它是属于国家，还是属于个人"。[①] 马什预言，如果不改变资源无限论的愚蠢信念，最终会招致自我毁灭。自此以后，环境问题进入了人文社会科学视野，美国的一批哲学家、博物学家和文学家开始对工业社会人与自然之间的征伐关系模式予以批判性反思，在这些思想家中，梭罗和约翰·缪尔的思想对环境伦理学的诞生产生了直接的影响。梭罗的《瓦尔登湖》被视为划时代的作品，它宣扬生态关怀、主张回归自然，这一思想在世界范围内广为传播。约翰·缪尔关于超越功利主义的资源保护方式（preservation）的生态思想，被奥尔多·利奥波德所继承和发展，后者于20世纪20年代提出"大地伦理"思想。1949年，利奥波德发表了他的大地伦理的成熟作品《沙乡年鉴》，成为"发展生态中心主义环境伦理学最有影响的大师"和新环境保护主义运动的"先知"。几乎与此同时，阿尔贝特·史怀泽提出敬畏生命的伦理，并于1924年出版《敬畏生命》，提出"敬畏生命"的伦理原则："善是保持生命、促进生命，使可发展的生命实现其最高价值。恶则是毁灭生命、伤害生命，压制生命的发展。这是必然的、普遍的、绝对的伦理原则。"[②] 这意味着"只有保存

①　George Perking Marsh, *Man and Nature*, Cambridge: Harvard University Press, 1965, p. 258.
②　[法] 阿尔贝特·史怀泽：《敬畏生命》，陈泽环译，上海社会科学院出版社1996年版，第9页。

和促进生命的最普遍和绝对的合目的性，即敬畏生命的合目的性，才是道德的。"①

奥尔多·利奥波德和阿尔贝特·史怀泽的努力，为环境伦理学的产生奠定了思想基础。

环境伦理学的真正诞生的前提，是大地伦理和敬畏生命的生态思想得到广泛认同，这需要一个认知启蒙的过程，开启这一认知启蒙过程并使其获得里程碑标志的是三本著作。第一本是 1962 年出版的《寂静的春天》，作者是美国生物学家雷切尔·卡逊，她以充分的事实揭露了 DDT 对环境生态的破坏和对人的健康生存的危害，并通过这种揭露反思支撑现代文明的人类哲学的不成熟："控制自然，这个词是一个妄自尊大的想象产物，是当生物学和哲学还处于低级幼稚阶段时的产物。"② 人类在技术开发、物质进步方面已经成为巨人，但人类的哲学心智却如同孩童，人类的存在认知水平也处于孩童状态，如果这种状况不能得到根本性的改变，危机不仅不能消除，并且将继续扩散。《寂静的春天》打开了人们的视野，发现了日常生存的危机，它为环境关怀成为一种日常方式提供了契机，西方社会的激进环境主义就是沿着雷切尔·卡逊的思路展开的，生态主义者亦把它看成是生态运动的开端。第二本书是保罗·埃利奇 1968 年出版的《人口炸弹》，此书将日益严重的环境问题归因于人口过剩。他警告说："当代世界人口增长已趋高峰。一旦人类自身的繁殖能力超越了自然的负荷时，不仅给自然带来恶果，而且必将祸及自身。"③ 人口与环境的变动关系被正式提出来，这是导致环境问题的根本性力量，亦是后来环境危机的巨大推手。此著出版引发人们对人口问题的关注，是因为 20 世纪 60 年代末，人口过剩的问题成为环境生态问题中的核心问题。第三本书是罗马俱乐部发表的第一份报告《增长的极限》（1972 年），这份报告对人口、工业化、

---

① ［法］阿尔贝特·史怀泽：《敬畏生命》，陈泽环译，上海社会科学院出版社 1996 年版，第 28 页。

② ［美］雷切尔·卡逊：《寂静的春天》，吕瑞兰、李长生译，吉林人民出版社 1997 年版，第 262 页。

③ Paul Ehrlich, *The Population Bomb*, New York: Ballantine, 1968.

粮食生产、自然资源和污染这五个制约经济增长的因素做了系统分析，并在此基础上指出：如果世界人口、工业化、污染、粮食生产和资源消耗方面照现在的趋势继续下去，这个行星上增长的极限将在今后 100 年中发生，最可能的结果将是人口和工业生产力双方有相当突然的和不可控制的衰退。① "我们甚至尝试对技术产生的利益予以最乐观的估计，但也不能防止人口和工业的最终下降，而且事实上无论如何也不会把崩溃推迟到 2100 年以后。"② 人口的增长必然导致经济的衰退，要避免衰退，必须从增长转向均衡："全球均衡状态可以这样来设计，使地球上每个人的基本物质需要得到满足，而且每个人有实现他个人潜力的平等机会。"③《增长的极限》揭示：环境的危机，源于增长达到了极限；导致增长达于极限状况的直接因素，是有限的环境因为资源开发和浪费而不断恶化；改变日趋恶化的环境状况，就是改变增长的极限；其根本方法是重新学习**限度生存**，限度生存的具体表述，就是人类生存发展必须与自然世界达成一种动态均衡。

《寂静的春天》《人口炸弹》《增长的极限》，分别从 DDT 污染、人口过剩、经济增长极限三个维度展开了环境启蒙。首先，环境破坏、生态危机，源于人为；改变环境状况、消除生态危机，需要改变人的行为方式、生存方式和生产方式。其次，解决环境破坏、消除生态危机的核心问题，是节制利欲。这种性质和内容的环境启蒙要得到深入展开，还需要现实生活事件的教育，这就需要新闻媒介的关注与介入。

新闻媒介关注环境生态并介入环境关注，是通过对不断出现的环境事件和环境恶化状况的报道实现的。首先，自 20 世纪 40 年代以来，新闻媒介通过对频繁发生的重大环境破坏事件的报道，激发了人们对环境的普遍关注。比如，1943 年美国洛杉矶雾霾事件；1952 年英国伦敦烟雾事件；日本先后于 1959 年和 1965 年发生的汞中毒；1957 年英国温斯凯尔核电

---

① D. 米都斯等：《增长的极限》，李宝恒译，吉林人民出版社 1997 年版，第 17 页。
② D. 米都斯等：《增长的极限》，李宝恒译，吉林人民出版社 1997 年版，第 109 页。
③ D. 米都斯等：《增长的极限》，李宝恒译，吉林人民出版社 1997 年版，第 18 页。

站一核反应堆发生火灾并向周围释放大量放射性物质，造成持续性的核泄漏；1967 年法国布利坦尼海岸油中毒；1978 年意大利二氧化物污染；1979 年美国三里岛核电站泄漏；1984 年印度博帕尔发生毒气泄露；1986 年桑多兹化学公司污染莱茵河；1986 年乌克兰切尔诺贝利核爆炸；1989 年艾克森瓦尔迪兹原油泄漏……不断发生的环境事件刺激人们形成一个共同的印象，即环境处于危机之中，存在安全正在遭受环境威胁。另一方面，环境污染、资源短缺、物种灭绝、生物多样性丧失等引发的环境恶化加速扩散：全球范围内，物种每天损失 40—100 种；沙漠面积每天扩大 27.8 平方公里；雨林面积每天损失 44.8 平方公里……。不仅如此，全球每天向大气排放 1500 万吨二氧化碳，全球人口每天增加 25 万……。这些信息又加重了环境恶化印象，引发更多的人们关注环境，强化人们对环境恶化状况的关注度。

环境恶化引起关注、生态危机意识社会化，仅仅是认知觉醒；关注环境的真正目的是要引导社会展开环境治理，这就需要治理的综合性知识、认知智慧和方法，继而需要能够提供这种治理环境的综合性知识、认知智慧和方法的新学科。最早诞生的这方面的新学科之一就是环境伦理学。

环境伦理学诞生于 20 世纪 70 年代初，它以 1971 年美国佐治亚大学组织召开第一次环境哲学会议为标志，这次会议之所以成为"发展一种环境伦理的哲学序幕"，不仅是其后结集出版了会议文献《哲学与环境危机》（*Philosophy & Environmental Crisis*）[①]，更重要的是会议组织者哲学教授布莱克斯通在所提交的会议论文《伦理学与生态学》（*Ethics and Ecology*）[②] 中指出，"拥有可生存的环境"是人所拥有的一种新的"人权"，如果没有一个健康、稳定和可生存的环境，个人作为理性的存在物所拥有的平等、自由、幸福、生存、财富等基本权利就得不到实现。基于此，布莱克斯通呼吁：应把"拥有可生存的环境"的权利作为使人的生命

[①] William T. Blackstone（eds.），*Philosophy & Environmental Crisis*，Athens：The University of Georgia Press，1974.

[②] William T. Blackstone，"Ethics and Ecology"，*The Southern Journal of Philosophy*，Vol. 11，1973，pp. 55—71.

得到实现的必要条件来捍卫。

1971 年，斯坦利·古德洛维奇（Stanley Godlovitch）和约翰·哈里斯（John Harris）等编辑了集中讨论动物权利的著作《动物、人与道德：关于对非人类动物的虐待的研究》（*Animals，Men and Morals：An Inquiry into the Maltreatment of Non-humans*）[①]；1972 年，美国学者克里斯托夫·斯通（Christopher D. Stone）发表第一篇重要的非人类中心主义环境伦理学文献，即《树木拥有地位吗？——走向自然客体的法律权利》（*Should Trees Have Standing——Toward Legal Rights for Natural Objects*）[②]。1973 年，挪威哲学家纳厄斯发表了《浅层的与深层的、长远的生态运动：一个概要》（*The Shallow and the Deep，Long-Range Ecology Movement：A Summary*）[③] 一文，首次对浅层生态学与深层生态学作了区分。同年，澳大利亚哲学家理查德·西尔万（Richard Sylvan）在第 15 届世界哲学大会上以《需要一种全新的、环境的伦理吗？》（*Is There a Need for a New，an Environmental，Ethic?*）[④] 为题目，发表了创建环境伦理学的主题演讲。1974—1975 年期间，形成尔后持续不衰的论争的两种环境伦理学思想诞生：前者是现代人类中心论环境伦理学思想，它由澳大利亚哲学家约翰·帕斯莫尔（John Passmore）在 1974 年出版的《人对自然的责任：生态问题与西方传统》（*Man's Responsibility for Nature：Ecological Problem and Western Tradition*）[⑤] 中阐发，此著的思想渊源是 19 世纪以来以吉福特·平肖为代表的功利主义资源管理方式（conservation）的思想，它成为现代人类中心主义伦理学的经典著作；后者乃以约翰·缪尔为代表的超越

---

① Stanley and Roslind Godlovitch & John Harris（eds.），*Animals，Men and Morals：An Inquiry into the Maltreatment of Non-humans*，New York：Grove Press，1971.

② Christopher D. Stone，"Should Trees Have Standing——Toward Legal Rights for Natural Objects"，*Southern California Law Review*，Vol. 45，1972，pp. 450—501.

③ Arne Naess，"The Shallow and the Deep，Long-Range Ecology Movement：A Summary"，*Inquiry*，Vol. 16，1973，pp. 95—100.

④ Richard Routley（Sylvan），*Is There a Need for a New，an Environmental，Ethic*，Proceedings of the XV World Congress of Philosophy，1973，pp. 205—210.

⑤ John Passmore，*Man's Responsibility for Nature：Ecological Problem and Western Tradition*，London：Gerald Duckworth & Co. Ltd.，1974.

功利主义的资源保护方式（preservation）为源泉的自然主义环境伦理学思想，它以霍尔姆斯·罗尔斯顿于 1975 年在国际主流学术期刊《伦理学》（*Ethics*）上发表的《存在着生态伦理吗?》（*Is There an Ecological Ethic?*）[①] 一文为标志。此文讨论了本质意义的环境伦理学和派生意义的环境伦理学的根本区别，并由此成为本质意义（即自然主义）的环境伦理学的鼎力之作。

2. 环境伦理学的问题进程

客观地讲，环境伦理学的诞生有两个土壤。一个是人类中心论伦理学传统，这个传统由目的论的自然法则、功利主义和道义主义三部分内容构成。其中，功利主义是道德学，道义主义是美德学，目的论的自然法则是二者的最终解释依据。无论是西方还是东方，无论这一传统蕴含了多少自然的因子，它们都将伦理关系界定为人与人的关系或人与社会的关系；并且，人与人的关系或人与社会的关系构成了道德准则实施的范围。另一个土壤则是生态学。"生态"这个概念实际上指涉一种世界存在状态，所以，它是一个事实性描述。有关于生态的意识或者说思想的渊源，其实可以追溯到古希腊早期的自然哲学，中国的《易经》亦可看成是蕴含生态思想的最早典籍。将"生态"作为一个问题来思考或研究，始于工业化、城市化进程导致环境破坏、物种灭绝、生物多样性丧失所引发的科学关注，这就是 19 世纪后期生态学的兴起。德国动物学家恩斯特·海克尔（Ernst Haeckel）1866 年提出"生态学"概念时，将它定义为"对生命体及生物和非生物环境之间的那种互利关系的研究"[②]。生态学所关注的是自然物的生态存在问题，所以，生态学的本原性取向是自然主义取向。

生态学的诞生与长足发展，始于自然生态出现了各种意想不到的问题，而且这种意想不到的问题都与人的行为、活动直接关联。由于前者，生态学研究属于问题驱动型研究，它释放巨大的活力，推动生物学的全面

---

① Holmes Rolston Ⅲ，"Is There an Ecological Ethic?"，*Ethics*，Vol. 85，No. 2，1975，pp. 93—109.

② L. 汉斯、C. 苏珊娜：《环境伦理学》，张敦敏译，《哲学译丛》1997 年第 3 期。

发展，也为社会科学和人文学术打开了新的视野，提供了科际整合的方法。因为后者，哲学不得不做出应有的回应，这种回应敞开为两种方式：一种方式是以生态学为用、以传统哲学为体，即哲学家们在持守"人是唯一目的"的基本前提下，以生态学为视野和方法，尝试拓展已有的伦理学原则和道德概念，使之更大程度地解释所出现的种种环境问题，这就形成所谓人类中心论的环境伦理学；另一种方式是以生态学为体、以传统哲学为用，即哲学家突破"人是唯一目的"的窠臼，把握生态学的思想精髓，创建新哲学和新伦理学，为从根本上解决各种环境问题提供新的认知框架、思想基础和知识体系。这就形成所谓自然主义的环境伦理学。

人类中心论环境伦理学，亦是功利主义环境伦理学，它的核心理念有二：一是人是唯一的目的，因而，人类是世界的中心；二是自然是非目的性的，因而，环境之于人类在本质上是使用价值论的。基于这两个核心理念，人类中心论环境伦理学所关注的根本问题是：环境质量构成人类生存幸福的基本条件，保护环境、治理环境的真正目的是实现人类自己的利益。

以如上两个基本理念为导向的人类中心论环境伦理学，必须以传统哲学为基础并以传统伦理学为深厚土壤，但真正的动机却不是捍卫传统，而是基于现实的功利主义要求，即保持和提升现有的物质生活水平。这一功利主义要求的具体落实，就是如何有效地保证和促进国家经济的发展。这一思想的首倡者和实践方式及其理论的探索者是吉福特·平肖。在 19 世纪末，美国开始实施环境资源的管理和保护，作为国家利益至上主义者的吉福特·平肖，提出了功利主义环境资源管理方式（conservation），即"明智利用"资源来发展经济。生成这种环境资源管理方式的基本思想是：上帝创造了人来管理自然万物，人就有责任消灭那些对自己无用的物种，发展对自己有用的物种。因而，"明智利用"资源来发展经济，构成了 20 世纪初资源保护运动的基本原则，即"科学管理、明智利用"原则。这一原则表达了人类中心论环境伦理学的核心思想，即凡所处置的自然存在物或自然环境，只要不牵涉其他人类利益，都可以不加限制；反之，需要处置的自然存在物或自然环境一旦牵涉其他人类利益时，就需要加以限制和选择。这表明：在"科学管理、明智利用"的环境资源管理原则中，自然存在物和环境资源由过去的无限度的使用物变成了有限度的使用物，这种"限度"不是由自然存在物或环境资源本身来决定的，是由人来决定的。

20世纪初以吉福特·平肖为代表的功利主义环境资源管理方式和环境资源保护原则，构成了20世纪70年代以降人类中心论环境伦理学的基本准则。1971年在佐治亚大学举行的第一次环境哲学会议上，大会组织者布莱克斯通提交的参会论文《伦理学与生态学》就承袭了这一思想，该文在人类中心论框架内来讨论环境伦理问题，提出权利只与人类有关，"拥有可生存的环境"，这是人类所拥有的一种新的"人权"。[①] 1974年，澳大利亚哲学家约翰·帕斯莫尔出版了《人对自然的责任：生态问题与西方传统》，在这本著作中，帕斯莫尔进一步阐述了只有人类才具有道德权利资格的思想，并批评非人类中心主义的主张是"神秘主义的无聊思想"。因为在帕斯莫尔看来，造成现代生态灾难的真正原因是缺乏明智和限度的"贪婪和短视"，明智和限度均蕴含在人类的传统道德之中："传统的道德足以证明我们关心生态系统的行为的合理性，无须践履其他的道德"。[②] 只要接受传统道德的规范和约束，所有的环境问题都可迎刃而解。帕斯莫尔发展了吉福特·平肖的"明智利用"的环境原则，即限度之内的自然存在物和环境，可以充分开发利用以满足经济生产和发展；限度之外的自然存在物和环境，亦可充分开发以满足人的审美，"只要人们学会了从美感的角度来欣赏这个世界，他们就能学会关心这个世界"[③]。

帕斯莫尔的人类中心论环境伦理思想得到了布莱恩·诺顿（Bryan G. Norton）、尤金·哈格罗夫（Eugene Hargrove）等人的支持。诺顿在《为

---

① William T. Blackstone, "Ethics and Ecology", *The Southern Journal of Philosophy*, Vol. 11, 1973, pp. 55—71.

② John Passmore, *Man's Responsibility for Nature：Ecological Problem and Western Tradition*, London：Gerald Duckworth & Co. Ltd., 1974, p. 186.

③ John Passmore, *Man's Responsibility for Nature：Ecological Problem and Western Tradition*, London：Gerald Duckworth & Co. Ltd., 1974, p. 187.

什么要保护自然的多样性?》(*Why Preserve Natural Variety?*)① 和《走向环境主义者的联盟》(*Toward Unity Among Environmentalists*)② 等著作中贯穿一个基本主题,即自然如何多元地满足人的需要,并以此为主题,将自然所蕴含的能够满足人的各种理性偏好与改变人的价值观的价值作为制定环境保护政策的基础。哈格罗夫于 1989 年出版《环境伦理学的基础》(*Foundations of Environmental Ethics*)③,在这本著作中,哈格罗夫从人类中心论出发,赋予自然以审美价值内涵,并认为这种审美价值就是自然的内在价值。对自然来讲,其全部价值都是相对人而论的,并因为人才获得价值实现。所以,保护自然,既可实现物质幸福,更可实现审美幸福。正是基于这一双重功利目的,作为道德代理者的人类,保护和促进自然界的这种内在价值,是人类的义务;以大自然的审美价值为基础来制定环境保护政策,应该是正确的选择。日本环境伦理学家岩佐茂在《环境的思想》中指出:"人类中心论的核心是,人类的幸福取决于环境的质量,因此保护环境是为了人类自己的利益。在这里,环境被视为实现人类目的和价值观的手段。这些主张明确地针对人类利益,所以有很强的说服力。"④然而,伴随工业化、城市化、现代化向纵深领域挺进所带来的环境恶化和地球生态危机不断向深度和广度两个领域加剧恶化的态势,以功利主义为导向的人类中心论环境伦理学思想遭到了批判,由此在环境伦理学领域形成人类中心论与非人类中心论之争。其论争的焦点有二:

(1) 环境道德的基础何在?

(2) 环境道德的边界何在?

道德的实质诉求是利益。利益的实现需要权利的配享和责任的履行。因而,利益、权利、责任,此三者构成了环境伦理学论争的实质问题,在

---

① Bryan G. Norton,*Why Preserve Natural Variety*,Princeton:Princeton University Press,1987.

② Bryan G. Norton,*Toward Unity Among Environmentalists*,New York:Oxford University Press,1994.

③ Eugene C. Hargrove,*Foundations of Environmental Ethics*,New Jersey:Prentice Hal College Divl,1989.

④ [日]岩佐茂:《环境的思想》,韩立新等译,中央编译出版社 1997 年版,第 99 页。

其中，利益是本原性问题，权利和责任都由它所引发。所以，环境伦理学论争展开的两个焦点问题，最终由利益网结起来而形成一个整体的问题。

首先，"环境道德的基础何在？"问题，具体表述为：环境道德得以构建的依据到底是由人自己来提供，还是由人之外的自然来提供？人类中心论者秉持前者，其理由是人是世界中心，自然相对人类才有价值，因而，自然和环境都没有自己的利益，保护自然和保护环境的所有设想和努力，都是为了实现人类自己的利益。以此来看，环境道德只能是并且最终是人的道德，它的功能边界是人类活动的范围。与此完全对立，非人类中心论者却坚持后者，理由是人存在于自然中，且自然的存在不以人的意愿为转移，因为自然也有自己的利益。以此观之，环境道德既是人的道德，也是自然的道德，而且首先是自然的道德，环境道德的功能边界必须突破人类活动的范围而指向生命世界。

由此，环境伦理学的人类中心论与非人类中心论之争自然焦聚在"利益"问题上，即利益到底是为人类所独享还是也为自然所分享的问题。围绕这个问题而展开，必然牵涉出权利来，如此一来，人类心中论与非人类中心论之争最终指向"权利"之争。

权利始终是有所属性的，权利之争的首要问题，是谁拥有权利的问题。人类中心论者认为权利是人所独享的，动物没有权利。但非人类中心论者却宣称：权利是人类与动物共享的。动物权利论的首倡者是约尔·范伯格（Joel Feinberg），他在 1971 年向第一次环境哲学大会提交的论文《动物与后代人的权利》（*The Rights of Animals and Future Generations*）①中指出：一个存在物只要拥有利益，就必拥有权利；动物也拥有利益，所以动物也拥有权利。

在动物的道德权利问题上，人类中心论者却坚持动物没有权利的立场，认为所谓动物权利不过是人的道德权利向动物世界的拓展。但大多数非人类中心论环境伦理学家们却否认这种观点，认为动物的权利并不是人

---

① Joel Feinberg, "The Rights of Animals and Future Generations", in *Philosophy and Environmental Crisis*, W. Blackstone, Georgia: University of Georgia Press, 1974.

的道德权利的拓展运用，因为人的"道德权利"是一种不可让渡的绝对的权利。① "那种试图把由人的权利发展而来的权利概念扩展到人以外的东西上去的做法，不管其意图如何，都会带来权利概念的暧昧化、相对化，从维护和发展人权的角度看，权利概念的泛滥化和相对化，无论如何是有害无益的。"② 非人类中心论的环境伦理学者们认为，动物权利源于动物自身的能力，这种能力早为杰里米·边沁（Jeremy Bentham）所发现，这就是动物的意识和感觉苦乐的能力。动物权利论的代表人物是彼得·辛格、汤姆·里根（Tom Regan）等，他们均接受边沁的动物感觉理论，并以此认为动物的感觉（sentience）能力构成了它本身拥有道德权利的基础，也构成了环境道德的基础，因为意识和感觉是一切存在物获得道德关怀并拥有道德权利的充分条件，动物的感觉能力的客观存在，消除了人与动物之间的鸿沟：智力不是区分人与人之间的权利的根据，同样不是区分人与动物之间的权利的根据。意识和感觉能力，才是动物与人共享平等权利的生命基础和存在基础。"没有意识、期盼、信仰、愿望、目标和目的，一个存在物就没有利益；没有利益，它就不可能受益；没有受益的能力，它就没有权利。"③

进一步讲，动物感觉苦乐的能力之所以能构成它自身的道德基础和环境道德的基础，是因为感觉苦乐的能力表明了动物拥有不以他者为要求的"内在价值"。

"内在价值"观的提出，使人类中心论和非人类中心论之间的论争主题获得了拓展，形成"以人为中心的内在价值观"和"以非人为中心的内在价值观"的区分④。前者是人类中心论者的基本主张，他们将能够给予人以直接愉悦体验的自然价值，即对自然的审美价值视为内在价值，用以

---

① P. Taylor, *Respect for Nature: A Theory of Environmental Ethics*, Princeton: Princeton University Press, 1986, p. 250.

② ［日］岩佐茂：《环境的思想》，韩立新等译，中央编译出版社 1997 年版，第 100 页。

③ ［美］纳什：《大自然的权利：环境伦理学史》，杨通进译，青岛出版社 1999 年版，第 151 页。

④ E. C. Hargrove,"Weak Anthropocentric Intrinsic Value", *Monist*, Vol. 75, No. 2, 1992, pp. 183—207.

区别自然之被使用的工具价值或经济价值。后者乃非人类中心论者的基本主张，他们认为自然的内在价值乃自然之自身本性的释放："说某类价值是内在的，仅仅意味着，某个事物是否拥有这种价值和在什么程度上拥有这种价值，完全依赖这一事物的内在本性。"① 自然的内在价值，是自然的非工具性价值，是自然及具体的自然存在物标志自身存在之内在规定性的价值，或者说是以自身为目的价值："地球上的非人类生命的美拥有自在的价值。这种价值独立于它对人的有限目的的工具意义上的有用性。"②

非人类中心论者提出"内在价值"论，其本意是证明动物享有道德权利的自身基础，并以此来证明环境伦理的基础不是源于人类，而是源于自然本身，但"内在价值"概念却是一个认识论概念，它的提出恰恰迎合了人类中心论者，因为人类中心论始终在认识论领域发挥无可辩驳的功能，人类中心论者很快接纳了这个概念，并赋予它符合自己意想中的内涵，即提出"内在价值"的审美论，并批评非人类中心论将"内在价值"作为动物道德权利的基础和环境伦理学的基石，"显然是把价值论同存在论等同起来了"，是犯了摩尔（G. E. Moore）所说的从"是"推出"应该"的自然主义谬误。③ 人类中心论者的这种批评，应该说是抓住了非人类中心论者的"内在价值"本性论的内在逻辑矛盾这一症结：自然的本性是自然存在的内在事实，而不是价值事实，因为任何价值事实都是评价之体现。但人类中心论者的用意并不在于此，而是宣扬人类唯一评价主体论：价值只产生于人对物的评价关系中，人是价值的源泉，也是价值的主体前提。"人以外的任何生命体由于没有内在尺度而不能成为主体。"④ 只有确立起人唯一评价主体地位，才可最终捍卫"人是唯一目的"，即人类不仅是自然世界的最高目的，也是宇宙中唯一的目的性存在物。与此相对立的是，

① G. E. Moore, *Philosophical Studies*, London: Routledge & Kegan Paul LTD., 1992, p. 260.

② Arne Næss, "A Defense of the Deep Ecology Movement", *Environmental Ethics*, Vol. 6, No. 3, 1984, pp. 265—270.

③ 刘福森：《自然中心主义生态伦理观的理论困境》，《中国社会科学》1997 年第 3 期。

④ 詹献斌：《对环境伦理学的反思》，《北京大学学报（哲学社会科学版）》1997 年第 6 期。

非人类中心论者通过对自然存在本性的"内在价值"论的论辩，意在表明人既不是唯一的评价主体，也不是唯一的目的，因为"主体性普遍存在于具有有机组织复杂性的那部分自然界内"①，更因为"所有复杂的生命形式和整个自然界都具有自我认识、调节环境、追求自我保存和自我超越的能力。目的性是自组织系统追求实现自身价值的动力"，所以"目的性并不是人类独有的特征，也是所有自组织系统普遍具有的性质"。②

关于"内在价值"的论争虽然各执一端，但这种论争却使双方都承认"内在价值"的客观存在，并都从不同立场出发认同"内在价值"是环境伦理得以存在的最终基础，由此拓展了环境伦理的范围，环境伦理思考的视野扩大到生物世界和生态世界，形成生物中心论和生态中心论。

生物中心论的思想源头可以追溯到史怀泽的敬畏生命：生命之所以能够让人敬畏，是因为每个生命都有按照自己的方式存在和展开存在的"生存意志"。这种只属于自己的生存意志，才是生命的需要源泉和利益动力。应该说，史怀泽敬畏生命的思想从更深刻的维度上揭示了生物的"内在价值"。正是沿着这一思路，美国圣母大学哲学系教授古德帕斯特（Kenneth E. Goodpaster）1978 年发表《论道德关怀》（*On Being Morally Considerable*）③，揭示生物世界所有生命都拥有自身需要和利益，正是生物的这一自身需要和利益，才是它们应当得到平等道德关怀的充分条件。1981 年英国学者阿提费尔德（Robin Attfield）发表《论树木之善》（*The Good of Trees*）④，指出具有苦乐感受能力的生命也拥有自己的善，因而也拥有道德地位，应获得道德关怀。其后，阿提费尔德通过 1983 年发表的《关心

① ［美］E. 拉兹洛：《用系统的观点看世界》，闵家胤译，中国社会科学出版社 1985 年版，第 82 页。
② 佘正荣：《生态智慧论》，中国社会科学出版社 1996 年版，第 240 页。
③ Kenneth E. Goodpaster，"On Being Morally Considerable"，*The Journal of Philosophy*，Vol. 75，No. 6，1978.
④ Robin Attfield，"The Good of Trees"，*Journal of Value Inquiry*，Vol. 15，No. 1，1981，pp. 35—54.

环境的伦理学》（*The Ethics of Environmental Concern*）① 和 1994 年出版的《环境哲学：原则与展望》（*Environmental Philosophy：Principles and Prospects*）②，对如上生物中心论的基本观点做了进一步论证。1981 年，美国学者泰勒（Paul W. Taylor）发表了《尊重自然的伦理学》（*The Ethics of Respect for Nature*）③ 一文，以道义论和平等主义为双重视角，阐述了生物中心论的基本主张，这一主张成为其于 1986 年出版的《尊重大自然：一种环境伦理学理论》（*Respect for Nature：A Theory of Environmental Ethics*）④ 的基本主题。

生物中心论的基本主张，不仅遭到人类中心论者的反对，而且首先遭到非人类中心的动物权利论者们的强烈反对，动物权利论者们认为感觉能力的有无才是区分行为对错的唯一可靠标准，跨越感觉界限将道德权利推向生物世界的这种做法，无异于"环境法西斯主义"，因为"它就是把个体的利益甚至生命牺牲给生态系统、地球和宇宙。这是强调每一个动物个体的内在价值的动物权利论者所不能接受的。"⑤ 但动物权利论者对生物中心论的批评，并不能阻止环境伦理思考向更广阔领域展开，生物的平等道德权利不仅仅在于它有自身生存意志、需要和利益，更在于每个生物的存在构成了他种生物存在以及整个世界存在本身。因而，生物中心论主张的视野更为开阔的表达，就是生态中心论。

生态中心论的最初倡导者是美国学者克里斯托夫·斯通，他于 1972 年发表《树木拥有地位吗？——走向自然客体的法律权利》（其同名著作 1974 年出版，成为早期建构非人类中心主义环境伦理学的重要文献），主

---

① Robin Attfield, *The Ethics of Environmental Concern*, Oxford: Basil Blackwell Publisher, 1983.

② Robin Attfield, *Environmental Philosophy：Principles and Prospects*, Aldershot: Avebury and Brookfield, VT: Ashgate, 1994.

③ Paul W. Taylor, "The Ethics of Respect for Nature", *Environmental Ethics*, Vol. 3, No. 3, 1981, pp. 197—218.

④ Paul W. Taylor, *Respect for Nature：A Theory of Environmental Ethics*, Princeton: Princeton University Press, 1986.

⑤ 杨通进：《动物权力论与生命中心论：西方环境伦理学的两大流派》，《自然辩证法研究》1993 年第 8 期。

张森林、海洋、河流等所有自然物体以及作为整体的自然和环境，都应该享有人类文明的法律权利："斯通的伦理学体系把环境人格化到了一个前所未有的高度……'他'要求他的社会设计一种法律安排，以便在其中大自然能够真正像一个人那样被对待……他准备全力以赴地拓展他所属的伦理共同体的边界，扩大作为美国自由主义根基的洛克式哲学的范围。他的最终目标是要'把环境当做一名权利拥有者引入社会'。"①

其后，挪威哲学家纳厄斯将生态中心论思考引向了深入，并进行了具有学理水平的论证性探讨。1973年，纳厄斯发表《浅层的与深层的、长远的生态运动：一个概要》，首次区分生态运动的浅层取向与深层取向，揭露浅层生态运动的人类中心论立场和改良主义取向，认为这是维护发达国家富人利益的环境观；揭示现代社会的生态危机的本质，是人类的文化危机，要消解此一危机的根本前提，是必须坚持非人类中心论立场，真正改变人的深层价值观、社会制度和行为模式。1989年，纳厄斯的《生态学、共同体与生活方式》（*Ecology，Community，and Lifestyle：Outline of an Ecosophy*）② 出版。在这本著作中，纳厄斯对深生态学的基本问题进行了哲学基础的论证和阐释，指出深生态学既是一种伦理学，更是一种关系本体论和整体方法论，因为深生态学要求人们将存在事实和情感、价值整合进对世界的基本理解中。1973年，在第十五届世界哲学大会上，澳大利亚哲学家罗特利（R. Routely）发表《是否需要建立一种新的伦理——环境伦理？》（*Is There a Need for a New，an Environmental Ethic？*）③，提出建构超越人类中心论的新环境伦理主张，并认为这一工作必须从元伦理层面入手，重新审视价值问题，重新确认权利的基础、权利与义务的关系，重建人类行为规范的原则。1979年，罗特利与其夫人共同发表了

① ［美］纳什：《大自然的权利》，杨通进译，青岛出版社1999年版，第156页。

② Arne Næss, *Ecology，Community，and Lifestyle：Outline of an Ecosophy*, Cambridge：Cambridge University Press，1989.

③ R. Routely, "Is There a Need for a New，an Environmental Ethic？", in *Environmental Philosophy：From Animal Rights to Radical Ecology*, Michael E. Zimmerman, J. Baird Callicott, Karen J. Warren, et al., Englewood Cliffs：Prentice Hall，1993，pp. 12—21.

《驳人类沙文主义》（*Against the Inevitability of Human Chauvinism*）[①]，为创建非人类中心论环境伦理学扫清了认知障碍。1975 年，国际环境伦理学学会创始人霍尔姆斯·罗尔斯顿发表了《存在着生态伦理吗?》（*Is There an Ecological Ethic?*）[②]，该文对环境伦理学做了原发型和派生型的区分，前者即非人类中心论伦理，它以利奥波德的大地伦理为方向；后者即人类中心论伦理，它将以人的利益为出发点和目的的生态环境保护作为导向。罗尔斯顿指出，把对生态系统的关怀仅仅归结为对人的利益的考量，把环境伦理理解为变相的人类利益的努力是注定要失败的。"人们走向派生意义上的生态伦理还可能是出于对他们周围这个世界的恐惧，但他们走向根本意义上的生态伦理只能是出于对自然的爱。"[③] 1985 年，比尔·德维尔（Bill Devall）和乔治·塞欣斯（George Sessions）共同撰写《深层生态学：与大自然共同生活》（*Deep Ecology：Living as If Nature Mattered*）[④]，提纲挈领地阐述了深生态学的基本主张，认为深生态学运动是一种批判现代技术文明并实现人类文明转型的社会运动。1988 年，罗尔斯顿出版《环境伦理学：自然界的价值以及人对自然界的义务》[⑤]，论证自然的客观价值，并系统阐述了人对地球生命和生态共同体的义务。

　　深生态学是生态中心论的主要展开维度。深生态学假定人类与自然世界是整体存在的，真正重要和根本的既不是个体，也不是生命，而是融合个体和生命的自然存在的**整体生态性**，这才是真正的道德价值的源泉。个体存在物、地球生命以及人自己，都必须接受作为整体的自然的道德的规

---

① R. Routely & V. Routley, "Against the Inevitability of Human Chauvinism", in *Ethics and Problems of the 21th Century*, K. Goodpaster & K. Sayre, Notre Dame: University of Notre Dame Press, 1979, pp. 36—59.

② Holmes Rolston Ⅲ, "Is There an Ecological Ethic?", *Ethics*, Vol. 85, No. 2, 1975, pp. 93—109.

③ ［美］霍尔姆斯·罗尔斯顿 Ⅲ:《哲学走向荒野》，刘耳、叶平译，吉林人民出版社 2000 年版，第 35 页。

④ Bill Devall & George Sessions, *Deep Ecology：Living as If Nature Mattered*, Salt Lake City: Gibs Smith, 1985.

⑤ ［美］霍尔姆斯·罗尔斯顿:《环境伦理学：自然界的价值以及人对自然界的义务》，杨通进译，中国社会科学出版社 2000 年版。

范和引导，当违背其道德规范而使自然界或地球生物受到伤害时，人类也同时受到伤害。这一推理过程蕴含一个普世性的"生态原理"（ecosophy，词根"ecos"是房屋、居住地和周围的环境的意思，词根"sophia"是知识的意思）。生态中心论展开的第二个维度就是"深层绿色理论"，它由澳大利亚学者理查德·西尔万和瓦尔·普兰伍德（Val Plumwood）所提出。深层绿色理论所宣扬的基本生态立场，是拒绝人类沙文主义，其具体指向是反对现代技术官僚-工业方式。深层绿色理论为生态中心论提供了一个体现综合性视野、具备替代功能的环境哲学，所以它更注重运用分析和批判的方法，追求实践理性的智慧。

二、环境伦理学的重新定位

环境伦理学围绕"环境道德的基础何在？"和"环境道德的边界何在？"这两个基本问题，以利益为出发点，以权利为问题焦点，展开人类中心论与非人类中心论之争。第一波论争是：道德权利到底是为人类独享还是为动物与人类共享。这就涉及动物到底有无享有道德权利的主体性资质问题，于是展开了第二波论争：获得道德权利的主体资质是否就是有意识和感觉苦乐的能力，这种能力是否构成了动物之成为动物的内在价值。然而，这种内在价值论既为非人类中心论者提供了有利的证明，也为人类中心论者提供了反驳的理由，因为价值属于认知论问题，而"环境伦理学的基础何在？"所涉及的问题，却是存在论问题。但"内在价值"论却为动物权利论向生物中心论和生态中心论方向拓展提供了契机，开辟出进路。由此，环境伦理学的存在论问题开始淡出论争的视野，问题的焦点转向了环境伦理学的对象范围，其实质性是想努力解决"环境道德的边界何在？"的问题。围绕这个问题，不仅非人类中心论者与人类中心论者之间展开了新的论争，而且非人类中心论阵营内部产生了根本的分歧，形成生物中心论与动物权利论之争，这种论争本身构成了生物中心论向生态中心论方向发展的动力机制。

客观地看，环境伦理学从 20 世纪 70 年代初诞生以来近半个世纪的发展历程，虽然各种新观点、新主张、新思想不断涌现，但仅仅是关于环境伦理学的外围性探讨。并且这种外围性探讨所涉及的两个基本问题，即"环境道德的基础何在？"和"环境道德的边界何在？"并没有深入地展开，也没有在最终意义上达成共识。具体地讲，环境伦理学得以建立的根本依据，至今没有得到真正的确立；但对"环境道德的边界何在？"的讨论，却有了长足的进展，生物中心论——尤其是生态中心论——给我们展示了环境伦理学的最终边界，但生物中心论和生态中心论在如何实施方面却毫无建树，甚至可以说一筹莫展。因而，环境伦理学的发展，在其实绩方面，虽然非人类中心论在认知和气势上确实占了上风，取得了决定性的胜利，但是在实践操作领域，仍然是人类中心论占绝对主导地位，而且非人类中心论的各种主张、观点或思想，难以真正进入人类生存发展的实践领域发挥功能。这种状况恰恰表明环境伦理学进入了一种"高原状态"式的困境之中。在这种困境中，环境伦理学所面临的首要问题是自身问题，即环境伦理学"从何处来？"并最终要"走向何处？"。

环境伦理学"从何处来并最终走向何处"这个问题，恰恰是环境伦理学的根本问题，但它一直没有得到正视，所以导致环境伦理学经 40 多年发展仍滞留于外部问题而无法回到对自身的探讨。具体地讲，40 多年的环境伦理学探讨，虽然热闹不已，却没有构建起能够解释认知和引导实践的环境伦理学知识体系、基础理论、道德原理和实践规范及方法。因而，要突破环境伦理学的"高原"困境，必须重新拷问它自身从何处来并要向何处去的问题，其首要前提是明确环境伦理学的自身定位。

要明确环境伦理学的自身定位，需从三个方面努力：

1. 环境伦理学的性质定位

对环境伦理学予以性质定位，这是环境伦理学展开自身工作的前提。

客观论之，环境伦理学因为环境问题和伦理问题而产生，所以它必须从伦理切入为解决环境问题和由此暴露出来的伦理问题而努力。

所谓"环境问题"，有广义狭义之分。狭义的"环境问题"，是指人类赖以存在于其中的自然界丧失自身有序运动的本性，出现了逆生态运行状况，这种逆生态状况给地球生命安全存在和人类可持续生存带来了各种意想不到的危机或苦难；广义的"环境问题"，是指整个存在世界——包括自然世界、地球生物世界、人类世界——从整体上朝着逆生态化方向运行，它使整个存在世界出现了死境化态势。

所谓"伦理问题"，是指面对日益严重的环境问题和由此产生的日益普遍化的环境危机，人类已有的伦理知识、伦理理论、伦理智慧和方法，无力于引导和激励人类谋求正确的解决之道，从而暴露出人类传统伦理的根本弊病。

环境伦理学就是从传统伦理学无力面对环境问题的地方入手，肩负起引导和激励人类解决日益逆生态化的环境问题的重任，这一重任构成了环境伦理学之所以产生，并且之所以存在的使命，并通过这种使命的担当，引导社会和人类重建"人与天调，然后天地之美生"的**生境**伦理学。所以，环境伦理学是一门既源于伦理学传统，又超越伦理学传统的生境伦理学。但它不是生境伦理学的全部，也不是生境伦理学的基础部分，而**只是**生境伦理学的综合性应用学和方法论。所以，环境伦理学首先必须是实践之学，或者更准确地讲，环境伦理学必须是能够引导、激励和规训实践的应用智慧。然而，环境伦理学要具备真正的实践论功能，肩负起引导、激励和规训人类进行环境恢复的重任，必须具有超越传统哲学和伦理学、超越人类中心论、超越物质幸福论追求和经济主义狂热及由此生成的存在方式、生存模式和行动方法的认知视野、思想基础和方法论智慧；所以，环境伦理学又必须具有认知澄清和基础构建的功能。以此来看，环境伦理学又不是单纯的应用伦理学，它具有统合形而上和形而下的综合性功能，更具有理论构建和方法构建的综合性功能。

2. 环境伦理学的内涵定位

要很好地理解环境伦理学的如上性质定位，需要对环境伦理学予以内涵探讨。

对环境伦理学予以内涵定位，实质上既涉及"环境伦理学的基础何在?"问题，也涉及"环境伦理学的边界何在?"问题。以此为双重要求，环境伦理学的内涵定位的实质，是必须明晰"环境"概念的内涵。

"环境"是人类对自己存在于其中的存在世界予以意识性的对象化指称的概念。以不同的出发点和目的来意识性指称我们存在于其中的存在世界，就形成不同的环境观。在环境伦理学的简短发展史中，人类中心论环境伦理学和非人类中心论环境伦理学的根本分歧，其实就是被赋予意识性指称我们存在于其中的世界的出发点和目的的区别。

> 环境在生态关系中标志着与人交往的、影响人也受人影响并构成人的生活基础的自然，因为它首先是从属于人的利益观的自然。环境首先包含带有其生态系统的生物圈，其次包含被人所塑的精神的、技术的和经济的文明世界，这个世界共同影响着生物圈。环境是个人类中心论的概念，它将世界和自然归结到人为其目的所需要的东西，必须以此意图来塑造和保存。自然本身的价值被归结为对于人的使用价值。在环境保护中，保护自然变成保护人，这就是说，自然保护的首要动机将是人的生活基础的保护。这个动机绝对是合理的，但正如我们还将看到的那样，是不能令人满意的。[①]

克里斯托弗·司徒博（Christoph Stuckelberger）所描述的"环境"，就是人类中心论环境伦理学所指称的"环境"概念，这种"环境"概念宣扬了三个东西。一是人类**利害观**。这种观念的基本价值判断与选择方式是：当自然没有危及我们的生存时，我们就无视它的存在，并随心所欲地利用它；反之，当自然危及到我们的生存时，我们就开始关注地球的存在，地球及存在状况就成为我们的意识的对象而变成了"环境"。因而，"环境"概念承载了我们**趋利避害**的本能，即为了继续趋利或者更大程度地趋利而不得不考虑避免地球本身的不良存在所带来的一切形式的"害"。

---

① ［瑞士］克里斯托弗·司徒博：《环境与发展：一种社会伦理学的考量》，邓安庆译，人民出版社 2008 年版，第 62 页。

二是**利用观**。人类一直以来把自然看成没有存在价值而只有使用价值的使用物，所以，我们只注重它的使用价值，无视它的存在的本体性，只考虑如何从自然那里获得更多的资源、更多的财富、更多的发展和进步。一旦自然界不能满足我们这种种"更多"的随心所欲时，我们才将自然"环境"化，由此生成环境意识，形成保护和治理环境的理念和行动，最终不是为了自然，而是为了更好地利用自然，使它发挥出对人的更大使用价值。三是自然的**非生命观**。这种观念体现人类的本能性错误，即把自然假想为非生命存在。我们虚构自然是非生命存在的根本目的有二：第一，为把自己"从自然中解放出来"，使自己成为自然的主人；第二，"对自然的否定，就是通向幸福之路。"① 要达到这两个目的，必须设定自然没有生命，是可以任意为人类所利用和塑造的。人类中心论所定位的"环境"概念，首先是将人从死境趋向的自然中解放出来，只有这样，人类才可重新超越自然而继续成为自然的主人；其次仍然将自然看成无生命的和等待人类去重新塑造的存在，因而，我们的"环境"意识和"环境"努力，最终落实在"保护"和"治理"上："保护"观念继续宣扬自然的非生命性和强化自然对人类的依赖性；"治理"观念继续张扬人类对自然的统治和自然只能按照人的意愿而敞开存在。所以，作为整体生成性的自然，在人类的"保护"和"治理"中，只能成为人类意志的**被塑造物**。

这种以利用的观念来定位"环境"概念、并赋予"环境"内涵的做法，正如克里斯托弗·司徒博所说"动机是合理的"，但最终"不能令人满意"，因为这种"环境"意识和观念，形成保护和治理环境的理路，是一边治理和保护，另一边仍然是建设和发展。因而，正确定位"环境"概念，明晰它的生境性内涵，是探讨环境伦理学的必备前提。

我们反复强调，"环境"是人类对自己存在于其中的存在世界的意识性指称，这个意识性指称的概念所指涉的实际对象，大而言之是存在世界，具体地讲地球、土地、山川、河流等等，却是动态生成性的实然存

---

① ［美］杰里米·里夫金、特德·霍华德：《熵：一种新的世界观》，吕明等译，上海译文出版社 1987 年版，第 21 页。

在。所以，由"环境"概念所指涉的存在世界即环境，第一，不是空无的壳，它是由生命构成的，因为不同视域层面的环境，都有充实的实项内容，比如构成地球环境的实质内容是动物、植物、微生物，动物、植物、微生物这些存在物都是生命物；再比如一片荒野，也是充满生命的，这种生命性体现在荒野中的水草、树木，以及藏身或穿梭其中的各种动物、微生物等等。第二，由众生命构成的环境本身是一个生命体，并且呈现出某种整体的生命朝向与张力。第三，环境不是人的意愿性存在物，宇宙、地球以及山川河流、风雨、气候，既先在于人，也外在于人。人力虽然可以干扰它或部分改变它，但它最终按自己本性的方式敞开存在。第四，由我们创造出来的"环境"概念所指称的环境，它本身具有自生境能力，即自组织、自繁殖、自调节和自修复力量。正是这种力量，才使每一个具体的物种，每个实实在在的存在物，当然更包括已经高度发展了的人类，只能存在于它之中，接受它的律令和规范。想想，我们可以凭人力修建三峡工程，实施南水北调，但我们最终不能改变降雨之"北稀南稠"的自然格局和"北旱南涝"的环境格局。

概括如上内涵，所谓环境，最终不过是事物、生物、个体或者人、社会、地球生命、自然、宇宙相互关联所生成的整体生命状态。简言之，环境就是事物与事物或事物与生命之间生生不息的存在关联状态。环境伦理学要突破自身困境，所有努力必须在如上内涵的"环境"概念和环境意识基础上展开。

3. 环境伦理学的所属定位

在40余年的环境伦理学发展史上，人类中心论与非人类中心论之间所展开的持续不衰的论争，都忽视了一个基本常识，并且是在忽视这一基本常识基础上展开的。这一基本常识就是环境伦理的所属定位问题，即环境伦理学隶属于哪个学科的问题。这一问题始终处于模糊不清的状态。人类中心论捍卫伦理学传统，并不是完全的错；非人类中心论否定伦理学传统，却是绝对的错。何也？只要明晰地定位了环境伦理学的所属性，一切都会明白。

环境伦理学的所属定位问题，就是环境伦理学的学科归属问题。客观地讲，环境伦理学是一门新兴的综合性实践学问。但对环境伦理学的如此学科定位，并不排斥环境伦理学的伦理学归属。

环境伦理学的伦理学归属，决定了环境伦理学必须以伦理学为基础，具体地讲，必须以人类的伦理传统为基础。以此来看，环境伦理学可以批判伦理学传统的狭隘视野、片面认知，更可以批判伦理学传统中的人类中心论、使用价值观，但绝不可以否定伦理学传统，甚至抛弃伦理学传统，如果那样的话，环境伦理学就成为空中楼阁，降落不到地面上来，对指导人们的生活和行动没有任何实质性的帮助。在这一点上，无论是人类中心论环境伦理学还是非人类中心论环境伦理学，之所以难以获得实践的引导、规训和激励功能，是因为它们以相互对立姿态犯了同一个错误：人类中心论者在捍卫人类中心观、使用价值观的同时，忘记对伦理学的基本功能的运用和发挥；非人类中心论者在反对人类中心论、使用价值观的同时，抛弃了伦理学，当然更谈不上对伦理学的基本功能的运用和对伦理学传统的发扬。

人类中心论者尤金·哈格罗夫有一段话讲得很好，他说："伦理并非……那类人们可以简单地决定是否要拥有的东西，需要一种伦理'绝不像需要一件新外套'那样。一种'新伦理'只能产生于现存的态度；否则，就绝不会产生出来。"①

其实，人类已有的伦理学思想、理论、知识、智慧和方法，是环境伦理学的学理基础、智识基础和理论资源。通过伦理学发展所建立起来的道德体系，恰恰是环境伦理学引导、激励和规范实践的基本智慧和方法。只是，在过去，这套道德体系是基于对人的行为规范而建立起来的，在环境问题没有产生之前，它的适用范围只限于以人为对象。当环境问题出现了，只要改变观念、拓展视野，这套道德体系同样可以适用到人以及由人、生命、自然所构成的生成性关联状态的环境上来。比如，趋利避害、

---

① ［美］尤金·哈格罗夫：《西方环境伦理学对非西方国家的作用》，《清华大学学报（哲学社会科学版）》2005年第3期。

避苦求乐的本能倾向，这套道德体系构建的动力机制，任何时候对人类都有用。过去讲趋利避害、避苦求乐，只涉及人，现在来看，除了人以外，动物、植物也客观地存在着趋利避害、避苦求乐的本能冲动，比如向日葵为何朝向太阳？因为充足的阳光之于它的存在和生长，就是最大的利。又比如权责对等，是行为有道德的基本规范，过去只讲人与人之间对充满利害取向的关系的权衡和选择，只有考虑权利与责任的对等，才是合道德的，今天，将其拓展运用到自然界，人与自然、人与环境的关系构建，同样充满了利害，因而，同样应该遵循权责对等的原则，一旦我们这样做了，就是人对自然的道德，或者说是人对环境的道德。换言之，环境伦理学要走向对实践的引导和规范，离开了权责对等的规范原理，什么也谈不上。

环境伦理学的伦理学归属定位，决定了环境伦理学必须以现有的伦理学思想、知识、理论、智慧和方法为资源、为基础，并在此基础上超越现有的伦理学的视野和认知，最终又必须回到现有的伦理学知识体系、规范体系和方法体系中来，只有如此，环境伦理学才有根基，才可发挥实践指导或规训功能。具体地讲，环境伦理学所要做的，不是否定、推翻、抛弃伦理学和伦理学所积淀下来的智慧成果，而是努力拓展伦理学的视野，提升伦理学的认知，改变伦理学的价值导向系统，充实和丰富伦理学的规范系统和方法体系。只有明确如此的自我定位，环境伦理学才可能突破困境，谋得发展。

4. 环境伦理学的范围定位

在对环境伦理学重新予以性质定位、内涵定位、归属定位之后，接下来应该考虑环境伦理学的研究对象及范围问题。

其一，根据"环境"概念的基本定位，环境伦理学的研究对象，就是事物、生物、个体或者人、社会、地球生命、自然宇宙相互关联所生成的整体生命状态。

基于此定位，环境伦理学的研究范围涉及两个维度：一是人与社会之间的关联维度，由此形成社会环境；二是人与自然之间的关联维度，由此形成自然环境。在整全意义上，环境伦理学是以研究社会环境与自然环境互动生成为基本对象的综合性的新型人文学科。

对环境伦理学的研究范围做如此定位，并不是主观意愿，而是环境伦理学本身的要求性。因为当我们用"环境"这个概念来指涉我们存在其中的存在世界时，我们的存在以及由我们的存在所组织起来的人的社会，已经被囊括在其中了，所以，我们得以存在的社会环境本身构成了环境的一维。

其二，环境问题的产生和不断扩散，说到底是人出了问题，即人创造生活和构建社会的行为、活动及方式、方法出了问题。这种问题的出现，既表现在人对待自然方面，更表现在人对待社会方面。所以，环境伦理学所面对的整全意义的环境，必然是自然环境和社会环境的整体呈现。

其三，由于人存在于自然之中：人既是一种自然化的**物在**形式，也是一种社会化的**人在**形式。由此形成了以人为联络方式的自然和社会，始终处于互动进程中，自然环境影响着社会环境，社会环境状况也影响着自然环境。环境伦理学必须具备统合二者的整全视野。否则，只单一地注目于自然环境问题的伦理探讨，最终不能给予人们使环境充满生境的伦理智慧。反观人类中心论和非人类中心论之争，他们缺乏环境伦理学的整全视野，以一种狭隘的视野和片面的观念来讨论环境的伦理问题，自然陷入当前的这种困境。

以一种整全视野来审视环境伦理学，应该以对自然环境问题的研究为真正的起步，以最终改变社会环境为实际目的，这是环境伦理学的基本战略。在这一战略定位下，对自然环境问题的研究构成了环境伦理学研究的重心。

将自然环境问题作为重心，以整全视野来展开研究，那么，环境伦理学研究所指涉的对象范围，客观地呈现出四个维度。

第一个维度是地质生态环境，它由具体的地质地貌和生存于这一特定地质地貌上的生物共生成、共存在的地面性质所构成，简称为地质生物环境。地质生物环境是最具体的存在状态，亦被称为微观自然环境。

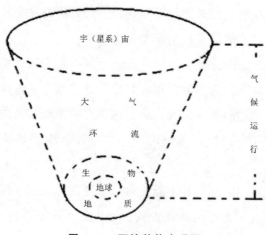

图 3 - 1 环境整体直观图

地质生物环境是附着在地球表面的，因而，地质生物环境的存在必须以地球的存在为先决条件。所以地球本身构成了宏观维度上的自然环境。

地球仅仅是宇宙中一颗行星，它与其他天体一样，只有接受宇宙引力场才可找到自身存在位态和自身存在方式。所以，宇宙成为宇观维度的自然环境。

然而，凡环境始终是生命化存在的关联状态，并且，任何形式的关联存在状态不仅是动态生成的，还体现生生不息的朝向。地质生态、地球、宇宙，此三的存在关联同样如此。具体地讲，地质生态、地球、宇宙，此三者的存在关联和动态生成的运作方式，是气候运行。

环境伦理学之所以成为可能，是因为它的研究对象出了问题。具体地讲，人存在于其中的地质生态环境、地球环境、宇宙环境以及关联此三者的气候运行的时空韵律，都呈现出逆生态进程。环境伦理学研究就是要针对此逆生态问题努力探求解决途径与方法。

三、统合传统的环境伦理智慧

1. 环境伦理学的重建依据

以如上环境逆生态问题为根本研究对象，探求解决的根本途径与方法，环境伦理学必须解决自身得以建立的依据问题，这个问题就是"环境伦理的基础何在？"

人类中心论或非人类中心论，只是探讨环境伦理问题所做的姿态（也就是"动机-目的"）选择问题，即到底是以人类为"动机-目的"还是以包括了非人类在内的自然为"动机-目的"。所以，人类中心论与非人类中心论之争，都没有触及环境伦理学得以建立的依据问题。具体地讲，动物、生物以及整个自然生态，是否享有同等的权利，实际上论及的是环境伦理学所涉及的边界范围问题。环境伦理的边界范围蕴含了环境伦理的存在依据，即主张（或者反对）权利、生物权利、生态权利的最终依据是什么？这个"最终依据"绝不是"内在价值"。"价值"这个概念，所表达的是认知判断，这种认知判断可能蕴含三个维度的语义内容，或者对真假的认知判断，或者对善恶的认知判断，或者对美丑的认知判断。但无论呈现哪种具体内涵指涉的认知判断，都是人对存在者的认知成果，这种对存在者的认知成果并不等于存在者本身。也就是说，不管是认知的真假判断，或是认知的善恶判断亦或美丑判断，既有可能符合被判断的存在者本身，也可能只部分符合，或者根本不符合。即使其认知判断完全符合被判断的存在者本身，但这种认知判断成果仍然不能等同于被认知判断的存在者。这是一个基本常识，记住这一基本常识是异常重要的。

"环境伦理的基础何在？"问题，实质上是指环境获得伦理指涉性的自身依据何在：环境获得伦理指涉具有自身的依据时，环境伦理研究才获得了坚实的基础。只有当具备了如此坚实的基础时，环境伦理研究才可达成共识。人类中心论与非人类中心论之争，以及动物权利论与生物中心论之争，都是没有获得这样的依据和基础的一种蹈空性论争。

客观地讲，环境伦理得以建立的依据，不在人的认知，而在环境本身。因为环境伦理的依据问题，不是一个认知问题，而是一个**存在事实**问题，即环境是否具有使其获得伦理指涉性的自身要求？如果有，它是什么？如果没有，那为什么？非人类中心论要使自己设定的"动机-目的"论姿态得以成立，必须回答前一个问题；人类中心论要使自己设定的"动机-目的"论姿态得以成立，必须回答第二个问题。在这里，没有或此或彼的选择。

拷问环境是否具有伦理指涉性的自身依据问题，又必须回顾"环境"概念。如前所述，"环境"这个概念是人类对自己存在于其中的存在世界的意识性指称，简单地讲，环境就是存在世界。这个为我们所意识地指涉的存在世界，不仅是生命化的，而且还是自组织、自繁殖、自调节、自修复的。更重要的是，为我们所意识地指涉的存在世界，既以一种整体关联方式先于我们而存在，更以一种整体关联方式自在地存在。

由于为我们所意识地指涉的存在世界以整体关联方式先于人类而存在，所以人类已有的认知理论、哲学思想、伦理智慧或者美学理想，都不构成对环境的指涉性；相反，人类已有的认知理论、哲学思想、伦理智慧或美学理想，都要接受存在世界的这一整体关联方式的指涉，才可发挥其合于世界存在的功能。

为我们所意识地指涉的存在世界以整体关联方式自在地存在这一存在事实，揭示了环境伦理学必须探讨为我们所意识地指涉的存在世界**以整体关联方式自在存在的内在机制**，这才是环境伦理学得以真正确立的最终依据。存在世界以"整体关联方式自在地存在"这一基本判断蕴含两个内在事实。第一，存在世界的自在存在，意味着存在世界是按照自身内在本性而存在的。存在世界的内在本性，就是存在世界的自创化力和自秩序力，存在世界的自创化力和自秩序力的对立统一张力，构成存在世界自在存在的动力机制。存在世界自创化和自秩序的动力机制，既可以找到科学的解释，比如宇宙大爆炸理论；也可以有宗教神学的解释，比如基督教经典《圣经·旧约全书》的"创世纪"说。第二，存在世界是以"整体关联方式"自在地存在的这一事实，表明了**存在世界的有机性**。这种有机性不仅因为构成存在世界的存在者（比如动物、植物、微生物等）是有生命的，而且因为构成存在世界的各存在者之间具有本原性关联和亲生命性。存在者之间的本原性关联，才是环境获得伦理指涉性的内在依据；存在者之间的亲生命性，才是环境具有伦理指涉性的根本动力源泉。存在者——无论微观存在者，比如一株小草、一头牛，还是宏观存在者，比如河流或山丘、物种或生物群落——之间有着本原性关联和亲生命性，因此，我们所意识地指涉的存在世界才享有生命性，才充盈生气和活力，才自在地拥有自组织、自繁殖、自调节、自修复力量，才具有自生境功能。正是存在世界的这种自组织、自繁殖、自调节、自修复力量和自生境能力，才为环境伦理学探求解决如上逆生态化的环境问题的途径和方法，提供了可能性。

2. 环境伦理学的自然原理

环境伦理学的困境，落实在环境伦理学发展始终停留于外部性问题的论争上，忽视了对学科构建的自身原理的探讨。

当做出如此判断时，可能会引来异议。因为环境伦理学的发展历程中涌现出了许多主张甚至理论，比如利奥波德的"大地伦理学"、加勒特·哈丁的"救生艇伦理学"，辛格、里根、范伯格等人的动物权利论伦理学，西尔万和普兰伍德的"深层绿色理论"、罗尔斯顿的"荒野伦理学"等等。但这些都属于各具个性的**想象性**环境伦理学，从根本上缺乏原理意识。因而，诸如此类的环境伦理学理论或主张，都体现出一种共性，那就是想象和虚构、激情和口号并重。

环境伦理学是异常严肃的伦理探讨，因为它肩负拯救的重任。这种拯救既是人类意义的，更是世界意义的。所以环境伦理学必须有坚实的理论基础，才能够为拯救的实践行动提供指导与规训。

环境伦理学所需要的坚实理论基础，由两个东西构筑起来：一是依据，二是原理。依据与原理，二者具有生成关系：原理是建立在依据基础上的，依据必须具象为原理才可发挥认知引导功能。

环境伦理学得以建立的最终依据，乃为我们所意识地指涉的存在世界，以整体关联方式自在存在。这种以整体关联方式自在存在的原动力，是宇宙的自创化。宇宙自创化所遵循的基本原理，就是创化原理，即自创造力与自秩序力的对立统一：宇宙创化行动既体现野性狂暴的一面，同时又敞开理性约束的一面。因为，唯有野性狂暴才形成创造力，没有创造力，宇宙创化根本不可能；如果仅有野性狂暴创造力，没有理性约束的力量，其创造行动最终将被泛滥的野性狂暴创造力所毁灭。所以，无论宇宙以哪种方式创化，只有野性狂暴创造力与理性约束秩序力所形成的对立统一张力发挥功能，才能使宇宙创化变成现实。并且，在宇宙创化中，野性狂暴创造力是创化的原动力、原推力；理性约束秩序力是创化的规范力、边界力和保障力。宇宙创化运动的展开就是宇宙生成，即宇宙创化自身的过程，也是生成存在、生成星系、生成万物、生成生命的运动过程。在这一创化生成过程中，宇宙将自身的创化力量熔铸进所有的生成物中，所有的生成物，即存在、星系、万物生命也同时获得了创造与秩序的力量及对立统一张力。所以，宇宙创化过程中，其创造力量与秩序力量释放出来形成的对立统一张力，构成了整个自然世界、生命世界、人类世界的最终创化力：它既赋予整个世界以自身形态，包括赋予一切生命实体、所有存在形态、全部物质体的自身结构，也赋予了整个世界中一切生命实体、所有存在形态、全部物质体存在的创化力量。在宇宙统摄下的自然世界里，根本的律法就是**共互原理**，它的具体敞开形态就是野性狂暴创造力和理性约束秩序力的协调律、平衡律，这种自协调律和自平衡律根源于宇宙、自然、生命世界与地球生命的共在互存律和共生互生律。这种共在互存律和共生互生律告诉我们：宇宙、自然和生命世界参与了对我们的创造，我们也参与了对宇宙、自然和生命世界的创造。宇宙、自然和生命世界是每个物种生命的宏观生命形式，是每个物种生命实体的大尺度；每个物种生命形态都是自然宇宙和生命世界的微观生命形式，是宇宙、自然和生命世界这一整体生命实体的小尺度。进而言之，在自然和生命世界里，我们与地球生命互为创造：我们参与了所有物种生命的创造，所有物种生命也参与了对我们的创造。因而，宇宙自然、地球生命和人三者之间所缔结的关系，是平等的共在互存和共生互生关系，这种关系动态地彰显为合生存在和共生生存。

宇宙创化原理通过自身创化运动而落实为共互存在原理，这一原理直接生成整体互动生变法则。这一法则最终灌注进地球上所有物种生命之中，构成生命原理，这就是地球生命的**生生原理**。生生原理的具体化，就是竞斗-适应法则，简称为**竞-适法则**。竞-适法则是对达尔文的"物竞天择、适者生存"的生物学法则的简化表述：生命诞生了，其因生而活、为活而生且生生不息的生命朝向决定了它必须与环境相竞、与其他物种相竞、与同类相竞。竞，才使生成为可能；但竞并不意味着生成为必然，并不意味着必然能生。生命要能够生且生生不息地存在，既需要有**竞**的强力，更需要有**适**的智慧。所以，物竞天择，但适者才生存。"适者生存"的"适"，首先是指自我限度能力，即只有具备自我限度的能力，才可能在竞斗中学会适应的智慧。以此来看竞-适法则，"竞"讲的是创造，张扬的是野性狂暴创造力；"适"讲的是自我限度，具体地讲就是理性约束秩序力。竞-适法则体现的是以自我创造为动力的竞斗与以自我约束为动力的适应的对立统一，这种对立统一所追求的是己与他的合生存在、共生生存。由此不难看出，竞-适法则的本质规定和内在诉求，仍然是宇宙律令和自然法则。

3. 环境伦理学的人文原理

环境伦理学的基本任务是要为当代人类解决环境问题提供可能性和现实性，具体地讲，就是为人们能够实际地解决环境问题提供改变认知的思想、知识、原理和引导实践的规范、途径、方法。这一基本任务决定了环境伦理学必须在正确的认识原理规范下，探求可普遍实践的伦理原理。

讨论能够解决环境问题的普遍实践的伦理原理，其前提性努力是解决两个基础性问题：一是对伦理学的基本认知；二是对环境伦理学的伦理学定位。

首先，伦理学是引导人治学、治事、治生的学问，具体地讲，就是使人成为人和使人成为大人的智慧和方法。伦理学的这一双重功能要得到发挥，基本途径是引导人们知德和行德。引导人知德，就是激发人获得伦理知识、形成伦理认知、具备伦理判断力，包括判断真假、是非、善恶的能力。以此为基础，引导人行德，就是激发人的有道德作为和美德作为。

引导人行德，就是规范和激励人遵循人性原理。人性是个体以自身之力勇往直前、义无反顾的生命朝向，人性原理就是人的这一生命本性的行为规范表达。人性原理的具体生存内涵是生利爱，即在具体的生活情境中追求生己与生他、利己与利他、爱己与爱他的对立统一。①

以人性原理为规范导向，行德可以朝着两个方面展开：一是朝着使人成为人的道德作为方向展开，人的行为必须遵守权责对等原理；二是朝着使人成为大人的美德追求方向展开，人的行为需要遵守舍利执爱原理。②

从本质论，道德是求利的，因而，道德之权责对等原理对个体行为的规范，必然要落实为两个具体原则，即利己不损他原则和利己亦利他原则。反之，美德是求义的，因而，美德之舍利执爱原理对个体行为的激励，必然落实为无私奉献原则和自我牺牲原则。

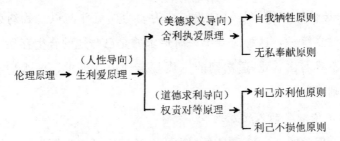

图 3-2　人本中心论伦理原理-原则体系

由于伦理学肩负引导和激励人知德与行德的双重功能，因而，伦理学既需要展开对伦理认知的探讨，又需要展开对伦理实践的探讨。对前者的努力，形成伦理学的基础理论，比如伦理人性论、伦理知识论、伦理原理论（包括道德学原理和美德学原理）、伦理心理学、伦理方法论（包括功利论方法论和道义论方法论）等；对后者的努力，形成各种应用伦理学，比如制度伦理学、行政伦理学、法律伦理学、经济伦理学、公共管理伦理学、教育伦理学、文化伦理学等等。从整体讲，应用伦理学属于道德学范畴。从主要方面论，环境伦理学属于应用伦理学范畴，因而，在一般意义

---

① 关于"生利爱"的人性检讨与论证的详细阐述，参见唐代兴：《生境伦理的人性基石》，上海三联书店 2013 年版。

② 关于"权责对等"和"舍利执爱"两个原理的系统阐述，参见唐代兴：《生境伦理的规范原理》，上海三联书店 2014 年版。

上，环境伦理学属于道德学范畴。所以，环境伦理学也可称之为环境道德学。

由于环境伦理学属于道德学，并且是道德学的应用研究，所以环境伦理学必须遵守道德学的基本原理，具体地讲，必须遵循权责对等原理。所以，环境伦理学的实践原理，只能是权责对等原理。

权责对等原理作为道德原理，是一种求利原理。环境伦理学所研究的环境利益问题，追求的是在一个同存在、共生存的环境里，如何保证人、地球生命、自然各自的存在利益不遭受损害。具体地讲，人类要向自然界谋求利益，同时要考虑自然的利益；人类要改造环境，同时要考虑环境的利益。人类向自然、环境谋求一份利益，必须为此而担当一份责任。唯有如此，才可保证在自己求生的过程中，也使自然、环境能生。也只有如此，人类的谋利行为才可实现人、地球生命、自然的同存在、共生存。

权责对等原理之所以能够运用于环境伦理学之中，构成环境伦理学的根本实践原理，是因为权责对等原理蕴含了如下四个基本的环境生态学法则：

其一，它蕴含并统摄环境与人共在的关联法则。在由人、地球生命、自然相共生的存在世界里，整体与个体、个体与个体之间是共互存在、共互生存的；物与物、人与物、人与人之间也是共互存在、共互生存的；不仅如此，现在关联起过去的同时，更关联起未有、未知和未来。世界是一个关联的世界，关联性的世界存在及其敞开的内在法则，亦构成地球生命和人类存在敞开的内在法则。存在的关联性法则，源于构成存在世界之真正主体的地球生命和人类之间的亲生命性，更体现个体与整体、个体与个体、地球生命与人之间的存在边界和平等限度，正是这种存在边界和平等限度，支撑起权责对等原理。

其二，它蕴含并统摄环境与人相向敞开的价值生成法则。我们存在于其中的存在世界，是一个关联性的生命世界。在这个充盈生命的世界里，每个个体的关联性存在，不仅蕴含相互的竞争和相向的适应，更敞开为吸纳与排泄。因为生命永远以个体为存在方式，更以个体为生存单元，并且以个体为存在方式和生存单元的生命，总是需要资源的滋养和自身的新陈代谢。前一种需要的满足表征为向外吸纳，因为吸纳才是补充，补充才获得自我滋养而生长；后一种需要的满足表征为向外排泄，因为排泄才吐故纳新，吐故纳新才有自我活力而健康。所以，生命因存在的保持和生长而必须吸纳，并因存在充满活力和健康而必须排泄：吸纳与排泄，既构成所有物种生命的必然存在方式，更构建起生命与生命、物种与物种之间的关联性生存链条。在这一关联性生存链条中，每种存在方式、每个生存形态以及每个个体化敞开其存在的事物，对整体存在的世界，以及开放的生命系统和复杂的环境系统，都具有用与生的功能：在生命充盈的存在世界里，没有废物。所谓"废物"，不仅是不符合世界事实和存在本性的错误人类观念，更是人类按照自己的主观意愿任意安排世界和存在物所造成的，因为当人类以主观意愿任意安排存在世界或支配存在物及生命时，往往会造成"无度"或"过度"的东西的出现，这些东西被判为无度或过度的"废物"，其实不过是人类没有为其找到合适的去处而已。存在世界中所有存在物、一切生命形态之间的取与予动态平衡，或者说吐故纳新的生生运动之内在规定，恰恰为权责对等提供了生境依据。或可说，存在世界及其各构成要素和生命存在之间的吐故纳新的动态平衡运动之成为可能，是因为"吐"与"纳"，或者"排泄"与"吸纳"之间达到生之平衡的基本准则，是权责对等。在世界世界中，对一切存在物和所有生命而言，"吸纳"是一种权利，"排泄"却是一种责任，宇宙创化这个世界，是按照野性狂暴创造力与理性约束秩序力对立统一张力原理，创造了取予的动态平衡机制和为实现取予动态平衡的权责限度机制。

其三，它蕴含并统摄人类可以顺性适应环境的生存法则。宇宙创化存在世界及万物生命，将野性狂暴创造力和理性约束秩序力及对立统一张力灌注进创造物中，构成存在世界、万物生命的内在本性。由此，整个存在世界及存在于其中的万物生命，都必然遵其本性而同存在、共生存。正是在这个意义上，只有自然才懂得自然，唯有生命才理解生命，并且唯有环境才懂得环境：自然、生命、环境，此三者既遵循自身本性自为地存在，也遵循自身本性相互限度地存在。这种自为存在和相互限度地存在的状态，就是关联存在的最好状态。自然生态链条断裂，环境恶变性解体，生命沦陷于万劫不复的危机状态，都是人类基于私欲的满足强暴地征服自然、破坏环境、蹂躏地球生命所造成的生态学后果。解决这一连锁性断裂的环境生态学后果的根本方式，就是重新虔诚地向自然学习，充分地理解自然，然后以自然方式进入自然，尊重自然本性、环境本性和生命本性，终止对地球环境和生命系统的粗暴干扰，让自然、环境和地球生物世界休养生息，以恢复其本性。

其四，它蕴含并统摄基于平等的环境成本支付法则。在存在世界里，物质、能量以多元交换为动态生成的基本方式，但其交换必须遵循公正法则。这一法则落实在人类利用自然和对待环境的行动中，就是消费者买单，污染者付费，破坏者恢复。比如我们因工业化、城市化而无度征用土地，更因为无限地追求经济高增长而使土地加速荒芜，使森林消失，使草原沙漠化和湿地锐减。为了恢复环境自生境能力，必须遵循"消费者买单，破坏者恢复"的社会原则，以经济为杠杆，强制消费者和破坏者担当起恢复草原、培育森林、还原湿地和荒原的环境责任。以权责对等为实践指南，利己不损他和利己亦利他的道德原则落实在人对环境的看法和行动上，就是环境利益最大化再生原则和环境利益平等共享原则。

环境利益最大化再生原则具体表述为两个实践操作规范原则。首先，当我们以任何方式向环境索取资源时，必须遵守分配公正原则（the rule of distributive justice），这一分配原则要求我们无论以什么方式向自然展开索取，一定要考虑与我们同在的地球物种生命的资源保障问题，为保障人与地球生命的同存在、共生存，应力求做到公正地分配地球上的一切资源。其次，我们存在于地球之上，展开生存的过程就是索取生存资源的过程。但索取必须有限度，因为生存在地球上的生物不只有我们，更重要的是，我们存在于其中的环境是一个有限度的资源共生体。当我们因为某种需要索取过度时，必须本着与环境同存在、共生存的准则，以公正补偿原则（the rule of restitute justice）为实际规范，给予地球环境以对等的利益补偿，即在我们向自然界索取资源的过程中，因为贪婪或无知导致环境生态的失衡或某些物种利益的损害时，必须想法去弥补，使环境生态重新恢复动态生成功能。

环境利益平等共享原则达向生存行动领域，同样可以落实为两条普适性操作原则。第一条普适性操作原则，就是生命存在的相互依存原则和生命索取的对称原则，前一个原则规范人类：在存在世界里，生命、物种、环境之间原本相互依存，物的存在是因为物物的存在，物的利益是由于物物的利益而得到保持；同样，人的存在是因为人人的存在，人的利益是由人人的利益而得到保持。后一个原则要求人类：指向自然和环境行动时，务必考虑我们与地球物种、我们与其他生命之间存在共生的利益平衡性，为此而必须放弃非分的贪婪及过度的资源索取。第二条普适性操作原则，就是利益损害最小化原则（the rule of minimumwrong）。这一原则要求我们介入地球环境的一切行动努力，都应将对环境的损害降低到最低限度，即在造成对地球环境的利益损害时使自己的错误最小化。另一方面，如果因不可避免的存在需要而不正当索取或过度索取地球资源，给地球环境造成了不正当损害，就必须真诚面对，努力行动，竭尽全力对其予以最大限度的补偿，使遭受损害或破坏的地球环境能够迅速恢复自生境功能。

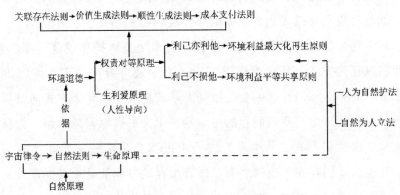

图 3 - 3　环境伦理原理-原则规范体系

由此不难看出，几千年来形成的传统伦理学，是一种人类中心论取向的伦理学，它的最大特征是将伦理认知局限在人的范围，没有触及人的伦理存在的自然依据。所以，传统伦理学是一种**半空中**的伦理学，它没有存在的根基。这种半空中的伦理学过分地放大了人在宇宙中的存在地位，虚妄地认为人可以为宇宙自然立法，因而，人把自身规定为伦理学的依据和最终尺度。人类生存发展到今天，不得不面对所有环境问题的最终根源，均在这里。环境伦理学所要做的，就是突破人类中心论的虚妄认知，重新发现原本就存在的宇宙律令、自然法则、生命原理，续接宇宙律令、自然法则、生命原理对人类伦理原理、原则的生成关系。从而明确：不是人为自然立法，而是自然为人立法。并且，在自然为人所确立起来的宇宙律令、自然法则、生命原理面前，人类的所有作为必须遵循它、维护它，只有如此，人类才会重新回到存在世界之中，与生存于其中的环境、生命及其他存在者共存在、同生存。

4. 环境伦理学的实践途径

环境伦理学作为应用伦理学，其根本的应用体现在它能够指导、规范、激励当代人类有效地解决各种环境问题，使环境本身重新获得自生境功能。

环境伦理学的这一应用目标决定了它指导人类有效解决环境问题的基本途径，只能是可持续生存式发展。可持续生存式发展作为能够有效解决各种环境问题的社会途径，是在于它具有如下方面的取向：

首先，可持续生存式发展，不是追求以发展为目的，而是追求以可持续生存为目的。因而，在可持续生存式发展视野中，必须终止和废除"发展才是硬道理"的社会理念，全面确立"生存才是硬道理"的社会理念。"生存才是硬道理"，表明生存是逻辑起点，可持续生存是追求的目标，发展只能遵循生存法则，并最终实现可持续生存。

其次，可持续生存式发展，不是以经济增长为主要评价指标，而是以社会普遍平等的可持续生存为综合评价指标。这个普遍平等的"社会"，既指人的制度社会，更指人存在于其中的自然社会，是制度社会和自然社会的统合表述。这个普遍平等的社会的可持续生存，不仅指人和人的社会的可持续生存，更指生命和生命世界的可持续生存，具体地讲就是生物、地球、自然、环境的可持续生存。环境伦理学的基本任务，是引导当代人追求人的社会和自然社会的共同可持续生存。因而，可持续生存式发展，就是在可持续生存法则得到全面确立、可持续生存平台得以全面建立、可持续生存方式得到普遍践行的基础上追求有限度的发展，追求有限度的物质生活水准和无限度的精神生活水准协调提升的发展。

最后，可持续生存式发展，不仅不鼓励消费，而且反对浪费式消费，反对高消费，它主张并引导人们重建节制消费和简朴生存的生产方式、生存方式、生活方式与行为方式，实行利用厚生，构建以简朴为安、以简朴为荣、以简朴为美的生存情感和生活方式。

第四章 环境治理研究的整合方法

环境问题的普遍出现，以及谋求解决日益普遍化的环境问题的社会化努力，不仅现实地改变着社会生存发展方式，也在无声地改变着人类精神探索与创造的方式。具体地讲，社会化、立体化的环境问题，不仅催生了自然科学的新联合方式，而且**不可逆转地**改变着人文社会科学的取向与方法。在习惯性认知中，自然环境与社会人文科学发展，这二者之间似乎缺乏直接关联性，但这只是感觉的印象，就实质论，自然环境的变化始终影响着社会人文科学的发展视野、发展方向、发展态势。这是因为，人以**物在**和**人在**的双重方式存在于自然中，自然环境既为人的文化存在提供创造的形态学蓝本，也为科学类型学构建铺平道路。以科学分类学观之，自然环境与社会人文科学构成深度存在上的内动关联：自然环境状况及其变化开启社会人文科学兴趣，拓宽社会人文科学研究视野，也制约其研究领域、发展方向甚至影响研究方法的发现、选择、整合和革新。当代社会进程中，不断恶变的自然环境状况要求社会人文科学必须拓展认知视野、革新研究方法、探索大科际整合发展的复合型道路。反之，社会人文科学亦应主动感悟自然环境恶变状况，形成环境视野，明确环境取向，展开大科际整合的学科研究，这是社会人文科学新生的必须方式，也是展开当代发展的必然选择。在这条大科际整合的研究道路上，必须整合谋求解决环境问题的两种基本社会方式，即治理和恢复方式。因为前者将环境视为静态的对象而形成治表思路，基本方法是分析，具体为定量分析和定性分析的综合运用；后者正视环境的自生功能而形成治本努力，基本方法是原理分析，自生境原理是其基本规范。客观地看，实证分析以社会科学为母体，它为解决具体问题提供操作技术；原理分析以自然科学为源泉，它为解决整体问题提供智识和方法。环境问题的最终解决，必是治理与恢复并举，其方法论前提是实证分析和原理分析的整合运用。

一、环境问题与社会人文科学

1. 环境与社会人文科学变动关系

自然环境与社会人文科学　考察自然环境状况与社会人文科学发展之内动关联，首先需要对"自然环境"和"社会人文科学"这两个基本概念予以明晰定位。

自然环境——"自然环境"概念相对"社会环境"而论：将"自然环境"纳入"社会环境"的参照视野，从字面意义讲，社会环境相对人而论，自然环境相对生物而论。但这只是感觉的印象，实际上并非如此，因为在事实上，社会环境中也有生物，自然环境中也有人。

如"图 2-1　人双栖存在的世界"所直观展示的那样，人栖居于两个世界之中，并成为两个世界的交汇者。并且，人虽然拥有自造的制度社会，但始终朝向自然。更重要的是，居于两个世界之中并统摄两个世界的人，其朝向自然世界的姿态始终是卑躬屈膝的。这一卑躬屈膝姿态表达了最初文化意识中人对自己与自然之间的本原性存在关系的本质性觉悟和意识化定位：人来源于自然，必须敬畏自然并最终归于自然。

人对自己的这种自然主义觉解与理性定位，表彰三个存在事实。第一，本原意义上人是属于自然的。因为人原本是个生物，人成为人，既是后发的，也是偶然的。第二，人之所以能从生物成为人，并不是他自己意愿性努力的结果，而是自然创化的体现。这就是说，人这个生物与其他生物一样，在漂泊性存在过程中偶然遭遇了某些诸如气候、食物、水土等自然因素的激发而刺激了大脑的发育，大脑缓慢进化经过大尺度的时间洗礼最终突破生物临界点而获得**人质**意识，人这个生物就此成为了人。所以，人从生物成为人虽然是偶然的，但其原动力是自然力，即漂泊性存在的自然环境将人这个生物创造成为了人。第三，人从生物世界中走出来成为人，这是偶然的，人由此创造属于人的社会和历史，却是必然；并且，人创造人的历史道路和最终归宿，必然要重新走进自然，这是最终的必然。这是因为人由物在形式和人在形式两部分构成：人作为物在形式，表征为他的生命形态即身体是生物化的；人作为人在形式，表征为他的生命本质是心灵-精神化的。无论从哪个角度讲，人的身体永远属于生物、属于自然；并且，人虽然可以创建制度，创造文化、思想及其他一切物质和精神的财富，但却不能创造承载和容纳心灵-精神的生命，创造承载和容纳心灵-精神的生命，只能是身体的力量和身体的智慧。更重要的是，对人来讲，没有人造的一切东西，生命可以继续存在，但如果没有身体，其他都将不复存在。人工智能也是按照人的智能模型来研制智能技术、生产智能工具，如果人工智能的开发生产达到人的水平并取代了人，那就是人类自行毁灭的时候的到来。另外，人工智能，当然还包括基因技术，这是人类自毁的两种并行的方式，它以整合的方式最为彻底地张扬了人类无限度地贪婪和谋求控制的集权野性，当人类以违背自然原理的方式追求上帝之能时，或者以人力的狂妄篡改自然宇宙的创化律令和法则时，这就意味着它必然踏上必须自取灭亡的不归道路，因为，当比自然界众生物更愚蠢的人欢呼并享受诸如基因技术、人工智能等当代高新技术的福荫时，死神已经悄然地坐在了它的身边。这或许是广义环境伦理学所最终要关怀的终极性问题。所以，身体或者说身体化的生命是"1"，其他所有一切都不过是一个个"0"，唯有当"1"存在时，其"0"才可产生价值，发挥功用。

人作为**自体化**的生物存在者，必存在于创造他的自然社会之中，所以创造他的自然社会成为身体化存在的必然土壤，也成为身体化存在的必需条件。人作为心灵-精神化的生命存在者，必存在于他所创造的制度社会之中，所以他所创造的制度社会既成为他心灵-精神化存在的必需土壤，也成为他心灵-精神化存在的必需条件。当自然社会和制度社会因为人的必不可少的基本需要而构成意识的对象并被意识对象化时，自然社会和制度社会就分别成为人存在的"自然环境"和"社会环境"。换言之，"自然环境"不过是人对存在其中的自然社会的意识所形成的对象化观念；同样，"社会环境"亦不过是人对存在其中的制度社会的意识所形成的对象化观念。所以，自然环境就是自然社会，社会环境就是制度社会。这是我们讨论自然环境与社会人文科学发展的联动关系的奠基认知。

人存在其中的自然社会和制度社会之所以构成存在敞开的"环境"，是因为人的存在需要和行动使自然社会和制度社会变成了问题的节点。历史地看，只有当人类存在其中的自然社会因为人的行动的过度干扰而不断出现各种问题时，它才进入人们的意识而构成"自然环境"观念。

无论从存在观，还是从生存论，"环境"意识、"环境"观念产生的根本心理机制，是人本中心论的利害观念和利用观念，即当自然没有危及人的存在和生存时，往往忽视它的存在，并随心所欲地开发利用它；相反，当自然因为人类的原因不断出现问题并日益影响到人类的安全存在和生存时，就开始关注它的存在，自然社会的存在状况就成为我们意识的对象而变成了"环境"。因而，"自然环境"意识、"自然环境"观念既体现了人趋利避害的本能，即为了继续趋利或者更大程度地趋利而不得不考虑避免自然本身的不良存在所带来的"害"，也体现了人对自然的利用观，即在人类从生物世界中走出来而成为人的历史过程中，人一直把自然看成为自己而存在的使用物。其"自然环境"意识生成和强化的最终目的，仍然是更好地利用环境，即期望通过"保护"或"治理"自然环境使自然发挥对人的更大使用价值。[①]

社会人文科学——客观论之，当人对存在其中的社会（包括自然社会和制度社会）及自己予以自觉地意识时，必然产生科学。或可说，人对存在其中的社会或自己的意识本身，成为科学诞生的母体：科学是意识的产物，没有意识就没有科学，意识的向前则是科学的繁荣。

"科学"这个概念，有广义和狭义的指涉性。

狭义的科学，是指纯正意义上的自然科学，它是"关于**自然现象的有**

---

① 唐代兴：《再论环境能力》，《吉首大学学报（社会科学版）》2015 年第 1 期。

条理的知识，可以说是对于表达自然现象的各种概念之间的关系的理性研究。"① 科学所关切的直接对象是自然界，并且，科学对自然界的关切，目的在于发现能够表达自然界的概念以及这些概念与概念之间的关系如何才能整体地表达自然界之构成关系。所以"科学是一种知识的努力，根据感觉的张本，运用概念的工具，以系统的组织，描写现象界的事物而求其关系，以满足人类一部分的知识欲望，而致其生活于较能统治之范围以内的。"②

广义的科学指涉自然、社会、人，并由此形成自然科学、社会科学、人文科学（准确地讲应该是**"人文学术"**，将人文学术称之为科学，这是凡事科学论的科学主义"盛世"化的体现）。自然科学以自然为对象，探求**事象**关系，构建概念知识；社会科学以社会为对象，探求**群际**关系，构建价值知识；人文学术以人为对象，具体地讲是以人性、人心、人情为对象，探求人的**性情**或**心性**关系，构建意义知识。

"社会人文科学"这个概念，其实是对分类学意义上的"社会科学"和"人文学术"的统合性称谓。以自然科学知识的客观性取向为参照，社会科学探究群际关系和人文学术探究心性（或性情）关系所构建起来的知识，始终具有很强的主观倾向性。因而严格地讲，将对群际关系和心性关系的探究方式称之为科学，其实是比喻性的方便说法，尽管这种比喻性的方便说法并不具有严谨性。

地域自然创造人的文化存在 从科学的分类学和知识的构成类型看，社会人文科学发展与自然环境之间没有必然联系。但社会科学和人文学术这两类精神探究方式，却因其非恒定性的变动关系而获得极其明显的主观倾向性，并且正是因为这种认知的主观倾向性，使它们在更为深刻的层次上与自然环境形成隐蔽性关联。这种处于变动不居进程中的隐蔽性关联，才使自然环境状况与社会人文科学发展之间形成实质性的互动关联。

---

① ［英］W. C. 丹皮尔：《科学史及其与哲学和宗教的关系》，李珩译，商务印书馆1997年版，第9页。

② 罗志希：《科学与玄学》，商务印书馆1999年版，第17—18页。

　　要理解如上事实判断，还须再审视"图 2 - 1　人双栖存在的世界"：
人这个生物之所以能够站立起来成为人，是因为他具有人的能动力量和按
照自己的意愿运用这种能动力量的能力。具有如此能力的人之所以要以卑
躬屈膝的方式朝向自然而站立，是因为人的能动力量和按照自己的意愿方
式释放这种动能力量的能力，并不能真正控制或取代自然，自然的力量、
自然的智慧、自然的律法、自然的神秘，是人永远无法企及的。人可以按
照自己的意愿方式和能动力量来创造人的制度社会，运作或控制人的心灵
-精神世界，甚至可以通过开发基因工程和人工智能而制作人，但却只能
部分地甚至是浅表地窥视（了解、认知或掌握）自然社会。并且，人之所
以卑躬屈膝朝向自然而站立，是因为人的能动力量以及意愿方式最终来源
于自然的创化：人从生物成为人，本身就是自然创化的产物，宗教的创世
说和科学的生物进化论，分别从不同角度阐述了自然创化人的方式、进程
与法则。并且，被自然创化出来的人，以人的方式创造文化，同样必以自
然为指南。这可以从语言、思维-认知方式和思想生成取向三个方面得到
验证。

　　自然乃所有人造物的蓝本——人成为人的根本标志是创造。在人的习
见之中，创造只属于人类，但在事实上，创造并不能由人类所独享，因为
地球上所有生物都能创造，并且自然力才是创造之母。马克思说："蜜蜂
建筑蜂房的本领使人间的许多建筑师感到惭愧。但是，最蹩脚的建筑师从
一开始就比最灵巧的蜜蜂高明的地方，是他在用蜂蜡建筑蜂房以前，已经
在自己的头脑中把它建成了。"① 关键的问题是，建筑师在建筑蜂房之前
所形成的有关于"蜂房"的观念是如何得来的？是依据什么而得来的？客
观地讲，人并不会凭空想象，哪怕看似完全想象的东西，都有其原初的摹
本和最终的来源，建筑师建造蜂房之前有关于"蜂房"的观念、蓝本，不
正是来源于蜜蜂自己所建造的蜂房吗？正因为如此，马克思才如此感叹：
"蜜蜂建筑蜂房的本领使人间的许多建筑师感到惭愧。"因为相对于神奇的
自然来讲，人类所创造的一切都有原型，**只有自然才是原创者**，大自然的

---

　　① 《马克思恩格斯全集》第 23 卷，人民出版社 1972 年版，第 202 页。

创化为人类所创造的一切提供了蓝本。

从物质层面看，所有的人造物质财富，都是人依照自然的原型所继创得来的。首先看人类的种植，无论种植粮食，还是种植蔬菜、水果，其实这些东西原本就存在于自然世界之中，人的了不起就在于发现并掌握了这些自然存在物"一岁一枯荣"的生长规律，然后种植之。其次看人类的建筑。建筑的原初形态是遮风蔽雨的草棚，它衍生出草房、瓦房、楼房。然而，房屋的原初模型却是自然为之提供的：人类最初在石崖或山洞里遮风挡雨、避寒躲热，后来根据大树的伞状形态建造起这样的人工"石崖"或"山洞"，即草棚。其后，由原初的草棚到各种形式的瓦房再到现代的高层建筑，所贯通与遵循的是自然界的力学原理。再看人类的交通工具，其摹本仍然是自然界的存在物。从古代的马车、小舟到现代的汽车、火车、轮船、飞机、火箭以及宇宙飞船等所有交通工具，都是依照天上飞鸟和水中鱼虾等生物的形态结构和运动方式设计和建造的，其所遵循的仍然是自然原理。

人类创造的物质财富虽然所遵循的自然原理是共通的，但所创造出来的物质形态，却始终具有特殊性，这种特殊性表现为地域风格，房屋建筑、日常生活用品、服饰以及体现生活习惯与风俗的其他各种物件，都贯穿了具体的地域风格。这种地域风格最为真实地表达着**自然创造人类、地域创造物质风格**。这就是不同地域中的不同民族以及不同民族所得以栖居的地域，其不同建筑、不同生活习性和方式，以及不同的土特产和土特产式的不同佩饰物，能够源远流长的原因。

人类语言生发的自然机制——人类最了不起的创造，其实不是物质财富，而是语言。对于语言，人们一般认为它是人所创造的，但古希腊哲学家们却认为人的语言是受自然支配的。因而，在严格的意义上，语言是**自然言说**的产物。

"语言是自然言说的产物"这一判断，揭示了语言起源于自然：自然既是语言的母体，也是语言的本体。这可从三个方面得到证明。首先，人类语言发展的历史过程已经历了飞跃性的三个阶段：语言的原初形态是无声的肢体语言，人的肢体既是自然的实体，也是语言的本体，更是语言的表达方式。在这个阶段，身体的个体性形成了语言的个性。无声的肢体语言发展的必然体现，就是有声语言即口语的诞生。口语，无论从发生学论，还是从生存论讲，都是地域性的。语言地域性的宗教解释，就是上帝为破坏人类的团结而有意变乱了人的语言，使不同地域的人群说出不同的语言；语言学家研究语言的谱系，却发现人种的不同才是形成语言地域性的根本原因。其实，无论是上帝制造语言的混乱，还是人种形成语言的隔膜，都从不同方面揭示了同一个事实，那就是人类口语的地域性，均源于自然的力量，因为上帝最终不过是自然力的隐喻，而人种本身是生物学的。进一步讲，有声语言的地域性生成，恰恰源于地域性气候、水土、阳光、空气及其地域性的地质地貌和所为之提供的食物及原料。所以，人类有声语言的地域性，完全是特定的地域自然创化之体现。最后，人类语言的高级形式是书面语言，它以文字为标志。人类文字可分为两大类，一类文字以表音为取向，特别注重于时态与过程，所遵循的自然法则主要是时间法则；另一类文字以表意为取向，特别强调空间结构与形态分布，所遵循的自然法则主要是空间法则。然而，时空始终是自然的，由此观之，文字语言同样是自然的造物。

地域自然创造人的思维-认知方式——文化的实在形态是物质财富，文化的抽象形态是语言，文化的内在形态是人的思维-认知方式和思想生成倾向。首先看人的思维-认知方式，同样是地域自然环境创造的产物。西方人以二元分离为取向的分析主义思维-认知方式的生成与拓展、强化与提升的原动力，是生存于其中的海岛地理结构及由此所形成的地域环境，即静态的陆地与动态的海洋，前者是存在安全的象征，后者乃生存危机的体现，在这种地域环境中，无时不面临掂量、权衡、选择，这就形成冷静、理智的分析主义思维-认知方式。西方人重理性，其实最终是地域环境造就的。与此相反，中国人重感觉，同样是地域环境对他的造化，因为中国人的先祖们获得了一块福地，这就是广袤无垠的黄土高原，它三面群山环绕，一面远距大海，广袤无垠的黄土高原，原本就是一个整体，它没有分，也无法分，更没有危机，不存在随时面临的权衡与选择，坚实的高原黄土，给人以绝对的存在安全感，广袤的大地和与此相对的无限的天空，引人静观玄想。这种以存在安全为底色的静观玄想所培育出来的基本思维-认知方式，只能是感觉的直观和整体的领悟。

思想倾向生成的自然源泉——文化的形态是物质财富和语言（所有的观念、主张，甚至思想，包括各类艺术，都要通过语言才获得定格并从而进入时间之域得到传递，就是构成文化的最核心的那一部分内容，即制度体系，也是以语言为载体和物质形态），文化的创造方式是思维-认知方式，文化的动力源泉是思想。然而，思想生成的母体仍然是地域自然。

西方与中国文化的思想源头分别是希腊哲学和先秦哲学。希腊哲学的原初形态是自然哲学，它所体现出来的视野是自然中心论，直到智者运动，希腊哲学才开始转向对人事的关注，苏格拉底实现了这种转向，但他的学生柏拉图却纠正了这种转向，构建起自然-人事二元中心论的哲学路向。这一思想生成格局的成因是希腊的地域自然。希腊是以希腊半岛为中心的岛屿国度，每一个岛屿都孤立于汹涌波涛的大海之中。生存在岛屿上的希腊人，出门就望见山，抬头就看见海。这种命运使得希腊人产生了一种广阔感，一种超越心，一种山与海、大地与蓝天一体的**海天之象**。正是这种海天之象、这种广阔感和超越心，生成出一种挣脱山地的束缚、岛屿的摆布和大海的禁锢的自由梦想、自由向往、自由追求。希腊人渴望自由、热爱自由、热烈地享受自由，可以在这种海天之象中找到灵感与力量的源泉。同时，希腊的这种特有的地缘境遇，激励希腊人为自身存在发展不得不特别地关注波涛汹涌的大海，关注海天相连、神秘悠远的天宇，关注烟波云海中的孤立岛屿，关注风云变幻的气候。因而，自然，成为希腊人思考存在与生存的中心，探索世界的本原、宇宙的生成、存在世界的统一法则，成为希腊哲学的重心，气候学、天象学、宇宙学、物理学、数学等科学，成为希腊人探索存在与生存、生活与拓展之最高法则、终极依据的最初形式。由这种特有的地缘境遇所形成的自由精神，引导人们缔造社会、建构城邦，自然要以个人为出发点，并以保障个人利益权利为最终目的，产生出从个体走向整体、从特殊达向一般、以局部启动整体的思维-认知方式、生存原则和行动方法。

与此不同，先秦哲学的原初形态是伦理化的政治哲学或者政治化的道德哲学，法家学说、孔孟荀的学说、老庄思想和墨家学说，都是其具体形态。这种伦理化的政治哲学或政治化的道德哲学，所呈现出来的共同认知视野是**人伦**中心论。自汉以来，这种人伦中心论最终由政治强权收编儒家学说，然后又借助于儒家学说来统一其他学术流派和思想，使之成为思想意识形态的大一统。但其原动力仍然是地域自然。古中华地理，其西、南、北为高山所阻挡而无法攀越，东部由无边的大海所阻隔而无法跨越，三面环山、一面距海，由高山和大海所包围的广袤的封闭土地，这就是"天下"，除此之外，没有世界的存在。这种"天下"观念所强调的是由高山和大海包围的广袤土地的整体性，对这种由特定的地理环境所生成的整体地缘境遇的感知，自然生发出存在的群体观念，它的核心理念是依赖、凭据和秩序想望：在群体观念里，首先是整体的存在，然后才有个体的产生；并且，个体与个体之间的必然联系，亦由同一个整体裂变出来。在这种整体关联里面，个体与个体之间存在着先天的依赖关系，个体只能以整体为绝对依赖和最终依据来确立自己的存在方位，来定位自己的生存地位，来构建自己的生活关系。因而，群体观念迫使个体既不能向外，更不能按照自己的自由意愿而联合、冒险、开拓、征服和创建秩序世界，只能面向群体内部，按照现有的群体规则，维护群体秩序。古中华人的群体观念，不是横向开放的联合群体观念，而是纵向生成的血缘群体观念，这种血缘群体观念的要旨有二：血缘观念和宗法观念，前者构成家庭生存的内聚力，即家长专制；后者产生社会生存的内聚力，即宗主专制和帝王专制。这种内向化的整体主义观念之所以生成家长专制和宗主（帝王）专制的文化精神，仍可在其特殊地缘境遇中得到解释：由高山和大海所包围的土地广袤且坚固，这样的自然环境给人们提供一种存在上的绝对安全感；广袤的土地、丰富的生存资源，给予人们一种生存的富足感。人们不需要向高山攀越，也不需要跨越大海，只需要把目光转向广袤无垠的土地，关注和守护自己所耕耘的那片土地，就可以过上老婆孩子热炕头的幸福生活。所以，血缘群体，构成了个体的唯一依靠和全部依赖之所在。

地域环境与社会人文科学联动 由于人所存在其中的自然始终是地域化的，所以自然始终以地域方式创造人的文化存在。物质财富、语言、思维-认知方式、思想生成倾向，这是地域自然创造人的文化存在的形态学：物质财富和语言，是人的文化存在的外显形态；思维-认知方式和思想生成的倾向，是人的文化存在的内生形态。客观论之，创造人的文化存在，不仅涉及形态学问题，更涉及方法论问题。创造人的文化存在的方法论，就是学科类型学。推动学科类型学诞生以及促进其发展的最终动力，仍然是地域自然，简称为自然环境。

梁启超在《论中国学术思想变迁之大势》中认为，南北地域环境铸造出南北学术差异：

> 欲知先秦学派真相，则南、北两分潮，最当注意者也。……我中国有黄河、扬子江两大流，其位置、性质各殊，故各自有其本来之文明，为独立发达之观。虽屡相调和混合，而其差别相自有不可掩者。凡百皆然，而学术思想其一端也。弱地苦寒硗瘠，谋生不易，其民族销磨精神日力奔走衣食，维持社会，犹恐不给，无余裕以驰骛于玄妙之哲理，故其学术思想，常务实际，切人事，贵力行，重经验，而修身齐家治国利群之道术，最发达焉。唯然，故重家族，以族长制度为政治之本，敬老年，尊先祖，随而崇古之念重，保守之情深，排外之力强。则古昔，称先王；内其国，外夷狄；重礼文，系亲爱；守法律，畏天命：此北学之精神也。南地则反是。其气候和，其土地饶，其谋生易，其民族不必唯一身一家之饱暖是忧，故常达观于世界以外。初而轻世，既而玩世，既而厌世。不屑屑于实际，故不重礼法；不拘拘于经验，故不崇先王。又其发达较迟，中原之人，常鄙夷之，谓为蛮野，故其对于北方学派，有吐弃之意，有破坏之心。探玄理，出世界；齐物我，平阶级；轻私爱，厌繁文；明自然，顺本

性：此南方之精神也。①

一国之学术思想发展、日用伦常道德构建，均深受自然环境的制约。"弱地苦寒硗瘠"的北方环境，形成了北方学术发展以经验为取向，侧重于政治、伦理、天文、历法、历史的探讨；"气候和""土地饶"的南方环境，使南方学术发展以超验为取向，侧重于形而上学、宗教、艺术等方面的探讨。

梯利（Frank Thilly）认为，多山的希腊半岛"这一领域的自然特点适宜造就坚强而活跃的民族，它的许多港口，有利于航海和贸易，为移民于域外各岛屿和大陆提供了出口岸边。希腊殖民地从本土到小亚细亚沿岸，最后到埃及、西西里、意大利南部和直布罗陀海峡两岸，构成一条连绵不断的锁链。……这种自然和社会条件有助于激发智慧和意志，人们对生活和世界的眼界，活跃批评和思索的精神，导致独特人格的发展，促成人类思想和行动各个方面不同的进展；……从而使它在政治、宗教、道德、文学和哲学领域里突飞猛进。"② 在希腊，不仅政治学、宗教、伦理学、法律、哲学和文学得到高水平发展，并构成后世传统，而且语言学、逻辑学、修辞学、辩证法、科学知识论、心理学、美学、艺术理论等也获得大发展，并同样分别构成该领域的后世传统。溯其原因，还是希腊的海岛地理结构所形成的地域自然环境：漂泊于大海之中的岛屿，被纵横交错的山地分裂出大大小小的城邦，狭小贫瘠的土地迫使他们的生存不得不朝向大海，由此两个方面的因素促使希腊人将社会与家庭分得清晰，并且必须以城邦社会为中心，以公民直接治理城邦为基本责任，这是语言、逻辑、修辞、论辩、政治、伦理、艺术、美学等社会人文科学得到空前发展的根本动力，也是政治、伦理的研究必与法学研究相联系的最终解释因素。

地域自然环境不仅成为文化创造的母体，也构成社会人文科学诞生的土壤和发展的原动力。因为人存在于具体的地域环境中，特定的地域环境往往启动了社会人文科学的兴趣，打开了社会人文科学的研究视野，制约

---

① 梁启超：《论中国学术思想变迁之大势》，上海古籍出版社 2001 年版，第 25—26 页。
② ［美］梯利：《西方哲学史》，葛力译，商务印书馆 1995 年版，第 3—4 页。

着社会人文科学的研究方向、研究领域，甚至影响着社会人文科学对研究方法的发现、选择、整合、革新。

2. 问题环境中社会人文科学取向

环境恶变中社会人文科学取向 自然环境变化所形成的空间状态，就是自然环境状况。自然环境变化呈现出生境或死境两种取向。但无论生境取向的自然环境状况，还是死境取向的自然环境状况，都直接影响社会人文科学，并构成时代性发展的直接动力。

自然环境变化对人和社会的多元影响——自然环境状况对社会人文科学的影响，必须通过社会的潜在变化和人的认知改变来实现。这是因为社会人文科学的研究对象是社会的群际关系和人的心性，只有当社会群际关系和人的心性发生变化时，才可刺激、唤醒社会人文科学的变化，所以，社会群际关系和人的心性的变化，构成了社会人文科学发展的直接动力。社会群际关系和人的心性变化，可能源于政治需求的变动、经济格局或者分配的变动，以及法律、政策等因素的变动，更可能源于自然环境状况的改变。比较地看，自然环境变化对社会人文科学的影响是缓慢的，但影响力却是最持久、最普遍、最深刻的，这是因为自然环境构成人的存在土壤，也成为人和社会可持续生存的基石，它的改变虽然是缓慢的，但一定是大尺度的，是历史进程化的，它一旦发生改变，就很难再改变其变化的方向。其次，社会人文科学研究的主体是人，只有当人对自然环境变化及变化所形成的新状况真正觉醒并深刻领悟，才可能启动人们改变社会人文科学的主体动力。

自然环境变化对社会和人的影响主要体现在五个方面：其一，自然环境的变化必然要求社会改变原有经济方式，包括经济动力方式、经济运作方式、经济分配方式和经济消费方式。比如气候失律，是自然宇观环境朝向死境方向变化，这一变化使工业文明社会的经济方式彻底暴露出它的嗜掠本性，探索气候经济方式就成为必然。气候经济方式不是以发展为目的和动力，而是以可持续生存为目的和动力，并以低排放、低污染和高净化为运作方式。其二，自然环境的变化必然影响到社会政治，包括政治取向和政治作为。《宋史·五行志序》开宗明义：“天以阴阳五行化生万物，盈天地之间，无非五行之妙用。人得阴阳五行之气以为形，形生神知而五性动，五性动而万事出，万事出而休咎生。和气致祥，乖气致异，莫不于五行见之。……故由汉以来，作史者皆志五行，所以示人君之戒深矣。”① 其三，自然环境变化必然要求人类改变已有存在姿态和生存方式，比如已经发生并还在继续恶化的气候失律，就在持续不断地要求着人类接受改变：“无法想象成就卓越、志向高远并且亲切友善的人类能对气候学界的呼吁无动于衷。拯救气候的斗争将一定会在不同的阵地上打响，从而确保气候系统间的稳定……不过，最重要的是我们必须尽快改变自己的态度，以朴素而实际的方式生活。这都是为了将来。将来不是我们的，但现在，我们已经从子孙后代的手中透支了将来。”（《世界气候组织公报》，2003年）② 其四，自然环境变化甚至可能导致国家衰亡、文明毁灭，这种情况在历史上不断出现，玛雅文明的消亡是因为支撑这一高度发达的文明的自然环境彻底崩溃。中国上古商朝的灭亡，历来被认为是政治腐败导致的，但气候史研究发现，导致商朝灭亡的重要原因是气候，一方面，气候寒冷带来了更多的社会问题，这些不断涌现的社会问题因为越来越严重的农业歉收不仅没有得到根本性的解决，反而成为王朝颠覆的社会性推动力量；另一方面，寒冷的气候导致农作物减产，使原本就处于更为恶劣的环境中而热衷于战争的周，更为好战，即通过战争的掠夺方式来解决因寒冷气候导致农业持续减产所造成的普遍生计问题，这恰恰吸引了更多的饥寒交迫的民众对周的支持，由此加速了商朝的灭亡。③ 气候学家布莱森（Reid A. Bryson）和默里（Thomas J. Murray）通过对古气候史研究表明：青铜器时代文明的消失是源于迈锡尼的一场特大干旱，直接原因是气候，所以气

①　[元] 脱脱：《宋史》卷六十一，中华书局 1997 年版，第 1317 页。

②　[澳] 蒂姆·富兰纳瑞：《是你，制造了气候：气候变化的历史与未来》，越家康译，人民文学出版社 2010 年版，第 228 页。

③　[美] 马立博：《中国环境史：从史前到现代》，关永强、高丽洁译，中国人民大学出版社 2015 年版，第 68—69 页。

候改变了文明。① 其五，自然环境变化也潜在地影响着人们对习惯、风俗、道德、生存态度和生活方式的改变。比如，在工业化、城市化、现代化进程中，南北环境生态的巨大变化，使南北两大区域在生活习惯、生存态度、生活方式等方面更趋接近；日趋严重的自然环境生态危机，却正在迅速地改变着人们的道德意识、道德视野和道德方式。

自然环境变化革新社会人文科学方法——自然环境变化，无论朝向死境方向展开，还是朝向生境方向展开，都无声地拓展了社会人文科学的主题，使其获得开放的整合关联性。并且，推动自然环境变化的最终动力，无论是自然力还是人力，必然引发社会人文科学对它的关注，尤其是当人力以层累方式推动自然环境朝死境方向变化时，社会人文科学的变革更是全方位的，是大科际整合的。

首先，自然环境变化激励社会人文科学研究拓展自身的认知视野，形成科际整合的研究方法。比如，工业文明以机械论世界观为认知方式，以康德哲学为思想基石，以放任自由主义为经济方式，以前所未有的速度发展工业、发展城市，追求现代化，最终以层累方式导致了自然环境生态恶化。最早意识到自然环境生态恶化影响人类存在的是美国：独立战争后的美国因快速发展经济而无限度地开发和浪费自然资源，导致生物多样性丧失、资源问题和环境问题出现，由此引发19世纪末的环境资源运动，形成资源管理和资源保护两条探索路径，前者拓展了管理学的视野，形成了科际整合的资源管理学；后者拓展了社会学和生命科学视野，开辟了科际整合的环境社会学、生命伦理学、大地伦理学等理论。

20世纪以降，不断恶变的自然环境推动环境资源保护运动演变成为全球性环保革命运动、生态学运动、绿色运动，这些运动激励社会人文科学研究普遍运用科际整合方法探究交叉性、综合性的新问题，形成交叉综合的新领域，诞生交叉综合的新学科。比如，雷切尔·卡逊是一位生物学家，但她的《寂静的春天》（1962年）却展现出生物学、社会学、经济

---

① Reid A. Bryson & Thomas J. Murray, *Climate of Hunger: Mankind and the World's Changing Weather*, Madison: The University of Wisconsin Press, 1979, p. 4.

学、哲学的整合视野和研究方法。正是这种开放性的科际整合研究方法，才使《寂静的春天》打开了人们的视野，发现了日常生存的危机，它为环境关怀成为一种日常方式提供了契机。再比如对整个环保运动和生态学运动产生广泛社会影响的另外两部著作，即保罗·埃利奇所著的《人口炸弹》（1968 年）和 D. 米都斯等著的《增长的极限》（1972 年），都是成熟运用科际整合视野和方法的经典著作。

其次，从广度和深度两个方面加速恶变的自然环境，更是推动社会人文科学探索朝着大科际整合方向发展。

客观地看，科际整合是一种学科研究方法，它是指打破学科界限，对相近、相邻学科的理论资源、认知资源、思想资源和方法资源予以整合运用。对这一相对成熟的科际整合方法的拓展探索，就形成大科际整合，即基于研究对象的需要，打破自然科学、社会科学、人文学术之间的界限，对自然科学、社会科学、人文学术的思想、理论、方法资源进行大跨度的整合运用。比如，气候是宇观自然环境，当气候失律引发环境风险和生态安全危机以来，气候问题就突破气候学或气象学的范围成为大科际整合的研究对象，由此形成气候政治学、气候经济学、气候社会学研究等，这些新兴的社会人文科学的研究要广泛地涉及气候学、气象学、地球物理学、天体物理学、环境科学，也涉及史学、伦理学、哲学、制度学、疫病学等学科资源的整合运用问题。这种突破单向度的科际模式，从广度和深度对自然科学、社会科学、人文学术资源予以整合的方法，就叫做大科际整合方法。

自然环境变化开辟社会人文科学交叉复合道路——在前现代和现代初期，无论自然科学还是社会人文科学，其学科研究体现如下共同特点：（1）学科研究对象单一，学科与学科之间无任何形式的交叉；（2）学科研究范围明确，学科与学科之间界线分明；（3）学科研究主题单一。但在后现代进程中，无论自然科学还是社会人文科学，研究都走向了交叉复合的道路，并且这种交叉复合特性在社会人文科学研究中体现得更为突出。

在后现代进程中，自然环境生态的全球性恶变和逆生化，既刺激社会人文科学的研究对象必然改变单一取向而追求复合性，也激发社会人文科学的研究范围必然打破学科间界限分明的格局追求大跨度的学科交叉，更激励社会人文科学追求学科研究主题的大科际关联。比如，在自然环境生态日益恶变和逆生化的当代进程中，社会学、政治学、经济学、文化学、教育学、伦理学、管理学、史学等学科的研究，已不可能撇开环境问题，更不可能把环境问题与学科问题截然分开来研究。

自然环境变化引发许多复合型新学科的诞生——在不断恶变和逆生化的自然环境刺激下，社会人文科学研究的交叉复合性从两个方面展现：一是研究认知视野和方法的科际整合化；二是通过科际整合开创出大综合的新学科。比如，不断恶变和逆生化的自然环境刺激社会学朝着复合型方向发展，相继诞生环境社会学、社会环境学、灾害社会学、气候社会学等；再比如，不断恶变和逆生化的自然环境同样刺激史学极大地拓展自己的研究领域，形成环境史、经济环境史、政治环境史、社会环境史等新学科。连接宇宙和地球使之构成一个动态生成的循环整体的气候，一旦丧失自身周期性变换运动规律，就激励环境史学拓展它的研究范围，形成气候史研究。更重要的是，气候失律的敏感性和不确定性，直接影响到经济分析，引发气候经济学的诞生，气候经济学研究经济对气候的敏感性和气候影响经济的不确定性，必然涉及气候资源的分配公正和代际公正等问题，引发出权力与权利在气候问题上的全球性博弈，由此产生气候政治学、气候社会学、气候法学。然而所有这些围绕气候失律而诞生的新学科，都是交叉复合型的，并且这些交叉复合型的新学科研究最终都要指向伦理困境的解决，因而，气候伦理学不可避免地要在这种日益恶化的气候失律进程中诞生。再比如，在环境问题没有进入人们的审视视野之前，灾害与疫病是各不相关的两个领域，但不断加速恶变的自然环境问题意识一旦上升为主要的社会问题时，灾害研究和疫病研究必然走向新的综合，形成灾疫研究。并且，对灾疫的研究，既可能是社会学的，也可能是医学的，更可能是政治学的或经济学的，还可能是伦理学的或史学的，因而，灾疫伦理学、灾疫经济学、灾疫政治学、灾疫医学、灾疫史学、灾疫社会学等新学科必然产生。

社会人文科学发展的环境取向　首先，环境取向构成社会人文科学当代发展的必须取向。蒂姆·富兰纳瑞（Tim Flannery）在《是你，制造了气候——气候变化的历史与未来》中说了一段很中肯的话："在应对气候变化的问题上，最大的阻碍是在人们了解气候改变问题之前，它已经成了一种陈词滥调。我们现在需要的是可靠的信息和仔细的思考，**因为在未来的几年中，它将使所有其他相关的问题显得微不足道。它将成为唯一的问题**。"（引者加粗）[①]　环境问题，尤其是气候这一宇观环境问题之所以会越来越来成为社会的"唯一的问题"，是因为它构成了真正的世界难题。除了气候问题，还有什么问题可以成为整个世界、所有国家、每个人都无法避免的、而且必须解决但又难以解决的难题？所以，当以气候失律为标志的整个自然环境恶变和逆生化变成"唯一的问题"时，所有的社会人文科学研究都必须自觉应对这种需要，从不同角度切入，围绕这一"唯一的问题"探求解决之道。

其次，社会人文科学研究获得真实环境取向的自身前提。社会人文科学要具备时代性的环境取向，前提是它本身应该改变看待自然的实利主义方式和使用价值观念。看待自然的实利主义方式，使社会人文科学远离自然和自然环境，认为自然问题、自然环境问题只是自然科学关注的事，与自己无关。同样地，看待自然的使用价值观念，使社会人文科学将人类征服自然、改造环境和掠夺地球资源看成是理所当然的事，看成是正当、合法、合道德的事。因为工业文明所构建起来的社会人文科学的基本使命，就是如何促进社会加快工业化、城市化、现代化进程，就是努力推动社会怎样更大程度地提高物质幸福水平。进一步审视，在工业文明进程中，社会人文科学的努力目标就是全面实现人的"知性为自然立法"和"理性为人立法"（康德），其根本任务是全面张扬二元分离的类型化思维-认知方式，全面确立傲慢物质霸权主义行动纲领和绝对经济技术理性行动原则，

[①] ［澳］蒂姆·富兰纳瑞：《是你，制造了气候：气候变化的历史与未来》，越家康译，人民文学出版社 2010 年版，第 6 页。

为实现无限度的物质幸福提供认知依据、知识基础和行动方法。从本质讲，工业文明进程中的社会人文科学研究在整体上呈现反自然倾向。自然环境恶变，尤其是气候逆生化，要求社会人文科学研究必须从根本上抛弃其反自然的倾向，具体地讲，就是必须抛弃二元分离的环境认知方式，彻底根除唯人本主义的物质幸福论观念，抛弃傲慢物质霸权主义行动纲领和绝对经济技术理性行动原则，重建整体生态观、自然存在论和自然创造观。所谓整体生态观，是指人、生命、自然的共生观，这种共生观的本质诉求是：人与自然环境之间具有本原性的亲缘关系和亲生命本性。所谓自然存在观，是指人诞生于自然，其努力走出自然的最终目的是更好地回归自然。并且，人走出和走进自然必须以自然为引导，因为自然不仅为我们提供存在平台和生存资源，更为我们提供存在和生存的根本法则和全部智慧与方法，所以，自然存在观就是"自然为人立法，人为自然护法"的存在观。所谓自然创造观，是指自然才是创造之母，人的所有创造都根源于自然的创造，人类的伟大，不是因为它创造了什么或创造了多少，而在于它不断地发现自然的创造力、自然的创造智慧、自然的创造法则、自然的创造方法，然后自觉地和个性化地运用这些创造的智慧、法则、方法服务于自己的生存。

最后，社会人文科学研究获得内生环境取向的必须方式。面对日益恶变和逆生化的自然环境状况，当代社会需要彻底改变恶变的环境，重建地球生境的社会人文认知、知识、理论、方法。为此，社会人文科学要调适自己，重建整体生态观、自然存在论和自然创造观，并以整体生态观为视野，以自然存在论为依据和法则，以自然创造观为动力机制，展开大科际整合探索。

社会人文科学调适自己，就是改变学科研究观念和方式，自觉调整研究主题、研究方向、研究视野，使其学科发展获得如下环境视野和环境取向：

第一，社会人文科学一旦获得开放的环境视野和环境取向，必然带动研究本身走向学科深度，形成学科广度。比如，政治学这门古老的社会科学，其当代发展无不与环境视域的拓展相关：国际政治学就是政治学突破地缘环境获得全球视野和国际认知的体现；自然环境恶变与逆生化进程，又使政治学研究视野获得进一步拓展，由此形成环境政治学、绿党政治学、气候政治学。由此推动政治学研究不仅获得广度拓展，也获得探讨的深度认知，即政治问题不再仅仅是人与社会的协调问题，更是人、社会、自然的共生问题，这种共生的最终政治学依据，是宇宙律令、自然法则、生命原理，具体地讲，就是人、地球生命、自然之间的本原性亲缘关系和人、地球生命、自然的亲生命性。

第二，社会人文科学受恶变和逆生化的自然环境的激励拓展研究和发展视野的实质性努力，就是进行大科际的方法整合。这种大科际的方法整合，不仅是社会人文科学间的认知、理论、知识、视野、方法的整合，更是社会人文科学与自然科学间的认知、理论、知识、视野、方法的整合，也是历史、现实、未来及已有与未有之间的认知整合、视野整合和方法整合。正是这种性质的大视域整合，才形成社会人文科学研究方法的整体生态化。研究方法的整体生态化，是使具体的社会人文科学研究能够发现所研究的对象问题与世界存在、环境生态、社会生存之间的生变性、关联性、互动性和层累性规律。社会人文科学研究和发展因为恶变的自然环境状况的激励，获得以生变性、关联性、互动性和层累性为内在规定的整体生态方法，必然打破单一、静止、封闭、僵化的思维-认知模式，避免单向度的定性研究或定量研究，追求对对象问题予以定性和定量的双重把握。比如，从社会学入手来研究环境问题所形成的环境社会学，发挥社会学的定量分析方法的优势无疑必要和重要，但环境社会学研究仅有定量分析方法，或者仅沉醉于定量分析方法的运用，容易导致对环境社会学问题研究的片面、狭隘、故步自封和浅表化，因为定量分析方法仅能够对环境社会学问题予以现象学揭示，却不能达向对环境社会学问题的本质论和本体论揭示，因而，环境社会学研究必须既注重定量分析方法，更重视定性分析方法，将定量分析和定性分析有机结合起来，就形成整体方法论。这是社会人文科学因为环境激励而整合方法的本质性理解。

第三，社会人文科学因为日益恶变和逆生化的自然环境激励，获得研究视野的拓展和研究方法的科际整合，所结下的最终硕果是开辟科学整合的新领域、新学科。所以，开辟新领域成为当代社会人文科学发展的必然方向，即任何一门具体的社会人文科学，一旦接受自然环境激励获得研究视野拓展和研究方法整合，必然要开拓出科际整合的新学科，这是当代社会人文科学新生的自身方式，也成为当代社会人文科学发展的正常展示。这既可以从各种新兴学科的诞生渊源中找到依据，更可以从社会人文科学发展进程本身得到证明。

二、环境问题的两种社会研究方式

对人和由人构造起来的社会来讲，有两个东西很珍贵，即经济与环境，前者犹如"鱼"，后者似"熊掌"。在人们的习惯性想象和欲望中，鱼和熊掌可随便兼得。在此之前，我国的改革开放发展模式就是按照这种"兼得"梦想而设计的。但现实总是那样残酷：我们竭泽而渔，终于使中国进出口总额在 2013 年排名世界第一，极度膨胀的"大国"狂想得到了一时满足；另一方面，同样始于 2013 年，中国成为"霾污染国家"。这是一个临界点，越过这个临界点，一系列的环境灾害把国家环境推向悬崖。在其环境悬崖上，新疆公格尔九别峰的冰川移动①，或许是对跨越式发展的最后警告。

临界点、环境悬崖、最后警告，此三者加速了环境研究的紧迫性，更打开了环境研究的开放空间：

> 环境问题显然不属于社会科学任何学科独有的研究领域，没有哪一门学科足以为探讨人和自然的全面接触交往提供一种恰当的、独一无二的认识论；也没有哪一门学科可以宣称它专以环境问题为自己的研究对象。事实是，存在着一个无形的学院，它超

---

① 韩立群、胡仁巴：《冰川吞没新疆万亩草场公格尔九别峰冰川移动超二十公里、体积约五亿立方米，专家正准备上山了解情况》，《人民日报》2015 年 5 月 18 日。

出和包括多门传统的社会科学：经济学、社会学、政治学、人类学、法学、行政学和地理学。其中每一门都能为某些特点的课题提供线索，此外更有许多广泛的范围，需要跨学科和多学科的研究和对话。①

1. 从"环境"到"环境问题"

再释"环境"概念　　通过任何形式以科学或非科学的名义讨论问题，确定指涉对象的基本概念，明晰其内涵，是讨论获得共识性展开的基本前提。讨论环境问题亦如此。"环境"，是环境研究的核心概念，环境研究的对象、范围、原理、规律、方法，都从它引发出来。这是因为"环境"是我们对存在于其中的存在世界的对象化意识的客观定格，环境本身的世界存在性，决定了"环境"概念的开放性和语义蕴含的多元性。因而，对"环境"概念的理解和把握，并不是单向度的，基于不同的讨论语境从不同角度切入，"环境"概念就呈现出不同语义指涉。本节再释"环境"概念，是要考察"环境"概念的定位相对什么而论，这不仅牵涉人的思维，还须运用"有理判断"和"观点"。②

首先，"环境"概念不过是对超出人的指控能力的客观存在世界的**意识的**成果。简言之，"环境"概念所指涉的是**被意识到的存在世界**。所以"环境"概念既具有客观性，也具有主观性："环境"概念的客观性，意指它是超出人的指涉能力的存在世界；"环境"概念的主观性，是指当人存在其中的存在世界被人的意识所指涉时，他才成为**存在的**"环境"。

其次，"环境"概念作为**被人意识到的存在世界**，它一旦被有意识地关注，就必然接受"判断"，因为"意识"的本质就是对所意识的对象的审视和判断。从审视到判断，这是意识的展开，所必须借助的是观念：观念指导判断，判断生成概念，并将存在世界按照意识主体的意愿装进概念

① 萨利·M. 麦吉尔：《环境问题与人文地理》，《国际社会科学杂志（中文版）》1987 年第 3 期。

② ［美］肯尼斯·赫文、托德·多纳：《社会科学研究：从思维开始》，李涤非、潘磊译，重庆大学出版社 2013 年版，第 5—6 页。

的框架，这就是"环境"概念作为被意识到的存在世界的主观性所在。

最后，由于概念所指涉的是被人意识到的存在世界，总是蕴含着意识主体的观念性判断，所以概念对存在世界的指涉将出现不同的观念取向。"环境"概念亦如此：当我们用"环境"概念来指涉被意识到的存在世界时，就出现**人为主义**和**自然主义**两种观念取向：人为主义的"环境"概念，以人为关注中心，它是指人类赖以存在的一切自然要素的总和；与此不同，自然主义的"环境"概念，却以生命（或在者）为关注中心，它是指生命（或在者）赖以存在的一切自然要素的总和。

选择不同观念取向的"环境"概念所构建起来的环境理念、环境思想、环境方法，则完全不同。比如，我们对加速衰退并在事实上进入自崩溃进程的环境做社会学考察，采取"治理"的社会方式还是采取"恢复"的社会方式，不仅其内蕴的环境观根本不同，所形成的环境态度也根本不同：采取"治理"的方式来解决环境衰退问题，体现人类中心论环境观，在这种环境观中，环境只是为人所利用的并且只具有使用价值的客观存在物，因而，为我们所治的环境必须顺应我们（即人类）。反之，采取"恢复"的方式来解决环境衰退及自崩溃问题，则体现生命中心论的环境观，在这种环境观中，环境本身的自在品质和自生功能得到彰显，即不是环境顺应人，而是人类必须向环境学习，必须顺应环境本性，必须尊重环境法则、遵循环境规律。

为我们所意识到的存在世界一旦构成"环境"，并不是按照人的意愿方式成为静态的"物"，它始终以自身方式存在和变化。环境以自身方式存在和变化，揭示环境既具有存在的不变取向，更具有变动性。具体地讲，环境的构成既具有相对稳定的**常量**要素，也具有变化不居的**变量**要素。以此观之，构成环境的常量要素，主要有高原、山地、平原、丘陵、裂谷、盆地等地形地貌和大地、山川、河流、海洋、湖泊、草原、森林等地表性质内容；构成环境的变量要素更复杂，它包括生物（动物、植物、微生物）、气候、日照、降雨、风雪、地震、海啸，地球、太阳辐射和地球轨道运动以及星系运行、宇宙引力等因素。并且，环境的变量要素的动态整合总是在不断地改变环境常量，使相对不变的常量也发生变化。相对地看，构成环境的要素有常量与变量之分；但绝对地看，环境构成的所有要素都具有不变倾向和变的可能性及现实性。从这个角度观，环境始终处于**形成**之中，环境的这种形成的进程性，表征为"环境生态"。环境生态不仅揭示环境自存在的位态和环境自存在敞开朝向，也展示环境存在运动朝向的自变动性。

环境问题　生命存在于环境之中，作为生命之一的人类，亦存在于环境之中。人，无论从物种角度讲还是从人的个体角度论，一旦产生，就伴随着**环境感觉**，由此生成感觉环境的能力。感觉环境的能力是人的本能：人存在于环境之中，无时不在感觉环境，接受环境的刺激。但感觉环境，只是意识环境和关注环境的前提，人有本能地感觉环境的能力，并不以此必然意识和关注环境。人们从感觉环境走向对环境的意识和关注，一定是**环境本身**出现了问题，并且环境所出现的这些问题已经危及到了人的存在。所以，无论从哪个领域或角度入手，为我们所意识和关注的不是环境，而是**环境问题**。

理解环境问题，需要从环境入手。所谓环境，是由资源、物、在者等个体性要素整合生成的整体存在状态及运动进程。"环境"的这种整体存在状态虽然为资源、物、在者提供存在其中的土壤、平台、条件，但它却总是服从自身本性并按自在方式存在，并且也是按自在方式为资源、物、在者提供存在的土壤、条件、平台。以此审视环境问题，是指环境被迫违背自身本性，并被迫按照他者方式存在，这种违背自身本性和自在方式而存在的存在状况，最终不能为存在其中的资源、物、在者提供**生**的土壤、平台、条件，由此造成了生命和人的存在的危机。所以究其实，环境问题就是环境的被迫逆生态化，简称为环境逆生化。我们有意识地关注环境问题，就是有意识地关注环境逆生化，并想办法使逆生化的环境重新恢复原生态活力。

2. 环境问题研究的基本视野

我们有意识地关注环境问题的理性方式，就是从认知和实践两个方面解决环境问题。为此，须深入理解并把握环境问题的基本特征。

环境问题及所表现出来的特征，均受制于"环境"。从构成性角度观，"环境"是个整合性概念，它是指众多存在物（比如资源、物、在者）的整合性存在的整体状态：相对环境而言，资源、物、在者，都是个体性存在，并且是构成环境的个体要素；相对资源、物、在者而论，环境始终是整体性存在，并且是由资源、物、在者等个体存在要素整合构成的整体存在。概括地讲，整合性生成和整体性存在，构成了环境的自身特征。这主要体现在以下七个方面：

其一，由于环境问题缘发于环境，是环境被弱化或被迫丧失自身本性的逆生化，所以环境问题呈现出来的基本特征同样是整体性的，并且这种整体性特征是通过具体的环境问题要素整合生成构建起来的。

其二，由于整合构成环境的基本要素是资源、物、在者，当资源匮乏、物枯竭、在者（亦或生命）多样性丧失的情况**普遍**出现时，环境问题才会产生。

其三，以资源、物、在者为视域中心，环境的整合性生成获得了直接性与间接性。比如，构成这个村庄的直接的显性环境，是它赖以立足的这块具体的土地，前面的那条 200 米宽的河，背后的那座树木茂密的山岭，左边那一望无际的农田，右边这片果林……；构成这个村庄的间接的隐性环境，却是这个村庄所处的乡、县、省、国家的地域环境生态，以及气候、降雨、灾害状况等等。环境问题亦如此，任何环境问题既呈现直接的、显性的逆生状况，也隐含间接的、隐性的逆生状况。比如，今天的城市环境问题非常突出，但城市环境所突显出来的直接问题是污染立体化、人口拥挤、空间狭窄等，其间接的问题却是地面承载力弱化、大地自净化力丧失、气候失律等等。

其四，环境问题不仅既直接显性呈现又间接隐性呈现，而且既呈静态更呈动态：环境问题的静态性，表明环境问题一旦产生，就具有相对自持的稳定性；环境问题的动态性，意味着环境问题获得生变的多种可能性，既可朝向自我消解、崩溃的方向敞开，也可朝向自我膨胀的方向敞开，更可能朝自我修复方向敞开。

环境问题动态敞开的各种可能性，既取决于环境逆生化本身的严重性程度，也取决于人类关注环境并**着力于**解决环境问题的程度。仅前者言，假如环境问题本身超过了环境自回归原生态的临界点，它唯一的结局就是**环境崩溃**。就后者论，人类要成为解决环境问题的决定性力量，主要取决于两个方面：一是人类有意识地关注环境问题成为普遍的努力，这要求研究环境问题的思路正确，认知深刻到位；二是在正确深刻地认知环境问题的基础上，着力于解决环境问题的方式、力度和强度。人类选择着力于解决环境问题的方式涉及两个方面：第一是着力于解决环境问题的认知方式到底选择人本中心论还是选择生命中心论；第二是着力于解决环境问题到底是选择单向度的行为方式还是选择多向度的行为方式。一般地讲，持有人类中心主义认知视野，其选择着力于解决环境问题的行动方式往往是单向度的治理；持有生命中心论的认知视野，其选择着力于解决环境问题的行动方式往往是多向度的。但卓有成效的着力于解决环境问题的正确方式，应该是治理与恢复并重，并且恢复环境的方式比治理环境的方式更根本更重要。

客观地讲，选择何种着力于解决环境问题的方式，从根本上决定着解决环境问题的力度和强度及实际成效。比如，面对越来越严重的太湖问题，我们选择了单向度的治理行动方式，投入了大量的财力、人力来治理，结果收效甚微。太湖治理所形成的这种大投入小收效的状况，源于两个根本因素：一是选择单向度的治理行动方式的认知观念、指导思想，是人本中心主义，因为人本中心主义总是将自然、环境看成是静止的、无生命的使用对象，所以当环境出现逆生状况时，人们认为只有通过积极治理才能使之得到解决，这种认知思路展开所达到的实际结果，是**将环境的内在问题外部化**。二是当静止地看待环境问题时，就会从根本上忽视环境问题的动态生变性，环境问题被治理者将其固化为一个不变的治理"对象"，与这个治理"对象"相关的其他因素都变得无关紧要，因而，人们可以一边治理，一边我行我素地继续破坏这个正在治理的"对象"。比如，治理太湖的过程，同时也是建设太湖的过程，即人们一边治理太湖，一边继续在太湖周围展开圈地运动，扩张城市、建设工厂、排放污水……。

其五，环境问题所呈现出来的如上特征及取向，最终源于环境自身的力量。环境自身的力量，就是环境遵循自身本性以自在方式生变运动的力度、强度以及持续敞开的稳定度，具体地讲，环境自身的力量就是环境的自组织和自生成力量。从操作角度讲，环境的这一自组织和自生成力量就是它的自我编程能力，简称为**环境编程**。（详述参见第二章第一部分）

环境编程之成为可能，其秘密蕴含于环境自身之中。如上所述，环境的基本构成要素是资源、物、在者。一般地讲，资源相对于物的存在而论，对一物的存在构成直接的便利和好处的在者，就是资源；对一物存在不构成直接的便利和好处的在者，就是物。无论是资源还是物，均客观地存在着两类形态：有生命的形态和无生命的形态。客观论之，一切有生命的形态都具有亲生命性；亲生命性，这是有生命的资源形态、物质形态具有自组织和自生成力量的内在动力。"大体上，生命是这样一种过程，无论何时它都有大量的能量流动，其特点在于它具有**在消耗自身的同时塑造自身**的趋势。但是，这样做时，它必须一直向周围环境排泄低等产物。"[①]推动环境以自在方式敞开自组织、自生成性的编程运动的最终力量，恰恰是构成环境的基本要素以亲生命取向所涌动生成的自创化、自调节的"能量流动"。这种能量流动既以"消耗自身"为代价，同时也以重新"塑造自身"为方向（即"趋势"）。这种"消耗自身的同时塑造自身的趋势"，就是在消耗自身的过程中重新创化自己、重新生育自己的过程。然而，在物理世界里，那些"无生命的物质也能自发组织，产生富有意义的过程"[②]。推动物理世界中一切无生命的物质产生自组织过程的恰恰是"一只无形的手"，"这只使一切事物有条不紊地组织起来的无形之手"就是

---

① ［英］詹姆斯·拉伍洛克：《盖娅：地球生命的新视野》，肖显静、范祥东译，上海人民出版社 2007 年版，第 5 页。

② ［德］赫尔曼·哈肯：《协同学：大自然构成的奥秘》凌复华译，上海译文出版社 2013 年版，第 7 页。

"序参数"①。这是因为在物理世界中，无论是有生命的物质还是无生命的物质，都具有自催化特性："与序参数和支配原理相似，自催化概念所具有的重要性远远超出了化学领域。在这个意义上，流体中的滚卷运动也具有自催化的特性。不断发展的滚卷运动，即使开始时运动是微弱且纯粹是偶然形成的，也将得到加强，自催化和集体运动的不稳定性不断增加，二者是一回事。这表示大自然显然一再应用同样原理来形成各宏观有序运动或模式。"② 环境内在地具有自组织、自繁殖（即自生成）、自调节、自修复力量，这种自组织、自繁殖、自调节、自修复力量就是环境能力。③ 环境能力以自身方式进行自我编程。当环境处于生境状态时，环境能力以自身方式进行有序编程；反之，当环境处于逆生状态时，环境能力同样以自我变异方式展开**无序编程**。（参见第二章第三部分）

环境的自我编程运动，原动力于环境的自组织、自繁殖、自调节、自修复力量。以这种自组织、自繁殖、自调节、自修复力量为原发动力的自我编程，构建起环境动态生变的自在方式。从现象观，人类活动改变着环境；但从本质论，环境始终通过自我编程构建动态生变的自在方式。换句话讲，人类活动改变环境——无论这种改变是使环境朝死境方向还是朝生境方向——都不是人类活动直接作用于环境所能完成的，而是环境以自组织、自繁殖、自调节、自修复为内动力进行自我编程实现的。这是无论从哪个领域切入研究环境问题所必须具备的基本视野。

其六，环境问题始终是一个处于生变进程中的整体问题，这就决定了人类谋求解决环境问题，不仅需要社会科学的整体动员，也需要人文学术的积极参与，更需要自然科学的全面努力。研究、探索解决环境问题的道路和方法，是人类所有学科都可以为之努力的事情；并且，在研究、探索

---

① ［德］赫尔曼·哈肯：《协同学：大自然构成的奥秘》凌复华译，上海译文出版社 2013 年版，第 7 页。

② ［德］赫尔曼·哈肯：《协同学：大自然构成的奥秘》凌复华译，上海译文出版社 2013 年版，第 7 页。

③ 有关于"环境能力"，笔者已有专文讨论。参见唐代兴：《环境能力引论》，《吉首大学学报（社会科学版）》2014 年第 3 期；唐代兴：《再论环境能力》，《吉首大学学报（社会科学版）》2015 年第 1 期。另外参见《恢复气候的路径》第一章。

解决环境问题的努力进程中，所有学科都是平等的，没有哪个学科比另外的学科更优越，更没有哪个学科比其他学科更具有主导地位。更重要的是，任何学科，只要登上参与解决环境问题研究的大舞台，就不能自以为是、故步自封，必须具备一种平等的学科胸襟和开放的学科姿态，展开学科与学科、领域与领域之间的对话与融通。

客观地看，在今天，环境逆生化已成为不可回避的世界性难题和日常生存问题，任何学科、任何领域都不可能避开环境问题全身而退。由此使环境问题不仅成为许多新学科得以诞生的真正动力，也使所有老学科因为它而焕发青春。比如，史学因为环境问题而产生了环境史，并且使之成为史学中的显学；政治学因为环境问题而有了环境政治学、灾害政治学、气候政治学以及绿党政治学、地域政治学等；社会学因为环境问题而催生出环境社会学、自然资源社会学……。凡是以环境为主题或为切入角度的学科，它们之间都因为环境而客观地存在着关联性，包括基本认知、基本视域、基本思想的共享性和基本方法的整合性，那种以自己所涉及的学科而否定或排斥其他学科的想法或做法，都是无知的傲慢，这种无知的傲慢不适合于做环境问题研究。

其七，环境和环境问题的自我编程运动，揭示环境问题得以最终解决的社会方式：第一，治理不是根本之道，恢复才是根本之道；第二，单一地追求治理或恢复，都是片面的，只有治理与恢复并重，才是正确的社会方式。

客观地看，实施环境治理，这是治表的社会方式，但也是积极作为的社会方式，即我们向环境索取了多少，就有责任向环境偿还多少。比如，我们污染了这条河流，就有责任投入人力和物力去治理这条河流，使之恢复原生态。从根本论，治理环境虽然是治表的社会方式，它却唤醒了人们的责任感、负罪感，对环境的局部恢复具有不可忽视的作用。但治理所产生的生境效果始终有限，如果在其他条件不改变的情况下，这种治表的积极行为所产生的社会效果，最终将被无节制的发展所消解掉。所以，要使治理获得实质性的持续社会效果，必须启动恢复环境的社会方式。

恢复环境，这是一种消极不作为地解决环境逆生化问题的社会方式。相对地讲，治理环境，是为解决面对的环境问题而努力**向前冲**的方式；与此相反，恢复环境，却要求人类从环境问题中撤离出来，向后退，退到环境问题之外，不向环境采取任何形式的作为，即既不治理也不建设。治理，是向环境赎罪；建设，是继续开发利用环境以实现自我便利。不建设，就是直接终止一切形式的利用环境、开发环境和破坏环境的想法和努力；不治理，就是间接终止一切形式的利用环境、开发环境和破坏环境的行为和方式。从根本讲，不仅**建设破坏环境，治理也破坏环境**。所以恢复这种不作为的社会方式是既不建设也不治理，它有两个好处：第一是真正避免了人力对环境的破坏；第二是使环境在无干扰、无破坏的状况下真正地休养生息。通过时间的保障，环境在这种自我休养生息的过程中会逐渐获得自组织、自繁殖、自调节、自修复的活力。

三、环境问题研究的大综合方法

环境进入人的视野，是因为环境出现了问题，影响到人的存在和生存。人存在于环境世界中，环境问题关联起人的存在和生存的方方面面，以解决环境问题为基本努力的社会人文科学研究，必须打破学科封闭性，形成大科际整合的开放性视野，探索融合自然律和人文律的跨学科研究方法，这是社会人文科学研究环境问题所需要具备的基本条件。

1. 环境问题研究的基本方法

解决环境问题的两种社会方式特征　治理环境和恢复环境，这是解决逆生化环境问题的两种社会方式，它们各自体现如下特征：

概括地讲，治理环境的社会方式体现三个基本特征：第一，研究如何治理环境问题，须立足于具体对象，但往往忽视环境问题整体，这是治理环境的社会方式所体现出来的方法论视野。比如，湖泊治理、海洋治理、水土治理、沙漠化治理、污染治理等，都是具体的。并且，这种具体的治理对象还必须落实在更具体的地域上，否则，就不是真正意义的治理研究。第二，研究治理环境问题必须采取实证分析，因为只有实证分析，才能设计出具体的治理操作方案，或得出数据化的治理实绩来。第三，研究治理环境问题必须假定其研究行为本身的高度客观性，即环境治理研究必须价值中立。因为唯有假定价值中立，才可客观化；唯有客观化，实证分析所形成的治理方案或治理实绩，才具有完全的真实度和绝对的可信度。

与此不同，恢复环境的社会方式却体现完全相反的基本特征：第一，研究如何恢复环境，不仅要关注具体，更要超越具体达向整体把握，比如要恢复北京的空气清洁，不仅要关注北京的排放，更要关注整个华北、东北的排放；不仅要关注二氧化碳等各种温室气体和污染物的排放控制，更要关注地球、大气层对二氧化碳等温室气体和污染物的自净化功能的增强。所以，研究如何恢复环境的问题，既是对具体环境对象的研究，更是对整体环境生态的研究，是具体与整体的整合研究，也是局部动力学与整体动力学的整合研究。第二，研究环境恢复，当然要运用实证分析，但更需要原理分析。因为只有原理分析才能把握整体，进行整体的导向设计和宏观的方法设计。第三，研究环境恢复，既要高度重视其客观性，更要关注其主观性，并追求客观性与主观性的真正统一。因为实施环境恢复，既要高度尊重环境的自身本性及自在方式，尊重环境编程的内在动力机制和自身规律，更要重新调整和摆正人对环境的姿态。所以，恢复环境的社会工程，必有明确的价值选择，任何价值中立的想法和愿望，都是不切实际的虚幻。因为任何有人力参与的事情，都融进了人的特有价值取向，哪怕这种价值取向是隐性的。没有价值参与的人类行为根本不存在，以此来看恢复环境或治理环境的研究，根本的问题不是价值中立或不中立，而是选择什么样的价值取舍向度的问题。

研究环境问题的两种基本方法　探讨逆生化的环境问题，谋求最终的解决之道，既需要治理，也需要恢复。所以治理和恢复构成解决环境问题的整体社会方式，这种整体社会方式恰恰是治表与治本的有机统一。为此，研究环境问题，既需要社会科学方法，也需要自然科学方法。

实证分析的操作取向——英国社会科学家迈克尔·马尔凯（Michael

Mulkay）指出："社会学的任务，不是中立地报告关于客观社会世界的事实，而是积极地参与到社会世界之中，目的在于创造可能的社会生活的不同形式。"① 由此可以看出，社会学不是研究静态现象的科学，而是研究社会**变化**的科学。但社会学并不是研究社会的**一般**变化，而是研究社会变化的**特殊**形态，或可说是研究社会的特殊变化。用谢宇的观点讲，社会学研究社会变化的重心是社会的**变异**本身，因为"变异却是社会现实的本质"②。基于这一认知，谢宇特别强调社会学研究的独特性，并将这种独特性提炼为三大原理，即变异原理、社会分组原理和社会情境原理，并认为"这三个原理可以作为我们运用实证方法分析社会现象的重要指南"。③以这三大原理为指南，社会科学展开实证分析，既需要定量方法，也需要定性方法。因为单一的定量分析总是将社会科学引向浅表和故步自封。社会学家邓肯（O. D. Duncan）指出，量化不等于科学推理，单一的或者过度的量化分析反而会引人误入歧途："经常可以看到这种我称之为统计至上主义（statisticism）的病态：把统计计算混同于做研究，天真地认为统计学是科学方法的完备基础，迷信存在能够评价不同实质性理论之优劣或是能够评价任何'因变量'（即结果）的各种原因的重要程度的统计公式；幻想一旦分解了那些随意拼凑起来的变量间的共变关系，就不仅能以某种方式证明一个'因果模型'，更能证明一个'测量模型'。"④ 完整的实证分析研究，始终是定量分析和定性分析的有机统一："无论是自然科学还是社会科学，各个学科都同时需要定性和定量研究，两者实际上不可能完全分割开，也不应当把它们相互对立起来。一些从事定量研究的学者，认为定性研究缺乏科学性。其实，根据某种特征和规则把社会现象进行类型的划分，是定量研究的前提，而这本身就是定性分析。……定量分析通常

① ［英］迈克尔·马尔凯：《科学社会学理论与方法》，林聚任等译，商务印书馆 2006 年版，第 12 页。
② 谢宇：《社会学方法与定量研究》，社会科学文献出版社 2012 年版，第 12 页。
③ 谢宇：《社会学方法与定量研究》，社会科学文献出版社 2012 年版，第 5 页。
④ O. D. Duncan, *Notes on Social Measurement*, *Historical and Critical*, New York: Russell Sage Foundation, 1984, p. 226.

是以定性分析的结果为基础，再对社会现象的变化过程、社会不同因素之间的相互作用进行数据分析，从而总结出带有规律性的结论。"①

实证分析之所以需要对定量方法与定性方法的整合运用，是因为定量分析和定性分析既具自身特征，更具自身局限，这集中表现在此两种方法受两种逻辑方式支配。前者以类型逻辑为内在方式，后者以总体逻辑为内在方式。概括地讲，类型逻辑思维以平均值为准则，将偏离平均值的偏差看作"误差"。总体逻辑思维却认为研究的对象客观地存在平均值和偏差两个属性：平均值展示现实存在的静态属性；偏差却是更重要的现实存在，它揭示了现实存在的动态属性。类型逻辑思维是一种封闭性和规范性的线性思维，它适合于定量分析，或可说定量分析的内在思维方式就是类型逻辑思维方式。与此不同，总体逻辑思维却呈现开放性和非线性，它追求空间与时间、个体与整体的统一，所以必须以定性分析的方式呈现。

综合运用定量分析和定性分析方法，乃社会人文科学追求实证研究所必需。综合运用定量和定性两种方法，就是"一种把定性和定量方法用于问题类型、研究方法、数据收集和分析过程或推论的研究设计"②，或可说"调查者在一项单独的研究或调查项目中对定性数据和定量数据进行收集、分析、混合和推断的研究"③ 实现了对实证分析的"意义提升"（significance enhancement）。即综合运用定量方法和定性方法，一是将定量分析的结果与定性数据进行比较，实现"三角互证"；二是在一种方法的结果与其他方法的结果的比较中寻求解释、例证、改进和澄清，实现"互补"；三是用某种方法的结果来丰富另一种方法的结果，实现"发展"；四是揭示研究问题重构过程中似是而非的观点和矛盾，以及描述数据中出现的新观点，促进"引发"；五是通过综合使用多种方法来扩大研究的范围

① 谢宇：《社会学方法与定量研究》，社会科学文献出版社 2012 年版，第 11 页。
② Abbas Tashakkori & Charles Teddlie, *Sage Handbook of Mixed Methods in Social & Behauioral Reseach*, Thousand Oaks：SAGE Publications, 2010, p. 711.
③ Abbas Tashakkori & John W. Creswell, "The New Era of Mixed Methods", *Journal of Mixed Methods Research*, Vol. 1, No. 1, 2007, p. 4.

和广度，实现"扩展"。①

综合运用定量方法和定性方法，更是解决复杂环境问题所必需。因为我们存在其中的环境变异，比社会变异更为复杂，体现更强的总体特征，复杂的变异过程中各变量之间因果关系体现更高的概率性。当用社会科学的实证方式来研究环境问题时，必然涉及环境变化的共性（即一般规律）、环境变异无序态势及各种可能性、环境变异的类型以及环境变异的整体动力学与局部动力学等问题，对这些问题的定性分析所形成的宏观分析框架，构成对环境变异的具体对象、具体问题做定量分析的基础。所以运用社会科学的实证方式来研究环境问题，"描述性研究是很重要的。很多人看不起描述性的研究，但是我们搞社会学的、搞定量化研究的，在没有很强的假定的条件下，能做的只是描述性的东西，我觉得这是很伟大、很重要的东西，否则我们什么也不知道。"②

原理分析的智识规范——环境问题，既是人类社会问题，也是自然世界问题，研究环境问题必然涉及人类社会和自然世界，对它做整体的、正确的和深刻的把握，仅仅运用社会科学方法是不够的，还需要运用自然科学方法。因为，虽然环境问题的社会化形成，直接源于人类社会无限度发展对自然世界的生态破坏，但人的力量通过社会合作的方式指向自然世界所形成的负面影响力，并不直接构成环境变异，环境变异是环境自我编程之体现。所以环境编程才是导致环境变异的直接方式，人类活动、社会发展仅是影响环境编程的变量因素。以此来看，人类活动、社会发展构成环境编程的变量因素何以可能？人类活动、社会发展以什么方式作用于环境编程？环境编程又是在何种状况下才违背自身本性展开逆生态编程？这些问题是社会科学无力解决的，它需要自然科学的参与。

研究环境问题时要能自如运用自然科学方法，须对科学有整体了解。

---

① Jennifer C. Greene, Valerie J. Caracelli & Wendy F. Graham, "Toward a Conceptual Framework for Mixed-Method Evaluation Designs", *Educational Evaluation and Policy Analysis*, Vol. 11, No. 3, 1989, pp. 255—274.

② 谢宇：《社会学方法与定量研究》，社会科学文献出版社 2012 年版，第 52 页。

客观论之，科学所关注的对象是世界本身。关于世界，柏拉图为后世构建起了基本的认知：他对世界进行了两分，即本体的世界（world of being）和形成的世界（world of becoming）。本体的世界是抽象的、单一的但同时又是普遍的、永恒的世界，它由真理、原理、知识、法则构成，是世界的本质状态；形成的世界是具体的、连续的、多元的，它以动态不息的变异为呈现方式，是世界的现象状态。所以，本体的世界是永恒的，形成的世界是变异的，并且这种动态不息的变异是对永恒不变的拙劣复制。本体的和形成的这二维世界，为科学的分类学提供了最终依据。一般地讲，自然科学更关注本体的世界，因而必以"发掘世界中的真理为最终目的。与此相反，社会科学更关注形成的世界，因而往往以"了解"形成的世界为努力方向："历史上很多人想在社会科学领域找到一种真理，能够适用于各个方面，并且做过多方面的尝试。我认为社会科学不应该是这样的。在社会科学中，我们的目的是去了解现实社会，而不是去挖掘永恒的真理。"[1]由于努力目标不同，也就形成认知与方法的区别：自然科学构成人类探索自然世界的存在知识、起源、本质、方法及局限的哲学分支，其"（关注的）重点并不在于了解具体的现象，而在于了解典型的现象"，通过对典型现象的本质探讨，揭示世界真理，为此必然选择实验的方法来证明其发现的真理的可靠性。社会科学却不同，其"关注点在于所有个案组成的总体的状况"，为此"只能运用一定社会环境下的数据（被称为观察数据），而观察数据必然受到外来因素的影响"。[2] 仅此而论，社会科学追求绝对的客观和中立，仅仅是社会科学研究者的学科理想和主观愿望。

概论之，由于本体论追求和认知论确立的差异性，运用社会科学方法研究环境问题，必须注重观察数据的收集，并在此基础上展开定量分析和定性分析。运用自然科学方法研究环境问题，需要借助于实验来验证发现的知识是否为真知，所以实验方法虽然是自然科学研究的基本方法，但根本方法是真知发现方法，简称为原理方法。

---

① 谢宇：《社会学方法与定量研究》，社会科学文献出版社 2012 年版，第 57—58 页。

② 谢宇：《社会学方法与定量研究》，社会科学文献出版社 2012 年版，第 58 页。

2. 实证方法与原理方法整合

环境问题总是以自身方式把自然科学和社会科学紧密地联系起来，使之构成科学探索的整合问题。认真说来，对环境问题展开整合化的科学探索，才是真正地"起始于我们发明的一个关于可能世界的故事，随着推进，我们批判和调整它，最终尽可能使之变成一个关于现实世界的故事。"① 在对环境问题的科学探索中，这个"可能世界的故事"，是基于实然的环境灾难、环境悬崖而展开的以自救为目的的**应然**设计，即我们的实际生存所需要的环境世界应该是怎样的世界。基于对这一**"应该如此"**的环境世界的自救性发现，构成了我们探讨环境问题、批判人类行为、检讨社会发展、治理环境灾难、恢复环境自生境功能的实质性指南，以此展开持续不衰的努力的最终行动成果，就是一个生机勃勃的环境世界变成我们生活的实际故事。

要将这样一个**"可能世界的故事"**变成一个**"现实世界的故事"**，当然需要社会整体动员的行动，但前提是对环境问题展开理性探讨，因为只有理性地探讨环境问题，才可为社会整体动员的治理和恢复行动提供正确的环境智识和环境方法。环境问题研究要能够为社会整体动员的治理和恢复行动提供正确的环境智识和环境方法，必须整合运用社会科学的实证分析和自然科学的原理分析这两种基本方法。

环境方法　环境方法是指治理退化的环境、恢复环境生境的社会自救战略、整体实施方案和具体操作技术。客观论之，正确的环境方法的形成，必须建立在正确的环境智识基础上。比如，问题环境治理涉及的首要问题是环境何以需要治理。这个问题的实质是：第一，环境治与不治的分界线在哪里？也就是说，环境运动朝着什么方向敞开并达到什么状况时，才需要治理？第二，环境一旦需要治理，其实施治理的最终依据是什么？第三，需要治理的环境通过实施治理最终要达到什么状况才算是卓有成效？第四，治理环境需不需要共守原理和行动准则？如果需要，这些能够

① ［美］肯尼斯·赫文、托德·多纳：《社会科学研究：从思维开始》，李涤非、潘磊译，重庆大学出版社 2013 年版，第 11 页。

指导社会整体动员实施环境治理的环境原理和行动准则又是什么？如上这些涉及治理是否理性和正确，是否普遍和卓有成效的基本认知问题，是实证分析所不能提供的，它必须求助于原理探讨。所以，在环境问题的探讨中，社会科学方法只能是一种具体对象、具体问题、具体行动以及具体成果的实证方法，这种方法不能引领研究达向对具体对象、具体问题以及具体成果的整体追问。

另一方面，一旦环境出现问题需要治理时，表明环境问题已经成为普遍的问题，对此展开治理，仅仅是治表方式，因为这种方式存在着两个方面的根本缺陷：一是治理方式忽视了造成环境问题的根本之因，放弃了对造成环境问题的根本之因的扼制和消解；二是治理方式从根本上忽视对环境本身的认知，粗暴地将环境视为仅为人而存在的静态存在对象，治理环境的目的也是使其更好地为人类所利用。这两个方面的认知缺陷，使治理方式的实施产生"成本付出大，实际效果小"的结果。因为，环境治理要卓有成效，需要解决的根本问题有二：一是造成环境问题的根本社会原因；二是环境问题出现表明环境本身发生裂变的性质程度。只有正视和深入探讨前一个问题，才可找到解决环境问题的症结和治本的正确思路；只有正视和深入探讨后一个问题，才可获得解决环境问题的最终依据、法则、规律和方法。

要谋求解决如上两个方面的问题，社会科学方法无能为力。因为在环境问题研究上，社会科学的实证方法更多地适用于为人们的治理实践提供**行动的**智慧，但难以为人们的治理实践提供**认知的**智慧。人们要在治理实践中获得认知的智慧，这就需要自然科学的参与，因为只有运用自然科学的原理方法才可获得治理实践的整体智慧。

环境智识　整体观之，自然科学探讨环境问题，是为环境研究提供环境智识。所谓环境智识，就是对环境的认知智慧，它由环境知识、环境原理和环境方法三部分构成。

环境智识，也就是对环境的一般认知所形成的知识体系。对环境的一般认知主要有三个方面的内容。其一是对生命、环境的认知：环境相对生命才成立，人虽然只是生命的构成单位，但他因获得人质意识和能力，具备了超越所有生命的独特力量，这就是进军环境的力量。其二是对自然、环境、资源的关系的认知：环境与资源都相对人（或生命）而论，但资源是环境的具体构成，环境是资源的整合状态；相对地球生命的存在和人的生存而言，环境既是具体的，也是宏观的和宇观的。从宇观角度看，自然（包括地球和宇宙）就是环境，就是生命和人得以存在敞开的宇观环境。其三是对人与环境的关系的认知：环境不是人的外在对象，恰恰相反，人存在于环境之中，并接受环境的安排。所以，环境原理、环境法则、环境规律以及环境的敞开方式和运动机制，人人必须遵守。环境问题的出现，其症结是**环境失性**。环境失性导致了环境编程无序化，这种无序化的突变形态即环境灾害（包括气候灾害和地质灾害）、环境悬崖。

环境原理，就是自然原理，亦可分别称之为数学原理、物理学原理、生物学原理、化学原理，等等。从整体讲，数学是关于空间的科学，它构成自然科学的思维工具；物理学、化学、生物学，是自然科学的基础科学，其他所有自然科学分别从这三门科学中衍生出来。

在人们的习惯性认知中，数学与环境没有关系。其实不然，作为以关注空间性问题为主题的数学，曾被笛卡儿称为"普遍数学"（mathesis universalis），即普遍方法，这是因为关注空间生成与展开法则的数学所体现出来的一般特征，是"度量"和"顺序"。数学的度量往往是指相同对象的量与量的比较，它本身蕴含**性质**和**程度**的含义，对数学中"度量"的哲学界定可以扩展"度量"的"性质"和"程度"，找到不同事物之间在性质方面的**相似**和程度方面的**差异**。数学中的顺序有两种：一是**从简单到复杂**，它蕴含综合的方法；二是**从复杂到简单**，它蕴含分析的方法。综合与分析，这是两种相逆的方法，打通这两种相逆方法的路径，就是从哲学入手重新审视数学中的"顺序"，彰显从简单到复杂以及从复杂到简单之间所隐含的**因果关联性**。这种因果关联性既使同质的事物产生顺序成为现实，又使异质的事物间形成顺序成为可能。由此，数学中的"顺序"特性构成了推论世界事物的**原因与结果**之知识的基本方法，也彰显出由原因与结果所构筑起来的"顺序"本身内在地蕴含空间独立的距离原理和秩序原理。同样地，以哲学的方式重新审视数学的"度量"和"性质"问题，自然会发现隐含于"度量"中的尺度观念和隐含于"性质"中的平等原理。毕达哥拉斯认为，世界的本原是数，宇宙世界及万事万物都由数构成。数本身不仅构成度量，而且还构成性质与顺序关系，前一种关系规定了宇宙世界万事万物之间的存在本质是平等，后一种关系揭示了宇宙世界万事万物之间平等存在的根本条件是空间独立。平等和空间独立，构成了环境之内在本性和敞开存在的自在方式。以此来看人类对自然界的活动所造成的实际破坏，恰恰打破了自然世界（即环境）的内在平等框架和必须的空间独立格局。物理学、化学、生物学以及由此三者衍生出来的其他学科对自然世界（即环境）的探讨，无论以怎样的方式展开，都无法避开数学所揭示的度量、性质和顺序，更无法避开由度量、性质、顺序所蕴含的尺度原理、平等原理、空间独立的距离原理和秩序原理。因为从根本论，自然社会、环境世界的自生境编程运动，既需要不变的尺度规范，更需要遵循平等原理、空间独立的距离原理和秩序原理才可有序展开；反之，只有当其自生境功能内在地丧失时，自然社会、环境世界的编程运动才朝着远离平等原理、空间独立的距离原理和秩序原理的方向敞开，而被迫遵循失性的层累原理、突变原理和边际效应原理。换言之，环境自生境运动，必遵循自生境原理，具体地讲就是遵循本原性的尺度原理、平等原理、空间独立的距离原理和秩序原理；环境失性所形成的退化运动，恰恰要遵循灾变原理，具体地讲就是遵循逆生化的层累原理、突变原理和边际效应原理。

自然科学研究和探讨环境问题，努力揭示环境的自生境原理和环境失性的灾变原理，其目的是为社会整体动员展开环境治理和环境恢复提供原理方法。客观地看，运用自然科学的原理方法来探讨环境问题，首要任务是揭示环境的自生境原理，为环境治与非治提供认知的界限，也为必为的环境治理提供最终的依据、共守的原理和行动的准则。在此基础上揭示环境失性的灾变原理，为治理环境与恢复环境划定界限，并为治理环境和恢复环境提供必须遵守的准则，即环境失性与灾变，遵循的是层累原理；环境失性和灾变从量变到质变的敞开，却遵循突变原理；环境失性与灾变一旦发生质变，其所产生的对社会和自然的破坏性、毁灭性影响力，则要遵循边际效应原理。解决环境失性与退化问题，即治理和恢复环境，同样要遵循层累原理、边际效应原理和突变原理。

　　根据自然科学研究所揭示的环境原理，即环境自生境原理和环境灾变原理为我们提供的环境智识，恢复环境比治理环境更根本，治理环境比恢复环境更迫切。只有治理和恢复互动，才是从根本上解决环境问题的正确社会方式。要使这一正确社会方式得到全面实施，正确的认知引导是根本。但获得这一正确认知引导的根本前提，是全面展开大学科整合的环境问题研究，自觉地整合运用自然科学的原理方法和社会科学的实证方法。

第二篇

实践理论与路径

第五章 环境治理的生态文明目标

环境问题，伴随人类而诞生，但没有哪个时候的环境问题如当代这样从深度和广度两个方面形成前所未有的危机。在人类文明进步的阶梯上，农业文明将人从动物社会中解放出来而成为人，因而，**为了生存**而只能服从自然力，在被动接受环境支配的生存状况下，只能以"微弱之手"影响环境，这种影响因为环境自身强大的自修复功能而被完全地忽略；工业文明却将人从身体中解放出来而成为现代智力人，并**为了更好地生存**而开发技术、征服自然和掠夺地球资源，致使人在与自然的对立中终结自我与环境的本原关联，这种被迫分离的存在境况必然激发人的再度觉悟而展开环境治理，并以治理环境为契机和方式，探索新文明方式，开辟新文明道路，这种新文明就是生态文明。

生态文明之所以能构成环境治理的实际社会目标，是因为生态文明的本质诉求是生境化的，生态文明的实质指南是生境主义的。所谓生境主义，就是自然、生命、人合生存在和环境、社会、人共生生存，亦可简称为人、生命、自然、社会**合生存在**和**共生生存**。从本质论，生态文明就是人、生命、自然、社会合生存在和共生生存的文明，所以，生态文明就是生境文明，或曰，只有生境主义文明，才是生态文明。开辟以生境主义为价值引导、以生境为目标的生态文明道路，其实质努力是将人从欲望中解救出来，使之成为具有整体关联智慧的人。建设生态文明，其努力方向不是通过保护环境而发展技术、开发资源、创造财富，实现物质幸福论梦想，而是遵循限度生存原理，以重建生境为整体战略，以全面开发人的心商和情商为社会动力，恢复（自然和社会）环境的自生生能力，开辟可持续生存式发展方式，实现"自然、生命、人"合生存在和环境、社会、人共生生存。这种共互生存的人本表述，就是利用厚生、简朴生活；这种共互生存的社会表达，就是生态理性、代际储存、绿色生存方式。

一、生态文明的性质定位

以历史的眼光看，人类创造文明，始终行进于过程之中：文明在过程中诞生，在过程中展开，在过程中不断生成和鼎新，由此才产生生态文明。生态文明，虽然已被大力倡导并从理论和实践两个方面全面推进，但无论从实践论还是从理论言，对它的探索刚刚开始。对其"开始"历程予以客观回顾，有利于更好地向前发展。

1. 生态文明的发展历程

"生态文明"一词诞生于 1990 年，李绍东在《西南民族学院学报（人文社科版）》发表第一篇生态文明文章《论生态意识和生态文明》，至今已经 27 年。27 年的时光中，产出了以"生态文明"一词为标题的文章近 4 万篇，著作 300 多部，其成就斐然。尤其是近年来，环境加速恶化，环境治理步子更大、力度更强，生态文明建设的实践要求更高。因而，对于生态文明的基本认知、理论问题的求解更为迫切。因而，对生态文明的发展历史予以回顾和梳理，成为必须。

观览"生态文明"研究，可分前后两个时段，它以 2007 年为界。比较论之，2007 年以前的生态文明研究所借助的主要思想资源，是西方的环保运动、未来社会学、生态学、环境哲学、绿色政治学、后现代主义等，由此形成研究主要围绕"生态文明"概念定义、性质定位、形态构成等方面展开自由思考，各种有关生态文明的"蓝图"相继诞生，但达成普遍共识的"生态文明"理念和社会图景，并没有得到真正的和清晰的呈现。2007 年以后，生态文明研究所凭借的主要资源，是我国执政党的社会发展纲领和由此形成的国家环境治理政策，自此，生态文明研究开始转向环境治理的政策性实证研究。

2007 年，"生态文明建设"首次写进党的十七大报告，该报告第四部分从"增强发展协调性,努力实现经济又好又快发展""扩大社会主义民主,更好保障人民权益和社会公平正义""加强文化建设,明显提高全民族文明素质"和"加快发展社会事业,全面改善人民生活"等五个方面阐述了"实现全面建设小康社会奋斗目标的新要求",它是生态文明建设为之实现的目标:"建设生态文明,基本形成节约能源资源和保护生态环境的产业结构、增长方式、消费模式。循环经济形成较大规模,可再生能源比重显著上升。主要污染物排放得到有效控制,生态环境质量明显改善。生态文明观念在全社会牢固树立。"① 概括地讲,建设生态文明,必以"努力实现经济又好又快发展"、确保经济持续增长为主题,以节约资源、控制污染,保护环境为基本战略,以实现生态环境保护、改善环境质量为根本目标。然而,从 2007 年到 2012 年,按照这种思路来展开生态文明建设,其环境状况不是变得更好而是更加恶劣。面对这一日趋恶劣的环境状况,党的十八大报告用第八部分专论"生态文明",并将"大力推进生态文明建设"作为"基本国策"确立下来。

> 建设生态文明,是关系人民福祉、关乎民族未来的长远大计。面对资源约束趋紧、环境污染严重、生态系统退化的严峻形势,必须树立尊重自然、顺应自然、保护自然的生态文明理念,把生态文明建设放在突出地位,融入经济建设、政治建设、文化建设、社会建设各方面和全过程,努力建设美丽中国,实现中华民族永续发展。②

建设生态文明,已不单纯是保证"又快又好发展经济"的问题,而是关涉到"人民福祉"和"中华民族永续发展"的问题。所以,建设生态文明,不仅要将其"融入到经济建设、政治建设、文化建设、社会建设各方面和过程"中去,也必须从制度建设入手,"建设生态文明,必须建立系统完整的生态文明制度体系,实行最严格的源头保护制度、损害赔偿制

---

① 《十七大报告学习辅导百问》,学习出版社 2008 年版,第 68—69 页。
② 《十八大报告辅导读本》,人民出版社 2012 年版,第 39 页。

度、责任追究制度，完善环境治理和生态修复制度，用制度保护生态环境。"①更要从根本上改变人们的认知态度、改变整个社会的生存方式，引导全社会"树立尊重自然、顺应自然"。由此，生态文明的问题变得复杂了起来。

首先，建设生态文明，为什么要从"加快制度建设"入手？

其次，建设生态文明，为什么要"尊重自然、顺应自然"？

这两个问题一旦被突显出来，至少说明在国家发展决策层面，已经充分认识到以工业文明为主导的制度体系和以经济建设为中心的社会发展观，在事实上存在着对自然规律的违背，对人性的放逐：工业文明的制度体系是建立在人性放逐的基础上的；人性放逐又是以不尊重自然、不顺应自然法则和规律为前提的。概言之，生态文明问题，是由环境生态的死境化态势所导出；造成环境生态呈死境化倾向的强大社会推动力量，是不断加速的工业化、城市化、现代化进程。不断加速的工业化、城市化、现代化进程之所以成为推动环境死境化的社会动力，是因为在工业文明信念武装下的人类行为和社会活动，狂妄地以人的规律取代了自然的规律。马克思指出"自然规律是根本不能取消的。在不同的历史条件下能够发生变化的，只是这些规律借以实现的形式。"②人类文明必须建立在尊重自然规律的基础上，违背自然规律，必然放逐人性；放逐人性，最终导致征服和掠夺；征服和掠夺所带来的不仅是自然的死亡，最终是人类丧失存在的土壤和生存的根基。所以，"不以伟大的自然规律为依据的人类计划，只会带来灾难。"③马克思的如此判断和预言，变成了今天的现实，工业化、城市化、现代化进程所构建起来的现代文明一步一步走向衰落："可以毫不夸张地说，从来没有任何一个文明，能够创造出这种手段，能够不仅摧毁一个城市，而且可以毁灭整个地球。从来没有整个海洋面临中毒的问

---

① 《中共中央关于全面深化改革若干重大问题的决定》，2013 年 11 月 15 日，见 http：//www.gov.cn/jrzg/2013-11/15/content_2528179.htm。
② 《马克思恩格斯全集》第 32 卷，人民出版社 1974 年版，第 541 页。
③ 《马克思恩格斯全集》第 31 卷，人民出版社 1972 年版，第 251 页。

题。由于人类贪婪或疏忽，整个空间可能突然一夜之间从地球上消失。从未有开采矿山如此凶猛，挖得大地满目疮痍。从未有过让头发喷雾剂使臭氧层消耗殆尽，还有热污染造成对全球气候的威胁。"① 我们今天之所以遭遇来自于地下、地面和天空三维立体污染，遭遇无休止灰霾和酸雨，遭遇不断扩张的土地沙漠化和耕地退化，遭遇无序交替的高温与严寒，遭遇更为令人担忧的北涝南旱的南北气候逆转等方面的环境恶化，是因为对物质的追逐使我们彻底地放逐了人性，并在人性放逐的过程中傲慢地把自己置于敌对自然的状态。

唯有沿着这样的认知理路，我们才可真实地理解党的十七大报告→党的十八大报告→《中共中央关于全面深化改革若干重大问题的决定》的发展理路，建设生态文明的实践视野不断扩大，实践认知不断提升，实践要求不断升级，它体现出全面建设生态文明的根本性、紧迫性和时不我待性，也反衬出理论对实践的滞后性：理论的价值在于从实践中起步，超越实践的困惑或阻碍，为更好地实践提供认知引导和行动指南。理论滞后实践的现象一旦出现，必然影响实践的正确展开。从这个角度看，目前业已滞后于生态文明实践要求的生态文明理论建设，要迅速突围自我滞后状况，获得更高水平的实践引导功能，必须正视和解决如下三个根本问题：

（1）生态文明到底是何种性质的文明？

（2）如何来确定生态文明的实践目标？

（3）怎样来开辟生态文明的实践道路？

2. 生态文明的实然摸索

解决如上三个基本问题，不可或缺的认知环节，是必须正视"生态文明基于什么而成立"，但前提是要考察生态文明是相对什么而被提出来的？

> 我国的生态环境由于种种原因，生态平衡遭到不同程度的破坏的事实屡见不鲜，已经发生的情况表明，我们也面临"生态危机"。因此，提倡生态文明就是我们人民观念更新、行为自我约

---

① ［美］阿尔温·托夫勒：《第三次浪潮》，朱志焱等译，生活·读书·新知三联书店 1984 年版，第 187 页。

束，以调整人和自然环境的关系的自觉要求和迫切愿望。①

这是"生态文明"概念提出的背景：继 20 世纪 50 年代大跃进、六七十年代三线建设和农业学大寨以至于改革开放进行到 80 年代末，持续不断的环境破坏层累性生成的负面效应，逐渐从整体上彰显出生态危机，生态危机催化了生态文明意识的社会性萌生。

要言之，"生态文明"是针对环境危机而提出来的。建设生态文明的目的，是启动环境治理，消解环境危机，重新恢复环境生态平衡。这是李绍东在《论生态意识和生态文明》中提出"生态文明"概念并赋予生态文明的基本理念。这一基本理念一直贯穿至今并构成生态文明的核心语义，党的十八大报告就是秉持这一基本理念将其核心语义予以如下放大使之构成"五位一体"发展的基本国策的构成内容：

> 建设生态文明，是关系人民福祉、关乎民族未来的长远大计。面对资源约束趋紧、环境污染严重、生态系统退化的严峻形势，必须树立**尊重自然、顺应自然、保护自然**的生态文明理念，把生态文明建设放在突出地位，融入经济建设、政治建设、文化建设、社会建设各方面和全过程，努力建设**美丽中国**，实现**中华民族永续发展**。"强调生态文明建设必须"坚持节约资源和保护环境的基本国策，坚持**节约优先、保护优先、自然恢复为主**的方针，着力推进绿色发展、循环发展、低碳发展，形成节约资源和保护环境的空间格局、产业结构、生产方式、生活方式，从源头上扭转生态环境恶化趋势，为人民创造良好生产生活环境，为全球生态安全作出贡献。（引者加粗）②

以"启动环境治理，消解环境危机，恢复环境生态平衡"为基本理念、根本目标和核心任务的生态文明，其实就是**人对自然环境的**文明，即

---

① 李绍东：《论生态意识和生态文明》，《西南民族学院学报（人文社科版）》1990 年第 2 期，第 105 页。
② 《十八大报告辅导读本》，人民出版社 2012 年版，第 39 页。

自然环境文明，简称为**环境文明**。

以环境文明为内涵规定的生态文明，是指人以人的方式看待自然的同时，还需要以自然的方式看待自然。

以人的方式看待自然，就是以人为"万物的尺度"[①] 和以人为"自然的立法者"[②] 的姿态来对待自然，将自然看成没有生命的使用存在物，并认为"对自然的否定，就是通往幸福之路"[③]。所以，以人的方式看待自然，往往形成人与自然的对立，这种对立被推向极端时，就出现环境生态危机。由于环境生态危机最终由人所造成，环境生态危机不过是人的生态危机的对象性呈现。

相反，以自然的方式看待自然，就是在人的认识中还原自然存在。或可说，以自然的方式看待自然，就是承认自然存在的生命性，承认自然的自存在本性和自存在方式，承认自然的自存在价值。

概括上述，所谓生态文明，就是以人的方式看待自然的同时也兼顾以自然的方式看待自然。这种性质的生态文明当被定义为意识形态的构成内容时，就表述为"五位一体"发展格局中的"一体"：即快速发展经济、继续追求"全面实现小康"的同时，也兼顾环境治理；亦或曰"既要金山银山，更要绿水青山"。其实，无论用哪种方式来表达这种性质定位和价值取向的生态文明，都贯穿了根本不可实现持续经济增长与友好型环境的协调这一理想。因为世界是有限的，地球也是有限的，并且这种有限性最终表征为生命存在所需要的条件、资源的有限性与无限度需求激励的持续经济增长的无限性之间的矛盾，永不可消解。这种永不可消解的矛盾最为实在地表现为经济发展与环境生态之间构成"用废退生"的关系，呈现"用废退生"规律：经济发展越缓慢、越有节制，环境越具有自生境恢复功能。反之，经济发展速度越快，越是无节制、无限度，环境退化就越快，其自修复能力就越弱，以致最后完全衰竭。所以，基于"消解环境危

---

① 汪子嵩：《希腊哲学史（2）》人民出版社1997年版，第247页。

② ［美］梯利：《西方哲学史》，葛力译，商务印书馆1995年版，第444页。

③ ［美］杰里米·里夫金、特德·霍华德：《熵：一种新的世界观》，吕明、袁舟译，上海译文出版社1987年版，第21页。

机，恢复环境生态平衡"这一基本理念来构建可持续经济增长与友好型环境生态之间相互协调的生态文明，事实上难以成立，如果以意志的强力将其赋予无限度的实践，最终亦如沙滩上建筑高楼大厦。

以追求可持续经济增长与友好型环境生态之间相互协调为主题的生态文明，之所以不可实现，还有一个更为根本的原因，那就是这种性质定位和价值取向的生态文明，不过是对现代主义的扭曲性发展和扩张。现代主义是以人对物质的无限欲望与需要、掠夺与占有为动力，以科学主义为展开方式，即以对科学的发现和技术的开发为展开形态，以傲慢物质霸权主义为行动纲领，以绝对经济技术理性为行动原则，以追求无限度地满足人的物质快乐和幸福为最高目标。它的基本价值诉求是以如下三大要素所构成的实利主义：（1）经济主义。"'人与人之间的关系——物质需要——是首要的，人与人之间的关系——社会——则是次要的。'……'人与物之间的关系高于人与人之间的关系……这是一个决定性的转变，这一转变将现代文明与所有其他文明形式区别开来，它也符合我们的意识形态领域关于经济至上的观点。'这也就是说，社会应当从属于经济，而不是经济从属于社会。在这个新的领域中，道德观被经济观所替代，它'注重收入、财富、物质的繁荣，并把它们视为社会生活的核心'。"① （2）人乃经济的动物。"这种实利主义或经济主义的另一个假设，反映在**人是经济动物**这样一种信条中。一旦用这种抽象的方式去看待人类，无限度地改善人的物质生活条件的欲望就被看成是人的内在本性"。② （3）"'无限丰富的物质商品可以解决所有的人类问题。'这种信条与人是经济动物这种大众观点一起使我们作了这样的设想：物质财富与社会的普遍健康和福利之间的确存在着统一性。用最粗浅的话说，国民总产值构成衡量一个社会运行状况

① ［美］大卫·雷·格里芬：《后现代精神》，王成兵译，中央编译出版社 1998 年版，第 19 页。

② ［美］大卫·雷·格里芬：《后现代精神》，王成兵译，中央编译出版社 1998 年版，第 19 页。

的标志。①

从根本论，现代主义导致了以工业化、城市化、现代化为基本表征的工业文明的衰落，并在 20 世纪后期将工业文明推向尽头。这是因为现代主义不仅制造了物质霸权主义和集权专制，制造了世界性剥夺、不平等和贫困，而且还制造出了世界风险社会，制造出了全球环境贫困和生态危机。现代主义本身是生态文明的天敌，所以，以扭曲性扩张现代主义的方式来建设生态文明，无疑是缘木求鱼。

3. 生态文明的应然取向

以扭曲性扩张现代主义的方式来建设生态文明的动力，是将生态文明定位为对自然环境的文明的意识性动力，它使自然环境文明构成"五位一体"的社会发展内容，其实质性努力是建设以现代主义为根本诉求的工业文明。这种以工业文明为旨归的生态文明建设，其形态学呈现就是全面追求工业化、城市化和现代化；其本体论张扬，却是以扭曲现代主义的方式无限度地扩张现代主义，具体地讲，就是以"环境友好型""绿色发展"等修辞方式来强化、扩张工业文明的价值导向，比如傲慢的物质霸权主义、绝对经济技术理性以及科学主义。所以，这种以实现工业文明为性质定位、并以追求对自然环境文明为**表面**价值的生态文明，与体现当代人类文明方向的生态文明相违背。

这是因为我们今天所遭遇的存在风险和生态危机，根源于以工业化、城市化和现代化为形态学呈现和以傲慢物质霸权主义、绝对经济技术理性和科学主义为本质诉求的工业文明："生态危机是文明社会对自己的伤害，它不是上帝、众神或大自然的责任，而是人类决策和工业胜利造成的结果，是出于发展和控制文明社会的需求。"② 进一步讲，我们今天所遭遇的存在风险和生态危机，根源于一种贪婪成性的政治统治现代人自我迷失

---

① ［美］大卫·雷·格里芬：《后现代精神》，王成兵译，中央编译出版社 1998 年版，第 19 页。

② ［德］乌尔里希·贝克：《什么是全球化？全球主义的曲解：应对全球化》，常和芳译，华东师范大学出版社 2008 年版，第 43 页。

状态下的生存残暴。乌尔里希·贝克认为"我们都是环境的罪人"①，因为人人都以经意或不经意的方式参与了环境破坏运动，"因为获取财富引发的破坏生态环境和技术工业的危机（诸如臭氧空洞、温室效应，还有无法预见、无法估量的基因工程及移植医学的后果）"和"因贫困引发的破坏生态环境和技术工业的危机"以及"在生产以及区域性或全球性范围内使用核武器、化学或生物武器以及核动力的危机。"② 根除存在风险，消解环境危机的**根本**努力，不是建设环境友好型社会，也不是绿色发展（虽然这些也是应有之义），而是反思工业文明，解构现代主义价值体系，消解傲慢物质霸权主义行动纲领、绝对经济技术理性行动原则和"凡是科学"论的科学主义方法论，开创人类当代新文明。这种性质定位和价值取向的新文明，才是生态文明。

所谓生态文明，就是彻底反思工业文明、全面清算现代主义、真正摒弃傲慢物质霸权主义、绝对经济技术理性和科学主义的当代文明。这种性质定位和价值取向的生态文明，当然要努力于环境文明的重建；但作为超越工业文明的生态文明，所要重建的环境文明，既包括对自然环境的文明，更包括对社会环境的文明。因为环境作为人所意识到的存在世界，它原本既包括了大到宇宙和地球，具体到气候、地形地貌、水土、动植物、微生物等物质因素，又包括了历史、文化、观念、制度、行为准则等非物质因素，它是自然和社会、生命与非生命有机生成的整体存在世界。从分类学观，环境涵摄了自然和社会两个维度：前者即自然环境，它客观地呈现宇观的气候环境、宏观的地球环境和具体的生物群落环境或更微观的种群环境；后者乃社会环境，它呈现为宇观的人类环境、宏观的国家环境和具体的社群环境以及更为微观的人际环境。

从根本论，世界存在风险和全球生态危机就是环境风险和环境危机，

---

① ［德］乌尔里希·贝克：《世界风险社会》，吴英姿、孙淑敏译，南京大学出版社 2004 年版，第 56 页。

② ［德］乌尔里希·贝克：《什么是全球化？全球主义的曲解：应对全球化》，常和芳译，华东师范大学出版社 2008 年版，第 45 页。

这些风险和危机，直接源于自然环境生境丧失，但最终源于人类社会环境生境的整体性恶化。在当代人类进程中，社会环境不断恶化才造成了自然环境破坏。所以，重建环境文明的根本努力，是再造社会环境文明，只有当社会环境文明得到真实重建，自然环境文明才可真正形成。

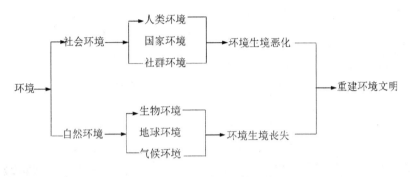

图 5-1　环境的完整构成

基于自然和社会两个维度的环境生境丧失这一双重现实，生态文明**只能是**生境文明。建设生态文明的实质性努力，是引渡当代人类走出存在困境和生存危机开创生境文明，它的基本任务是重建自然环境生境和社会环境生境。并且，重建自然环境生境的必要前提，是重建社会环境生境；重建社会环境生境，自然要求政治、经济、教育、文化的生境化。重建政治、经济、教育、文化，必须探索能够引导、支撑、激励它的新的价值观、新的社会准则、新的技术、新的地理政治关系、新的传播方式、新的生活方式、新的生产和消费方式，这就"需要崭新的思想和推理，新的分类方式和新的观念。我们不能把昨天的陈规惯例，沿袭的传统态度和保守的程式，硬塞到明天世界的胚胎中。"[①] 这是因为工业文明将自己推向极端所形成的悲观主义，促使"今天世界迅速认识到，在道德、美学、政治、环境等方面日趋堕落的社会，不论它多富有和技术高超，都不能认为是个进步的社会。进步不再以技术和物质生活标准来衡量。社会不会只沿

---

① ［美］阿尔温·托夫勒：《第三次浪潮》，朱志焱等译，生活·读书·新知三联书店 1984 年版，第 43—44 页。

着单一轨道发展。丰富多彩的文化是衡量社会的标准。"① 以生境为本质规定的生态文明，不仅是对自然环境的文明，而且是再造当代人性、重塑当代人类的制度文明，包括政治制度、经济制度、科技制度、教育制度、文化制度和传播制度的文明，再造制度文明的实质指向，既需要再造政治文明、经济文明、技术文明、教育文明、文化文明、传播文明，更需要重塑思想文明、伦理文明、道德文明，最终实现存在方式、生产方式、消费方式、生活方式的重构。

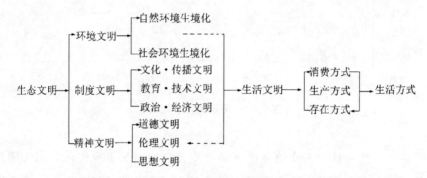

图 5-2　生态文明全景视域

4. 生态文明的必然视域

生态文明的实践视域　如上图所示，生态文明既是整体意义的社会文明，也是全球意义的人类文明。生态文明是当代人类文明和当代社会文明的简称。

作为当代人类文明，生态文明从四个主要方面形成对工业文明的整体超越：第一，生态文明必须超越工业文明"为了更好地生存"这一人类主题，重建"自然、生命、人"合生存在和"环境、社会、人"共生生存这一人类主题，这一主题可简化表述为人、自然、生命、社会合生存在。第二，生态文明必须超越工业文明为"征服自然、改造环境"而建构起来的机械化工艺技术-能源体系，创建以人的生命-太空为主要能源场的"人与

---

① ［美］阿尔温·托夫勒：《第三次浪潮》，朱志焱等译，生活·读书·新知三联书店 1984 年版，第 28 页。

天调"的**柔性**工艺技术体系。第三,生态文明必须超越工业文明以开发智力-技术为基本诉求的生存模式,创建以整体开发"心商、情商、智商"为基本诉求的生存模式。第四,生态文明必须超越工业文明的**技术实力**竞争的生存方式,创建**软实力**竞争的生存方式。这是因为,工业文明时代的技术实力竞争方式,与农业文明时代的**身体实力**竞争方式一样,都是硬实力生存方式,这两种竞争方式虽然在竞争强度和广度上有根本差别,但本质上是一种二元主义、分离主义、霸权主义和征服主义;与此不同,软实力竞争方式却是综合性的柔性实力生存方式,这是一种以自创生为动力、以自我魅力吸引为影响方式的竞争性生存方式。

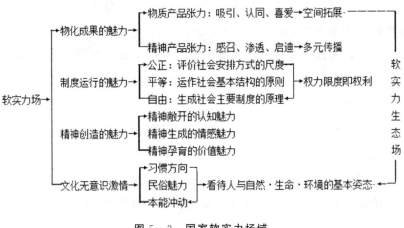

图 5—3 国家软实力场域

作为当代社会文明,生态文明应该是生活文明、精神文明、制度文明、环境文明四位一体。在环境文明维度上,生态文明必须以"自然、生命、人"合生存在和"环境、社会、人"共生生存为根本诉求,以重建自然环境和社会环境生境为基本任务,根本目标是使自然环境和社会环境生境化。在制度文明维度上,生态文明应该以共通的人性为土壤,以平等人权为动力,以人人生存、自由、幸福为基本诉求再造政治文明、经济文明、教育文明、技术文明、文化文明和传播文明,使政治、经济、教育、技术、文化、传播生境化。在精神文明维度上,生态文明应该以共通人性为土壤，以平等人权为动力，以人人生存、自由、幸福为基本诉求创造新思想、创建新伦理、构筑新道德，使思想、伦理、道德生境化。在生活文明维度上，生态文明应该以共通人性为土壤，以平等人权为动力、以人人生存、自由、幸福为基本诉求重建存在方式、生产方式、消费方式和生活方式，使存在方式、生产方式、消费方式和生活方式生境化。

概括上述，生态文明作为整体超越工业文明的当代人类文明和当代社会文明，其研究的基本对象不是孤立的环境文明，而是重构体现当代诉求的人类文明和社会文明。以此为对象视域，人类文明前进的历史进程、演变规律和必然走向，构成了生态文明研究的奠基内容和坐标构架；当代社会的环境文明、制度文明、精神文明和生活文明的整体性重构，构成了生态文明研究的基本范围。

生态文明的理论视域　从实然出发，定位生态文明的应然方向，明晰生态文明的对象范围，为考察生态文明的理论基础提供了整体视域，开辟出可能性道路。

生态文明的理论基础，应该是思考和研究、探索和实践生态文明的前提，但实际论，历时 27 年的研究，其成果虽可用"铺天盖地"来形容，其理论基础问题却很少有人涉猎，在可查阅的少量（约 20 篇）有关生态文明理论研究的文献中，也因对生态文明本身的感觉性定位而予以观念偏好的"理论基础"阐释，得出的结论几乎没有超出两种倾向，即生态学倾向和大糅合倾向：前一种观念倾向将生态学原理作为生态文明的理论基础[①]；后一种观念倾向则认为生态文明的理论基础就是对生态学理论、马克思主义和中国古代生态思想的综合[②]。这些在表面看来很有道理的观念，其实距离生态文明的理论基础相当遥远，原因在于人们既没有以理性姿态审查生态文明本身，更没有对生态文明的"理论基础"有明晰的理解。

---

① 申曙光：《生态文明及其理论与现实基础》，《北京大学学报（哲学社会科学版）》1994年第 3 期。

② 李春秋、王彩霞：《论生态文明建设的理论基础》，《南京林业大学学报（人文社会科学版）》2008 年第 3 期。

客观地看，生态文明作为整体性超越工业文明的当代新文明形态，它得以产生、存在、发展的理论基础，实际地敞开为两个维度：首先，它是关于生态文明何以可能产生、存在的理论基础，所讨论的实质问题相对人类文明而产生，即"生态文明何以可能"？对这个问题的严肃拷问所形成的成果，将奠定生态文明的思想基石和认知前提，并构成建设生态文明的逻辑起点。其次，它是关于生态文明何以可能发展的理论基础，所讨论的实质问题相对工业文明而产生，即"生态文明何以超越"？对这个问题的系统探讨所形成的成果，构成了生态文明的实践指南和方法依据。概括地讲，生态文明的理论基础，既指生态文明的人类学基础，也指生态文明的社会学基础。前者是生态文明的一般理论，或一般认知论和一般方法论；后者是生态文明的实践理论，或实施操作的领域性理论和具体方法论。后者接受前者规范，前者构成对后者的指南和引导。

二、生态文明的理论基础

生态文明作为引导当代人类走向未来的文明形态，必有内生的理论基础，它包括两个方面，即内在生成生态文明的思想基石和支撑生态文明健康发展的哲学基础，包括一般哲学基础和自然哲学基础。只有真正理解和把握生态文明的思想基石和理论基础，才可能真正领悟生态文明的生境本质及生境主义诉求。

1. 生态文明的双重认知基石

生态文明的首要理论问题，是"生态文明何以可能"？它构成生态文明的存在论拷问。对生态文明予以存在论拷问，需要围绕"自然、生命、人"三者展开，重新发现此三者的本原性存在关联，然后予以重新定位。

人乃一物种生命，他既是上帝的杰作，也是宇宙创化的结晶，更是生物进化的产物，当然还有作为物种生命的自我努力。这是从类的发生学论，从个体发生学讲，每个人的生命均得之于天，受之于地，承之于（物种、种族、家族）血脉，最后才形之于父母。无论从类的发生学观，还是从个体的发生学观，人这一物种生命源于天地神人的共创，或曰，人的诞生拥有四个来源：来源于上苍的恩赐，意味着人拥有神性；来源于宇宙的创化，意味着人拥有最高的自然律令和生存法则；来源于生物进化，意味着人必须持守生命原理；来源于人类物种自己，意味着人拥有与宇宙律令、自然法则、生命原理相匹配的人性力量。更进一步看，宇宙、自然、物种对人这一物种生命的创化，使其从众生物中走出来成为人类，并且还为他能够从众生物中走出来成为人类提供了土壤，搭建了平台，创造了条件，这就是人类必存在于众生物和众物之中，以宇宙空间为舞台、以地球为存在土壤，以自然存在世界本身构成的环境为动力场源。所以，对生态文明的存在论拷问，必须以"自然、生命、人"三者的本原性存在关联为认知出发点，并以"自然、生命、人"共生互生为基本视野。

以此观之，生态学不能构成生态文明的思想和认知基础，作为超越工业文明的当代文明，生态文明得以建立的思想基石，只能由环境学和哲学为之提供：前者为生态文明提供**认知的**思想基础；后者为生态文明提供**理解的**思想基础。

本书所讲的环境学，目前并没有成熟形态，它源于我们对赖以存在其中的存在世界本身在整体上所出现的问题的持续关注，并尝试展开反思性探讨。所以，环境学目前还处于创建的形成之途。概括地讲，正在创建之中的环境学，需要整合地球物理学、天体物理学、化学、生物学、气候学、气象学、生态学等重要自然科学而形成综合性学科，它呈现两个基本维度，即环境科学和环境哲学。

环境科学是一门综合性的自然科学，它侧重探讨环境自生规律及自在运行机制，为重新看待环境提供正确的认知方式，它的基本努力是发现环境规律、提出理论假设，求证环境命题的真实性，为科学地认知环境提供系统的概念工具和严谨的学科话语体系。环境哲学乃自然哲学的具体形态，它侧重通过探讨环境失律原理及逆向运行机制，对环境科学涉及的基本问题予以形而上学拷问，探讨环境规律何以可能以及环境规律发现的意义何在。环境哲学指涉环境科学，是对环境科学的形上拷问与理性审查，并通过形上拷问和理性审查，既为哲学创建提供智识资源和方法资源，更为哲学达向实践之域开辟道路。换言之，环境哲学既是哲学的材料学，也是哲学的实践论形态。

概论之，环境学，即环境科学和环境哲学审查环境问题所形成的环境思想、理论、方法，既为生态文明提供了自然依据，也为生态文明提供了方法论视野。与此不同，哲学为生态文明提供存在论的思想基石和生存论的精神土壤。

客观地并且历史地看，能够为生态文明奠定存在论的思想基石和生存论的精神土壤的哲学，不是人类已有的哲学，人类已有的任何性质、任何形态、任何体系特征的哲学，都不可能担当其重任。这是因为哲学乃人的思想所把握到的时代法则、时代原理、时代智慧和时代方法，"妄想一种哲学可以超出它那个时代，这与妄想个人可以跳出他的时代跳出罗陀斯岛，是同样愚蠢的"，"任何真正的哲学都是自己时代精神的精华"，"是文明的活的灵魂"。① 所以，"只有那种最充分地适应自己的时代、最充分地适应本世纪全世界的科学概念的哲学，才能称之为真正的哲学。时代变了，哲学体系自然也随着变化。既然哲学是时代的精神结晶，是文化的活生生的灵魂，那么也迟早总有一天不仅从内部即内容上、而且从外部即从形式上触及和影响当代现实世界。现在哲学已经成为世界性的哲学，而世界则成为哲学的世界。现在哲学正在深入当代人的内心，使他们的心里，充满着爱和憎的感情。"② 真诚接受马克思和恩格斯的如上思想洗礼，就是在探讨生态文明时必须得明白：能够为生态文明奠定思想基石和认知前提的哲学，只能是**当代**哲学，只能是拷问当代存在危机、突围当代生存困境的当代**人类**哲学，这种哲学就是超越人类古代的经验理性哲学、近代的观念理性哲学和现代的工具理性哲学的生态理性哲学。③ 生态理性哲学强

① 《马克思恩格斯选集》第 4 卷，人民出版社 1995 年版，第 385 页。
② 《马克思恩格斯全集》第 1 卷，人民出版社 1956 年版，第 121 页。
③ 唐代兴：《生态理性哲学导论》，北京大学出版社 2005 年版。

调"人是世界性存在者"①，强调"自然为人立法，人为自然护法"②，强调"自然、生命、人"相互嵌含与合生的场态运动③，强调整体动力向局部动力实现和局部动力向整体动力回归④。

整合地看，以环境科学和环境哲学为两翼形态的环境学，为生态文明提供自然理性的思想基石和认知方式；以生态理性为基本诉求的当代哲学，为生态文明提供人文理性的思想基石和理解方式。生态文明的存在论基础，就是**自然理性**和**人文理性**的有机统一。

2. 生态文明的自然哲学基础

生态文明所需要的自然理性，由自然哲学提供。生态文明的健康发展，实是环境问题的表本兼治。然而，无论环境问题的表本兼治，或者生态文明的健康建设，都需要自然哲学。确证生态文明对自然哲学的需要，须先了解自然哲学对文明的功能，为此，有必要从理解和定位"文明"入手。

文明是文化的进步状态　在地球生物世界，文明为人类物种所独有：文明源于人类物种的人质化觉醒，形成于对文化的创造性提炼。对人类而言，文明是文化的进步状态；文化是文明的土壤；并且，文明必须通过文化才得到呈现，实现对文化的升华。所以，深入理解文明，须先了解文化及其构成。

"文化"一词源于拉丁文 cultura，英文为 culture，德文为 Kultur，意为对土地的耕作与培育，后引申为对人的培养、教化等，具有修养、文雅、智力发展和文明等含义。概括之，"文化"既指人力作用于自然界，对自然事物进行加工、改造使之适用于自己，又指通过作用自然界的行动同时对自身进行训练（改变）。所以文化既是人作用自然界的积极成果，同时也是作用自己（人本身是具体的自然形态）的积极成果。这一双重成

---

① 唐代兴：《生境伦理的哲学基础》，上海三联书店 2013 年版，第 85—116 页。
② 唐代兴：《生境伦理的哲学基础》，上海三联书店 2013 年版，第 58—84 页。
③ 唐代兴：《语义场：生存的本体论诠释》"再版自序"，中央编译出版社 2015 年版，第 1—3 页。
④ 唐代兴：《生态化综合：一种新的世界观》，中央编译出版社 2015 年版，第 127—152 页。

果标志着人类从顺应自然存在向人力存在方向演化。基于这认知取向，泰勒尝试从人种学角度入手定义"文化"："从广义的人种论的意义上讲，文化或文明是一个复合整体，其中包括知识、信仰、艺术、道德、法律、风俗以及人作为社会成员所具有的其他一切能力和习惯。"① 泰勒认为文化等于文明，但实际上并非如此：社会无时不在创造新的文化，如二战期间的法西斯文化、"文化大革命"的斗争文化，以及当今生活中流行的各种"黄段子"，都是具体的文化形态和文化内容，但这些却并不都是文明：文明**只是**文化的进步状态。并且，文化不是机械的"复合体"，它始终具有自在的生成性。马林诺夫斯基（Malinowski）指出，"文化直接意指自由的最初阶段。因为文化可被界定为人工的、辅助的和自造的环境，它给予人类一种附加的控制力以制约某些自然力量。它也使人类调整自己的反应方式，即创造一种比以反射和本能适应更为灵活有效的新的以习惯和组织再适应的方式。"② 它由人的行为、社会结构、组织、政治制度和经济思想以及基于人、社会、自然三者而生成的理想和神话构成。"在真正现存的人类生活中，从来没有一个人是独自活动的。他永远是某一集团，更确切地说是数个集团如家庭、邻居、同事、城市、民族和主权国家中的一分子。这话适用于最原始的野蛮人、大学教授、砌砖工和共产党员、纳粹分子或法西斯极权主义者。因此，一种文化是由一个相关的机构制度系统在起作用。一种文化的价值体现在它的理想、神话、政治结构和经济思想：其媒介通过和谐的合作和制度的作用而发挥功能。生活的存在及其质量的标准，取决于财富、权利、权力、艺术、科学和宗教的规模、范围、分配和享受程度。"③ 钱穆曾指出，"文化便是人生，只不过是大群体多方面的人生。"以此为出发点，他认为文化源于三个问题并形成三大要素："一是属于物质经济方面的，是人对物的问题；二是属于政治社会方面的，是人

---

① ［英］泰勒：《原始文化》，连树声译，上海文艺出版社 1992 年版，第 1 页。
② ［英］马林诺夫斯基：《在文化诞生和成长中的自由》，载庄锡昌等编：《多元视野中的文化理论》，浙江人民出版社 1987 年版，第 107 页。
③ ［英］马林诺夫斯基：《在文化诞生和成长中的自由》，载庄锡昌等编：《多元视野中的文化理论》浙江人民出版社 1987 年版，第 110 页。

对人的问题；三是属于精神心灵方面的，是心对心的问题。"① 整合论之，文化乃人类物质和精神创造成果的整合形态，它由如下各要素整合生成。

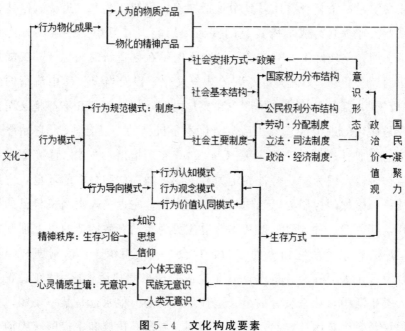

图 5-4　文化构成要素

这是文化的整体蓝图，文明就蕴含其中。具体地讲，文明蕴含在物质、精神、制度以及政治-经济方式、生产-生活方式和国民凝聚力之中。并且，文化当然是人类的，但它首先是民族性的：以民族国家为基本单位而创造出来的文化，一旦具备普世性（即人类）品格和精神形态，它就获得普遍解释和历史性传承的功能而成为**人类**文明。所以，真正的文明是人类的，没有上升到人类水平、没有获得人类指涉性的文明，是有根本缺陷的。

自然哲学的构成性　文化无处不生、无处不在，但无处不生、无处不在的文化要上升为文明，必须内在地具有体现人类视野和情愫的普世性品格、普世性的精神形态、普遍的解释功能和自为传承的智慧。以此观之，

---

① 钱穆：《历史与文化论丛》，九州出版社 2011 年版，第 7 页。

最能将文化上升为文明的动力要素，是宗教、哲学、艺术和科学。在这四种将文化提炼为文明的动力要素中，最重要的是哲学，它是一切形式和内容的文明的源泉。

哲学在文明生成中具有原动力功能，这是因为它的存在价值，是对存在世界的困惑与追问。所以，哲学是人类文明探索的存在论。

"哲学"虽然发轫于米利都学派，命名于毕达哥拉斯，但使其真正成型者是柏拉图。柏拉图认为哲学的基本任务是关注存在的**本体的**世界（world of being）和存在的**形成的**世界（world of becoming）。哲学作为对存在的理解方式，它从本体的和形成的两个维度展开：存在的本体的世界，就是赫拉克利特所讲的"变中不变"的世界；存在的形成的世界，就是赫拉克利特所讲的"不变中变"的世界。

"变中不变"的本体世界，总是存在于"不变中变"的形成的世界中并借助于形成的世界才可得到彰显；"不变中变"的形成的世界又始终以"变中不变"的本体的世界为本原、为动力、为最终归宿，并由此获得指南功能。客观地看，无论存在的本体的世界还是存在的形成的世界，原本是一个整体，但因为偶然因素的激励，人这种生物无意中获得了人质化觉醒，并产生对象性意识与分离性观念，由此形成对世界的分有，区分出了"自然"和"社会"，"变中不变"的本体的世界和"不变中变"的形成的世界亦获得了"自然"与"社会"之两分：在"社会"的维度上，对存在的本体的世界的困惑和追问，形成形而上学；对存在的形成的世界的困惑和追问，形成伦理学、政治哲学和美学。在"自然"的维度上，对存在的本体的世界的困惑和追问，形成自然哲学；对存在的形成的世界的困惑和追问，形成物理学，其具体敞开为天体物理学、地球物理学、化学和生物学。将"社会"存在的世界的哲学和"自然"存在的世界的哲学予以整合贯通然后构建起人类精神体系的，是知识论。（见下图）

生命（包括人）存在于自然之中，自然世界是社会的土壤，自然哲学是形而上学的来源，也构成伦理学、政治哲学、美学的依据。这是人类文明与自然哲学的内在关联。

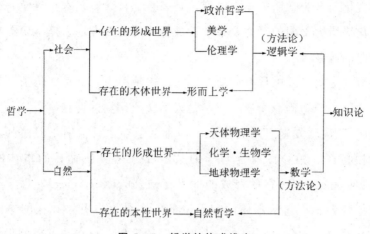

图 5-5　哲学的构成维度

　　顾名思义，自然哲学的审查对象是自然，这与自然科学相同。但自然哲学与自然科学有研究任务与研究重心的区别："自然科学的全部任务仅仅就在于坚持不懈地审查其**命题的正确性**"；而"自然哲学本身并不是一门科学，它是一种致力于考察**自然律的意义**的活动"。这是因为，"自然哲学的任务还是和自然科学的假设有关。自然知识表述为命题；所有的自然律也同样是以命题的形式来表达的。但是认清命题的意义则是检验该命题真实性的先决条件。这两个概念是不可分的，但我们可以在此区别开两种不同的心理姿态：一种是关于**检验假设的真实性**的，另一种则是关于**理解这些假设的意义**的。典型的科学方法有助于**揭示真实性**，而哲学的努力则指向**意义的阐明**。这样，自然哲学的任务就是解释自然科学命题的意义。"①（引者加粗）简单地讲，自然科学探索意在于发现规律、提出假设、求证命题真实性；自然哲学则考察这些具有真实性的假设、命题（即自然律）的意义内涵，为这些假设、命题得以使用提供最终的解释依据和理由。

　　"自然"概念，在古希腊，是指宇宙的本性或本原（nature or arche）；

---

① ［德］莫里克·石里克：《自然哲学》，陈维杭译，商务印书馆 1984 年版，第 6 页。

在现代，意指"一切实在的东西，即一切在空间和时间上确定的东西"。①
从发生学观，人类哲学的原初形态是自然哲学，古希腊早期米利都学派、
毕达哥拉斯学派、爱利亚学派，它们所关注的对象是自然世界，其关注的
重心有三：

　　(1) 世界的本原是什么？

　　(2) 宇宙是怎样生成的？

　　(3) 世界的本质是什么？

　　这三个问题整合生成自然哲学的基本视域：对世界的本原的发问，实
际上是对构成世界的基质的探寻；对宇宙的生成问题的关注，实际上是探
寻宇宙及生命何以形成的问题；有关于世界的本质问题，却是探询宇宙之
为宇宙或事物之为事物的内在规定性何在，如果对此予以进一步审问，必
然接触世界之为世界、事物之为事物、生命之为生命的自身能动性或创生
性问题。基于此，有人从实践论角度将世界的本质问题还原为自然的技术
论问题。由此，自然哲学获得了现代形态："从物质论出发，自然哲学分
三个环节展开：即'宇宙论—生命论—技术论'。宇宙论主要论述自然物
质的演化过程；生命论主要论述宇宙演化的突变，绽开了宇宙的花朵——
生命，生命孕育了宇宙的灵魂——人类精神；技术论主要论述自然生命自
身产生的主观能动性、行为目的性，如何使主观见之于客观，在宇宙自然
的基础上创建人类世界。这三个环节表现了'宇宙的客体性''生命的主
体性''技术的主客统一性'的对立统一或否定之否定的过程。这是一个
宇宙自然的大圆圈，这就是自然辩证法，也就是我们的'自然哲学'。"②

　　乔治·萨顿（George Sarton）指出，"科学不过是自然界以人为镜的
反映。在某种意义上我们始终是在研究人，因为我们只能通过人的大脑才
能理解自然；然而，我们同样也可以说我们一直是在研究自然，因为没有
自然我们无法理解人。无论我们是研究人的历史还是研究自然的历史，我

---

　　① ［德］莫里克·石里克：《自然哲学》，陈维杭译，商务印书馆 1984 年版，第 6 页。

　　② 萧焜焘：《自然哲学》，江苏人民出版社 2004 年版，第 488 页。

们研究的主要目的都是为了人。"① 人出于自身目的研究自然，提出假说，求证命题，发现规律，最终要通过自然哲学来阐发意义，开辟为其**能用**的路径和方法，提供为其**所用**的最终理据。正是因为自然哲学的作用，科学才获得与艺术、宗教的统一："科学同艺术和宗教不多不少都是人类对自然的反作用。它企图用自然本身的语言去解释自然，也就是说，去证实自然界的统一性、整体性与和谐性。"② 然而，"科学的和谐是由于自然的和谐，特殊地说是由于人类思想的和谐。"③ 人类思想的和谐始终面临境遇的责难，突破存在的困境，实现人类思想的和谐，必然带动科学对变动不居的世界予以重新探寻与再发现。于是，自然哲学亦始终行进于重新探寻与再发现进程中，对科学从不间断地重新探寻与再发现如何有助于人类的安全存在和可持续生存，展开"存在本体"的意义诠释，提供坚实的自然依据。

生态文明所需要的自然哲学　人存在于地球之上、宇宙之下，并生存于生命世界之中。人的这一存在事实既决定了人类创建文明必以自然为土壤，同时也决定了自然哲学必须为形而上学和社会哲学提供最终依据。以此审视生态文明，所需要的自然哲学必然能够为生态理性形而上学和社会哲学提供意义解释蓝图的生境主义自然哲学。构成这种生境主义自然哲学的核心理念有四：

第一，**人与环境的亲缘性存在**。

今天，人们所论的"环境"，先于我们存在，并成为我们安全存在的土壤和可持续生存的平台。因而，人与环境的亲缘关系，是指人与赖以存在和生存的一切条件之间所形成的血缘关联，这种血缘关联具体表述为人与宇宙、人与地球、人与生物世界及存在于其中的生命之间的本原性关

---

① ［美］乔治·萨顿：《科学史与新人文主义》，陈恒六、刘兵、仲继光译，华夏出版社1989年版，第29页。
② ［美］乔治·萨顿：《科学史与新人文主义》，陈恒六、刘兵、仲继光译，华夏出版社1989年版，第28页。
③ ［美］乔治·萨顿：《科学史与新人文主义》，陈恒六、刘兵、仲继光译，华夏出版社1989年版，第29页。

系，这种本原性关系是自然宇宙的伟力（即"自然力"）在自创生中实现他创生时，赋予所创造的每一种存在方式、每一种生命形态的内在性质、存在本质、关联方式。人与环境的亲缘关系蕴含一个存在法则：人与环境之间所建立起来的关联性是内在的，并且原本是内在的，所以它来源于存在本身，来源于生命的内部，构成生命得以创造世界并在世界中存在的根源。

第二，**生境逻辑**。

所谓生境逻辑，是存在世界的本体的逻辑，或曰自然的逻辑，它可宏观表述为宇宙和地球遵循自身律令而运行，自然按照自身法则而生变，地球生物物种按照物竞天择、适者生存的法则而生生不息；亦可在微观的层面表述为任何事物、所有生命、一切存在，均按照自身本性和自在方式展开生存，谋求存在。

第三，**限度法则**。

这一法则根源于世界存在的有限性、环境的有限性和生命存在的有限性。这种有限性蕴含了两个物理学原理，即物物相生原理和能量耗散原理。前一个原理揭示：世界在本质上是物质性的世界，因为这个物质性的世界由无数个体构成，所以它是有边界的存在。边界本身就是限度，所以边界构成限度。并且，由个体构成的世界同样是可度量的，而度量却意味着边界，更意味着限度。后一个原理揭示：在自然世界里，所有的物理过程，都是能量**可获得性**变小的过程，甚至在理想过程中，能量可获得性增加都是不可能性。所以，所有物理过程都是一个普遍的熵增加的过程，这个过程是整个世界所有物质性生命存在敞开运动所无法回避的过程，正是这样一个无可回避的过程本身，生成出世界的新陈代谢，使物种生命获得了生死相依的循环运动。

第四，**生境利益机制**。

生境利益机制，根源于世界存在及敞开的利益化。世界是利益的多元生成与有机整合运动。无论自然世界，还是生物世界或人类世界，都必须以利益为起搏器和润滑剂。并且，使世界、事物、生物充满生机的利益，只能是生境利益，这种利益具有内在生殖功能，这种生殖功能使世界以及世界上一切存在者、所有生命都能够在互动进程中获得生生不息的利益。所以，以最通俗的方式表述，所谓生境利益，就是存在世界的现实生态关系中使各方**利益得以生殖**的利益，它既展开为谋取，也表征给予，是谋取与给予的合生。

3. 生态文明的一般哲学基础

生态文明诞生于工业文明的深度危机：工业文明的深度危机源于认知-价值体系、社会结构体系和工艺技术-能源体系的自我崩解，表现形态是世界风险和全球生态危机的无所不在，它从自然环境和社会环境两个维度推动工业文明全面崩溃。生态文明就是在工业文明自崩溃进程中对人类文明的当代拯救。因而，生态文明建设要获得拯救人类文明的成功，不仅需要自然哲学基础，更需要新的存在哲学、新的社会哲学和新的实践哲学（伦理学）为其提供存在理由和最终依据，以及高屋建瓴的认知指南、核心智慧和根本方法。

生态文明所需的社会哲学　生态文明是对工业文明的扬弃和超越，这种扬弃和超越表现在认知-价值体系上，是对支撑工业文明的二元分离认知模式、机械论世界观、人类中心论信念体系、物质幸福目的论思想和实利主义价值系统的全面解构。解构的成功前提是重构，即重新建构能够支撑生态文明的认知-价值体系。这一认知-价值体系获得成功重构的实质体现，就是新社会哲学的诞生。

社会哲学，即以哲学的方式对存在的形成世界严肃拷问所形成的哲学，它实际上由伦理学、政治哲学、美学三部分构成。能够支撑生态文明的社会哲学，是能够解释"自然、生命、人"合生存在和"环境、社会、人"共生生存的大同存在的哲学，这种社会哲学即生境伦理学、生境政治哲学和生境美学，它融会贯通两个基本的生境理念，即"自然、生命、人"合生存在和"环境、社会、人"共生生存。

在社会哲学中，最重要的是伦理学。美国著名伦理学家雅克·蒂洛（Jacques Paul Thiroux）和基思·克拉斯曼（Keith W. Krasemann）在其合著的《伦理学与生活》中认为，哲学作为爱智慧的根本方式，主要关注三个问题：一是形而上学，它是对存在之本性的拷问；二是认知论，这是面对存在世界对什么是可认知的以及能得知的问题的探讨；三是伦理学，这是道德如何生成德性和德性怎样彰显美德的实践论学问。① 伦理学的如此实践论功能，决定了它的当代发展可以为生态文明提供实践理性基础。具体地讲，对生态文明提供实践理性基础的学问，就是生境伦理学。生境伦理学是将伦理自然律和伦理人文律——大而言之，是将环境伦理学与传统伦理学——整合探讨所形成的伦理学的当代理论形态，由于它的核心精神是生境主义，其努力目标是为人提供如何在"自然、生命、人"合生存在和"环境、社会、人"共生生存的舞台上经营生且生生不息的智慧和方法，所以，生境伦理学亦可称之为**生境的**伦理学。

近代哲学始祖笛卡儿在构筑"新实践哲学"体系时，将伦理学置于非常重要的地位，并认为伦理学"是一种最高尚、最完全的科学"和"最高的智慧"。② 这是因为人类一切精神探索活动都是揭示世界（自然和人）的本质与规律的科学，而一切科学最终要指向人的生存实践，服务人的生活幸福，伦理学就是这样一门关于生存实践的学问。并且，在所有的科学中，伦理学的社会实践功能和对人的服务功能是最强的，它涉及社会各个领域并运用于人的生活的各个层面，直接服务人的"生存、自由、幸福"的生活努力。

伦理学作为实践论的智慧，敞开为实践认知论和实践操作论两个维度。在实践操作论维度上，伦理学是应用的智慧，表述为应用伦理学；在实践认知论维度上，伦理学是认知的学问，通称为伦理学，它是对人类伦理的基础问题、一般问题、基本问题的理性探讨，由此形成系统性的基础理论。从亚里士多德时期到当代社会，人们将伦理学定位为"实践的科学"，其基本定位是实践认知论意义的，它具有一般认知论和方法论的功

① 〔美〕雅克·蒂洛、基思·克拉斯曼：《伦理学与生活》，世界图书出版社公司 2012 年版，第 4 页。

② 〔法〕笛卡儿：《哲学原理》，关文运译，商务印书馆 1959 年版。

能，并且实际地构成了对政治学、经济学、法学、教育学、社会学等社会科学研究的原理规范、价值导向、认知指南和方法论引导，这是生境伦理学能够为生态文明提供生存论的认知基础和方法论指导的根本理由。

生境伦理学之所以可能为生态文明提供实践理性的认知基础和方法论指导，在于生境伦理学获得生境主义建构并从五个方面导向当代人类文明。

第一，生境伦理学以生态理性哲学为思想武器，以生态化综合为方法论指南，提出"人力征服环境造成自然失律""重续人与环境的亲缘性存在""恢复生境逻辑的指南功能""重构限度生存的世界法则""再造生境利益的生殖机制"和"开辟可持续生存的大同世界"这六个实践命题。[1][2]并贯通"人是世界性存在者"和"自然为人立法，人为自然护法"之新存在论思想，使之构筑起当代人类生存发展的实践认知框架和价值系统，为生态文明奠定实践的认知土壤，更为生态文明建设提供生境主义价值系统。

第二，生境伦理学为生态文明提供了以敬畏为原发观念，以自然法为最高律令，以自由为普世原理，以自在与互在相统一、共生与互生相协调、虔诚与感恩相激励为规范，以道德学知识和美德学知识为基本内容的智识体系。[3]

第三，生境伦理学既是"人与天调"的文明，也是"人与人调"和"人与心调"（包括"人与性调"和"人与情调"）的文明。就前者论，生态文明既是"自然为人立法，人为自然护法"的文明，也是"自然、生命、人"合生存在和"环境、社会、人"共生生存的文明。仅后者论，生态文明是人的心商、情商、智商整合开发的文明。生境伦理学通过对天赋人性如何可以重塑的方式实现对心灵的升华和对精神的扩张予以原理、方法的探讨，以及对"自我"如何从良心生成良知、建构良能的心灵学法则

① 唐代兴：《生境伦理的人性基石》，上海三联书店 2013 年版，第 13—22 页。
② 唐代兴：《生境伦理的哲学基础》，上海三联书店 2013 年版，第 153—296 页。
③ 详述参见唐代兴：《生境伦理的知识论构建》，上海三联书店 2013 年版。

及精神论的动力机制的揭示，为生态文明提供实践认知的主体论智慧。①

第四，任何形态的文明的自我构筑，都围绕"人""欲""权"而展开。人基于存在个体化和生存资源需要的双重规定，必然生而必欲，欲而求权，并运权谋利。生态文明亦如是。概论之，生态文明对工业文明的整体性超越，首先体现在对人与物、人与自然、人与环境的共生化定位，即人应有限度地存在于自然和环境之中。其次体现在对欲望的节制，对权——包括权利和权力——的限度，对利益予以自由的、人性主义的以及平等、公正的追求。② 生态文明要将内涵如此丰富的理想诉求落实为普遍的实践操作，需要生境伦理规范体系。生境伦理学为其建构起以宇宙律令、自然法则、生命原理和人性要求为伦理基石，以利益、权利、责任为认知原理，以动机应当、手段正当和结果正义为规范原理，以完全人道、普遍平等和全面公正为价值导向原理的规范原理体系，这是生态文明建设得以在政治、经济、教育、科技、文化诸领域良性展开的伦理指南。③

第五，作为以"自然、生命、人"合生存在和"环境、社会、人"共生生存为准则，努力于"人与天调"和"人与人调""人与心调"的生态文明，必须将"自然为人立法，人为自然护法"的存在论思想以及蕴含于其中的自然法（宇宙律令、自然法则、生命原理）落实为社会实践认知的智慧和方法，生境伦理学为之提供了这方面的实践认知智慧和方法。这就是律法主义实践操作规训体系，它以共和与契约为律法精神，以守法和不服从为律法原则，以群己权界为运作方式的权利博弈权力的法权理论④和以权利分配权力、权利维护权利和权利监约权力的权力规训理论⑤，为生态文明的实践探索提供了人性主义行动指南和规训体系。

生态文明所需要的形而上学 任何性质和内容的社会哲学，都是建立在具体的存在哲学基础上的。生态文明所需要的生境主义社会哲学，同样

①　详述参见唐代兴：《生境伦理的心理学原理》，上海三联书店 2013 年版。
②　详述参见唐代兴：《生境伦理的人性基石》，上海三联书店 2013 年版。
③　详述参见唐代兴：《生境伦理的规范原理》，上海三联书店 2014 年版。
④　详述参见唐代兴：《生境伦理的实践方向》，上海三联书店 2015 年版。
⑤　详述参见唐代兴：《生境伦理的制度规训》，上海三联书店 2014 年版。

需要一种存在哲学的支撑。

如前所述，存在哲学涉及两部分内容，即形而上学和自然哲学，前者是对社会存在的本体的世界的哲学拷问方式和智慧形态；后者是对自然存在的本体的世界的哲学拷问和智慧形态。并且，关于社会存在的本体的世界的拷问的形而上学得以构建的最终依据，蕴藏在自然存在的本体的世界之中，这是我们理解形而上学与自然哲学之生成关系的正确认知。

客观地看，生态文明是彻底清算二元分离的机械世界观和孤立存在论，重建性恢复"自然、生命、人"合生存在的世界，基于这一要求，能够为生态文明提供存在论解释的存在哲学，应该是生态理性哲学。生态理性哲学的主干内容是生境主义伦理学、政治哲学和美学，但此三者是建立在生态理性形而上学和生境主义自然哲学这两块基石上的。如上所述，生态理性自然哲学由四个基本原理构成，生态理性形而上学却由三个存在论命题构成，即："人是世界性存在者"[①]；"世界是生生不息的生存场"[②]；"自然为人立法，人为自然护法"[③]（见第一章第二节内容）。这三个存在论命题为"自然、生命、人"合生存在提供了最终理由。

三、生态文明的生境诉求

当代人类已经进入灾难化生存境况。灾难化生存的基本标志，是人赖以存在其中的存在世界即环境已遭受全面破坏、丧失生境。拯救灾难化生存的根本努力，是重建人类文明方式。这一重建的中国话语表达，就是建设生态文明。生态文明建设的根本任务，就是恢复地球承载力、社会自净力和失律的气候，此三者构成建设生态文明的指标体系，以此生境化评价指标体系为整体导向，发展国家软实力、构建低碳社会、根治当代灾疫这一世界性难题、实施可持续生存式发展方式，构成了生态文明社会的整体

---

① 详述参见唐代兴：《生态理性哲学导论》，北京大学出版社 2005 年版。
② 详述参见唐代兴：《语义场：生存的本体论诠释》，中央编译出版社 2015 年版。
③ 详述参见唐代兴：《生境伦理的哲学基础》，上海三联书店 2013 年版。

蓝图。

1. 生态文明的生境定位

生态文明的生境本质，既蕴含于环境中，也蕴含在文明中。文明作为文化的进步状态，始终具有引导或激发人健康存在和社会健康发展的功能。如前所述，人类文明经历工业文明对农业文明的超越之后，把自己推向被生态文明取代的历史进程。工业文明之所以被生态文明取代，是因为工业文明雄心勃勃地把人打造成为世界的主人的过程，打开了人心的潘多拉盒子，最后使自己沦为欲望的奴隶和物质、资源、财富、权力的囚徒。人不仅与自然对立，更与自己分离，与文明分道扬镳。所以，工业文明以不经意的方式断送了现代文明，同时造就了对它的拯救方式，这就是生态文明。生态文明之所以能够替代工业文明，是因为生态文明要将人**从欲望的奴役中**解救出来，使之重新成为有整体关联智慧（心商、情商、智商协调开发）的人。因而，生态文明必然抛弃工业文明追求物质幸福的梦想和为实现其梦想而无限度地发展技术、开发资源、生产财富的社会模式，而是着手恢复自然、生命、人合生存在，重建生境社会，追求生境幸福。所以，生态文明的实质是生境文明，它促使人赖以存在和生存的环境呈现生机勃勃的状态，引导人、社会、地球生命、自然此四者合生存在和共生生存。以此为准则，生态文明的环境要求，就是环境自生境化。

在本原意义上，生境化，是存在世界的本原状态，当然是环境的本原朝向。环境生境化，符合生命本性、自然法则、宇宙律令，也符合人性要求；相反，环境死境化，是环境的异化朝向，它违背生命本性、自然法则、宇宙律令，违反人性要求，是人类过度介入环境的活动进程中对自我人性的反动。

环境的两极朝向，都源于环境自身的亲生命本性和与他者共互的本原性亲缘关系的律动：环境生境化，意味着环境的亲生命本性常驻，更意味着环境与他者共互的本原性亲缘关系的自我保持；反之，环境死境化则意味着环境的亲生命本性的丧失，更意味着环境与他者共互的本原性亲缘关系的破裂。环境运动的两极朝向，揭示环境具有自生生能力。[①] 形成环境自生生能力的直接的原动力，是环境亲生命本性和环境与他者共互的本原性亲缘关系；形成环境自生生能力的最终原动力，是生命未完成、待完成和需要不断完成的本性，或者说是生命以自身之力勇往直前、义无反顾地求生朝向。一枚果核，被随意地抛在地里，它以自然的方式接受天地灵气和雨露阳光的滋养，发芽、破土、生长、开花、结果、成熟、衰亡，这全过程均因为它无论是作为一个潜在的生命（种子）还是作为一个现实的生命形态，始终处于未完成、待完成状态和努力于不断完成的进程状态中，这一未完成、待完成和需要不断完成的状态敞开的进程，就是它被孕育、生长、成熟、衰亡的生命过程。动植物世界的动植物生存是如此，人类世界人的生存同样如此，没有例外，也不可能有例外。

环境的自生生能力就是环境的自生和共生能力。由于自生能力，环境能够生；由于共生能力，环境能够生生不息。环境自生生能力既源于环境本身，更源于构成环境的主体本身。环境始终既由生命所创造，更由生命所构成。因为环境由生命所创造，"生命创造生境"才获得最终依据；由于环境由生命所创造并由生命所构成，才使生命本身既是存在主体，也是存在条件。生命作为存在主体，它成为环境之目的：环境生境化，大而言之是以生命为目的，具体地讲是以人为目的。生命作为存在条件，它构成环境之手段：环境生境化，大而言之是以生命为手段，具体地讲亦是以人为手段。所以，环境与生命、环境与人、生命与人三者之间互为目的和手段：人既是环境的目的，也是环境的手段；相应地，生命既是环境的目的，也是环境的手段；更进一步讲，环境既是人和生命的手段，也是人和生命的目的。人、生命、环境之间互为"目的-手段"的存在观和生存观，揭示了人、生命、环境或者说人、生命、自然存在本质的同一。正是这种存在本质的同一，才使人、生命、环境或者说人、生命、自然在最终意义上是统一的，在法则、律令、本性上是共通的，在形态学上是合生存在的。

---

① 唐代兴：《环境能力引论》，《吉首大学学报（社会科学版）》2014 年第 3 期。

以此来看，生态文明建设的核心任务，不是经济发展，也不是环境保护，更不是生态保育，而是全面促进环境自生生能力的恢复。

将生态文明建设的核心任务概括为恢复环境能力时，必须明确"环境"概念所指涉的范围。概括前述，本书所讨论的"环境"，既不是生物学视域的，也不是环境哲学视域的，而是世界存在论和宇宙生存论视域的。作为世界存在论和宇宙生存论视域的环境，是以生命为中心、为主体、为目的的。在特殊的语境中，它是指以人为核心的生命中心环境论。作为世界存在论和宇宙生存论视域的环境，围绕"生命-人"而展开自然与社会两个扇面，形成自然环境和社会环境，前一种环境以生命为中心，后一种环境以人为中心。由于人首先是物种生命，然后才是人，并且最终还是一物种生命，人由此贯通了自然与社会。同时，物种生命也因为人的视野的不断扩大、人的存在足迹不断拓展而进入人的社会，物种生命由此网结起了社会和自然。由于这两个方面因素的互为推动，自然环境和社会环境相互交叉、相互贯通、共在互存、共生互生。

环境有微观、宏观和宇观三个维度。微观环境是指个体化的生命或人得以存在敞开的具体条件。宏观环境是指生物存在敞开和人存在敞开的社会条件，前者是自然社会条件，后者是人类社会条件。宇观环境是指人、社会、地球生命、自然合生存在或共生生存的进程状态，它以大气运动和气候变化为敞开方式。

对环境类型形态的描述，是为展示作为世界存在论和宇宙生存论视域的环境的整体图景。但为表述方便，我们尝试将环境概括为自然环境和社会环境，前者由生物环境、地球环境、宇宙（或大气）环境所构成；后者既可由人际环境、族际环境、国际环境构成，也可进行领域性分类，而形成制度化的社会政治环境、经济环境、教育环境、文化环境、伦理环境等。

环境类型形态的客观存在性，也使环境自生生能力获得了类型性，即微观环境有微观层面的自生生能力，宏观环境有宏观层面的自生生能力，宇观环境有宇观层面的自生生能力。比如，一个生活小区或者校园，是一个相对自洽的微观环境。在这个校园或生活小区里，房屋、道路、树木、花草、鸟虫，当然还包括生活或穿梭于这个小区或校园中的人以及各种微生物，它们之间在没有强暴外力的破坏性打扰情况下，始终处于自生与共生状态。再比如，气候变化，就是人和生命存在的宇观环境，但气候变化同样遵循周期性时空韵律而自生和共生。气候变化的自生，就是大气环流、风调雨顺；气候变化的共生，就是它与地球轨道运行、太阳辐射、大气环流、地面性质的变化及生物活动、人类行为等因素互为手段-目的。

生态文明建设以恢复环境自生生能力为核心任务，落在实处，既指恢复自然环境自生和共生能力，更指恢复社会环境自生和共生能力。因为，由工业化、城市化、现代化进程推动所形成的工业文明真正衰败与终结的不是物质，也不是文化，更不是存在其中的自然环境，虽然自然环境，包括生物环境、地球环境甚至融进了宇宙运行的大气环境，均因为工业化、城市化、现代化进程的纵深化而使其被迫丧失生境，导致生境破碎化，但这只是表象，因为自然环境的生境丧失和生境破碎化，最终由人类无度介入自然世界的征伐活动所层累性推动。进一步看，人类无限度地介入自然界的征伐活动，也仅仅是行为表现，它的本质是人类在制度、政治、权利、知识、认知、思想、观念、方法、技术、文化精神等所有领域背离了人性，违背了生命原理、自然法则、宇宙律令，这是人性沦丧、人心失律在制度、政治、权利、认知、知识、思想、观念、方法、技术、文化精神等方面的表现，也是人性沦丧、人心失律在人类无限度地介入自然界展开掠夺性征服、改造活动上的表现。所以，工业化、城市化、现代化进程所推动的工业文明的衰败与终结，最终是人心沉沦和人性终结，是人类之思想认知基础的坍塌、文化精神支柱的朽化、文明灵魂的彻底堕落。生态文明建设的全部可能性与现实性，就是建立在工业文明人心沉沦、人性终结、思想认知基础坍塌、文化精神支柱朽化、文明灵魂彻底堕落的基础上的。由此铸成生态文明建设的真正使命，是再造人性，重塑人心，重建人类文明的思想认知基础、文化精神支柱和净化人类文明的灵魂，这必须从恢复环境自生与共生能力入手。

恢复自然环境的自生和共生能力，就是恢复一棵树、一株草、一块耕地、一片山坡的自生和共生能力，也是恢复湿地、荒野、森林、草原、江河湖海的自生与共生能力。抽象地讲，恢复自然环境自生和共生能力，就是恢复地球自承载力和自净化能力。恢复地球自承载力和自净化能力，不是环境保护所能做到的，也不是生态保育所能完成的，它必须以社会环境自生和共生能力的恢复为前提，为动力。因为在今天，加速恶化的自然环境生态状况，全因人为。唯有改变人为，才可能真正改变自然环境死境化状况。改变人为的实质是改变社会环境，使社会环境，即从具体的人际环境到国家环境以及国际社会环境，从制度化的政治环境、经济环境到教育、文化、伦理和道德环境，逐一恢复其自生和共生能力。使社会环境恢复自生和共生能力，实际上是再造制度，恢复人心和健美人性的力量，重建人、社会、生命、自然共在互存、共生互生的心灵土壤、文化精神、文明基石，为生境化的生态文明的全人类到来，储存社会资源。

2. 生态文明的评价体系

概括前述，环境生态敞开为自然环境生态、社会环境生态和气候环境生态三维。与此对应，环境生态的生境化也形成三维，即自然环境生境化、社会环境生境化和气候环境生境化。这三个维度的环境生境化，构成社会客观衡量和评价生态文明的宏观指标体系，同时也开出了生态文明建设的生境主义路径。

具体论之，环境生境化问题，首先是自然环境生态的生境化问题。衡量和评价自然环境生态的生境化的客观指标有二，**一是地球承载力，二是自然净化力。**

地球承载力：自然环境生态的生境化指标　地球承载力由地质结构承载力和地球表面承载力两个具体指标构成。

地质结构相对地球而论，地球是由不同部分组成的整体，每个部分又各自构成不同的地球区域。由此特征规定，地质结构承载力落实为区域化的地质结构能力，它具体表征为区域化地质结构受重容量，这就是具体区域的地质结构决定了它实际承受多少受重容量。对任何具体的地球区域来讲，在这一承载受重容量范围内，该区域内的地壳、地体、山体具有较高自稳定性，这一区域由此获得存在的安全性。反之，任何具体的地球区域，当实际承载的受重容量一旦超过自身结构承载能力，该区域的地壳、地体、山体就会因此丧失自稳定性而处于无安全状态，地裂、地沉、山体崩滑、泥石流、地震、海啸等地质灾害现象就会频繁发生。

就实质论，地质结构承载力是指区域性的地球结构受重力限度，或者说极限，一旦超过此限度或极限，它就丧失本有的承载结构和承载力量，导致地质结构变异，地质灾害暴发。由此可以解释在江河流域修筑大型或巨型水电大坝，为何可能导致山体崩溃、地震、地陷。

与此不同，地球表面承载力是**地球表体**的容纳能力。地球表体的具体形态是山脉、江河、草原、森林、湿地、荒野、耕地等，地球表体的容纳能力是指山脉、江河、草原、森林、湿地、荒野、耕地的实际承载限度和最大容量范围，对任何具体的地球表体来讲，它所承受和容纳的"东西"一旦逾越了这个限度或突破了这种容量极限，同样会因此丧失稳定性和安全性。比如，夏季的江河泛滥，就是暴雨、洪水超过了江河本身的受纳容量所造成的。同样，如果为了单纯的经济利益大搞水电工程，所修建的水电工程如果超越了江河自身承载力，江河不仅会断流，还会导致河床上升，干涸的江河本身会因此沦为污染源，并且也会因此改变区域性地质结构，诱发地震等地质灾害，在这方面，长江和黄河应该是最典型的案例。再比如辽阔无边的草原，一旦无度放牧突破了草原本身的容量范围，草原就会因此迅速退化，即过度放牧必然导致草原沙漠化。草原沙漠化的极端表现形态，就是沙尘暴。

客观论之，自近代社会以来，全面铺开并不断加速的工业化、城市化、现代化进程，导致了地球承载力的丧失，自然环境生态日益死境化。在这种境遇下，自然环境生态要重获生境化功能，需要人类自觉地恢复地球承载力。

恢复地球承载力，也是恢复地球自净力的方式，因为地球表面承载力的丧失，就是原始森林消失、草原沙漠化、大地裸露、耕地荒芜、土地板结和白色污染化、荒野和湿地消失、江河断流、海洋富营养化……这些自然现象的普遍化呈现，表明地球自净化功能不断弱化或丧失。所以，恢复地球表面承载力的努力过程，亦是恢复地球对污染物和其他温室气体的净化功能的过程。

自净力：社会环境生态生境化指标　人与自然的共在互生，仅仅是生态文明的一个维度，除此，更重要的维度是人与人、人与社会的共在互生。只有当从人与自然、人与人（社会）这两个维度入手创建起相互协调的共生体系时，生态文明社会才可真正产生。需要从整体上建立的这两个相互协调的共生体系，就是地球承载力体系和社会自净力体系。重建地球承载力体系，前提是需要重新认识地球，并重新调整人类与地球之间的存在关系，自觉将人类活动控制在地球承载力范围内，这是全面恢复自然环境生境化的根本战略，重建社会自净力体系，同样需要重新认识国家社会，并在此基础上重新调整人与人、人与社会之间的生存关系，引导人们自觉地将活动控制在社会自净力的范围内，这是努力恢复社会环境生境化的根本战略，亦是全面恢复地球承载力的前提工作和基础战略。

社会自净力是指社会自我净化的能力。衡量和评价社会自净力的具体指标有二，一是社会对污染的自我净化能力，二是社会对异化的自我净化能力。

客观地看，污染伴随生命而产生，有生命、有人存在的地方，就有污染。与此同时，在地球上，生命本身又成为净化器，有污染的地方就有净化。在自然状态下，就是在包括人在内的所有生命都按天赋本性存在与敞开生存的状态下，污染与净化是动态平衡的。只有当人力强行打破"污染-净化"之间的动态平衡时，污染的广泛度才超过净化的速度，这时候，真正意义上的污染社会才产生。

人力改变自然世界的"污染-净化"平衡模式的基本社会方式，就是工业化、城市化、现代化进程。在这一进程中，社会化的甚至组织化的人类行为，从生产和生活两个领域源源不断地制造垃圾、汽车尾气、噪音、各种有毒化学产品、核污染。这些来自四面八方的污染早已超过了自然世界的自净容量，导致整个自然世界（地球和大气层）和人类社会丧失自净化能力。自然世界和人类社会丧失自净化能力所造成的实际结果，是人类基本生存条件的丧失，比如，气候失律，一方面导致气候灾害频发，从而引发出诸如山体崩滑、泥石流、地沉、地陷等地质灾害和瘟疫等流行性疾病暴发；另一方面又导致霾嗜掠天空，使呼吸变成了吸纳有毒物质的方式。

由于污染导致了人的基本生存条件的丧失，因而需要全社会行动起来，展开社会自净化运动，恢复社会（自然世界和人类社会）自净力。恢复社会自净力，是指社会按照卫生、健康的要求对人类自己制造的污染予以有序净化，使之达到无害程度。

全面恢复社会自净力，就是控制人为，抑制、降低或消除各种人为污染。为此，必须重建城市社会自净力实施体系和农村社会自净力实施体系。但相对地讲，重建城市社会自净力实施体系更迫切，因为在工业化、城市化、现代化进程全速展开的今天，越来越多的农村问题都变成了城市问题；同样，越来越多的城市问题最终又成为了农村问题。所以，应该重点构建城市社会自净力实施体系，以此促进农村社会自净力实施体系的全面构建。

3. 生态文明的实施路径

恢复地球承载力和社会自净力，根本目的是实现"自然、生命、人"合生存在和"环境、社会、人"共生生存。要卓有成效地实现此一目标，应该从发展国家软实力、建设低碳社会、根治当代灾疫和实施可持续生存四个方面入手。所以，软实力、低碳社会、灾疫防治、可持续生存，此四者构成了建设以生境为导向的生态文明的基本路径。

繁荣文化·发展国家软实力　生态文明是拯救工业文明的新型文明。所谓工业文明，不过是工业社会的精神呈现和文化的升华性表达。工业社会以物质幸福为目标导向，推动整个社会发展从两个方面将自身推向了沉沦之域：一是征服自然、改造环境和掠夺地球资源成性，而且无度，导致人类将自己推向了与自然世界完全对立的转折点；二是无限地消耗、浪费地球资源，使地球处于死境化状态。在这种状况下，人类要能够安全存在并谋求可持续生存，必须从根本上变革自身。这种变革努力不能再以追求技术、军事、经济、物质霸权等硬实力为动力机制和根本展现方式，而是需要以文化的健康发展和繁荣为社会进步的标准。

概括地讲，以生境化为目标，以恢复地球承载力和社会自净力、恢复失律的气候为根本评价指标，建设生态文明，必须以全面提升国家软实力为基本任务；生态文明社会，只能成为以软实力为动力源泉的综合实力提升的社会。

节制消费·简朴生存·构建低碳社会　工业社会因片面追求物质幸福而全面征服自然和掠夺地球资源，最终导致自然失律。自然失律的突出表征是气候失律；气候失律的日常化方式是气候灾害频发，极端形态是霾气候形成并无阻碍地扩张。然而，无论频发的气候灾疫，还是嗜掠的霾气候，都是人类无限度排放二氧化碳、氯氟烃、甲烷、氮氧化物等温室气体所致。所以，消除地球高碳化状态，创建低碳社会，成为生态文明建设的努力方向。

概括地讲，低碳社会是一种新型的社会形态，它是以排放低碳气体、改变温室气候为动力，以探索构建新能源方式和技术方式为基本手段，以创建新型生产方式和消费方式为途径，以实现全新生活方式和美学方式为实际目的的生境社会形态。具体地讲，从**能源**角度看，低碳社会以可再生能源为动力能源，这些动力能源主要有太阳能、风能、海洋水能、植物能等。从**生态影响**方面观，低碳社会以去污染和低污染化为标志，为此必须以可再生能源为动力，以生产环保产品、绿色产品为主导方向，以追求生活消费环保化、绿色生态化为日常方式。从**经济形态**方面论，低碳社会意味着社会经济发展必须全面打破地缘疆界，追求全球化，即经济的生产和消费，必须以对地球的滋养和对社会的共济为基本要求，所以，低碳社会的经济只能是生境经济。从**社会目标**观，低碳社会应该以追求生境幸福为最高目标。概括此四者，低碳社会必须以**可持续生存式**发展为主题，以"自然、生命、人"合生存在和"环境、社会、人"共生生存为准则，以生境财富增长为根本评价指数，以节俭生活和美学创造引导生产为内在动力机制。

重建生境·根治灾疫　在许多生态学家那里，探讨生态文明的最初动机，源于对全球性生态危机的忧思，并谋求解决之道。但制造和强化全球性生态危机的直接力量却是当代灾疫。因为当代灾疫不仅从根本上改变了整个自然界，也改变了整个人类存在及生存，不仅使人类存在丧失了根基，也使人类生存丧失了安全性，生活失去了家园感。不仅如此，当代灾疫因为地球环境和气候环境的加速破坏，地球生境和大气生境的整体性丧失，获得了无限的发酵空间和边际效应能力，由此两个方面的自发做功，推动当代灾疫频发形成三个趋势：一是灾疫全球化，二是灾疫日常生活化，三是抗救灾疫成为国际政治的中心议题和国家治理的核心问题。在这种态势下，灾疫已成为一个世界性难题。面对这一世界性难题，创建生态文明社会，必须根治当代灾疫。

根治当代灾疫，必须以历史反思为参照，以现实检讨为出发点，构建当代灾疫防治的行动方案及实施战略：其一，应以生境化为指南，构建根治灾疫的目标体系，这一目标体系即重建生境、重建家园、实现生态文明社会；其二，以如上目标体系为规范，建构一个能够引导和规训人类行为的认知体系和价值导向系统，这一认知体系和价值导向系统生成的首要内容，是确立一种具有全面人性精神和普遍生命关怀的生境主义实践理性姿态与价值诉求；其三，应在整体上构建起"预防治理为本、救助治理为辅"的灾疫国策，并在预防环节确立起"治理为本，防范为辅"的实施战略；其四，应引导全民为消解灾疫而向灾疫学习，并在向灾疫学习的过程中正确地认知灾疫和防治灾疫，获得确实的灾疫责任担当能力，为恢复生境而节制，为实现生境安全而改变日常作为。[①]

可持续生存·限度发展　在世界风险、全球生存危机和社会转型发展整合构成的当代境遇下，发展国家软实力、建设低碳社会、根治当代灾疫

---

①　唐代兴、杨兴玉：《灾疫伦理学：通向生态文明的桥梁》，人民出版社 2012 年版，第123—153 页。

的根本途径，只能是探索可持续生存式发展方式，即以社会生存的可持续为起点和目标，无论是经济发展还是社会发展，必须以人、社会、环境的可持续生存为根本规范，或曰，以人、社会、地球生命、自然合生存在为根本准则。

第六章 环境治理的低碳社会方式

环境问题的综合呈现，是温室气体及污染物排放过度和地球、大气层自净化力弱化。治理环境不仅要以生态文明为目标，更要以探索低碳社会为基本方式。以此观之，探索低碳社会，创建低碳生存，既是根治环境的根本方式，也成为生态文明社会的基本标志。

一、环境治理的低碳社会要求

世界风险、全球生态危机、社会发展转型，此三者所构成的当代境遇，可以实际地表述为自然环境生态和社会环境生态的日趋恶劣，面临生境化重建。其重建的远景目标是生境文明，现实道路是低碳社会。

低碳社会相对日益恶劣的环境生态而论。日益恶劣的环境生态形成的根本动因是气候。气候是地球与宇宙循环的晴雨表。20世纪后期，温室气候的形成，急剧地改变着一切，气候灾害频发，生物世界失律，人类存在进入高风险状态。为改变存在危机，扭转气候，控制碳排放，探索新型的社会行动方式，包括经济方式、生产方式、技术方式。由此，描述这一新型方式的"碳足迹""低碳经济""低碳技术""低碳发展""低碳生活方式"等新概念相继产生，最后为一个更具有包容性的"低碳社会"概念所涵摄，因为"低碳社会"概念，不仅展示了环境治理、生境重建的新社会方式，也描绘出人类生存的未来方向。

客观地看，从1992年150多个国家共同关注温室气候问题，并为解决此温室气候问题而制定《联合国气候变化框架公约》；1997年，为限制发达国家温室气体排放量以抑制全球变暖而出台《京都议定书》，到2009

年底世界气候变化大会之《哥本哈根协议》，再到 2016 年 170 多个国家共同签署的《巴黎协定》，为拯救人类和地球，"低碳社会"浪潮开始形成。至于我国，低碳社会方式尚待形成。这是因为，构建低碳社会方式，既是一个认知和行动并重的过程，更是一个认知引导行动的探索过程，在这个过程中，达成对"低碳社会"的社会化共识是根本，因为只有获得如此社会共识，才可能展开低碳社会方式的实践探索与建构。

1. "低碳社会"概念释义

古人讲"天行有常"，最重要的是气候变化有规律。气候，是世界生变的晴雨表。气候的改变，意味着改变一切；气候一旦突破自身时空韵律而运行，意味着整个地球和宇宙生态的失衡。

在今天，气候失律越来越严重，地球生命和人被迫承受的灾难越来越频繁。人的境遇状况与气候失律之间所形成的这一对应关系，揭示了"人与天调"对维持整个自然生态正常运行的根本性，同时也揭示另一个规律：一旦人脱离或放弃了与天调的努力，气候失律成为必然。

气候失律的根本表现是温室效应。温室效应来源于人类活动和大自然排放出来的二氧化碳、氯氟烃、甲烷、氮氧化物等温室气体，超过了地球对它们的吸纳自净能力。其中，二氧化碳是最主要的温室气体，因为它既具有吸热功能，更具有隔热功能，它一旦在大气中增多，会逐渐形成一个无形的罩，使太阳辐射到地球上的热量无法向外层空间发散，从而形成地球表面变热，土壤、水、空气三者运行失常，气候失律。从根本讲，温室气候源于二氧化碳排放的持续超量，从而导致整个地球高碳化，社会自然沦为高碳化社会。

高碳社会与高碳地球，这二者之间构成一种互为因果状态：只有当高碳社会形成并不断得到强化时，地球高碳化状态才会产生；一旦地球进入高碳化状态并持续高升时，自然世界就会发生巨大失律性裂变，地球遭灾、人类遭难。面对这种日趋严重的环境状况，求得根本改变的努力方式，就是全社会整体行动，从日常生活入手，创建低碳社会方式，最后消除地球高碳化状态。

创建低碳社会，首要任务是认知，前提是必须对"低碳社会"概念有明确的定位。

"低碳社会"概念在我国最早出现于庄贵阳《中国低碳经济发展的途径与潜力分析》(《国际技术经济研究》2005年第3期)，该文发表后至今12年间，国内涉及"低碳社会"的相关文献约260条，但大多属于宣传、倡导性的报刊"文章"，严肃的研究文献并不多。除此，书名冠有"低碳社会"一词的出版物10本。从总体情况看，低碳社会意识并没有普遍形成。从研究角度看，其中一个重要因素是很少有研究者对"低碳社会"概念作基本语义界定和必须的学理分析，无论任何问题，当研究本身流于感觉描述时，往往因为彼此语义含糊而导致少有人问津。

> "低碳社会"是人类应对国际社会大量消耗石化能源、大量排放二氧化碳引起全球气候灾害性变化而提出的新社会发展方式和社会形态，是以低能耗、低污染、低排放、低碳含量和高效能、高效率、高效益以及环境优化、人与自然和谐发展为基本特征的经济社会发展模式。……低碳社会是一种新的经济社会发展模式，是我国建设资源节约型、环境友好型社会，实现可持续发展的最现实、最基本的路径。[1]

> 所谓"低碳社会"，就是整个国家或地区实现较低（更低）温室气体（二氧化碳为主）排放，届时人类将渐入循环能源社会的大门，并结束石油、天然气时代。如果说人类社会经历的木柴时代造就了农业社会文明，煤炭时代造就了工业社会文明，石油时代成就了现代社会文明，那么，在油价持续走高的情况下，人类社会可能迅速迈向低碳社会。[2]

> 要真正有效地应对全球气候变化，我们在接受低碳排放理念的同时，需要进一步扩展实现低碳排放的视界，不能仅仅局限于低碳经济，而应着眼于推动整个社会的变革，建设低碳社会。在

---

① 任福兵、吴青芳、郭强：《低碳社会的评价指标体系构建》，《江淮论坛》2010年第1期。
② 胡文瑞：《为低碳社会做好准备》，《中国石油石化》2008年第13期。

此，低碳社会是指适应全球气候变化、能够有效降低碳排放的一种新的社会整体形态，它在全面反思传统工业社会之技术模式、组织制度、社会结构与文化价值的基础上，以可持续性为首要追求，包括了低碳经济、低碳政治、低碳文化、低碳生活的系统变革。[①]

低碳社会是指应对全球气候变化、能够有效降低碳排放的一种新的社会整体形态，它在全面反思传统工业社会之技术模式、组织制度、社会结构与文化价值的基础上，通过消费理念和生活方式的转变，在保证人民生活品质不断提高和社会发展不断完善的前提下，致力于在生产建设、社会发展和人民生活领域控制和减少碳排放的社会。低碳社会强调日常生活和消费的低碳化，强调通过理念和行为方式的转变，达到人类社会与自然系统的和谐发展。[②]

低碳社会的实质是一种新型的社会发展模式或整体形态，它以低能耗、低排放、低污染为基本特征，以人与自然与社会的价值和谐为根本的逻辑基础和价值依据，以经济系统、政治系统、文化系统、生活方式系统共同构成的大社会系统的整体性变革为实现路径，最终能够有效降低碳排放、解决全球气候变化问题并以此实现人与自然与社会的全面协调可持续发展的终极目标。[③]

上面关于"低碳社会"概念的五个描述性定义各有侧重，第一个定义侧重于经济发展方式，把创建低碳社会的目标定位为构建一种新的经济发展模式。第二个定义侧重社会构建，把创建低碳社会的目标定位为实现一种新的社会文明，至于这种社会文明是什么形态的，则不得而知。第三个定义使"低碳社会"概念突破了单一的"能源"和"经济"的认知模式而

---

① 洪大用：《中国低碳社会建设初论》，《中国人民大学学报》2010 年第 2 期。
② 高宏星：《低碳社会的哲学思考》，博士学位论文，中央党校，2011 年，第 47 页。
③ 赵晓娜：《中国低碳社会构建研究》，博士学位论文，大连海事大学马克思主义学院，2012 年，第 39—40 页。

拓展到政治、文化、生活的范围来思考问题，但对于低碳社会到底是一种什么样的社会，仍然没有一个清晰的蓝图描述。第四和第五两个定义都肯定了低碳社会是一种新的体现人与自然和谐的社会形态，然后分别从结构构成性入手对低碳社会概念予以定义，但仍然没有对这种内容结构的低碳社会的性质做出实质性揭示。客观地看，从第一个定义到第五个定义，对"低碳社会"的认识已经有了质的飞跃，但离"低碳社会"的本质性把握，还存在着一定距离，这表明，不仅社会，即使学界，对"低碳社会"的认知还处于初步阶段。

理解和定位"低碳社会"概念，不仅是一个学理问题，也不只是一个话语平台的正确构建问题，而是涉及现在以及未来如何面对高危存在风险、怎样改变生存境况的问题，更涉及现在及未来要创建一个什么样的人类社会的问题。

要很好地理解和定位"低碳社会"，首先得理解"低碳"概念。首先，低碳，英语 low-carbon，主要指更低或较低的温室气体排放，温室气体以二氧化碳为主，所以称之为低碳。"碳"既是一种化学元素，更是一种生命元素，它构成地球上所有生命得以产生和存在的基本要素。在地球生物圈，动物呼吸所排放出来的二氧化碳，构成绿色植物光合作用的原料，绿色植物光合作用所产生的氧气，在满足自身呼吸需要的同时，也为动物（包括人）提供了这种需要的满足，由此使动植物之间形成"碳循环"。在本原状况下，自然界碳循环处于动态平衡状态，当外力，具体地讲就是在近代以来工业化、城市化、现代化进程中，人类无节制地消耗石化能源，把原本深藏于地下的碳无限度地释放出来，打破了地球生物圈中碳循环的动态平衡机制和动态平衡状态，形成地球表面和大气层高碳化。其次，当我们提出"低碳社会"时，是要有意识地努力改变这种既危害地球生物圈动态平衡生存、又危及人类健康存在的高碳化状况，具体讲就是如何将高碳运动变成低碳循环。由此，"低碳"概念获得了多重意指性，它既指一种温室气体排放方式，也指一种能源方式，更指一种技术方式。整合地看，低碳是指低温室气体排放方式，这种排放方式要变成现实，必须改变现有能源结构。因而，探索一种新能源方式成为必然。要构建一种能源方式，所涉及的根本问题是技术革新，所以，实现低碳气体排放方式最终表达为一种新的技术方式。然而，要实现此三者，必须重建一种新的生产方式、消费方式，这既是低碳化的新能源方式和新技术方式的实现形态，又是构建低碳排放方式的前提和基础。进一步看，一种新生产方式和消费方式的感性呈现，就是一种全新生活方式和美学方式的实现。但如上内容得以真正实现的根本前提，是社会基本结构和制度本身的根本性变革。所以，说到底，低碳革命所引发的变革，是社会结构和支持其社会结构的社会制度的整体性变革，这种整体性变革的社会，绝不可能停留于工业文明状况，而是整体上超越工业文明的一种新型社会。从社会精神角度概括，这种新型社会就是生境文明社会；从自然界维持和创造生命的碳循环角度概括，这种新型社会就是低碳社会。

低碳社会是一种新型社会形态，它是以排放低碳气体、改变温室气候为直接动力，以探索构建一种新能源方式和新技术方式为基本手段，以创建新型生产方式和消费方式为途径，以实现全新生活方式和美学方式为最终目的的生境文明社会形态。

2. 低碳社会的基本蓝图

概括上述，"低碳社会"概念本身就不是一个经济学概念，而是一个社会学概念和文化学概念，因为这个概念给我们展示的原本就是一幅新社会蓝图，并且这幅新社会蓝图所宣示的是完全不同于当前文明形态的新型文明形态。所以，低碳社会是一种新文明社会。

要很好地理解如上判断，还须进一步探析"低碳社会"概念所蕴含的深层语义。

客观地讲，低碳社会是相对"高碳社会"而论的。

从能源角度看，高碳社会以一次性石化燃料为动力能源，这些动力能源主要是煤、石油、天然气等；低碳社会是以可再生能源为动力能源，这些动力能源主要有太阳能、风能、海洋水能、植物能等。

从生态影响方面看，高碳社会是高污染化的，并且这种高污染是全程化的，包括从生产到消费，每个环节都呈高污染。这种高污染源于高碳排放，包括原料燃料生产高碳排放、商品生产过程高碳排放、生活消费高碳排放、（生活和生产）废弃物处理高碳排放。与此相反，低碳社会是去污染和低污染化的，因为低碳社会以可再生能源为动力，并且以环保产品、绿色产品为主，生活消费都将环保化、绿色生态化。

从经济形态方面讲，高碳社会追求地缘化经济，准确地讲是开发地理资源的经济，这种经济形态体现三个特征：一是经济必以地缘为绝对疆界，哪怕是 20 世纪后半叶以来所形成的跨国经济形态，仍然是建立在地缘疆域基础上的；二是经济必以地下或地面物理资源为原材料，包括动力能源也是如此；三是经济行为体现强烈竞争性，并且竞争构成了高碳社会经济展开的根本动力，它贯穿在个体之间、企业之间、地区之间、国家之间。因而，地缘经济是一种全方位的竞争经济，这种性质的地缘经济片面地并且是高强度地释放了达尔文生物进化论思想中的竞斗原理，并认为只有竞斗、竞争才是生，才创造生。如上三个特征引导经济行为形成极强的侵略倾向。这种侵略倾向主要展开为两个方面：一是自然侵略，其典型表现是无所顾忌地征服自然、改造环境、掠夺地球资源；二是地理侵略，其主要表现是殖民主义扩张和市场垄断。

与此相反，低碳社会追求全球性经济，亦或宇宙资源经济。这种经济形态有三个特征。一是经济必然全面打破地缘疆界而追求全球化：地缘经济追求对地球资源的掠夺、对社会财富的自我聚敛；全球经济追求对地球资源的滋养，对社会财富的共济。二是经济必以地上资源或者说太空资源、宇宙资源和人的知识资源、心灵资源为原材料，包括动力能源也是如此。三是经济行为高度协同，并且协同性构成了低碳社会展开的根本动力，这种动力机制同样贯穿在个体之间、企业之间、地区之间、国家之间。因而，全球性经济将全面遵循达尔文的"物竞天择、适者生存"原理，即竞斗与自我限度相协调的原理，即竞-适原理，这一原理强调，竞必须以自我限度的适为准则并以实现其适为目的，唯有如此，竞才是生，竞才创造生。如上三大特征规范社会的整个经济行为，必须协同生生化。

这种协同生生化主要展开为两个方面，一是协同自然并促进自然生境化；二是协同社会并促进社会生境化。

从社会目标看，高碳社会以人类为中心，最高人本目标是无限度的物质幸福。因而，高碳社会以**发展**为主题，并且其发展定位**必以经济为中心**，以**物质财富高增长**为指数。这是高碳社会**以消费促生产**的内在动力机制，也是高碳社会崇尚**实利主义**的内在价值根源，更是高碳社会培养和激励人、企业、组织甚至民族、国家之侵略性格的最终理由。可持续发展观和发展模式之所以需要终止，就是因为它所强调的发展仍然以经济为中心，以物质财富高增长为指标，以消费促进生产为动力机制，以实利主义为价值源泉，并全面激活侵略本性和殖民野心。低碳社会在本质上与高碳社会形成根本对立：低碳社会**以生命为中心**，最高人本目标是有限度的物质幸福，更准确地讲，低碳社会以追求**生境幸福**为社会目标。因而，低碳社会必以**可持续生存式发展**为主题，并且发展必以自然、生命、人、社会合生存在和共互生存为准则，**以生境财富**增长为基本指数。所以，低碳社会应该以**节俭生活和美学创造**引导生产为内在动力机制。

将如上对比陈述的内容予以抽象概括，低碳社会所展示的社会蓝图，是一幅**生境化**的生态文明蓝图。这幅以生境为指南的生态文明蓝图的实践展开方式，就是可持续生存式发展。

3. 低碳社会的实施目标

低碳社会为何要以生态文明为目标　创建生境化生态文明，是低碳社会的最终社会目标。

"生态文明"，是一个中国话语，当它被作为国家发展的基本国策内容而确立下来后，创建"生态文明"社会达成了社会共识。

创建生态文明社会之所以能够并毫无困难地达成共识，并不只是中国人的智慧和中国特色所致，而是人类文明发展进程的自然体现。早在20世纪中期，西方社会就开始了对人类未来新文明形态的探索与研究，比如生态学、环境哲学、绿色政治等等，都是从不同领域切入来探讨人类新文明形态的努力方式。20世纪七八十年代，未来社会学盛行，最著名的美国未来社会学家阿尔温·托夫勒（Alvin Toffler）立足于当代人类存在的当下处境，通过透视历史的长河而提出"第三次浪潮"的假设。他指出，人类的第一次文明浪潮，发生在一万年以前，人类进入农业社会，人类从与动物为伍的野蛮社会中解放出来成为与动物相区别的人。第二次浪潮发生在三百多年前，这就是工业革命，它摧毁了古老的农牧社会，创建起一个让人类充满无穷乐观态度的丰富多彩的社会形态和社会制度。然而，很不幸的是，"第二次浪潮的乐观主义遭到了第三次浪潮文明的痛击，悲观主义成了一时的风尚。今天世界迅速认识到，在道德、美学、政治、环境等方面日趋堕落的社会，不论它多么富有和技术高超，都不能认为是个进步的社会。进步不再以技术和物质生活标准来衡量。社会不会只沿着单一轨道发展。丰富多彩的文化是衡量社会的标准。"① 因为进入 20 世纪后半叶，表面上欣欣向荣的世界"正在从崩溃中迅速地出现新的价值观和社会准则，出现新的技术，新的地理政治关系，新的生活方式和新的传播交往方式的冲突，需要崭新的思想和推理，新的分类方式和新的观念。"②

阿尔温·托夫勒所描绘的第三次浪潮，就是继农业文明、工业文明之后的第三种新文明形态。这种新文明形态经过半个多世纪的探索，终于开始展露出她的整体轮廓，这就是生境文明，或者说以生境为指南的生态文明。这种以生境为指南的生态文明是相对工业文明而论的，并且生态文明是对工业文明的超越形态，也是对工业文明的取代形态。

从根本论，以生境为指南的生态文明，构成低碳社会建设的目标；低碳社会的实践展开和全方位探索，构成生态文明建设的基本方式。换言之，低碳社会建设，就是以生境主义为价值引导，实现社会生境化。具体地讲，低碳社会方式，就是对工业文明造成的文明破坏予以全方位的修复方式。工业文明对人类社会所造成的最大破坏是环境生态破坏，导致整个世界的生态链条的断裂。低碳社会就是基于生境主义理念和生境化目的，

① ［美］阿尔温·托夫勒：《第三次浪潮》，朱志焱等译，生活·读书·新知三联书店 1984 年版，第 28 页。
② ［美］阿尔温·托夫勒：《第三次浪潮》，朱志焱等译，生活·读书·新知三联书店 1984 年版，第 43—44 页。

在实践领域展开全方位的环境修复和生态链条修复，使之恢复原生态关系。

这里有必要明晰"环境生态"和"生态关系"的内在关联："环境生态"不过是自然环境和社会环境的总称，更具体地讲，环境生态即是自然、生命、人、社会四者整合生成的动态变化的关系，即"生态关系"，它实际敞开为五个维度：一是人与地球、宇宙之间的动态生变关系；二是人与物种生命之间的动态生变关系；三是人与民族、国家、社会之间的动态生变关系；四是人与他人之间的动态生变关系；五是人与内在自我之间的动态生变关系。整体地看，生态关系的生成及变化，构成了最现实的环境生态；反之，环境生态的感性敞开，就是变动不息的生态关系。

由此不难看出，"环境生态"所蕴含的核心问题是"生态"，它既指涉存在世界、事物、存在者静态的存在位态及朝向，更指人与自然、生命、社会之间的存在关系的生变与协调状态。这种生变与协调状态，可能朝着消极的、非活力方向敞开，也可能朝着积极的、充满活力的方向敞开。环境的前一种敞开状态，就是死境；环境的后一种敞开状态，就是生境。因而，环境生态有生境与死境之分。工业文明走向没落的根本原因，是它把原本就存在的生境化的环境生态变成了死境状态。低碳社会方式就是基于生境主义价值引导并以生境化为目标，通过重构人类社会低碳化生存的社会方式，重建地球生物圈的低碳循环链，将已经濒临于死境的环境生态重新恢复过来，使之成为生境化的环境生态。所以，低碳社会的实质目标是生境，创建低碳社会方式的实质性使命，就是重建生境化的环境生态。所以，在低碳社会，生境主义是根本的价值引导和规范。生境化，既是环境生态保护所达到的环境目标，也是环境生态质量的评价指标。

4. 低碳社会的实践方向

低碳社会的目标，是以生境主义为价值引导创建生境化的生态文明。这里的生境化是指环境生生不息地创生化，它敞开为四个维度：一是地球生境化；二是物种生命生境化；三是社会生境化；四是人生境化。概括此四者，所谓生境化，就是自然、生命、人、社会的共创生化，或可说是自然、生命、人、社会自创生与共创生并生生不息。

生境化的生态文明，即生境文明。基于创建生境文明之目标要求，低碳社会的实践探索方向只能是可持续生存式发展。

关于可持续发展和可持续生存式发展有其根本区别①，这种区分绝不是文字游戏，而是根本的社会理念和发展方式的区别，这种区别背后是关于世界存在认知和人性定位的区别。

1972 年，国际社会提出可持续发展，既是相对高污染、高排放的高碳社会（具体地讲是发达国家）而论，又是针对低碳社会（具体地讲是意欲开辟发展道路的贫穷国家，或曰发展中国家）而论。相对前者言，可持续发展的主题是抑制高碳排放，实现低碳社会；相对后者论，可持续发展是指既要解决生存贫困而努力提高物质生活水平，又要避免走发达国家"先污染后治理"的老路。这就是 1972 年联合国在斯德哥尔摩举行的人类环境会议上如此定位"可持续发展"的根本理由，即"人类有权在一种能够过尊严和福利的生活的环境中享有自由、平等和充足的生活条件的基本权利，并且负有保护和改善这一代和将来的世世代代的环境的责任"②。1987 年发布的布伦特兰报告书《我们共同的未来》（*Our Common Future*）将可持续发展定义得更为简洁明了：所谓可持续发展（sustainable development），就是**"既能满足当代人的需要，又不对后代人满足其需要的能力构成危害的发展"**。③ 不难看出，可持续发展观，从提出之日始就体现了两面性，即可持续发展观既是对发达国家的限制，又是对发展中国家的鼓励。正是因为如此，可持续发展构成了最受发展中国家追捧的激进话语。发达国家经历 300 余年的经营，创造出了一个高碳社会。如上所述，高碳社会的形成，恰恰以发展为主题，以经济为中心，以物质财富高增长为实

---

① 唐代兴：《可持续生存式发展——低碳社会的实践理性方向》，《四川省直属机关党校学报》2012 年第 2 期；《可持续生存式发展——建设低碳社会的根本之道》，《四川省直属机关党校学报》2012 年第 6 期。

② 万以诚、万妍选编：《新文明的路标：人类绿色运动史上的经典文献》，吉林人民出版社2001 年版，第 3 页。

③ World Commission on Environment and Development：*Our Common Future*，London：Oxford University Press，1987.

质诉求，以消费促生产为社会动力，以实利主义为价值根源。以"可持续发展"为指导的发展中国家，所奉行的恰恰是发达国家限制发展所必须抛弃的那一套以发展为主题、以经济为中心、以物质财富高增长为目标、以消费促生产为动力机制、以实利主义为价值导向的发展模式。这套发展模式不仅不能引导低碳社会的建成，反而破坏低碳社会建设。所以，以生境化的生态文明为目标的低碳社会建设，只能放弃可持续发展观和发展模式，以探索可持续生存式发展为基本方式。

二、环境治理的低碳社会方案

基于高碳社会现实对地球生命存在安全和人类可持续生存的威胁，环境治理的实质性努力，就是降低排放、降低污染，使高碳社会重新恢复到低碳社会状态，使高污染生存重新恢复到自净化的健康生存状态。所以，当低碳社会作为环境治理的基本社会方式时，必须以排放低碳气体、改变温室气候为动力，以探索新能源方式和新技术方式为基本手段，以创建新型生产方式和消费方式为途径，以实现"人与天调"的新生活方式和美学方式为最终目的。基于这一生境文明的目标要求，探索低碳社会，不仅要解决低碳排放、低碳经济、低碳技术的问题，而且必须从根本上改变基本社会结构和以任何方式支撑高碳社会的制度体系和运作体制。所以，低碳社会必然要求以探索可持续生存式发展方式为基本路径，围绕此，低碳社会的伦理行动蓝图将从如下方面得到清晰呈现。

1. 低碳社会的价值系统

人的生存行动有两种，即认知与践行。但认知始终是践行的前提，所以，探索低碳社会方式的首要任务，是改变认知，重建价值导向和行动原则。

重建认知方式 客观地看，大工业化的高碳社会，是两分自然与人的社会；与此相反，低碳社会却是自然与人合一的社会。基于这一要求，低碳社会必须从根本上改变这种两分认知模式，重建自然与人合一的认知方式。

重建自然与人合一的认知模式，首先需要重建一种存在观：人是世界性的存在者，这种整体存在观构成了重建自然与人合一的认知基石和认知前提，因为每个人都存在于世界之中，无时无刻不以世界存在者的姿态存在着。比如，人与地球上的动物、生物，是有血缘关联的。再比如土壤、阳光、空气、水，此四者相互依存、缺一不可，而且对任何存在者来讲都缺一不可。又比如地球上所有生命，包括动物、植物、微生物，都具求生和入群本性；并且地球上的动物、植物、微生物之间，命运地构成了复杂的生存食物网链。很难想象，我们能够抛开动物世界、植物世界和微生物世界而独自存在。在这个地球上，人类与其他生命之间构成互为体用的存在关系。低碳社会所要展示给当代人类的就是这样一种世界性存在的体用关系，人们追求低碳排放、开发低碳能源、探索低碳技术，实际上在重新回到向自然学习的谦卑存在，自愿于接受大自然对我们的教育。所以，低碳社会方式，就是自然教育人类的方式，并且人类必须通过接受自然的教育，自愿接受这种世界存在性的体用关系的约束与引导。

人乃万物的尺度，古希腊的这一认知信仰发展到 18 世纪，被康德做了最后的定格，即人（的理性）为自己立法，同时人（的知性）为自然立法。康德关于人为自然立法的思想，构成工业文明认知大厦的基石，也构成工业社会的根本生存法则，潜在地推动人类形成对自然世界的牢固效用观念，为人类征服、改造、掠夺自然提供了最终依据和合法性理由，同时也推动工业文明迅速走完它的历程，达到尽头。低碳社会是工业文明走到尽头的标志，也是生境文明得以开启的标志。低碳社会所应该遵循的根本生存法则，是自然为人立法，人为自然护法。[①]"自然为人立法"的通俗表述是，自然世界的法则从自然出，生命世界的法则从生命出，人作为自然的存在者，其生存法则同样源于自然和生命世界。比如日月之行、盈缩之期，万物消长、生死循环，乃自然法则，既非人意可转，更非人力可为。人作为生命世界中的一分子，只能遵循其法则而谋求生生之道。又比

---

① 唐代兴：《生态理性哲学导论》，北京大学出版社 2005 年版，第 267 页。

如，人类所发明的一切，并非人力所独自创造，因为人类发明所需要的智慧，都来源于对自然智慧、宇宙智慧、生命智慧的发现、体认和个性化运用而已。自然为人立法，就是自然为人创造了所需要的一切知识、智慧、方法、技术的原型。人类要很好地存在于自然界，不仅要听从自然的指引，更要维护自然的存在、自然的尊严、自然的智慧，这就是人为自然护法。"人为自然护法"所讲的根本观点，就是人的生存和生活，必须遵循自然的法则而为，不能反其道而行之。比如"让高山低头，叫河水让路"，在某种特定情景下可适当而为。如果推平所有山岭，在一切江河上修建大坝、电站，这就违反了自然法则，自然生态平衡就会遭到严重破坏，最后结果只能是地球失律，我们赖以存在的地球环境沦为死境。低碳社会就是要使濒临死境的地球环境重新恢复生境活力。

重建价值导向 低碳社会所要解决的根本问题是地球生境问题，要解决地球生境问题，不仅要重建自然与人合一的认知模式，重建世界性存在的存在观和"自然为人立法、人为自然护法"的生存法则，更需要重建自然、生命、人合生存在和环境、社会、人共生生存的生境主义价值导向，因为世界原本就是整体，并且世界中事物原本就相互生成。比如，阳光、空气、水，是世界上缺一不可的三大资源，否则，地球上的生命就无法存活；不仅如此，阳光、空气、水，此三者是以共生互生方式展开存在的：水要成为水，必以自身的流动循环为保证，以太阳热能为动力，并以空气的温度和湿度变化为调节手段。阳光、空气、水三者共生互生的协调方式和格局一旦被打破，气候就会丧失周期性变换运动规律。

自然、生命、人合生存在和环境、社会、人共生生存所折射出来的价值系统，既强调个体的地位，又强调整体的功能，更强调二者相互依存、合生存在、不可偏废。更重要的是，这种合生存在和共互生存的价值系统，强调整体动力向局部动力实现和局部动力向整体动力回归。比如，个体是局部，社会是整体；或者人类之于自然是个体，自然是整体。整体动力向局部动力实现，讲的是个体对整体的独特性，即整体必须通过个体才能实现自身，或曰整体只有通过个体才可发挥自身功能，彰显自身存在。

比如，自然，是由无数的个体构成的，以至于任何具体的微观环境，同样是个体聚集的整体呈现，个体解散了，或者个体丧失了自存在方式和按自己方式选择性接受或不接受整体的能力，整体就成为空壳而不复存在。所以，整体动力向局部动力的实现，必以整体尊重个体存在为绝对前提。当然，个体也只有向整体发挥自身功能，才能在整体上实现自身。所以，整体动力向局部动力的实现，这是个体决定整体，个体改变整体，如果立体观之，就是自上而下的成功，必须是自下而上的作为的体现。如果说整体动力向局部动力的实现，强调了个体存在的根本性，局部动力向整体动力的回归，则强调了整体存在的重要性。只有当整体完整地存在、充满生机和活力时，个体的完整存在、充满生机与活力，才有保障，个体存在才有最终的归宿。更重要的是，整体动力向局部动力实现和局部动力向整体动力回归，二者是互为生成的，或者二者是合生存在的，这一合生存在和互为生成的前提，是平等自在。丧失或者弱化其平等自在，就沦为整体对局部或局部对整体的奴役。一旦处于奴役状态，整体与局部之间就会出现逃离、背弃或者离心运动，这种情况一旦出现，无论整体或是局部，都处于异己进程。只有完全保持平等自在，局部与整体才实现合生存在，才形成共互生成的良好生境状态。所以，平等自在，是生境的本质，也是生境主义的价值根源。

重建行动原则 自然、生命、人合生存在和环境、社会、人共生生存的价值导向要达向对实践行动的指导，必须落实为两个具体行动原则：一是行动时想到全球原则；二是负责任地生活原则。

行动时想到全球，就是行动时想到地球，想到地球上的生命，想到世界整体，想到他人。因为我们的行动，比如丢弃一袋垃圾，买一件电器，开车兜一次风，等等，都涉及污染的排放、碳的排放，地球环境生境化或死境化，最终由排放出来的污染和碳量多少来决定。所排放出来的污染和碳量的多少，最终取决于一个又一个人的一次又一次生存行为结果的层层累积。

行动时想到全球原则要求我们要改变过去那种静止、孤立、两分的态度，重新构建一种全球式的思维视野和认知方式，凡事要有整体的态度、生态的眼光和运用联系的方式。

行动时想到全球原则还要求我们必须抛弃实利主义，不要凡事只追逐眼前利益、自我利益，应该有长远的和整体的利益考虑。比如，面对天天拥堵的大街小巷，我们是继续天天开车出行，还是尽可能少开车，乘坐公交车或地铁，其行为本身就体现了一种认知，就是具体的认知引导具体的行为选择。这种认知选择里面所包含的是个人利益与城市利益、眼前好处与长远福利的根本认知。

认知始终是行动的指南，行动时想到全球的真正落实，就是负责任地生活。

学会负责任地生活，首先是学会思考，学会判断和评价，学会选择与坚守；其次是学会从自己开始，做到配享一分权利就自觉担当一分责任；最后要学会从自己做起。思考要有全球视野，担当责任必须从细节入手，从小事做起，从日常生活训练。"全球性思考延伸到一个人做的一切事情和一个人消费的一切"① 就是负责任地行动。负责任地行动的根本原则是："以所有其他人均能照此生活的方式生活。"② 比如，我不想生活在污染之中，其他所有人都不想生活在污染之中，我的生活行为应该尽可能做到少污染、零污染或少排放、零排放，我的这种负责任的行为，应该成为其他所有人能照此做的行为。或者，一旦有人在生活中做到了低污染、零污染或低排放、零排放，我也应该照此方式生活，其他所有人也应该照此生活方式生活。

价值重建的整体方向　以生境主义为价值引导，以生境化为实际目标，探索低碳社会方式，必须实现价值重建，这就是所有人都能照此生活方式生活。要做到这一点，需要动员全社会的智慧，释放全社会的力量，做到全社会努力。因而，为实现低碳社会而进行价值重建，必须哲学、伦

---

① ［美］欧文·拉兹洛：《第三个 1000 年：挑战与前景》，王宏昌等译，社会科学文献出版社 2001 年版，第 56 页。

② ［美］欧文·拉兹洛：《第三个 1000 年：挑战与前景》，王宏昌等译，社会科学文献出版社 2001 年版，第 61 页。

理学、政治学、法学、经济学、社会学、美学等各人文社会科学共同参与。

哲学应为低碳社会价值重建，探索时代化的思想基础，为可持续生存式发展提供智慧源泉和方法论指导。

伦理学应为低碳社会价值重建，探索社会伦理理想、道德立法原理、价值导向系统、行动原则与道德规范体系，为可持续生存式发展提供导航系统。

政治学和法学应为低碳社会价值重建，探索操作实践的社会制度、运行机制和赏罚机制，为可持续生存式发展提供刚性规训的行为边界。

经济学应为低碳社会价值重建，探索市场规律、运行规则和操作方法，为可持续生存式发展提供能源、技术、经济协调运作的优化平台。

社会学应为低碳社会价值重建，探索社会整体动员的人性动力和激励机制，为可持续生存式发展提供整体生态视野和社会学方法。

美学应为低碳社会价值重建，探索"人与天调"的自由存在及敞开的美学生存方式，为可持续生存式发展提供合生存在、共生生存的美学蓝图。

2. 低碳社会的生境制度

工业化的高碳社会以人本中心论为价值导向，以物质幸福为社会目标，其制度构建围绕公民权利和国家权力的分配与制衡而展开；低碳社会以生命中心论为价值导向，以生境幸福为社会目标，其制度创建应围绕自然、生命、人、社会四者的生境重建而展开。

创建生境化社会政治制度 创建生境化制度的首要任务，是创建可持续生存式发展的社会政治制度，包括整体生态的现代化制度和生境化民主制度，换言之，就是加快生态文明的制度建设。

创建整体生态的现代化制度，必须围绕地球承载能力和社会自净能力而设计。综合考虑这两个因素，制定出不超越地球和社会两个维度的承载能力的人口制度、资源开发制度和消费制度。比如重建消费制度，应该考虑两个因素：一是消费必须保障可持续生存，促进生境发展，由此，消费必须有限度和节制，必须以节俭为伦理诉求；二是消费必须增强地球和社会的自净能力。比如，以中国近几年来的汽车产销态势，可从一个方面看出中国社会的自净化能力状况以及国域内的地球自净化能力状况。

表 6-1 2009—2016 年中国汽车产销量及增长率

年度	汽车生产量（万辆）	增长率（%）	汽车销售量（万辆）	增长率（%）
2009	1379.53	48	1364.48	46
2010	1826.47	32.4	1806	32.3
2011	1841.89	0.8	1850.51	2.5
2012	1927.62	4.7	2061.90	7.5
2013	2211.68	14.8	2198.41	13.9
2014	2372.29	7.3	2349.19	6.9
2015	2450.33	3.3	2459.76	4.7
2016	2811.90	14.5	2802.80	13.7

连续八年，中国汽车产销量排名世界第一。如此之高的汽车生产和消费增长速度，确实实现了每年所规定的经济增长指数，但要对由此所造成的高能源消费、高碳排放、高污染环境的后果予以治理，需要付出的成本不知要比汽车销售的收益大多少？更进一步看，如此非理性的消费能持续多久？我们有多少资源可以如此消费？我们的社会、我们的城市有多大承受能力和自净化能力？今日全国各大中小城市的拥堵盛况，以及几乎每座城市都被无阻碍扩张的霾气候所包围这种状况，或许最能说明问题。唯经济增长论者，无论是所谓经济学家们，还是政府官员们，在计算经济增长指标达成、经济增长财富实现的同时，**不会计算**或者**拒绝计算**环境成本、资源成本和对未来后代生存条件的掠夺成本，比如在鼓动汽车生产和消费时，不会计算和拒绝计算城市拥堵成本、空气污染成本、市民健康成本，更不会计算现在对未来的资源透支成本，不会计算甚至完全忽视代际资源储存所形成的对后代子孙的犯罪成本。

自净能力既指地球自净化能力，更指社会自净化能力。为恢复地球和社会自净能力，必须创建起综合污染控制制度，如果所制定的反污染制度、反污染立法或政策只围绕单一介质和单一物质来进行，"一种污染物可能会减少，但另一种污染物却会增加。比如一种被释放进水道的污染物质可以借助把它作为有毒污泥收集起来而被消除，但有毒污泥然后会被烘干和焚烧，从而导致空气污染。"① 建立综合污染控制制度，特别根本。并且，还应该建立起与之相配套的严谨的污染税制体系，包括空气污染税、二氧化碳税、水污染税、土壤污染税、白色污染税等税收制度。

重建生境化政治制度的另一个基本任务，就是创建以生境化为价值坐标系的民主制度，简称为生境化民主制度。这种以生境化为根本价值引导和利害取值规范的民主制度要求维护公民的权利，同时必须维护个人环境生态、社会环境生态、地球环境生态的权利。在生境化民主制度中，个人的权利哪怕再合法，但当它实施其合法权利时如果破坏了环境生态，也应该受到应有的制裁或惩罚。

重建生境化经济制度 重建生境化经济制度，首先是创建生境化经济指标体系。生境化经济指标主要有二：一是生境化指标，包括环境自恢复力、自净化力指标和环境共生互生能力指标，前者乃环境的单一指标，比如土壤、空气、水的自恢复力、自净化力程度，后者即环境的综合指标，比如土壤、空气、水、气候等的综合恢复、净化指标，再比如自然、生命、人、社会共生互生能力指标；二是经济增长指标。相对地讲，生境化指标更根本，因而，经济指标体系必须根据生境化指标而设计。在生境化经济指标体系规范下，重建化生境经济制度体系，应该从如下方面努力。

第一个方面，应重建生境主义市场体系。首先要求市场生境化，具体地讲，就是市场的**去垄断化**；其次要求必须在人、企业、政府与自然环境、地球生态、生物圈物种生命之间，建立明确的利益限度的制度定位和立法定格的契约关系；再次应该在弘扬诚实、信用、守时、节俭等市场道德基础上，构建敬畏生命、关怀地球、亲和自然、维护生态、再造生境的

---

① ［德］约翰·德赖泽克：《地球政治学：环境话语》，蔺雪春、郭晨星译，山东大学出版社2008年版，第191页。

市场生境化道德体系；最后是创建生境化经济市场的自主调节制度。

第二个方面，应重建生境主义资源制度，包括重建可再生资源的持续再生制度、不可再生资源的持续运用制度和资源的代内储存与代际储存制度。

第三个方面，应重建生境主义财税制度，首先是重建"大国家、小政府"和"小政府、大社会"制度，这是生境主义财税制度得以真正落实的关键，也是整个生境化经济制度包括生境化政治制度能否得以真正建立的关键。其次是重建向社会全面开放的严谨财税预算及执行制度。最后是重建以生境恢复、生境重建、生境维护为基本要求和以保障可持续生存式发展为根本目的的稳定持续的税收体系。比如，2009 年推出小排量车的减税政策，虽然保证了政府制定的年度经济增长指标的实现。但这种启动税收政策来刺激市场、保持经济增长的做法，却与低碳社会相违背，与可持续生存式发展相违背，与重建生境相违背。因为以减税方式来促进小排量车的生产和销售，造成两个后续性的巨大社会问题：一是城市交通承载能力超负荷，并由此带来巨大的城市交通成本问题；二是高碳排放和高污染制造带来巨大社会危害和综合治理成本问题。面对今天城市的拥堵和霾气候状况，回过头去审视几年前的小排量车减税政策和鼓励汽车生产与销售的相关政策，或许许多环境治理成本是完全可以避免的。

重建生境化法律实施体系 低碳社会必须进行生境化重建，生境化重建必须有"一以贯之"的立法规范和司法保障，所以，低碳社会需要重建生境主义法律实施体系。

首先，低碳社会应该完善环境立法，杜绝一切形式的环境犯罪。环境犯罪主有三个方面，所以完善环境立法应从这三方面着手：一是有组织的放弃环境责任的行为，比如，为促进或保持高速经济增长而出台各种激励政策，明知对环境有巨大破坏后果却视而不见的行为，就是有组织的放弃环境责任的行为，这种性质的行为就属于环境犯罪；二是造成严重环境污染的行为，比如无限度的城市规模扩张建设行为，各种形式的圈地运动行为，都属于通过政策、组织方式严重污染环境的行为；三是人为造成的巨大环境生态恶化的行为，比如因人为因素而造成严重的水土流失等行为，又比如因为部门或集团利益而非法引进、培育国家未批准的动植物，以及推广未经批准的转基因种植技术等。

其次，低碳社会应该创建环境权利法，它应包括地球环境权利法、社会环境权利法、生命环境权利法、人居环境权利法等。

重建生境化公民责任环保制度　低碳社会应该重建公民责任环保制度，在低碳排放、新能源和新技术开发、新生产方式和消费方式重建等方面，必须人人有责、人人担责、人人尽责。基于这三个方面的考量，公民担当低碳社会环保责任，应该具体落实在如下方面：一是从自己做起，担当减少空气污染、净化空气的责任；二是从自己做起，担当减少水污染、净化水资源的责任；三是从自己做起，担当减少土壤污染和土壤破坏、净化土壤并使土壤恢复有机化的责任；四是从自己做起，担当少用或不用塑料袋、薄膜以消除白色污染的责任，少开车或不开车的责任；五是从自己做起，担当创造绿色环境、绿色生活方式、绿色生活习惯的责任，展开绿色服务。

创建公民责任环保制度，不仅要明确责任，也不仅要明确担责的方式和方法，更需要社会化的制度激励机制。因而，低碳社会应该创建起企业、社会组织、公民个体以及家庭的环保积分制度，并以此积分制度的全面实施为基础和依据，创建低碳环境维护的补贴制度和奖罚制度。这种补贴制度和奖罚制度的建立，应该与高碳排放和高污染税收制度的创建联系起来考虑，应该与银行信贷制度完善以及环境犯罪制度创建联系起来考虑。

3. 低碳社会的共生方式

从根本讲，低碳社会是在重建一种新型存在方式，包括新的生存方式和生活方式。

重建生境化的生存方式　根本任务是重建生境化的生产方式和消费方式。

重建生境化的生产方式，首先需要改变"发展就是好的"和"发展就是硬道理"的片面观念,因为只有符合自然、生命、人合生存在和环境、社会、人共生生存的发展,或者只有促进环境生境化并维护环境生境化的发展,才是硬道理,才是好的;反之,凡是造成环境破坏、扩大环境污染、加大环境负荷、无形中消解国民健康的任何形式的发展,都是犯罪的歪道理,都是坏的。其次需要改变"发展就是经济增长""经济增长就是发展"的错误等同模式,因为经济增长可能带来发展,也可能带来破坏或退化,只有生境化的经济增长或者可持续生存的经济增长,才是真正意义的发展。同时,也要改变发展就是经济发展的错误观念,因为在人类发展体系中,经济发展仅是社会发展的一种形式,一种方式,除此之外,还有政治发展、人性发展、法治发展、文化发展、教育发展、环境发展等等。其中,最重要、最根本的是制度发展、人性发展,或者说制度的人性主义发展。最后需要改变唯经济主义生态态度,因为唯经济主义就是唯物质主义,它在事实上将人类蜕变为经济的动物。只有当真正改变如上观念后,才可真正建立起可持续生存式发展的生产方式。

重建可持续生存式发展的生产方式,根本前提是重建生境化的消费方式。重建生境化消费方式,首先要充分认识到现在所热衷的这种享受型消费方式,正在把我们引向过早的死亡,比如汽车消费浪潮,不仅正在把城市推向死亡,也在把个体生命推向高污染的死亡生存之境。从这个角度看,低碳社会所需要重建的消费方式,就是利用厚生的消费方式,这种消费方式就是物尽其用。

重建生境化的生活方式 生境化生存方式和消费方式的真正落实,是对生境化生活方式的重建。重建生境化生活方式,应以"自然为人立法,人为自然护法"为准则,以人与自然、生命、社会合生存在、共互生存为价值导向,首要任务是改变伦理存在观念。不是我们按照自己的意愿来引导世界生命朝向我们的方向靠拢,而是我们必须彻底地改变自身方向,向存在世界及存在世界和生命存在的本原方向靠拢。"生命是一个超越了我们理解能力的奇迹,甚至在我们不得不与它进行斗争的时候,我们仍需要尊重它。……依赖杀虫剂这样的武器来消灭昆虫足以证明我们知识缺乏,能力不足，不能控制自然变化过程，因此使用暴力也无济于事。在这里，科学上需要的是谦虚谨慎，没有任何理由可以引以自满。"①

其次，应真诚地努力改变那业已习惯的存在态度和生活方式，将自己从肉体和心灵的双重堕落中拯救出来成为灵肉一体的完整人。实践这种自我拯救的基本方式，就是"我们不得不从现在做起，仅仅是少开车是于事无补的，除非是作为一种声明、一种方式，使其他人——许许多多的其他人——少驾车，大多数的人不得不被说服，而且是很快地被说服，改变自己的生活方式。"②

最后，应为重建生活方式采取生境行动，这种生境行动应该以合生、平衡、简朴、生长为基本内容，追求生长，促进我与你、我与他、个体与整体、自然与人的共同生育、协调发展。因而，互为体用、合生化存在、协调发展，构成生境行动所应该达到的共同目标。为此，我们必须学会从自己做起，克制欲望，过简朴的生活。

重建生境化生活方式的健康指标 重建生境化生活方式的宏观指标，就是抑制高消费，把对物质的消费限制在高质量地保证基本需要的范围内，推崇高尚的情感消费、健康的精神消费和创造的美学消费。

重建生境化生活方式的具体指标，就是简朴和健康。简朴健康的生活方式，就是以自然法为准则和引导力的生活方式，它是人类的崇高生存品质，它基于宇宙律令和自然法则对我们的天然教化。从整体讲，今天即使在住房、出行、吃穿等方面消耗的财富，节省一半，其物质生活水准也应该达到了幸福的要求，我们可能以此减少一半的生存灾难。

简朴健康的生活方式要求我们必须重建一种生活信念体系：过一种简朴生活，同样是美感的、幸福的；过一种简朴生活，人生更有无穷魅力。古代人类在荒茫甚至敌对的自然包围中，仰望熟悉的天空、俯视息息相生的大地，同样感到舒适、和谐、幸福和美不胜收；粗野的火篝、寒冷的北

---

① ［美］蕾切尔·卡逊：《寂静的春天》，吕瑞兰、李长生译，吉林人民出版社1997年版，第243页。

② ［美］比尔·麦克基本：《自然的终结》，孙晓春、马树林译，吉林人民出版社2000年版，第200页。

风，洋溢着更多的亲情，因为它把人聚集在了一起，让心共同跳动。而现在，过于奢侈的物质生活将每个人锁在钢窗铁门的牢笼之中，甚至把人的情感和全部生命的乐趣牢牢地拴在手掌之中的手机世界里，人与人之间，不仅在身体活动方面老死不相往来，更严重的是在心灵、情感方面也丧失必要的交流而老死不相往来。简朴的生活是使人性重新回复于和谐、宁静、平易的方式。自愿的简朴生活方式，对于每个人来讲不是没有能力达到，而是在于我们愿不愿以简朴为美，以简朴为快乐，以简朴为幸福。

重建生境化生活方式，就是在日常生活中厉行节俭，恢复自然主义，其行动指标有三：

一是减少温室生活，努力消解技术化的温室生活方式。这里所讲的温室生活，就是抛弃了自然节气的空调生活，或者说冬天靠暖气过活、夏天靠冷气过活的生活。温室生活产生于制冷和制热技术的诞生，并通过空调的推广而社会化。温室生活既是**弱化**人的生命能力和生存能力的退化生活方式，更是制造高碳的社会运动方式。抛弃温室生活方式，不仅践行了励行节俭、恢复自然主义，而且是推行低排放、创建低碳社会的普适进路，更是回归自然、恢复健康存在的生活方式。

二是以步代车。今日高碳排放主要集中在两个领域，一是工业生产领域，二是城市生活领域。客观地看，工业生产领域排放高碳相对有限度，而且也易于控制；与此相反，城市生活领域高碳排放，却呈现无限开放状态，而且不易有效控制。有关方面数据显示，城市高碳排放的主要来源是扬尘和汽车尾气。推行市民以步代车、以自行车代汽车、以公共交通代小汽车，是实施低碳排放的重要途径，亦是创建低碳社会的重要方式。

三是物尽其用。抑制、取消一次性产品；移风易俗，改变喜新厌旧的高浪费生活习惯，抛弃虚荣的和奢华的生活追求。国家应该出台相应的法规和政策，比如出台并实施奢侈品消费的累进制税收制度，以此限制奢华消费和高浪费的消费行为。

4. 低碳社会的生境经济

为创建生境文明，低碳社会必须以可持续生存式发展为展开方式，所以它需要重建生境经济体系。

开发低碳能源、重建生境能源体系　重建生境经济体系的首要任务，是全面开发低碳能源，重建生境能源体系，即低碳化的可再生能源体系，它的主攻方向有三：

一是调整现有的一次能源结构。在现有的一次能源结构体系中，燃煤排放二氧化碳成分最高。根据低碳社会及可持续生存要求，对不可再生的煤，一是应予以有限度地使用，二是国家应组织力量尽快攻克煤碳清洁发电关键技术，开发绿色煤炭技术，实现煤炭利用洁净化。同时，根据石油峰值期的到来，限度开发和利用石油能源，迅速开发可替代的可再生低碳能源，使可再生低碳能源构成新能源结构体系的主体内容。

二是全力开发可再生低碳新能源，重点开发太阳能、海洋水能、风能和各种植物能源。

三是改进技术，调整经济结构，改善能源结构，创立健全能源节约法律法规，完善规范运作机制，厉行节约，全面提高我国能源利用效率。相关权威部门测算显示：我国能源利用效率仅为33％左右，低于国际先进水平10个百分点，但在单位能耗上却高于世界平均水平3.5倍，是日本的7.3倍，美国的4.2倍，印度的1.5倍。比如煤，我国每吨标准煤产出效率仅只有美国的28.6％，欧盟的16.8％，日本的10.3％。所以，提高能源效率，厉行节约，其空间相当大。因而，通过经营方式、技术及环境改造，我国的"能源利用效率将提高33％"。[①]

开发低碳能源市场、重建生境财税体系　创建低碳社会，全面开发低碳能源市场，首先是建立、健全、完善低碳能源法规。最重要的步骤是完善《循环经济促进法》《可再生能源法》《节约能源法》，使三大生境经济体系和新能源体系法规严谨、规范和体系化。在此基础上，制定三大能源法规执行法，促进此三大法规全面实施和严格执行。

在完善、严谨的低碳能源体系规范下，重建生境财税体系。一是完善

① 周四军、许伊婷：《中国能源利用效率的结构异质性研究》，《统计与信息论坛》2015年第2期。

或创建具有自洽的、体现高效激励功能的生境财税补贴制度，重点鼓励可再生低碳能源的全面开发和广泛运用，同时鼓励创建能源节约的社会风尚。二是改革和完善现有税收制度，制定并实施能源企业分税制度：对高碳排放的企业和一次能源企业，使用现有税收制度；对低碳化再生能源开发企业、运用低碳化再生能源的企业、能源高效运用和节约能源的企业，制定相应的轻税制度。三是完善或创建自洽的、具有高效规范和惩戒功能的高碳排放税和污染税，以促进全社会自觉于低碳或零碳生产、低污染或零污染消费。另外就是促进节约社会化，具体地讲，就是开征切实可行的二氧化碳排放污染税。把公民和企业、组织、社会机构的高碳排放行为、高污染行为，均纳入二氧化碳排放污染税的征收范围，以促进全社会低碳排放或零碳排放、低污染或零污染自觉化和日常生活化，从根本上改变公民消费习惯和生活习惯。改变公民消费习惯和生活习惯，这是低碳社会真正形成的基本指标。

开发低碳产品、重建生境生产-消费体系 重建生境经济体系，必须开发低碳化的产品体系。首要任务是确立低碳化产品结构战略，以此为指南调整现有产业结构体系；其重心是减少和关闭粗放型产业、高污染产业、高碳排放产业，发展无污染、低碳排放或零碳排放的高新技术产业。其次是压缩机械产业，开发低碳能源产业体系，包括绿色地球产业体系和生态农业产业体系等。

开发低碳化产品体系的根本动力是消费，因而需要重建能够全面促进低碳化消费的体系。重建这一消费体系有三个具体指标：一是所重建的消费体系内容，必须是低碳化的，以此为标准，国家应该采取积极政策并制定切实可行的法规，有步骤、有计划地引导高碳产品退出市场，退出社会消费领域；二是所重建的消费体系内容，必须是可生境化的，即全社会所消费的一切产品，都应该促进地球环境、生命环境、社会环境和个人生活环境生境化，凡是反生境化的产品，都应抑制消费，最后实现禁止消费；三是所重建的消费体系内容，必须是简朴节俭健康的，凡是违背这一准则的产品，都应该引导其退出消费市场。

5. 低碳社会的生境生态

从根本讲，低碳社会围绕二氧化碳及其他污染物排放与吸收而展开，它涉及两个工作目标，一是如何促进二氧化碳及其他污染物达到低排放；二是怎样实现自然界对二氧化碳及其他污染物的最大限度吸收，以达到自净化。为实现前者，必须开发新动力能源，开发新能源技术、新生产技术，重建新经济体系；为实现后者，必须重建生境化生态体系。"生态体系"既指狭义的地球生态体系，也指由自然、生命、人、社会四者构成的"人与天调"的广义生态体系，本书所论及的生态体系同时涉及这两个层面。

重建生境化自然生态体系 "自然"概念是对地球和宇宙的整合表述。从宇宙角度看，自然生态体系的主要构成要素有土壤、阳光、空气、水。这四大要素动态循环，就构成气候的律动。衡量自然生态体系状况的根本性指标，就是气候。由土壤、阳光、空气、水动态循环所形成的气候律动，呈现两种倾向状态，即规律化律动倾向状态和失律化律动倾向状态。前一倾向状态推动自然生态体系正常转动，因而它是生境的；后一倾向状态推动自然生态体系失律运转，它表现为气候异常，气候一旦持续异常，土壤、阳光、空气、水的动态循环就远离平衡态，必然朝死境方向运行。虽然全球气候变暖这种气候状态已属异常，但它毕竟还有持续的方向性。进入 21 世纪以来，全球气候却处于混乱无序的特异状态，中国更不例外，气候失律全球化，气候灾害日常生活化，比如，干旱、暴雨、酷热、高寒等相互交织，连绵不断。这表明土壤、阳光、空气、水的运行完全失律，更暗示更大灾疫即将来临。由此表明重建生境化自然生态体系迫在眉睫。

重建生境化自然生态体系的根本任务，是抑制人类行为，努力恢复气候，使其变化有常，四季有序。具体地讲，就是通过人为努力，促使土壤、阳光、空气、水恢复共互生生循环功能。为实现此目标，首先需要进行土壤治理。土壤治理要务有三：一是土壤的土质治理；二是土壤污染治理，重心是土壤中水污染治理，土壤中白色垃圾治理和其他垃圾治理；三是土壤的生殖功能治理，如土地荒漠化、土壤板结无机化、耕地闲置化，都属于土壤生殖功能下降或丧失的表现。土壤的生殖功能越强，土壤净化能力越强，反之净化功能越弱。其次应进行大气污染治理，前提是敢于面对现状：我国的甲烷、一氧化氮、二氧化硫、二氧化碳排放量均居全球第一。大气污染治理的重要途径是控制污染排放和碳排放，这要求同时从动力能源生产、商品生产、商品消费、废弃物处理四个方面入手。动力能源生产低排放途径有二：一是改造石化能源生产技术，使其达向更高水平的清洁、绿化，即低排放化；二是开辟低碳化的可再生新能源，以替代石化能源。商品生产的低碳化排放需要从生产技术革新和新产品体系创建两个方面努力。商品消费是减少大气污染的主要战场。高档包装的产品和一次性使用的产品，比如一次性饭盒、一次性塑料袋、一次性食品袋等，都是生产高污染的来源。空调化温室生活和城市汽车消费，则是大气污染的主要来源。国家应该推行国际标准化的汽车准入制度，并采取紧急措施控制汽车生产和销售，实施污染税和碳排放税的征收，这是大气污染治理不可或缺的措施。

重建生境化地球生态体系　重建自然生态体系，关键是恢复地球生态体系生境化。地球生态由海洋和陆地组成；陆地上江河、山脉、丘陵、平原交错，其间纵横森林、草原。地球生态体系生境化，就是日月之行有道，盈缩之期有序，寒暑交替有时。具体地讲，就是海洋有无限自净化能力，江河流畅无阻自我清洁，山脉葱郁，林海莽莽，草原无疆，水质无染，万物繁衍，生生不息，各有所归。以此为目标，在探索低碳社会方式中展开地球生态生境化治理，应从如下主要方面入手。

首先是治理江河。江河是地球的血液循环系统。我国主要江河有 532 条，几乎都遭受不同程度污染；不仅如此，我国的主要江河的断流、截流现象严重，许多江河不仅丧失自我生境功能，而且频频产生次生灾害。黄河和长江是典型例子，河床干涸和河水泛滥，都给流域带来无穷灾难。江河的断流、截流以及由此生成的次生灾害，一是源于江河流域植被生态遭受严重破坏，大地裸露，水土不保；二是在江河之上修建星罗棋布的水电站。比如，四川境内的大渡河及支流，已建、在建和将建的水电站达356座之多。江河就是在这样的人为切割中饱受分解之苦，江河被堵截、江河不畅，这是江河丧失自净化力的根源，也是江河被严重污染的根源。治理江河须从根上着手，即整治河道，使之水流畅通，恢复自净化能力；并向纵深领域展开，培育江河流域的绿色生态，使之水土保持，全面恢复国域内江河生态体系生境化。

其次是草原治理。我国天然草原面积相当广阔，它占了国土面积的41.7%。但由于人为原因，草原从整体上丧失生态净化功能和生境循环功能。因为90%的草原已经退化，草原面积急剧萎缩，1/3的草地已沙漠化或者荒漠化，并且大风增多，气候变干，灾害频发。恢复草原生态净化功能和生境循环功能，须从四个方面努力。一是改造草原的整体环境生态，使之绿色化，具体讲，就是构建草原绿色屏障。二是培植草原植物，使草原植物多样化，以此改善草原质量。三是限制放牧，让草原休养生息。因为过量放牧和无度放牧，必然导致草原退化和沙漠化、荒漠化，草原自身承载能力下载。草原承载能力下降的直接结果，是它丧失自我净化功能和生境循环功能。重新恢复草原自净化功能和生境循环功能，治本之法是限制放牧，进行草原放牧的限度立法。四是建立草原生境法和禁止开采法，其中既不被人们所意识，也可能最不为人们所接受的，就是**终止草原旅游**，因为旅游所到之处，就是环境全面破坏之时。禁止草原旅游，这是还草原一片蓝天的根本之法。唯有在大小草原限度放牧和终止旅游开发，才可能给后代留下一片绿色和生命的生存空间。

最后是森林治理。森林是地球之肺，它对地球生境化功能有三，即地球生态防护、地球生态净化和地球生境循环。我国的森林资源原本相当丰富。但今天却已经贫乏得丧失了最低的净化大地和生境循环的功能。根本原因有二：一是砍伐无度，这与社会经济野性发展相关；二是灾害频发，这与森林几乎完全丧失生态防护能力直接相关。我国高碳、高污染特别严重，是因为森林几乎丧失地球生态净化能力和生境循环能力。治理森林，使之恢复地球生态防护能力、地球生态净化能力和地球生境循环能力的正确途径有四：一是禁伐；二是退耕还林；三是植树造林；四是强化森林防护。但这一切都必须以有完善的立法和严谨的司法保障为前提。

第七章 走向低碳生存的社会反思

　　以生境主义为价值引导，以生境文明（即生境化的生态文明）为目标，探索可持续生存式发展方式，建设低碳社会，必须反思环境和科技。反思环境，使我们的行为展开有限度；反思科技，使我们的智慧释放有限度。这是因为当代人类正全面进入**灾难化生存**的时代。在日趋全球化和日常生活化的当代灾难中，虽然自然灾害亦时有发生，但更多的灾难却是环境性的或事故性的，它们既与无度的行为相关，更与处于野性发展状态的科技相关：事故性灾害直接由科技造成，它体现了科技本身的局限；环境性灾害暴发的最终动因仍然是科技，它暴露了科技的反自然性和反人类本性。人类征服自然、改造环境、掠夺地球资源的力度、强度、广度和深度，均**取决于科技**。科技不仅直接作用于自然界，更通过经济活动而改变自然界。自然世界的每一分改变，都体现了科技的威力；环境的每一分破坏，都体现了科技的作用。从正面讲，正是因为科技，给人类带来了无穷的好处和便利；但也正是因为科技，才形成今天的环境破坏和存在危机，因为从根本讲，无论生产科技，还是军事科技，或者生活科技，既是破坏地球生境的，更是裂变人类心智、堕落人类本性的。在灾难化生存的当代困境中，人类拯救自己的环境治理出路，只能是重构低碳化生存。低碳化生存，不仅是低碳生产、低碳经济、低碳生活，更需要低碳科技，即所有的科技开发与创新，都应低碳化，都需要围绕低碳生产、低碳经济、低碳生活而展开。这就需要对科技本身予以反思。反思科技，必须从检讨环境入手。只有如此，才可在探索可持续生存方式，构建低碳社会的过程中，重建生境逻辑和限度生存法则，摆脱科技主义奴役，探索利用厚生之道，构建简朴生活方式。

一、从发展向生存的环境检讨

一百多年前，恩格斯面对工业化、城市化、现代化兴起对环境的破坏而提出警告："我们不要过分陶醉于我们人类对自然界的胜利。对于每一次这样的胜利，自然界都对我们进行报复。"[①] 1952 年 12 月，英国伦敦遭受霾笼罩，四天时间里 4000 余人死亡，其后两个月内又有 8000 余人因霾而死于呼吸系统疾病。其后，英国政府耗费 50 余年时间治理，方使伦敦大气恢复正常。伦敦霾灾难本应成为我们这些后起的发展中国家的财富，然而，我们却忽视了对这份财富的运用，更无视恩格斯的告诫，以一种跨越式发展的速度，仅用不到 40 年时间走完了欧洲工业资本主义的老路，污染在中国立体化。尤其是自 2013 年以来，霾气候形成，霾污染扩散至国域中几乎每座城市。当污染从地下到地面、从地面到天空、从土壤到水体、从水体到大气立体嗜掠中国、常驻不散时，生存于其中的人的最低生存条件由此丧失了。面对这种状况，是收敛性生存，还是继续可持续发展，实际上是自救还是毁灭的道路选择，它需要伦理拷问。

1. 两相博弈的认知清理

人与自然的博弈 要对极端环境灾害予以伦理检讨，首先是定位"灾害"，它是相对人而论的一种认知、一种观念、一种判断以及一种感觉，它来源于人们对外力造成的人的生命安全和财产安全的威胁这种破坏性状况的感知和体认。关于"灾害"，有许多种分类，为讨论方便，我们从来源着手将其分为两类，即自然灾害和环境灾害。

自然灾害，就动因讲，属纯粹的自然力所为，与人类活动没有任何关联性；就表现状态言，它是偶发性的、地域性的、非连续的，并且在一般情况下，自然灾害的生成不遵循层累原理，自然灾害的释放也不遵循边际效应原理。与此不同，环境灾害虽然以自然方式表现出来，但最终生成之因却是人类活动。以人力为推动力的环境灾害，其生成必遵循层累原理，

---

① ［德］恩格斯：《自然辩证法》，人民出版社 1984 年版，第 304—305 页。

暴发后必然产生边际效应，所以，环境灾害不仅具有连续性，还具有不断扩张的跨地域性等特征。

人力与自然力始终处于博弈状态，当自然力强大时，自然界所发生的一切灾害都是纯粹的自然灾害；在人力日益强大且人类活动过度介入自然界的历史进程中，几乎所有的自然灾害都获得了人力特征。以此来看今天这个环境灾害充斥的时代，其基本的环境灾害是气候灾害，气候灾害是气候失律所造成的。20世纪80年代以来的气候科学研究和IPCC（政府间气候变化专门委员会）先后发布的五次全球气候评估报告的结论惊人一致：人类活动是造成气候失律的主要原因。"我们终结了自然的大气，于是便终结了自然的气候，尔后又改变了森林的边界。"① 气候失律造成连绵不断的气候灾害，气候灾害引发各种地质灾害，诱发各种流行性疾病。所以，在今天，气候灾害、地质灾害以及流行性疾病，都是环境灾害的一般形式和具体形态。

环境灾害一旦形成，如不能得到正视而不予以及时治理，就会在连续不断的扩张性释放过程中发生更大规模的和更具体破坏性的层累性边际效应，这就是极端环境灾害的产生。极端环境灾害的**一种**形式就是霾污染和由此扩张形成的霾气候。

霾之所以是环境灾害的一种极端形式，是因为从表现方面讲，它是气候失律的普遍化、连续化和不间断化；从实质讲，它意味着整个大气被完全污染，被污染所充满，因而，整个大气被彻底破坏；从源头讲，霾的形成和嗜掠天空，是污染排放无限度和自然界自净化力全面丧失的综合表现。

霾嗜掠天空，危害人间，造成生存于其中的人的基本生存条件的丧失，表明生活在这块土地上的每个人，都是环境的罪人。② 正是因为如此，要消解嗜掠的霾污染、霾气候，必须展开生存自救；要展开生存自

---

① ［美］比尔·麦克基本：《自然的终结》，孙晓春等译，吉林人民出版社2000年版，第74页。

② ［德］乌尔里希·贝克：《世界风险社会》，吴英姿、孙淑敏译，南京大学出版社2004年版，第56页。

救，必须对人类行为进行伦理检讨。所以，对极端环境灾害的伦理检讨，实质上是对人类的自我检讨。

基本认知的清理 从伦理角度检讨环境灾害，需要澄清一些基本的认知蛛网。

第一，我们区分自然灾害和环境灾害，是要澄清一个基本事实：并不是所有的灾害都是自然力造成的，自然力所造成的灾害只能是自然灾害。比如显生宙（即古生代－中生代－新生代）的五次生物大灭绝[①]，就是由自然力推动造成的，所以它是纯粹的自然灾害。在人力不对抗自然力且人力服从自然力的生存境遇下，自然界所暴发的一切灾难都是自然灾害。反之，当人力强大到可能对抗自然界时，人力所到之处的自然环境总是处于被改变的状况，自然界所暴发的一切灾害都属于环境灾害，因为这些无所不在的灾害中融进了人力，总是层累起人力对自然界的破坏性。所以，"在现代，灭绝人类生存的不是天灾，而是人灾，这已经是昭然的事实。不，毋宁说科学能够发挥的力量变得如此巨大，以至不可能有不包含人灾因素的天灾。"[②] 比如，今天许多灾害的发生都与气候失律相关。但科学研究发现，"过去几十年，地球快速变暖，并不是太阳能量释放发生变化所致"，而是人类无节制地向大气层排放温室气体所致。[③]

第二，不同的灾害对我们来讲，其意义、价值和影响力完全不同：客观地讲，自然灾害是不可避免的，因为自然灾害不过是"天行有常"的自然反应，是自然"感冒"而打喷嚏，所以自然灾害是人力无法左右的，更是人的生存所不能避免的。与此相反，环境灾害是人力破坏自然生态而导致"天行无常"的自然反应：环境灾害既是人力所造成的，也是人力所操控的。所以，环境灾害是人类可以避免的，并且也是能够通过人力而消

---

① ［德］沃尔夫刚·贝林格：《气候的文明史：从冰川时代到全球变暖》，史军译，社会科学文献出版社 2012 年版，第 26—34 页。

② ［日］池田大佐、［英］阿·汤因比：《展望 21 世纪》，荀春生译，国际文化出版公司 1997 年版，第 37—38 页。

③ ［美］安德鲁·德斯勒、爱德华·A. 帕尔森：《气候变化：科学还是政治？》，李淑琴等译，中国环境科学出版社 2012 年版，第 80 页。

解的。

第三，环境灾害表现为自然生态危机，因为当代世界所暴发的一切环境灾害都以自然方式表现，具体地讲是以干旱、暴雨等气候灾害和地震、泥石流、山体崩滑等地质灾害或霾这样的大气灾害表现出来。但在深刻维度上，环境灾害却展露出人类存在危机和人类可持续生存危机。这一双重危机首先源于人类文明对自己的伤害，具体地讲，它"是人类决策和工业胜利造成的结果，是出于发展和控制文明社会的需求"①；其次源于人类对自己的伤害，因为环境灾害不仅破坏了人的存在安全的根基，扰乱了人的生活秩序，也造成了人的认知、思想、情感、心灵的创伤。尤其是极端环境灾害，彻底改变了世界的一切，也改变了人与自然的关系，将人类推向了毁灭之路。

第四，极端环境灾害是地球生态死境化的体现。地球环境是栖居在其上的所有生物的环境，它原本具有自组织、自繁殖、自调节、自修复的功能。正是这一内在功能，使环境获得生境朝向，只有强大的外力才可改变这种生境朝向，环境的本原性生境朝向一旦被强行改变，它就会朝着死境方向滑动，从而形成环境死境化。当人力推动环境灾害不断发生，且不断发生的环境灾害遵循层累原理和边际效应原理不断聚集，最后突破生态临界点时，就暴发出极端环境灾害。极端环境灾害一旦暴发，就会以暴虐的嗜掠方式扩张，由此，地球环境生态必然死境化，并必然推动社会环境亦朝死境化方向敞开，因为地球环境生态始终是构成社会环境生态的基础。

第五，极端环境灾害是一般环境灾害的极端形式。一般环境灾害是气候灾害以及由此引发出来的地质灾害和瘟病，这些灾害的最终推力是失律的气候。气候失律是全球性的，但造成气候失律的人力原因却是地域性、国家化的。并且气候失律所造成的气候灾害、地质灾害和疫病，虽然要向全球扩散和蔓延，但它始终是地域化和国家化的。极端环境灾害更是如此。比如，自 2013 年始以来的霾污染以及由此扩张形成的霾气候，只属

---

① ［德］乌尔里希·贝克：《什么是全球化？全球主义的曲解：应对全球化》，常和芳译，华东师范大学出版社 2008 年版，第 43 页。

于中国，它体现了经典的中国特色，哪怕韩国、日本这些近邻国家，虽然受到一些影响，但却并没有发生如此极端的气候灾害、环境灾害。原因是韩国、日本这些近邻国的环境生态处于生境状态，所以哪怕是大气运动使中国上空的霾污染飘移过去，它也仅仅是"过眼烟云"很快飘散或被稀释掉，即被自净化掉。这一事实表明：霾污染、霾气候这一极端环境灾害始终是国家化的，盘踞在中国上空的霾污染、霾气候是"中国制造"的，它以嗜掠方式浓聚于中国上空，是因为其地面仍在源源不断地排放污染、废气，而且，中国境内的地球环境已经从整体上丧失了对污染、废气、温室气体的净化能力。

第六，霾之类的环境灾害，是一个国家的环境灾害的极端形式。具体地讲，是全球气候失律大背景下中国境内气候失律的极端形式。那种将"气候失律全球化"或"全球气候失律"看成与自己无关的想法和一如既往追求经济增长的做法，才是导致霾污染形成并无阻碍地扩张为霾气候的最终社会根源。

2. 走出环境困境的选择

发展中的伦理矛盾 霾之类的极端环境灾害是一般环境灾害层累化和边际效应最大化体现。一般环境灾害向极端环境灾害层累化生成展开的实际路径，是由地而天，然后由天罩地。即人类活动过度介入自然界，造成地球环境生态的破坏，这种破坏伴随人类介入自然界的活动的无止境扩张，不断扩散和深度化，就形成对大气层的破坏，导致气候失律，出现人力化的气候灾害并由此引发各种地质灾害和疫病，气候灾害和由此引发的地质灾害和疫病，又加速了地球环境生态的恶化。地球环境生态日益恶化和人类活动持续不断地向广度和深度领域扩张，地球自净化功能完全丧失，大气污染浓度迅速增加，霾污染聚集并不断增加其厚度，霾层形成，就如同巨大的厚重幔幕在天空结集，笼罩大地，霾国家产生，霾生活形成。

由此可以看出，霾这一极端环境灾害，最终源于人力对地球环境生态的立体破坏。人力破坏地球环境生态，并不是有意的，而是无意的，是国家以不顾一切的方式展开工业化、城市化、现代化建设所结下的意外"硕果"。

在人类现代文明进程中，对任何一个国家来讲，追求工业化、城市化、现代化，并没有错。但以不顾一切的方式追求工业化、城市化、现代化这种做法，就存在问题。极端环境灾害就发生在这个问题滋生和不断扩张的过程中。进一步看，以不顾一切的方式追求工业化、城市化、现代化之所以有问题，就在于这种做法制造了如下根本无法消解的伦理矛盾。霾这一极端环境灾害不过是人类这些根本无法消解的伦理矛盾相互冲突的体现形态。

以不顾一切的方式追求工业化、城市化、现代化，是基于机械唯物论哲学立场所构建起来的世界观，这就是机械论世界观。由机械论世界观引导建立起的认知论，是主客分离的二元论。这种基于机械唯物论哲学立场而构建起来的机械论世界观和主客分离的二元认知论，将自然视为无生命的物质世界，即客体；将人自己看成万物的尺度和世界的主宰者，即主体。这种自然与人、主体与客体的分离，造成了实质上的对立，即主客对立、人与自然对立。这种分离和对立必然造就集权、造就专制。客观地看，以不顾一切的方式追求工业化、城市化、现代化，本质上既是追求、释放和扩张对人和社会的集权，更是追求、释放和扩张对自然世界、对地球环境的专制。正是这种专制的无限度释放和扩张，才造成环境灾害。极端环境灾害恰恰是极端环境专制的真实表现。

科学和技术的提高带来了工业化社会，它将自然当作冷漠的、无价值的、机械的力量，从而分割开伦理与自然的联系。现代科学把自然看作机器，它遵从物理和力学定律。自然本身无所谓"善"（也无所谓"恶"）。在这样一个世界里，人类伦理就没有了基础，伦理价值只是个人的看法或感觉。现代工业社会里的战争、不以人的意志为转移的官僚主义、无意义的工作及文化堕落都源自这种分离行为。①

在人类世界里，对人和社会的集权和专制，必然造成人道消隐、平等不在、自由不存和公正丧失。在这种状况下，安定人心和维护社会稳定的唯一方式，就是发展经济，就是不断追求经济增长，以改变人的物质生活水平和物质生存条件，把人们关注的重心和全部心思引向对收入的增加、财富的增长上来。以不顾一切的方式追求工业化、城市化、现代化，就是这种方式的全面敞开，也是全面实现改变人的物质生活水平和物质生存条件的便捷方式。然而，这种以不顾一切的方式追求工业化、城市化、现代化，却源源不断地制造出了无限度的欲望，无止境的贪婪，无节制的物欲主义、感官主义、消费主义和享乐主义，这些恰恰又以一种自动整合的方式构成不顾一切地追求工业化、城市化、现代化的强大动力源，推动经济高速增长和可持续发展勇往直前，在人力的这种持续努力中，地球环境生态死境化态势加速形成，极端环境灾害持续暴发成为必然，环境被无情地推上崩溃运动进程。这就是西方国家用了将近三百年时间建立起来的工业文明体系和环境生态危机，我们只用了 30 多年时间就赶上了，并且在环境破坏方面还超过了发达国家，其真正的秘密，是经济发展与人的发展、物质文明与精神文明的脱钩。不管有意或无意，从实际结果看，就是将人的发展和精神文明的提升抛弃使之停留于车站，独自加大马力拉着经济发展和物质文明的车厢向前飞奔，这种脱钩化的发展方式就是"跨越式发展"。这种以脱钩方式推动的跨越式发展，带来的是人在自然世界面前的彻底异化，这种彻底异化的生产性表现，就是征服和改造自然其乐无穷，掠夺地球资源无限度化；这种彻底异化的生活表现，就是人的全面物化。②

这种物化主义物质生产观和经济增长观，最终体现为自然征服和资源掠夺。因而，越是以跨越式方式发展经济，就越是加速环境破坏，环境灾

---

① ［美］戴斯·贾丁斯：《环境伦理学：环境哲学导论》，林官明等译，北京大学出版社2002年版，第152页。

② ［美］大卫·格里芬：《后现代精神》，王成兵译，中央编译出版社1998年版，第19页。

害恶性层累速度越快，极端恶化的边际效应越强。人与自然、发展与生存、感官快乐与生境幸福等之间的冲突越剧烈。

首先，极端环境灾害全面暴露了人本伦理与自然伦理的矛盾，因为这种物化主义的物质生产观和经济增长观，是"把全部自然作为满足人的不可满足的欲望的材料来加以理解和占有"，从而导致"人的那些最关键的需要已被社会的持续不断的控制所扭曲了。"① 这种扭曲使人完全忽视了自然必须遵循自身本性而存在才可获得生机，才可拥有生境，完全忽视了人原本是自然的存在者，"自然界，就它本身不是人的身体而言，是人的无机的身体。人靠自然界生活。这就是说，自然界是人为了不致死亡而必须与之不断交往的、人的身体。"② 这一被忽视了人的存在伦理，必然是自然伦理；因而，要改变这种矛盾状况，必然接受自然伦理的引导与规训。

其次，极端环境灾害暴露出发展与生存的伦理困境。这种伦理困境在最深刻的维度上展开为两个方面：一是有限存在与无限欲望的冲突。存在即限度，无论是地球还是自然界或者生成于其中的生命形式和物质资源，都是有限度的。限度性存在是世界的本原面貌，亦是存在的自身规定性，以无限的欲求指向限度的存在世界、自然世界、资源世界，不仅必然造成自然枯竭、环境破坏，而且最终导致人性沦丧。二是可持续发展与可持续生存式发展的冲突：可持续发展追求发展的可持续性，重心强调**发展的**不停顿性、不间断性、连续性，背后的支撑理念是物质幸福无限论和自然资源无限论；可持续生存式发展强调生存，追求生存的可持续性，背后的支撑理念是物质幸福有限论和自然资源有限论。并且，可持续发展信奉"发展才是硬道理"，追求人的（物质生活）发展，背后支撑的理念是"人是万物的尺度""人是唯一目的"和人力可以改变一切、创造一切的"人定胜天"意志；可持续生存式发展信守"生存才是硬道理"，并首先考虑地球、自然、环境的可持续生存，然后才有人的可持续生存及以可持续生存

---

① ［加］威廉·莱斯：《自然的控制》，岳长龄、李建华译，重庆出版社 1993 年版，第 6 页。
② 《马克思恩格斯全集》第 42 卷，人民出版社 1979 年版，第 95 页。

为指导的发展，背后支撑的理念是世界、生命、人的有限性和自然、生命、人合生才可长久存在、共生才可持续生存。所以，极端环境灾害暴露了可持续发展对可持续生存的根本忽视，更暴露了可持续生存的自然条件和人性力量的真正丧失。

最后，极端环境灾害在最深维度上暴露了物质主义、消费主义的感官快乐与生境幸福之间的伦理冲突。以不顾一切的方式追求工业化、城市化、现代化，整个社会被物化，人被驱赶上物质主义、消费主义的感官快乐追求道路。在这条道路上，人不惜一切地改造、征服、掠夺自然，一步步远离自然，一步步破坏地球生态，最后使赖以生存的起码条件丧失自然，人的存在生境、社会存在生境变成了虚幻的想望和神话。安全存在和可持续生存，成为极端环境灾害面前的最大问题和社会化难题。

更进一步看，人与自然、发展与生存、感官快乐与生境幸福之间的根本对立与矛盾冲突的生成与扩张，最终来源于政治-经济与伦理的分离，或者说造成当前极端环境灾害的最终根源，恰恰是政治-经济与伦理的分离。

客观地看，政治-经济与伦理的分离，恰如其分地表现为政治-经济对伦理的操控和伦理在政治-经济面前的异化。伦理是以人性为坐标，以生、利、爱为基本导向，以自然、生命、人合生存在和环境、社会、人共生生存为根本目的人际关系。[1] 它既构成社会政治-经济的基础，也构成政治-经济的价值导向与行为规训力量。然而，在以不顾一切方式追求工业化、城市化、现代化的社会运动中，人却将政治-经济凌驾于伦理之上，用政治-经济来引导和规范伦理。由于政治-经济始终是功利主义的，并可能体现实利倾向，一旦它以僭越方式指控伦理而得不到伦理的引导与规训时，这种实利倾向就会构成实利主义路线。在这种实利化的政治-经济力量的推动下，伦理薄弱、道德沦丧、美德消隐成为必然，物欲主义、消费主义必然构成征服自然、改造环境、掠夺地球资源的强大推动力，环境破坏必然社会化，极端环境灾害不可避免地产生和持续扩张。

---

① 唐代兴：《生境伦理的人性基石》，上海三联书店 2013 年版，第 22—33 页。

求生存的自救出路 在当代人类进程中，面对极端环境灾害而展开自救，责无旁贷的任务当然是进行社会整体动员，实施环境治理。但前提是重建生境制度。抽象地讲，就是重建自然、生命、人合生存在和环境、社会、人共生生存的生境化的生态文明制度。具体讲，就是重建恢复地球承载力和环境自净力，使整个自然世界、地球环境重获生生不息的自创生功能的制度。生境文明是生态文明的实质呈现，重建生境化的生态文明，必须把经济建设、政治建设、文化建设、社会建设包括教育等方面的建设纳入其中来重新进行制度设计，使之从制度上规范经济、政治、文化、社会、教育等方面的建设，使之接受生境主义价值导向和生境行为规范，并必须以服务生境建设为根本目标和具体任务。

重建生境制度，必须以生境伦理为导向。生境伦理以"人是世界性存在者"为基本视域，以"自然为人立法，人为自然护法"为思想土壤，以宇宙律令、自然法则、生命原理、人性要求的自相统摄为依据，以生境利益为起点，以自然、生命、人合生存在和环境、社会、人共生生存为根本尺度，以人、社会、自然三者生境重建为目标，以利益共互、权责对等、普遍公正为道德实践原理，以广阔博爱和全面慈善为基本诉求。

以生境伦理为导向，以生境制度为规范，治理环境，解除极端环境灾害，重获基本的生存条件，必须抛弃任何形式的实利主义，脚踏实地从头做好两件事：一是全面反思发展主义，具体地讲，必须全面反思"摸着石头过河"的行动方针和"发展就是硬道理"的行动原则，重建生存主义，即必须重建**"未来引导现在"**的理性精神和**"生存才是硬道理"**的社会存在原则。二是全面清算单纯的经济增长主义和经济增长可以解决一切问题的简约主义，终止以经济增长为实质诉求的可持续发展观，全面探索可持续生存式发展方式。生存永远是第一位的，没有生存的基本条件，绝不可能有发展；没有可持续生存的现实性，一切形式的"发展"都只是奢谈。没有可持续生存的条件和环境，我们只能走向死亡，成为被毁灭之物。极端环境灾害已经拉开了死亡或存在、毁灭或重生的大幕，关键在于我们怎样排练！

二、灾难化生存的科技反思

海德格尔（Martin Heidegger）说："我们愈是邻近于危险，进入救渡的道路便愈是开始明亮地闪烁，我们便变得愈是具有追问之态。因为，追问乃是思之虔诚。"[1] 今天的环境存在之于危险，早已不是邻近，而是深深地陷入崩溃进程，自救之道也在其进程中隐然开辟，使其朗朗彰显的必要方式，就是追问引导。我们必须反思科技，因为几乎所有的环境灾难背后，或者已经自为启动的环境崩溃进程背后，始终存在科技这只"看不见的手"。

基于前一部分的环境检讨，本部分的基本内容由"灾难化生存""拯救"和"科技反思"三个概念组成，此三者所要展开的思考的内在逻辑是：灾难化生存是实存状况，开辟低碳化生存的拯救是必然的道路，科技反思乃是消解其灾难化生存而踏上拯救之必然道路的正确起步。

1. 科技主义与灾难化生存

灾难化生存的最终推力　"拯救"是个大词，它意指以某种方式使处于绝境中的存在者摆脱危机，重获安全。因而，拯救必有拯救者和被拯救者，更有值得拯救的绝境。本书之"拯救"所牵涉出来的拯救者，乃指人类自身，即人类必须将自己从灾难化生存中拯救出来；其被拯救者，既指人类，亦指地球和地球生命，但拯救地球和地球生命之最终目的，仍然指向人类本身。所以，人要以自己的力量拯救自己的灾难化生存，既需要认知，更需要反思。人为其自反性拯救而必须认知的对象是灾难化生存本身，即灾难化生存何以铸成？思考此一问题，需要理解"灾难"。

"灾难"相对人而产生，因为一切形式的"灾难"，都是从人的审视视野出发的。以此来看，所谓"灾难"，是指由自然力或人力推动并现实地造成对人的存在安全的威胁和对人的生存秩序的破坏的所有现象。

其一，一切形式的灾难都对人有害，这种"害"可能是直接的，也可

---

[1] 《海德格尔选集》，孙周兴选编，上海三联书店1996年版，第954页。

能是间接的。

其二，一切形式的灾难所造成的对人的危害，可表现为两个方面：一是造成对人的存在安全的威胁，包括对人的生命存在安全和人的物质财富安全的威胁；二是造成对人的生存秩序的破坏，包括对人的自然生存秩序、社会生存秩序、家庭生存秩序、个人生存秩序等的破坏。

其三，一切形式的灾难都有其致灾因子。从这个角度看，一切形式的灾难都可划归为两类：一是由自然力推动所生成的灾难，比如各种形态的气候灾害、地质灾害等；二是由人力推动所生成的灾难，如火灾、车祸、瓦斯爆炸以及房屋、桥梁、道路垮塌等。一般而论，前一类灾难属于自然灾害，它是天道运行遵循宏观秩序而在微观层面的自我调节之体现，所以它属于非人力因；后一类灾难属于事故性灾难，它始终属于人类因为其行为不慎所造成的意外灾祸。

其四，世界始终是有序运动的，哪怕是现代物理学揭示世界运行的非线性、非平衡性规律，但在宏观层面，这种非线性、非平衡性运动也是有序运动的微观呈现形态。世界中万事万物在宏观的有序运动中所表现出来的微观非平衡状态，仅仅是偶然的。因而，在世界的正常运动状态下，一切形式的灾难之于人类和地球生命来讲，仅仅是偶然的、殊态的，灾难与灾难之间，体现非连续性、非持续性、非因果性、非边际效应性。

如上四者构成了"灾难"概念的一般语义内容，但在"灾难化生存"中，其"灾难"概念却更有特殊的内涵规定与指向。

首先，本书所讲的"灾难化生存"的"灾难"，主要指环境灾难，即环境遭致根本性破坏所造成的灾难，它主要包括自然环境灾难和社会环境灾难。前者如气候灾害、地质灾害等；后者如空气污染、噪音、流行性疫病等形成的灾难。

其次，在"灾难化生存"中，其"灾难"是"灾难化"的。灾难的"灾难化"，是指所暴发出来的灾难的直接致灾因子，无论是自然力还是人力，都丧失其偶发性特征，灾难与灾难之间形成了连续性、持续性，灾难与灾难之间存在因果关联性，并以无声的方式层累形成边际效应。因而，灾难的"灾难化",实际上是指灾难暴发的连续性、持续性和灾难生成的因果关联性、边际效应化。

最后,灾难一旦以"灾难化"的方式展开自身,就对人和地球生命予以一种生存方式的强加,这种为"灾难化"的灾难所强加的生存方式,就是灾难化的生存方式,简称为灾难化生存。

所谓"灾难化生存",是指原本偶发的灾难,一旦被"灾难化"后,它就使人不得不在穷于应对各种汹涌而来的灾难生存境况中谋求存在、生存,甚至发展。

灾难化生存,既是一个人类现实,也是一种地球生命现实,更是一种自然现实,即人类、地球生命以及整个自然世界,均被灾难化,人类、地球生命、自然世界的生存,都呈现灾难化生存特征。因为,气候失律,大气污染,酷热与高寒无序交替、飓风、海啸、热浪、地震、火山爆发、疫病流行,打破了人类、地球生命、自然的共生秩序,使自然界、地球生命也处于灾难化生存境况之中。相对地讲,人类所承受的灾难化生存,比自然界和地球生命更为严重,也更为严峻。因为人类不仅要承受酷热与高寒无序交替、飓风、海啸、地震、火山爆发、流行疫病等制造出来的苦难,更要承受大气污染、水土污染以及霾气候、酸雨、干旱、洪涝等带来的全部苦难。

客观论之,所有的环境灾难都源于环境灾害。环境灾害的原初形态是气候灾害,大多数地质环境灾害与社会环境灾害都由气候灾害所引发,前者如泥石流、山体崩塌等,即使诸如地陷、地裂以及地震都与气候灾害有直接或间接的关联性;后者如城市火灾、城市内涝、酸雨等,尤其是霾这样的极端环境灾害,也属于一种特殊的气候灾害,是气候灾害的极端形态。所有的气候灾害都源于气候失律。比如,特大干旱和洪灾、极端高寒和酷热,以及海啸与飓风等等,都是气候失律的杰作;哪怕是霾污染、霾气候这一极端环境灾害,同样由气候失律所造成,因为只有当大气被各种污染物充满,并且其浓度突破大气浓度极限时,它才结集成大量有毒的微小尘粒、烟粒或盐粒集合体,从而使空气变得混浊,造成能见度降低。

气候作为大气运动变化的周期性过程，它敞开为太阳辐射、大气环流、地面性质、生物活动等众多因素的有序运动。以气候灾害为导向的环境灾害所造成的最大生态学灾难，是地球生态失序。地球生态失序主要表现在原始森林消失、草原锐减、湿地和荒野消失、土地无机化和沙漠化、江河断流、海洋富营养化等地表性质的全面改变，这种改变直接导致了大量物种灭绝，生物多样性锐减，并推动地球生态链条断裂。地球表面性质的全面改变和地球生物活动的死境化，形成合力推动大气环流逆生化，大气逆生化导致臭氧层变稀，臭氧空洞出现并不断扩散，直接影响太阳辐射的强度。太阳辐射强度的改变，直接改变了日照，由此产生诸多连锁反应：首先，被改变的日照推动了气候地理的改变，因为日照改变了地球热量，以及热量聚散的方式和速度；其次，日照改变了大气状况；最后，由此二者的推动，降雨方式、降雨频率、降雨强度、降雨时间以及降雨范围，亦随之被无序地改变。降雨的改变不断弱化地球对大气的净化能力。概括地讲，导致如上诸多因素无序改变的直接推动力，是失律的气候，但最终推动力却是人类为满足无限贪婪的物质欲望，无度介入自然界的活动所释放出来的破坏性力量。所以灾难化生存的最终制造者，是人类自己。

灾难化生存的科技主义实质　灾难化生存源于人类对环境生态的破坏，因为"我们的破坏力已经超过了这地球上的生物的繁殖力，我们的污染已经凌驾了地球的再生能力。"① 然而，人类并不是赤手空拳破坏环境生态，而是通过发展科技武装自身来实现的。从根本讲，灾难化生存只是科技化生存的表现形态，科技化生存才是铸造当代人类沉沦于灾难化生存的本质力量：科技化生存是灾难化生存的本质规定。

所谓科技化生存，就是人类生存以科技为座架，以科技为导向，并以科技为基本诉求。科技化生存，就是生存的科技化，具体表现为人类的生活方式由科技所决定，人的生活行动由科技所支配，社会的消费和生产由科技所武装，人与自然的关系由科技所确定，环境灾难的扩张和蔓延由科技所加速。所以，科技化生存不仅构成灾难化生存的本质规定，也构成灾

---

① 曾建平：《环境公正：中国视角》，社会科学文献出版社 2013 年版，第 49 页。

难化生存的原动力。

如前所述，灾难化生存是通过环境灾害的全球化和日常生活化而展开的，气候灾害和污染是衍生其他环境灾害和疫病的主要环境灾害。首先看气候灾害，它所导致的一切灾难都由气候失律所推动。表面上看，气候失律是因为大气逆生化、臭氧层稀薄、臭氧空洞扩散、日照增强所致。但做深层考察，这一切都是人类持续扩张地介入自然界和大气的活动所造成的。一是制冷剂、喷雾剂、发泡剂、清洗剂等氟氯化碳类物质的大量生产和运用，将大量分解和破坏臭氧分子，打破臭氧层中原有的动态平衡。随着时间的推移，排放到大气层中的氟氯化碳类物质不断增多，臭氧分子急剧减少，臭氧层日益稀薄，臭氧空洞不断扩大，太阳辐射地球表面的能量不断增强，使地表温度不断升高。所以，气候变暖的重要原因，是人类制造和生产氟氯化碳类物质的现代技术。[①] 二是现代技术广泛运用于生产、消费、生活领域所产生的各种污染物，包括工业废气、生活废气、汽车尾气、飞机排出的废气等，被大量排放进大气层中，以层累方式聚集起来不断增加大气中二氧化碳浓度和有毒颗粒物浓度，造成气候失律。具体地讲，气候失律的形成方式有三种，并形成三种气候失律形态：一是大气中二氧化碳浓度持续增加，形成温室效应，导致气候变暖；二是大气中有毒颗粒物浓度持续增加，制造出霾污染，形成霾气候；三是大气中硫氧化物和氮氧化物浓度的持续增加，就会制造出酸雨，产生酸雨天气。

气候失律所造成的环境灾害和疫病，包括干旱与洪涝、酷热与高寒、飓风与海啸，更包括酸雨和霾气候。

酸雨被称为"空中杀手"，它通过破坏植物的生长发育、破坏和抑制土壤分解、破坏水及水体、腐蚀金属材料和建筑等等来制造灾难化生存。酸雨作为一种复杂的大气化学现象和大气物理现象，恰恰是工业化、城市化、现代化的副产物，具体地讲，它是煤、石油等石化燃料被人类运用现代科技大量开采使用燃烧后，所产生的硫氧化物或氮氧化物在大气中经过复杂化学反应而形成的硫酸或硝酸气溶胶，被云、雨、雪、雾捕捉吸收后

---

① 曾建平：《环境公正：中国视角》，社会科学文献出版社 2013 年版，第 48 页。

降到地面，就成为酸雨灾难。

霾，作为一种极端环境灾害所造成的灾难化状态，是最广泛和最彻底的，因为人类的最低生存条件是有清洁的空气可以吸纳，嗜掠的霾污染却导致了人类最低生存条件的丧失。霾是大气中有毒颗粒物的浓度无限度增加的体现，具体地讲是大气被有毒的灰尘、硫酸、硝酸等颗粒物组成的气溶胶所充斥形成的污染状态。这种大气污染状态，是由被科技化的工业排放、汽车尾气、垃圾焚烧、建筑扬尘、温室生活等层累性造成的。

在现代社会，一种更大的灾难源是立体排放的污染，它遍布生产和生活的每个角落。概括地讲，污染的立体排放源主要有三个方面：一是工业化，包括技术工业、商品工业、军事工业和包装工业，这四大类型的工业生产都是以高技术方式在制造污染，排放污染。二是城市化，它制造了三个东西，即水泥森林、温室生活、机械行动方式。水泥森林是无限度的城市规模建设的杰作，它一方面夜以继日地制造建筑扬尘等污染物，另一方面因对土地、农田的吞噬而使地球表面净化功能弱化或丧失①；温室生活表征为人间没有春夏秋冬，人从家中到办公室，进出都是空调；机械行动方式就是生活汽车化，源源不断的汽车尾气，构成城市的最大污染源之一。三是现代化，其具体展开方式就是物质消费主义和生活感官享乐主义，它成为生活污染源源不断地排放的最终动力。然而，工业化、城市化、现代化所带动起来的污染，都以科技为先导，并以科技为实际推动力。比如，空调化温室生活方式、汽车（也包括火车、飞机、轮船）化的机械行动方式，都是高技术化的产物。技术，最实在地构成灾难化生存的座架。

2. 科技对生存灾难的塑造

科技的"二反"塑造功能　　概括如上分析，科技是一把双刃剑，人类发明并运用它，一方面延长了人的手臂，创造了不断更新的物质文明；另一方面，人们无限度地发挥它的功能，使其滑向专制的科技化道路。仅从后者看，科技化才是造成当代人类灾难化生存的罪魁祸首。因而，面对

---

① 曾建平：《环境公正：中国视角》，社会科学文献出版社 2013 年版，第 46 页。

灾难化生存展开自反性拯救，必须反思科技。

反思科技，首先是重新明晰"科技"这个概念。科技，就是科学和技术的合称。科学与技术原本是两个东西：科学是人类探索自然存在世界，具体地讲是探索宇宙、自然、生命奥秘的想象性方式，它与现实功利生活没有必然联系。技术却相反，它是为解决现实生存问题而对自身手臂的延长和对自己身体力量的扩张，因而，技术必须关注现实，追求实效。在古代，科学与技术相分离，虽然科学探索自然奥秘、追求自然世界的存在真理和创建知识体系，可以为技术探索与更新打开视野、提供认知或方法，但这不是科学所追求的，它只是科学的意外收获。自进入近代社会以后，科学与技术开始走向融合，并且这种融合是以追求开发和革新技术为动力带动科学的发展。由此，科学被技术所武装，也被技术所绑架，即科学的探索与研究，都是围绕研制、开发、革新、发明技术而展开。科学成为技术的手段，技术成为科学的目的。科学由此丧失了独立性，唯技术是从。美国学者 H. 斯柯列莫夫斯基（H. Skolimowski）曾对此种现象做了很形象的概括，他说："在一定意义上说，纯粹科学不过是技术的奴仆，是为技术进步服务的打杂女工。"① 概括地讲，所谓科技，是指以科学为手段的技术主义，所以科技亦可简称为"技术"。

其次，反思科技，必须清理以技术主义为内在规定和外化价值导向的"科技"的反自然性和反人类本性取向。科技的反自然性和反人类本性的呈现方式，就是对人和自然进行由表及里的**物化主义**重构。

一是科技重构工具。在现代社会，科技相对生产和消费才产生价值，才获得"第一生产力"功能和"意识形态"功能。因为，现代社会是一个因为消费而促进生产的社会：因消费促进生产，需要工具，科技解决了生产的工具问题。

工具对于生产的根本性和重要性，体现在它决定生产的方式、生产的效率、生产的范围、生产的深度和广度，以及生产的各种可能性等方面。

---

① ［美］F. 拉普：《技术科学中的思维结构》，刘武译，吉林人民出版社 1987 年版，第 95 页。

马克思在《1857—1858 年经济学手稿》中指出："没有生产工具，哪怕这种生产工具不过是手，任何生产都不可能。没有过去的、积累的劳动，哪怕这种劳动不过是由于反复操作而积聚在野蛮人手上的技巧，任何生产都不可能。"① 工具首先解决生产方式，其次解决生产效率，然后解决生产广度（范围）和深度。但工具解决这些问题的前提，是**工具本身被解决**，即必须解决工具自身的局限性问题，必须解决工具如何具备更多效率的问题。这就是工具被不断革新的问题。马克思在思考技术的本质时指出，"生产方式的变革，在工场手工业中以劳动力为起点，在大工业中以劳动资料为起点。因此，首先应该研究，劳动资料如何从工具转化为机器，或者说，机器和手工业工具有什么区别。"② 马克思所讲的手工业工具，是身体性的工具，是不脱离身体的工具，是以身体活动为基本方式的工具，有关于此，马塞尔·莫斯（Marcel Mauss）讲得最清楚："身体是人第一个、也是最自然的工具。或者不要说成是工具，是人的第一个、也是最自然的技术对象，同时也是技术手段。"③ 与此不同，大工业机器，亦是工具，却是独立于身体的、具有纯粹客观性和普遍适用性的工具，这种工具就是近代以来的科技的产物。因而，科技的工具性问题，敞开为两个维度：一是科技具有使（身体性的）工具变成（客体化的）机器的功能，而且还使这种性质的工具变成生产资料，变成资本；二是科技本身就是工具，它是工具的工具。正是在这一双重意义上，科技重构了身体，包括重构了人的身体能力、身体展开方式。人的身体能力、身体展开方式的改变的实质，是人的生活方式、行动方式的真正改变。

第二，科技重构自然。具体地讲，科技重构了人与自然的关系，包括人与自然的存在关系、人与自然的生存关系。科技对人与自然关系的重构，以想象为前提，以生产为展开途径和实现方式。并且，通过这种重构，自然成为人的关系视野中的自然，它符合了人的意愿与要求，但因此

---

① 《马克思恩格斯选集》第 2 卷，人民出版社 1995 年版，第 3 页。
② 《马克思恩格斯全集》第 44 卷，人民出版社 2001 年版，第 427 页。
③ ［法］马塞尔·莫斯等：《论技术、技艺与文明》，蒙养山人译，世界图书出版公司 2010 年版，第 85 页。

而使自身消失，也使自然与人的本原性关系退场。科技重构自然的重要方面，一是改造江河、填湖、填海运动；二是社会城市化和城市工业化；三是旅游业开发；四是压缩时空方式，比如网络化的通讯方式和交通方式的立体改造和加速度改变，就是对时空的不断压缩，它需要不断更新的高新技术才能实现。通过这些社会化的方式，实现了科技对自然的重构和再造。以至于今天人们很难看到自然的自然，很难有自然的自然意识、自然的自然情感，以及自然的自然感受和想象。

第三，科技重构社会。这是指科技总是以自身方式重构着社会结构、社会形态、社会性质和社会取向，尤其是不断地重构着社会公共权力和社会公民权利，即什么样的科技水平和科技方式，就重构起什么形态和性质的社会结构、社会制度和社会价值体系，什么样的科技水平和科技方式，就重构着什么性质与取向的公权和民权分配制度，以及不断地塑造具有特定利益倾向性的公权体系和民权体系。并且，科技重构社会是通过对科技的开发和运用而得到实现的，比如，在古代社会，其制度、法律、道德功能的发挥，大都是通过身体的强制与惩罚来实现，因为古代的科技是**身体性**的工具。在现代社会，专制虽然同样需要发挥制度、法律、道德的功能，但却大多通过大脑的清洗和意识形态的控制来实现，因为现代科技是**去身体化**的客体力量，它必须通过大脑和思维才可最终控制身体。这一过程的实施和展开，却离不开科技，或者科技才使之成为现实。比如，现代网络技术、录音录像技术广泛运用于生活的各个领域，比如学校、课堂、生活小区，商场、交通等领域，形成对生活无所不在的监控。由此，使生活世界中的社会结构，甚至包括交往结构、个人生活情感抒发方式等等，都发生根本性的变化。

第四，科技重构人。这是指科技的最终努力，是将人的存在和生存纳入自己的固有方式。在现代社会，无论是作为整体的人类，还是作为血肉丰满的个体人，以什么方式敞开自身存在，或者互为生存，最终是通过技术而得到安排和实现，虽然科技对人的这种重构往往在许多时候并不为人所意识。比如，在身体性的技术时代，即古代，人们的基本生存方式是

"老婆孩子热炕头"，注重血缘家庭生活，注重亲情，注重乡邻和熟人。然而，当有了电视，"老婆孩子热炕头"的时光就少了许多；当网络大众化和手机网络化到来时，人的存在方式、生存方式被手机网络化的技术所重新塑造：在今天，网络化的手机才是人的最爱，须臾不可离。更重要的是，临床医学、器官移置、试管婴儿、医学美容、基因工程、人工智能等技术，是在从不同领域和角度重构着人。自然主义的人，正在悄然地走向消失，科技化或者人工技术制作主义的人，正在形成。

科技造就灾难化生存的本质　科技（亦即技术主义）的产生，必然推动它自身走向科技化，科技化就是科技主义化或者技术主义化，它导致了整个社会的灾难化生存。科技化导致灾难化生存，并不是如切尔诺贝利核泄漏之类的局部性灾难，而是指科技一旦被科技化后，它就在事实上构成一种灾难化的生存方式。比如，温室生活方式，就是这种性质的灾难化生存方式。

科技之能科技化并生成人的灾难化生存方式，在于科技本身的转化能力，**即从工具转化为主体**的能力。海德格尔在《技术的追问》中认为，技术是一种"合目的"的工具，也是一种行为。作为一种"合目的"的工具，科技是人对自己的实现的设想、创制；作为一种行为，科技既实现了自己也塑造着自己。① 科技制造灾难化生存，在于科技不仅具有被创造、被运用的性质与功能，更具有创造和运用的性质和功能。"在我们这个时代，每一种事物好像都包含有自己的反面。我们看到，机器具有减少人类劳动和使劳动更有成效的神奇力量，然而却引起了饥饿和过度疲劳。财富的新源泉，由于某种奇怪的、不可思议的魔力而变成贫困的源泉。技术的胜利，似乎是以道德的败坏为代价换来的。随着人类愈益控制自然，个人却似乎愈益成为别人的奴隶或自身的卑劣行为的奴隶。"② 马克思对科技的反思可谓入木三分：在被创造、被运用的层面，科技是工具，是手段；在运用和创造的层面，科技是主体，是创造者，是目的。作为工具和手

---

① 《海德格尔选集》，孙周兴选编，上海三联书店1996年版，第926页。
② 《马克思恩格斯选集》第1卷，人民出版社1995年版，第775页。

段，科技是人的胜利；但作为主体和创造者，科技本身才是目的：科技作为目的，就是**对人的胜利**。

在被创造和被运用的层面，科技成为工具，是因为人类通过它而得到了全部的便利，包括征服自然、改造环境、随心所欲地掠夺地球资源，以满足自己的需要，也包括使自己以最少的体力付出、最少的时间付出、最少的心力付出甚至情感付出而获得最大的方便、最大的享受或最大的享乐。然而，在创造和运用的层面，科技把人变成了自己的俘虏，将自然装进了自己的口袋，把世界变成了自己的塑造物。凡登伯格（Willem H. Vanderburg）在《生活在技术的迷宫》中指出，现代社会是以彻底抛弃"以生物为基础"的联系方式和"以文化为基础"的联系方式，刻意地和全面地追求"以技术为基础"的联系方式的社会。在现代社会里，这种"新的以技术为基础的联系也不再靠局部生态系统来维系，而是最终将可持续发展提上了历史的议程。人越多地改变技术，也就越多地改变自己的社会和自然环境，同时也就越多地改变赖以促进大脑-思维以及文化的增长的经验的类型。结果，在几代人的过程中，'人改变技术'同时也伴随着'技术改变人'。"[①] 在"技术改变人"的过程中，"由于一种生活方式和文化再也无法给予人类生活以意义、方向和目的，因此其成员产生了**无根的**感觉或是**漂浮不定的**感觉。"[②] 因为以技术为基础的社会联系方式，从"以下五个方面削弱了个体和集体人类以文化为基础的社会联系"：第一，"一遍又一遍地不断重复同样的琐碎操作会削弱人类的创造力、技能、解决问题的能力以及许许多多与生存有关的东西，这其实是将人类大部分的人性也与工作分开了"，由此导致了"人类变得越来越愚蠢"；第二，高度精致分工的劳动"虽然依旧在使用各种技能，……但这些技能不是由于经验的积累从人的大脑中涌现出来的，而是由另外一些人（在工作过程之外）来决定怎样最好地完成这份工作"，实现了劳动的"手-脑分离"；第

---

① ［加］威廉姆·H. 凡登伯格：《生活在技术迷宫中》，尹文娟、陈凡译，辽宁人民出版社2015年版，第18—19页。

② ［加］威廉姆·H. 凡登伯格：《生活在技术迷宫中》，尹文娟、陈凡译，辽宁人民出版社2015年版，第19页。

三，"劳动技术分工越是与机械化、自动化和计算机化结合在一起发展，工人们就愈加对自己的工作丧失控制权"；第四，"随着机械化、自动化和计算机化的向前推进，更高的要求加在了工人们的肩上……而所有这些要求再加上毫无能力的控制一道导致了我们现在所熟知的不健康的工作环境"；第五，"工人们彼此的疏离也消除了曾经要求增加而控制降低时出现的社会支持。"①

科技按照自己的方式塑造世界，塑造自然，并且首先塑造人和生命。粮食和蔬菜，是按照气候和季节而播种、生长、收获的，但科技却打破了这一自然规律，因而，粮食和蔬菜是按照科技的方式而种植、生长、收获的。人的生育，必遵循生命本性，并体现天地神人共生律。但是，无性繁殖、试管婴儿以及人工智能、机器人等，都是探求**制作人**的科技方式，一旦这种科技制作方式获得成功，人必将沦为科技的制作物，如同杂交水稻、配种牲畜、嫁接果木那样随便地制作人，到那时，人就彻底地丧失了人的骄傲与尊严、光荣和神圣。这是因为"19 世纪的问题是上帝死了，20 世纪的问题是人死了，……**过去的危险是人成为奴隶，将来的危险是人可能成为机器人。**"（引者加粗）② 弗洛姆（Erich Fromm）深刻地洞察到，不断加速的高科技社会，是要将人这个"理性的动物"变成"技术的动物"，这意味着人最终不是人，而是可任意运用的材料："由于人是最重要的原料，因此可以估计到，**根据今天化学的研究，总有一天要建立许多工厂来人工生产人力物质。……即有计划地按照需要来操纵生产出男人和女人。**"（引者加粗）③ 20 世纪 80 年代的试管婴儿，90 年代的克隆羊，目前正处于热研进程的基因工程和人工智能，分别从不同方面印证了海德格尔的预见："我们现在所津津乐道的技术，除了广泛地造成自然性污染以外就没有什么其他东西了……技术在慢慢地毁灭人类，人类在慢慢地吞食

---

① ［加］威廉姆·H. 凡登伯格：《生活在技术迷宫中》，尹文娟、陈凡译，辽宁人民出版社 2015 年版，第 16—17 页。
② ［美］弗洛姆：《健全的社会》，欧阳谦译，中国文联出版公司 1988 年版，第 370 页。
③ 冈特·绍伊博尔德：《海德格尔分析新时代的科技》，宋祖良译，中国社会科学出版社 1993 年版，第 40 页。

自然，自然选择已经成为过去，最后留下的只有技术。"① 客观地看，今天的自然和人，已是被科技化的自然和人。科技对自然和人的塑造，以至于垄断和奴役，既不遵循自然规律，更不体现人性意愿，而是按照自己的方式而展开。科技塑造、奴役、垄断自然和人的自身方式，就是解蔽和遮蔽。

对科技的解蔽功能予以最早关注的是海德格尔，他在《技术的追问》中指出，"解蔽贯通并统治着现代技术。但这里，解蔽并不把自身展开于 ποίησις（意为"制作"，引者注）意义上的产出。在现代技术中起支配作用的解蔽是一种促逼（Herausfordern），此种促逼向自然提出蛮横要求，要求自然提供本身能够被开采和贮藏的能量。"② 解蔽，就是解除遮蔽，使之敞开、敞显，使之突现、暴露，使之赤裸化，用哲学的表述方式，那就是祛魅，即祛自然之魅，祛人之魅，祛生命之魅。

科技对自然的解蔽，就是将遮蔽、隐藏的自然全部暴露，使之赤裸化。其作用有二：一是消解自然的生意和神性，使之成为一个纯粹的物的世界，近代以来的机械论世界观、能量守恒定律、自然资源无限论等等，都是科技解蔽自然使之成为一个纯粹的物质的自然，而不是生意的和神性的自然的**观念**方式；二是以此满足人的欲望和贪婪。

在未有科技之前，自然未有解蔽，因而，自然按照自己的方式存在，它拥有属于自己的神圣性、神秘性、整体生态性，拥有与他者共在共生性。科技的诞生，它首先介入自然，并把人带入解蔽自然的道路。或者说，科技借助人的活动展开了对自然的解蔽运动。具体地讲，地球和存在于地球上的所有存在者，都不可避免地遭受解蔽，其整体生态性存在丧失了，共在互存和共生互生关联性被割断了，个体与个体、个体与整体之间的本原性亲缘关系和亲生命性被消解了，一切神性的、神秘的、神圣的因素均在这种解蔽中消失了，整个自然世界以一种赤裸的物质形态暴露在人的面前：自然，是丑陋的，是僵化的，是无生命的，是只有使用价值的物

---

① 转引自林德宏：《双刃剑解读》，《自然辩证法研究》2002 年第 10 期。
② 《海德格尔选集》，孙周兴选编，上海三联书店 1996 年版，第 932—933 页。

的世界，除此之外，没有任何其他价值，也不蕴含任何意义。

科技的诞生与发展，不仅指向对自然的解蔽，更指向对人的解蔽。科技解蔽人，就是消解、解除人的全部神性想望、形而上学信仰、世界性存在和诗意生命观，还有包括人性的光辉、浪漫主义气质、理想主义精神、非物质性的超越性、自我超拔的卓越性、永恒想望等等。通过对这些原本体现人的本质特征与光辉的内容的解蔽，人最终也如自然一样，以一种赤裸的物质欲望体的形象暴露在科技的面前：在科技的解蔽面前，人，首先是一物，其次是一物，最终还是一物。人作为一物，与自然作为一物的根本区别在于：自然作为物，被赤裸在人的面前，是绝对地被促逼、绝对地被摆置："贯通并统治着现代技术的解蔽具有促逼意义上的摆置之特征。这种促逼之发生，乃由于自然中遮蔽着的能量被开发出来，被开发的东西被改变，被改变的东西被贮藏，被贮藏的东西又被分配，被分配的东西又重新被转换。开发、改变、贮藏、分配、转换乃是解蔽之方式。但解蔽并没有简单地终止。它也没有流失于不确定的东西中。解蔽向它本身揭示出它自身的多重啮合的轨道，这是由于它控制着这些轨道。这种控制本身从它这方面看是处处得到保障的。控制和保障甚至成为促逼着的解蔽的主要特征。"① 人作为物，被赤裸在科技的面前，其被促逼与搁置获得了二重性：一方面，人借助科技而促逼和摆置自然，使自然成为任其所用、任其所为的物，即通过对自然的开发、改变、贮藏、分配、转换，使之彻底物化。比如，蕴藏在大地深处的石油，应该是地球的血液。但因为科技，它的生命功能和内隐性特征等内容完全被解蔽了，它最后成为一个被摆置的物。首先，人们借助于开采技术，将石油从大地的动脉系统中开采出来，然后运用提炼技术，将其改变为柴油和汽油，接下来运用贮藏技术，进行贮藏，然后运用输送技术，进行分配，最后运用动力技术，使之在各个领域发挥动力功能，由此实现自我转化，并且这种转化获得二重性，即能量守恒性转化和第二热力学转化。另一个方面，人借助科技将自然变成物，进行开发、改变、贮藏、分配、转换的过程中，他也被科技所开发、改

---

① 《海德格尔选集》，孙周兴选编，上海三联书店1996年版，第934页。

变、贮藏、分配和转换，人完全赤裸地被科技所控制：科技对人的开发，不仅指向其潜能、天赋，更热衷于人的生物本能、欲望和贪婪，由此开发使人改变了自己，即神圣性的人性被改变为贪婪的物性。并且这种贪婪的物性得以根据不同的需要和欲望而或贮藏或分配或转换。

人一旦通过科技解蔽了自身，它就从人沦落为物。由此，科技实现了对人与自然关系的解蔽：人与自然的关系，是母亲与儿女的关系，是本原性的亲生命关系，是共在互存和共生互生关系，是彼岸与此岸关系，是理想与现实关系，是完善与残缺关系，是永恒与短暂关系，是神、神圣、神性与人、人性关系，是召唤与应召关系，是眷顾与照顾关系。在非科技化的本原性存在状态下，人与自然之关系以亲生命方式展开，哪怕是人从自然那里摄取，也是如此。比如在原始农业状态下，耕作土地，也是"关心和照料，农民的所作所为并非促逼耕地"①。然而，当科技介入自然和人之后，自然与人之间的如上内在关系完全被消解干净，人与自然之间只剩下一种外在关系，这种关系就是物与物的使用关系和物对物的征伐关系。哪怕同样是耕作土地，在农业科技的绑架下，耕作变成了机械化食物工业，由此而来，土地在人的世界里，再也没有生命价值和整体的存在意义，它只是一个被使用（即促逼、被摆置）的仅具有商业开发价值的物，人与土地的关系，仅是一种纯粹的外在化的物对物的使用关系和物对物的（商业化的）征伐关系。

科技解蔽自然、解蔽人、解蔽人与自然的内在关系的全部努力，都是科技对人的胜利。科技对人的胜利，从三个方面把人推向灾难化生存的境况之中：首先，科技对人的胜利，以人的自我弱化、自我矮化、自我扁平化为标志，即科技解蔽自然、人和人与自然关系的步子越大、速度越快、范围越广泛，人的自我弱化、自我矮化、自我扁平化程度就越高。人在科技的解蔽中不断自我弱化、自我矮化、自我扁平化的过程，是在纵深领域丧失独立性而生成存在本质上的依赖性，这种依赖性在强大的科技推动下不断加剧，最终表现是人在科技面前极端脆弱和自我瘫痪。"技术革新不

_____

① 《海德格尔选集》，孙周兴选编，上海三联书店 1996 年版，第 933 页。

止从一个方面加深了我们的脆弱，还促成了脆弱的实体设施与生活方式的建立。例如，冶金术、建筑学等等的进步使我们能够建造摩天大楼。如果没有电，一个人就无法像进入技术相对简单的地面建筑一样进入处于第70层的寓所。美国人的生活方式极为显著的特色是对汽车的使用，这是过去100年来的另一项技术革新。我们的生活、工作和娱乐场所被隔离得如此之远，以至于对大部分美国人来说，汽车成了必需品而不是奢侈品。因此，缺少汽油与机器零件会带来瘫痪性的后果。技术革新使得任何人都能运输和使用的威力极大的破坏方式变得唾手可得，因而加剧了我们的脆弱性。"①

其次，科技对人的不断胜利的过程，是人的全面物化过程，在这一过程中，消费主义、感官主义、享乐主义、性肉主义成为人的精神导向，人性堕落、理想蚀灭、道德败坏，成为科技化生存的必然命运："技术的胜利，似乎是以道德的败坏为代价换来的。我们的一切发现和进步，似乎结果是使物质力量成为有智慧的生命，而人的生命则化为愚钝的物质力量。"② 马克思的论断不幸言中：人乃世界中一凶恶之物，他为物而征战，为享乐而掠夺，必然将自己推向国家与国家、阶级与阶级、群体与群体、人与人相互为狼的嗜血境地，有硝烟的战争与无硝烟的战争，构成了人的世界的主旋律，促成人沿着这一方向如此沉沦的强力推进方式，就是科技。有硝烟的战争的发动及其胜负，由科技导演；无硝烟的战争的发动及胜负，仍然由科技导演。导演前者的主要方式是军事工业和武器，从冷兵器时代到热兵器时代，从第一二次世界大战到今天的全球性军备竞赛与武器炫耀，尤其是核军工、核武器的竞赛性研制、生产和炫耀，均是各自在努力按照自己的意愿谱写未来世界胜负结局的表现方式。导演后者的主要方式是高科技开发的市场竞争，今天，除军事技术开发之外的最热门的领域，就是基因工程和人工智能，这两项技术，谁率先开发成功了，谁就获

---

① ［美］彼得·S. 温茨：《环境正义论》，朱丹琼、宋玉波译，上海人民出版社2007年版，第18页。

② 《马克思恩格斯选集》第1卷，人民出版社1995年版，第85页。

得了世界统治权。然而，这两项技术一旦真的开发成功了，人类也就彻底地改变了自己。因为到那时，自然主义的，也就是自然拥有同样的亲缘关系和亲生命本性的人类，必将消失，取代它的是基因技术和人工智能技术**制作**出来的科技人、科技人类，即后人类。

科技不仅解蔽，它更通过解蔽而遮蔽。科技解蔽和遮蔽所指向的是同一对象；并且，科技的解蔽和遮蔽，都是将所解蔽和遮蔽的对象予以绝对的物化、扁平化、单一化。所不同的是，对任何同一对象论，解蔽侧重于以**无意**的方式**遗忘**和**抛弃**，遮蔽侧重于以**有意**的方式**隐瞒**和**掩藏**。

科技解蔽自然和人，是把自然和人赤裸化，即使自然和人外部关系化、物化，在这一粗暴的物化和外部关系化的同时，无意识地遗忘和抛弃了自然和人的内在关系，遗忘和抛弃了自然和人的内在神性、整体生命性、相互关联性、共生互生性。科技遮蔽自然和人，同样是把自然和人绝对地赤裸化，但它却在将自然和人予以粗暴物化和外部关系化的同时，有意识、有目的地隐瞒和掩藏自然和人的内在神性、整体生命性、相互关联性、共生互生性。比如，电视机作为一个物件，它所发挥的功能是电子科技，正是通过电视机对电子科技功能的发挥，实现了对人的解蔽和遮蔽：电视机对电子科技功能的发挥，解蔽人的具体表征，就是把人变成了欲望不止的电视观看物；与此同时，它也实现了对人的遮蔽，这一电子科技对人所做的实质性隐瞒、掩藏的恰恰是人的丰富多彩性，即通过电视观赏之解蔽活动，人的丰富多彩性被遗忘和抛弃了；通过电视观赏之遮蔽活动，人的丰富多彩性被隐瞒和掩藏了。由此遗忘和抛弃、隐瞒和掩藏，人就这样在对电视图像文化的津津乐道的观赏中，沦为感官的动物。

3. 消解灾难化生存的方式

科技化即科技主义。科技主义的反自然性和反人类本性取向，决定了它必然成为灾难化生存的罪魁祸首。虽然如此，但科技本身却不能科技化，更不能铸造科技化生存，科技的科技化，是人类无限度地释放科技功能、想象化地塑造和追求科技万能使然。以此来看，人类才是科技化即科技主义的罪魁祸首：当代人类的灾难化生存，是人类自造的结果。所以，面对日益恶化的环境和不断生成的灾难化生存状况，人类必须展开自反性拯救。

人类展开自反性拯救的唯一正确的出路，只能是**去科技化**。

去科技化，不是反科技，也不是不要科技，而是抛弃技术主义，从根本上改变科技化的或者科技主义的生存方式。

从根本上改变科技化生存方式，首要前提是重新认识人类自我和重新认识科技：重新认识人类自我，就是重新找回人的内在性、神圣性、整体生态性和与自然共在互存、共生互生性，使人类重新学会尊重生境逻辑、遵循限度生存法则，重建存在边界意识，重塑限度生存能力。重新认识科技，就是还原科学和技术的本位，恢复科学对技术的引导功能，恢复人对科学和技术的主体功能和主导力量。

从根本上改变科技化生存方式，必须抛弃单纯的物质幸福目的论观念，抛弃傲慢物质霸权主义行动纲领和绝对经济技术理性原则，抛弃以经济增长为动机和目的的可持续发展观，构建低碳社会，开辟可持续生存式发展方式。为此必须改变科技目的论预设，限制性地发展科技、放缓开发科技的速度。因为唯有通过限制性地开发科技，有意识地放缓发展科技的速度，我们才可限制人的无限度的欲望和需要，才可能获得人的存在边界。并且，也只有通过改变科技的目的论预设，限制性地发展科技、放缓开发科技的速度，我们才可将科技引向可持续生存式发展道路，使科技成为可持续生存的社会动力。在当代，灾难化生存的两个重要维度，就是**环境暴政**和**生存贫困**、剥削和压迫，环境暴政导致生存贫困，生存贫困又反作用于环境暴政，强化了环境暴政。要从根本上改变环境暴政和生存贫困，只有通过改变科技的目的论预设，限制性地发展科技、放缓发展科技速度，才可在可持续生存式发展的道路上，缩小贫富差距，消灭剥削和压迫，消灭专制与暴政，实现普遍平等。因为在现代文明进程中，无论国际社会还是国家内部，科技始终是制造环境暴政、制造生存贫富、剥削和压迫、专制和暴政的最终温床。"贫困国家是技术的最大接受者，这些技术是在富裕国家开发出来的，富裕国家作为一个整体创造出它自己的技术。

作为技术的创始者，富裕国家自然生产出适合于其自身需要和目的而不是适合于贫穷国家的技术。"①

从根本讲，重新认识人类自身、重新认识科技，并在这一双重认识中改变科技的目的论预设，限制性地发展科技、放缓发展科技速度的最终目的，是彻底摆脱技术主义对人的奴役，对自然的奴役，使人和自然重新恢复自身本性，使人重新尊重自然本性，并重新向自然学习，学会按照自然本性而存在和生存。

为彻底摆脱技术主义奴役，重新认知科技，改变科技的目的论预设，限制性地发展科技、放缓发展科技速度，必须在重建生境逻辑、尊重限度生存法则和全面开辟可持续生存和低碳生活的道路中，探索利用厚生之道，构建简朴生活方式。唯有如此，人类才可真正摆脱技术主义的奴役，实现去科技化生存的自反性拯救。

① ［斯里兰卡］C. C. 威拉曼特里编：《人权与科学技术发展》，张新宝等译，知识出版社1997年版，第15页。

第八章 低碳生存的环境软实力要求

以生境主义为价值引导，以恢复社会生境为目标，探索低碳社会方式成为国家环境治理的必为努力，这一必为努力的正确展开，就是构筑可持续生存。在可持续生存规范下，低碳社会发展的直接目标是实现社会化的低碳生存，以此为直接目标要求，低碳社会发展的重心应由单一的硬实力发展转向综合实力发展。其中，软实力发展构成了综合实力发展的重心。在软实力发展中，环境软实力不仅构成国家软实力的动力，而且构成国家综合实力持久提升的基础。因为，"环境软实力"概念展示：环境既是一种物理实在，更具自组织、自创生能力。正是这种能力才使环境对地球生命存在和人类可持续生存发挥着意想不到的柔性滋养和再生功能。从根本讲，环境软实力是对国家的奠基实力的全新表述，它不仅为重新审视环境打开全新认知，也为探求低碳社会实现低碳生存提供全新思路，为当前如何卓有成效地推进生态文明建设提供将现实与未来结合起来的整合方法论。研究环境软实力的根本目的是恢复环境自生境能力，其社会整体动员的环境治理实践必须接受层累原理、突变原理和边际效应原理的引导，并在此基础上遵循共互原则和唯生命原则，其具体行动落实就是既尊重自然、生命、事物的本性而不作为，并且在必要的作为中担负起对环境的维护责任。

一、软实力构成及功能体系

"软实力"（soft power）概念由哈佛大学肯尼迪政府学院院长约瑟夫·奈（Joseph Nye）于1990年提出，其后展开持续研究，形成一种在全球范围内广泛流行的新国际政治理论。2001 年，"软实力"登陆中国后朝着两个方向展开，一是依然用软实力概念来研究国家综合实力增长及国际竞争问题（但这方面研究相对少），一是将软实力概念转换成为"文化软实力"概念，形成文化及文化产业研究。本书提出环境治理学的"环境软实力"概念及环境软实力理念，是在"软实力"作为新国际政治理论框架下拓展生成的。

我们存在于其中的存在世界，也就是环境，所具有的自组织、自繁殖、自调节、自修复能力之于地域国家来讲，就是一种软实力，是国家软实力的构成内容。而且，环境作为一种软实力，它的有无和强弱，最终体现一个国家在世界风险和全球生态危机的当代大舞台上是否具有真实的综合实力的基础，以及这一综合实力基础对国家社会转型发展的持久支撑程度。以此来看，环境问题，不仅仅是一个经济发展的支撑问题，更是国家在世界风险社会和全球生态危机相整合的当代大舞台上如何全面实施转型发展的基石问题。认识、理解环境软实力，就变得特别必要和重要。要真正认知和理解环境软实力，需要将其放在国家综合实力及其发展的大框架下观照。于是，了解软实力就成为必要前提。

从国际政治理论（而不是文化理论）角度观，软实力的全称乃国家软实力。国家软实力乃一国对世界的柔性影响力和对他国的感召力，但首先是一国的自我柔性创生力。国家软实力的构成是一个动态生成的复杂体系，其中，传统魅力、伦理水准、教育能力、学术思想、艺术创造、制度活力、政治取向、政府作为、外交能力还有环境自生境力等，构成一国软实力之基本要素。并且，这些构成要素之间有内在逻辑生成关系。按照其功能划分，国家软实力的如上构成要素可以归纳为六个方面，即作为国家软实力土壤的传统魅力和伦理水准，作为国家软实力主导性规范力量的制度活力和政治取向，作为国家软实力动力的学术思想、教育能力和艺术创造，作为国家软实力导向力的政府行为和作为国家软实力辐射力的外交政策，作为国家软实力基石的环境自生境能力，此六者构成了国家软实力的功能体系。

1. 软实力与文化软实力

要探讨软实力的构成体系，首要前提是厘清国家与软实力的关系。

软实力，作为一种新国际政治主张和理论，其考察的对象是国家，所探讨的主题有二：一是民族国家对世界的柔性影响力和对他国的感召力；二是国家的自我柔性创生力。约瑟夫·奈及追随者们更多地关注前者。

(1) 软实力是一个国家构筑一种情势的能力，借助于这种情势，这个国家使其他国家以与其倾向和利益相一致的方式来发展本国的倾向，界定本国的利益。（Joseph Nye：*Soft Power*，1990）

(2)"软实力"是用以指称相对于国家、民族、边界、领土等"硬权力"而言的文化、生活方式、意识形态、国民凝聚力和国际机制等，也就是指意图通过吸引力、感召力、同化力来影响、说服别人相信和同意某些行为准则、价值观念和制度安排等，从而获得理想结果的能力。（Joseph Nye：*Bound to Lead*：*The Changing Nature of American Power*，1990）

(3) 软实力是一个国家的文化与意识形态吸引力，它通过吸引力而非强制力获得理想的结果，它能够让其他人信服地跟随你或让他们遵循你所制定的行为标准或制度，以按照你的设想行事。软实力在很大程度上依赖信息的说服力。如果一个国家可以使它的立场在其他人眼里具有吸引力，并且鼓励其他国家依照寻求共存的方式加强界定它们利益的国际制度，那么它无需扩展那些传统的经济和军事实力。（Joseph Nye：*The Challenge of Soft Power*，1999）

(4) 在国际政治中，一个国家可以通过这样方式来获得它想要的结果：其他的国家追随它，欣赏它的价值，模仿它的榜样，热衷于它的繁荣与开放程度，从这个意义上讲，在国际政治中设置吸引其他国家的议程，其重要性并不亚于通过军事或经济力量来迫使他者改变，这种让他者想你之所想的力量，我称之为软实力，这种力量吸引人，而不是压迫人。 （Joseph Nye：*The Paradox of American Power*，2002）

（5）软实力就是让别人想要你想要他要的东西。 （Joseph Nye：*Why Military Power Is No Longer Enough*，2002）

（6）软实力是一种能力，它能通过吸引力而非威逼或利诱达到目的。这种吸引力来自一国的文化、政治价值观和外交政策。当在别人的眼里我们的政策合法、正当时，软实力就获得了提升。（Joseph Nye：*Soft Power——The Means to Success in World Politics*，2004）

（7）软实力是通过吸引而非强制或者非利诱的方式改变他方的行为，从而使己方得偿所愿的能力。 （Joseph Nye：*Think Again：Soft Power*，2006）

约瑟夫·奈对"软实力"所做的如上描述性定义，突出一个基本理念，即软实力是相对国家而论的：软实力的原初理念，就是国家软实力。至于区域软实力、企业软实力以及个人软实力等，都是后起的意义。因而，探讨软实力，必须立足于国家，着眼于世界。

审视约瑟夫·奈关于"软实力"的如上七个定义，可以概括地归纳为三种类型的描述性定义：

A. 软实力＝文化＋生活方式＋意识形态＋国民凝聚力＋国际机制；

B. 软实力＝文化＋意识形态吸引力＋制度；

C. 软实力＝文化＋政治价值观＋外交政策。

对上如三类软实力构成要素进行同类项分析，则突显出"文化"这一要素，它构成了软实力的这三种类型的描述性定义中的同类项。进一步审查，与"文化"并列的其他项即政治价值观、意识形态吸引力、制度、国民凝聚力、生活方式，这些都属于文化的构成内容，因为"从广义的人种论的意义上讲，文化或文明是一个复合整体，其中包括知识、信仰、艺术、道德、法律、风俗以及人作为社会成员所具有的其他一切能力和习惯"①。所以，从构成论看，软实力其实就是文化的。在这个意义上，软实力是文化软实力。（参见"图5-4　文化构成要素"）

软实力即文化软实力，这一判断得以成立的最终依据，乃由文化生成的本质所规定：文化，是人类从动物进化为人的根本标志。基于"文化"（cultura）乃是对土地的耕耘与培育之本源语义，文化是一种人为力量，它是人力改变自然事物或自己的实际力量的对象化呈现。从对象性呈现形态角度讲，文化这种力量可以表述为文化实力，文化实力相对科技、经济、军事等而言，它是柔性的，具有巨大伸缩的张力空间，而且是以内在魅力释放出吸引力、产生影响力的，所以全称为文化软实力，亦可简称为软实力。

客观论之，凡文化，必以民族为创造主体。大凡民族，其存在需要以相对独立的地理版图为空间条件，所以地理版图构成国家的基本标志。历史地看，人类国家源于两种构成类型，即单民族国家和多民族国家。无论单民族国家还是多民族国家，民族始终是国家的构成主体，文化是国家的构成内容；不仅如此，对任何民族国家而言，地理版图是其空间疆域，文化是其时间疆域、历史疆域和精神疆域。并且，一个民族国家对空间疆域的守护，取决于自身文化实力的强弱。从根本论，一个民族国家的文化实力，就是这个国家的实际国力的另一种表达式。

具体论之，一个国家的国力，实际上由物质和精神两个方面的力量构成。对一个国家来讲，无论物质力量还是精神力量，既表征为现实的力量，也蕴含潜在的张力。从整体观，一个国家的物质力量和精神力量得以现实发挥的广度和强度，或潜在释放的可能性程度及实际张力，均取决于如下十五大因素的整合程度。

（1）自然条件，具体指国土面积、地理位置、地理结构、气候、自然资源等。

（2）人口状况，包括人口数量、人口质量、年龄结构、劳动力总

---

① ［英］爱德华·泰勒：《原始文化》，连树声译，上海文艺出版社1992年版，第1页。

量等。

（3）科学技术实力，包括科技人员总数及在人口中的比重、研究发展投入在 GDP 中的比重、科技成果的转化率以及科学技术在世界上的地位等。

（4）教育能力，包括国民教育的人性化水平、国民教育的普世价值实现程度、国家教育的普及性程度、国民教育水平、国民教育经费在 GDP 中的比重等。

（5）经济水平，主要指经济结构、经济运作模式、经济规模、经济增长速度、国民基本生存资源和社会存在发展所需要的重要原料的自给率、政府财政状况等。

（6）制度活力，主要指国家政体、国家主要社会制度、社会基本结构、主要社会安排方式等所体现出来的人性张力和创生活力。

（7）政治取向，包括公民政治、法治政治、政府政治、政党政治等的实际价值取向及一致性程度。

（8）政府作为，包括政府的决策能力和领导能力，国家政策和国家战略的正确性、稳定性和应变性，政府的稳定性和在非常时期的全民动员能力，政府的社会公信力，政府的道德表率功能，政府首脑的国家风范形象和对国家精神的导向能力等。

（9）军事力量，包括军队规模及军人素质，军费总额及在 GDP 的比重，军备的技术水平、数量及结构。

（10）外交能力，包括外交政策、外交技巧、建交国家、在国际组织中的影响力、同盟和伙伴合作关系、参与国际事务的实际能力等。

（11）伦理水准，包括整个国家伦理和社会道德、生活美德的社会化程度及水准。

（12）艺术创造，包括文学、戏剧、绘画、音乐、建筑、影视等的实际创造力与个性化。

（13）学术思想，包括整个人文社会科学，尤其是哲学、伦理学、美学、政治学、史学探索的原创性、普世性、前沿性、导向性。

（14）传统魅力，包括民俗、生活方式、艺术传统、思想传统、学术传统、教育传统、政治传统等等所释放出来应和当代精神、丰盈当代生活的实际风采。

（15）环境自生境力，这是由具体的地域环境与具体的人口、生产方式、生活方式等因素共运形成的动态状况。

国家实力主要由如上内容整合生成。国家实力是国家综合实力。一个国家的物质力量，就是该国的硬实力；一个国家的精神力量，就是该国的软实力。在构成国家实力的十五大因素中，属于硬实力范畴的是其自然条件、人口状况、科技实力、经济水平和军事能力；除此之外的制度活力、政治取向、政府作为、教育能力、伦理水准、艺术创造、学术思想、传统魅力、外交能力以及环境自生境力等十大因素，均属于软实力范畴。

2. 国家软实力的构成逻辑

客观地看，在约瑟夫·奈的认知视域中，无论将软实力看成是"文化＋生活方式＋意识形态＋国民凝聚力＋国际机制"，或者是将软实力定位为"文化＋意识形态吸引力＋制度"，还是将软实力理解为"文化＋政治价值观＋外交政策"，其对软实力的构成探讨都体现出片面性，而且所描述的各构成要素之间缺乏必需的生成逻辑。

如上所述，国家软实力由十大要素构成。从功能角度讲，这十大要素可归划为六大力量类型，即国家软实力基石、国家软实力土壤、国家软实力基础、国家软实力动力、国家软实力主导力和国家软实力辐射力。

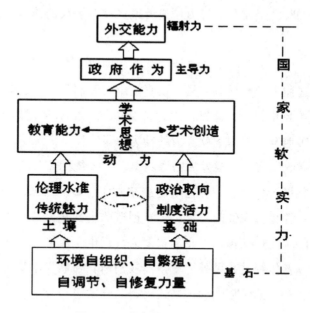

图 8-1 国家软实力构成要素

如上图所示，传统魅力和伦理水准分别从历史与现实两个维度，构成国家软实力的土壤：以民俗、生活方式、艺术传统、思想传统、学术传统、教育传统、政治传统为基本内容所生成的传统魅力，构成国家软实力的历史土壤；以国家伦理、社会道德、生活美德为基本内容所生成的伦理水准，则构成国家软实力的现实土壤。

国家总是在传统中诞生与存在，社会永远需要伦理的维系。传统与伦理从历史与现实两个方面制约着国家制度的生成，又激励制度的敞开，形成制度活力的源泉。一种制度到底有多少内在张力和亲活力，从根本上取决于它在多大程度上得到传统的滋养和伦理的润滑；而传统和伦理，能对制度发挥出多大程度的滋养功能，从根本上取决于传统和伦理本身的人性化程度。

从本质论，制度是对民权和公权的定格。从功能观，制度既是对政治的定格，又是对政治的边界规范。制度规定了政治的实际价值取向，并构成了政治的内在张力空间。制度的活力状态，决定了政治的活力程度；但制度的活力，取决于权利对权力，或者说民权对公权的博弈能力的有无和强弱。

制度活力与政治取向，此二者的合谋，构成一个国家软实力的主导性规范力量。这种主导性规范力量不仅直接影响和制约着传统魅力的当代释放，也直接影响和制约着国家伦理、社会道德、生活美德的生存性解构，而且最为现实地解构着国家软实力的动力力量。

一个国家的软实力生成发展需要一个动力系统的整体推动，这个动力系统由学术思想、教育能力、艺术创造三大社会要素构成。学术思想的全面进步、国民教育对人性的再造、艺术创造的个性化繁荣，既得益于对本国传统智慧的时代性弘扬，更在于制度为其提供了保障。反之，当传统丧失自身魅力或者传统被某种外力所扭曲或割断，当制度本身构成了对学术思想、国民教育、艺术创造的限制或阻碍，学术思想只能被迫处于停滞状态，国民教育必然沦为异化，艺术创造只能成为政治的附庸，一旦这种状况出现，国家更多的只靠硬实力来维持，即对外，只有产品的出口或军事力量的炫耀，对内，主要依靠暴力和谎言来维系社会秩序。

国家软实力的强弱，不仅需要一个肥沃的土壤和坚实的基础，也不仅需要有一个充满创生张力的推动力量，更需要一种基于主导力量的导航系统。这一接受制度活力和政治取向规范的导航力量就是政府及其作为。

国家的真正强大，是硬实力和软实力的相得益彰、互为强大。然而，无论是硬实力的强大，还是软实力的强大，最终源于一个强大的政府。政府的强大，主要不是政府机构的庞大，相反，强大的政府一定是"大国家、小政府"和"大社会、小政府"；更为根本的是，政府的强大，主要不是体现在政府对社会的深度统治，更不是体现在对人民的全权控制，而是体现在政府对国家文明的作为，对人民生存、自由、尊严而幸福的生活的作为，对国际社会秩序的构建和人类进步的作为。这三个方面的作为，才使政府成为国家软实力的导航力量，即一方面使国家内部政通人和，另一方面使国家成为国际事务的主导者、人类和平生存的导向者。

政府对国家文明的作为、对人民生存、自由、尊严而幸福的生活的作为，主要体现在以服务为唯一天职上，体现在"小政府、大社会"和"小政府、大服务"上；政府对国际社会、人类进步的作为，主要通过外交能力的正当释放来实现。

然而，对一个民族国家来讲，无论外交能力多么强，也无论政府如何有作为，以及整个社会无论有多宽广的视野、多博大的胸襟、多强大的创造力量，如果其环境自生境能力弱化，或者其环境自生境力量丧失，最终都不能支撑长久，更不可能有可持续的未来。因为，环境自生境能力的有无和强弱，才真正构成了一个国家软实力的原动力，也构成这个国家综合实力健康发展和有序竞争的基石。

二、环境治理的环境软实力方式

以生境化的生态文明为目标实践低碳生存方式，直接动力是消解日趋恶劣的环境生态，因而，实践低碳生存方式就是全方位实施环境治理，但由于人们将环境看成静止的受体，故而形成治理与发展的二元论。在这种二元论框架下环境治理活动及低碳行动，所产生的环境生境恢复效果并不明显，甚至在某些地方环境生态更为恶劣。提出"环境软实力"主张，意在于尊重环境的自生本性和自存在方式，强调恢复环境自生境能力对治理与发展的根本性。

1. 环境软实力释放及收敛机制

什么叫环境软实力？ "环境软实力"这个概念，并不是"环境"＋"软实力"，而是指环境本身就是一种能力，这种能力即环境能力。环境能力的实质是其自生境能力或自生产力，由于环境是以柔性方式发挥生境功能的，所以被称为环境软实力。恢复环境软实力，是探索低碳生存方式、实施生境化的生态文明建设的根本方式，要理解其重要性和根本性，需从"环境"和"软实力"两个概念入手。

概括如上所述，作为与国家硬实力相对的软实力，其构成内涵实际上比约瑟夫·奈所提出政治价值观、制度、文化、外交政策[①]等要丰富复杂得多。因为国家软实力自身构成具有极强的开放张力。

$$软实力＝[（人口＋领土＋资源）＋经济实力＋军事实力]$$
$$之柔性力量×（政治价值观＋制度活力＋文化传统＋国家战略$$
$$……）×环境能力$$

如上公式表述了国家软实力的完整构成：其一，软实力是硬实力的柔性力量，以此来看，人口基数、领土、资源状况、科技实力、经济水平、军事实力等硬实力，同时也蕴含诸如安全感、自信力、凝聚力、吸引力、向往感、崇尚感等柔性力量，比如丰富的物质资源、强大的科技实力、高度发展的经济和军事实力，既可给国人带来安全感、普遍的自信力和广泛的凝聚力，也可散发出一种吸引力，引来他国的向往感、崇尚感。其二，国家战略，包括国家的发展国策、国家的国际战略以及贯彻国策和战略的意志力量和方法（包括社会学方法、政治学方法、伦理学方法等），这是最重要的国家软实力内容。其三，学术思想、国家教育、国民素质等因素构成了国家软实力的动力。其四，环境能力，这是国家软实力之最终乘数，它既构成国家软实力的基础力量，亦构成国家实力的基石能力。

环境软实力或者说环境能力，源于环境本身，或可说来源于环境内部。理解环境软实力必须从环境本身入手。客观地讲，环境始终相对生命和人而论：相对生命而论，环境即自然世界，包括地球和宇宙；相对人而论，环境乃制度社会。

生命与人，并不彻底两分，因为人也是生命，并且人首先是生命，然后才成为人。人的这一双重性，使环境获得了交叉性：人既存在于自然界，与地球生命同在一个地球上，共享一个宇宙；同时地球生命也进入人的制度社会，人的制度社会与自然世界发生交叉，人与地球生命的存在敞开也发生交叉。所以，**人与地球生命互涵、社会与自然共生**，这就是环境；人与地球生命互涵、社会与自然共生所整合生成的整个力量，就是环

---

① Joseph Nye: "The Challenge of Soft Power", in *Time*, February 22, 1999, p. 21.

境力量，即环境软实力。

首先，环境是人与生命、自然与社会之间的互涵与共生体，由此形成环境的生命化特征：在本原意义上，环境的生命化源于环境及各构成要素的亲生命性。亲生命性，既是"人类关注其他生命形式并期望融入自然生命系统的天性"①；也是大到宇宙和地球，具体到物种及个体存在物，都本能地敞开对他者的要求性。具体地讲，亲生命性不仅是人类的天性，也是一切动物和植物的天性。所不同的是，动植物对生命的亲昵，直接以生命本身的方式展开；人类对生命的亲昵，往往要通过认识、理解之后以自主选择方式来表现。

其次，环境具有生境化取向，这是因为环境永远不是静止的并任人"摆置"②的"物"，它不仅具有自组织、自生长、自繁殖的能力，更有自调节和自修复的能力。这一双重能力最终源于构成它的宇观因素（比如气候周期性变换运动）、宏观因素（比如地球或地球生物圈）和微观因素（比如物种、个体生命）之间存在着本原性**亲缘**关系，生命与生命之间是**亲生命性**的。正是这种本原性亲缘关系和内在亲生命本性，才使人与生命、社会与自然以及人、地球生命、社会、自然之间形成互涵与共生，才缔结起互为体用的生存关系。③

概括地讲，环境不仅具有自生境能力，而且还以关联化和亲生命性的柔性方式发挥自生境功能，环境发挥自生境功能这一独特的柔性方式，一旦为我们所发现，就被称为"环境软实力"。

环境软实力释放方式与收敛机制　"环境软实力"概念是对环境的本质力量之生成机制及功能释放方式的揭示，要对此有真实的理解，仍需从"环境"概念入手。所谓"环境"，是地球上的生命体得以存在并敞开生存的全部空间条件。

其一，"地球上的生命体"，既指地球上的动物、植物、微生物，也指

① ［美］爱德华·威尔逊：《生命的未来》，陈家宽等译，上海人民出版社 2005 年版，第 222 页。

② 《海德格尔选集》，孙周兴选编，上海三联书店 1996 年版，第 934 页。

③ 唐代兴：《环境能力引论》，《吉首大学学报（社会科学版）》2014 年第 3 期。

人，更指地球上其他存在物，比如一块石头、一条河、一座房屋等等，也具有生命性。这是因为生命是指"在地球表面和遍及地球的海洋的物质一般状况，它是由化学元素氢、碳、氧、氮、硫、磷以及其他许多微量元素组成的错综复杂的结合体。大部分生命形式不需要先前的经验就能被识别，并且常常可食用。然而，生命的状态迄今为止使得试图给一个正式的物理定义变得困难重重。"[①] 简单地讲，生命就是能够发生生变功能的存在体。[②]

其二，当环境构成生命体存在和敞开生存的空间条件，意味着生命体与生命体在存在及敞开的生存链条上互为条件，比如，露台上怒放的绿色植物，构成我一家人能够享受绿色和诗意生活的自然条件；反之，我这一家人也成为露台上这一生命怒放的绿色植物的自然条件，因为它们需要得以存在和生存的相应空间条件，更需要充足的水分才能生存，而我这一家人是给予它们这两个方面的基本生存条件的提供者，因为在这七层高的楼房露台上生长的植物，没有人给它们定时提供水分，这些赋予人生命情调和浪漫诗意的植物是会很快死掉的。

其三，在地球上，生命体的互为体用构成了环境。但生命之间的互为体用，既有宏观表达，更有微观表述，比如，这座山、这条河与那个村庄及居住在这个村庄里的人之间，就是一种互为体用的环境关系。即这座山、这条河是这个村庄及居住在这个村庄里的人们得以生存的自然环境，这个村庄以及居住在这个村庄里的人们也构成了这座山、这条河的空间条件（即环境）。因为这个村庄里的人们如何对待这座山和这条河，这座山和这条河就会呈现出什么样的生态状况，比如今日黄河和长江两条大江的生存状况的形成，最终是生存在这两条河流流域中的人们长期对待它们所产生的影响力层层累积的结果性呈现。所以，人与生命互涵、自然与社会共生，这是对"环境"的真实表述。

---

① ［英］詹姆斯·拉伍洛克：《盖娅：地球生命的新视野》，肖显静、范祥东译，上海人民出版社 2007 年版，第 168 页。

② ［奥］埃尔温·薛定谔：《什么是生命》，罗来欧、罗辽复译。湖南科学技术出版社 2003 年版，第 57—58 页。

其四，在人与生命互涵、自然与社会共生这一认知视域中，环境获得了整体与局部之分，比如，一座山、一条河、一片农田、一座树林，还有一座小石桥、几条纵横交错的泥石路，以及几个散发臭气的粪便池等等，构成了这个村庄的具体自然环境，然而，充沛的雨水、适宜的气候、充足的阳光，以及丰富物产，却构成这个村庄及周边区域的整体环境。

环境的局部性呈现，即微观环境，比如具体的人与人、具体的人与物、具体的生命与生命之间互为体用，就构成了具体的生命、具体的人或具体的物的微观环境。环境的整体性呈现，则形成宇观环境与宏观环境：仅自然论，地球构成地球生命的宏观环境；生生不息的宇宙则构成地球生命的宇观环境。

环境虽然敞开宇观、宏观、微观三个维度，但它们却需要通过整合才可发挥功能。整合宇观环境、宏观环境、微观环境的动态方式，就是气候周期性变换运动；气候周期性变换运动的展开方式或者表达方式，就是风调雨顺。因而，环境发挥对地球生命和人类生存的滋养与再生功能，是通过气候周期性变换运动而带动宇观环境、宏观环境、微观环境发挥出来的整体性功能，就是风调雨顺的滋养功能。

"图2-3 环境顺向编程的自生境功能发挥方式"给我们展示了环境如何发挥对地球生命和人类生存的柔性滋养与再生功能的机制。从宇观论，环境对地球生命和人类生存发挥柔性滋养与再生功能，就是风调雨顺；风调雨顺的前提是气候周期性变换运动。气候周期性变换运动必具备两个条件：一是太阳和地球的轨道化运行；二是大气环流有序。这两个条件中任一个因素的改变，都将从根本上改变气候周期性变换运动而使风雨运作逆生化。客观地看，前一个条件的改变，完全是宇宙星系运作的自为性体现，地球生物活动和人类行为对其发生作用必须通过改变大气臭氧层来实现，所以，地球生物活动和人类行为改变太阳辐射，始终是间接的而且缓慢的和大尺度的。地球轨道运动的改变，是人力所完全不能实现的，是其自为改变的结果。与此不同，大气环流运动却可因地球生物活动而逆生化。并且，在现代人类进程中，造成大气环流逆生化的根本性力量是生物活动，最终原动力是人类行为。人类为追逐无止境的物质幸福而征服自然、改造地球环境、掠夺地球资源的持续活动，造成了森林消失、草原锐减、土地沙漠化、江河断流、海洋逆生态化、大地生境破碎化等地面性质的根本性改变；地面性质的根本性改变，从根本上剥夺了地球生物的生存条件，大量物种灭绝，生物多样性锐减，地球生态链条断裂。由此推动大气环流逆生化，大气平流层臭氧稀薄，臭氧空洞出现并不断扩散，太阳辐射功能增强，导致气候失律，降雨逆生化，这样一来，包括宇观环境、宏观环境、微观环境在内的整个环境对地球生命和人类生存的柔性滋养与再生功能衰竭，环境灾难和疫病频频暴发，并向全球化和日常化方向蔓延。

环境灾难和疾病的全球化和日常化，是环境软实力衰竭的具体呈现。环境软实力衰竭，从表面看，是整个环境的逆生化；但从本质论，却是环境软实力的滋养和再生机制收敛。所以，环境运动的逆生化，是环境软实力的滋养和再生机制收敛的整体呈现状态。

2. 探讨环境软实力的基本视野

为何要提出并研究"环境软实力"？　20 世纪中后期以来，世界风险和全球生存危机推动人类全面探索社会转型发展，这就是生态文明建设。但环境问题却成为制约社会转型发展的关键，环境的生境重建构成生态文明建设的实质性努力。[①] 环境研究和软实力研究成为社会转型发展之生态文明进程中的两个热点。但是，时至今日，无论是国内还是国外，一方面，遍涉各个领域的环境研究，缺乏软实力视野，没有发现环境的内在力量及柔性功能，缺乏从软实力入手来研究环境治理与发展问题；另一方面，软实力研究也缺少环境视野，没有把环境作为探讨的对象，缺少从环境角度入手探讨国家软实力的提升问题。要真正"大力推进生态文明建设"[②]，全面提升国家软实力，必须克服这种"各自为政"的状况，走发展国家环境软实力的综合治理道路。因而，整合自然科学、社会科学和人文学术的资源优势，进行大科际整合的环境软实力研究，既必要，也必

---

① 唐代兴：《生境伦理的哲学基础》，上海三联书店 2013 年版，第 10—12 页。

② 《十八大报告辅导读本》，人民出版社 2012 年版，第 40 页。

须，更重要和根本。

客观地看，不断加速的工业化、城市化、现代化进程，始终以环境遭受破坏为代价。尤其是进入 21 世纪以来的跨越式发展，将经济增长推向新的制高点的同时，也推动环境生态实现了"跨越式恶化"：嗜掠的霾气候，不堪重负的染污，迅速缩小和污染化的耕地和不断扩张的沙漠，以及近年又重新猖獗的沙尘暴等等，都使中国成为"世界之最"。

如此恶劣的环境状况，成为国家可持续生存及发展所必须解决的根本问题、瓶颈问题。但要从根本上解决这一瓶颈问题，已有的环境知识和认知模式，已经无法引导人们更好地探索环境治理的途径与方法，这需要重新认识环境，重构环境知识体系，重新探索环境治理的智慧和方法。提出人与生命互涵、自然与社会共生的"环境软实力"概念和理念，为此打开了全新视野和探究、实践进路。因为"环境软实力"不只是一个新概念，而是思考、认知、审查环境的一种新方式、新思想和治理环境的新理路、新方法。观念的改变和方法的鼎新，是从根本上化解环境危机、根治环境灾难的正确认知前提。提出"环境软实力"理念和主张，意在于全面揭示环境的软实力性质和功能，研究环境软实力，为全面恢复环境自生境功能，提供认知视野、知识基础和思想、理论、方法资源；并通过研究而打通环境治理与软实力建设之间的通道，将环境问题纳入国家综合实力范畴，为加快生态文明建设、全面实施环境治理和发展的国策，提供最优化决策咨询和社会整体动员的实践行动方案。

环境软实力研究的对象目标 本书所讲的环境软实力，是相对国家而论的。国家的大小和强弱，并不以土地、人口、资源、文化等为判据，而是以国家实力为依据。

国家实力由自身的刚性实力和柔性实力构成。软实力理论做了这方面的区分：国家的刚性实力即硬实力，它主要由自然条件、资源状况、科技实力、经济水平、军队力量等要素构成；国家的柔性实力即软实力，它主要由文化传统、制度活力、学术思想、政治取向（即政治价值观）、政府作为等要素构成。以此来看，国家的环境能力，由于它所释放出来的是柔性滋养与再生功能，所以应该属于软实力范畴，故称之为"环境软实力"。环境软实力有自身的特殊性，在静态层面，它构成国家软实力的奠基要素，是软实力之一种；但是在动态功能运作层面，环境软实力却构成其他软实力得以生成以及功能发挥的基础，同时也成为国家硬实力生成及功能发挥的动力。综合此二者，环境软实力是国家能力的基石能力和动力能力。

客观地讲，一个国家的环境软实力状况，既从根本上激励或制约着这个国家的硬实力发展，也从根本上激励或制约着这个国家的软实力发展。比如，一个国家的资源状况与这个国家的自然环境软实力息息相关：如果自然环境软实力强，这个国家的资源状况朝生机勃勃的方向展开；反之，如果自然环境软实力衰竭，那么，这个国家的资源状况朝死境化方向展开。同样，一个国家社会环境软实力的强弱，亦直接影响、制约着该国国家软实力的发展。总之，一个国家，无论发展诸如科技、经济、军事等硬实力，还是通过传承文化、发展学术思想、繁荣文学艺术、建设社会道德等发展软实力，都离不开环境软实力的建设。发展环境软实力，成为发展国家能力的基础战略和动力内容。研究环境软实力，就是对国家环境能力的生成原理和运行机制展开系统研究，以揭示环境软实力的动力功能以及如何整体提升国家实力的社会机制。

将环境软实力作为基本对象来予以研究，是基于其如下目标激励：

一是实践目标。研究环境软实力，就是探求环境治理的根本对策，即全面恢复环境自生境能力，具体地讲就是恢复地球承载力、地表资源再生力和地球自净化力，最终努力是恢复失律的气候。

二是理论目标。研究环境软实力，必须以环境软实力为基本对象，以生态整体为视野，打通自然科学、社会科学、人文学术之间的通道，探索大科际整合方法，构建大综合的环境软实力学，为治理和发展环境软实力，提供综合化认知资源、知识论基础和方法论智慧。

环境软实力研究的基本内容　环境软实力问题，既是社会存在发展的全新实践问题，也是大科际整合的理论建设问题。前者规定了环境软实力研究只能是问题驱动型研究，必须解决如何卓有成效地治理、提升、发展国家环境软实力的问题；后者展示环境软实力研究必须从零起步，从理论上解决环境软实力的基本认知和宏观理论问题，以为治理、提升、发展环境软实力提供思想资源、知识基础、理论平台和方法指导。并且，对后者的深入研究，是前者得以正确和顺利展开的必须前提。因而，环境软实力研究的基本思路可表述为：以认知为先导，以应用为体现，通过构建环境软实力的基本认知、基础理论和宏观方法，指导探索环境软实力的实践治理和发展。

对环境软实力展开理论探讨，是从宏观上构建环境软实力学的话语平台和学科蓝图。展开的宏观思路，首先考察环境软实力的相关认知，包括环境软实力的相关学科问题、环境软实力与恢复气候生境、治理霾气候、创建低碳生存方式、探索可持续生存、建设生态文明、增强国家实力等相关方面的关系的认知问题。其次讨论环境软实力的一般认知，包括"环境软实力"概念的学理依据、环境软实力的自生原理、环境软实力的生境化机制或死境化动因、环境软实力在国家实力中的自身定位、环境软实力的国家功能及功能发挥机制与方式。

然后在此基础上探讨环境软实力学的构建，包括系统探讨环境软实力学的研究对象、学科范围、学科性质、学科定位、学科目标、学科任务，环境软实力探讨的学科概念、学科话语平台构建，以及构建学科的概念体系和环境软实力研究的学科思路、学科方法、学科蓝图。

对环境软实力展开实践探讨，必须立足现实、着眼问题、解决瓶颈、全面发展。以此为宏观思路，环境软实力实践探讨从整体上展开为两个环节，并贯穿一个基础战略：这两个环节就是从治理走向发展。从治理到发展，必须贯穿实现"民族永续发展"的基础战略，这就是环境软实力教育。

概括上述内容，环境软实力研究的基本思路可简要表述为下图（见下页）：

以此为宏观思路，环境软实力研究可具体落实为如下基本内容：（1）

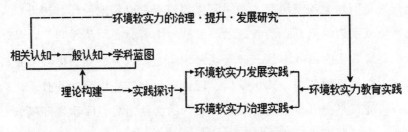

图 8-2　环境软实力研究蓝图

环境软实力的认知基础与理论建设，它需要进行跨越自然科学、社会科学、人文学术的大科际资源整合，并从自然科学、社会科学、人文学术三方面展开广泛的研究，为环境软实力的实践探讨提供广阔的知识论视野，坚实的认知平台，富有创造张力的理论依据、思想和方法资源。（2）环境软实力教育的社会化实施，这是卓有成效地治理和发展环境软实力的主体前提和根本条件。因为治理和发展环境软实力的所有措施和全部努力，都需要社会整体动员，环境软实力教育就是社会整体动员的广泛方式。（3）治理和发展环境软实力的社会条件研究，包括对治理和发展环境软实力的社会目标、国民认知基础、整体动员、伦理引导、政治环境、法律支撑、社会政策、利益共享平台及评价体系、奖惩机制等的系统探讨。（4）治理国家环境软实力的基本任务，包括当前主题、实施重心、实施思路、实施的社会方法等方面的研究；（5）环境软实力的发展研究：发展环境软实力，要以"实现民族永续发展"为最高目标，以创新环境制度及其他相关制度为根本方向，以开辟可持续生存式发展方式为基本进路，以法治环境为社会运行机制，以全面恢复气候、建设生境社会为经济导向。

　3．恢复环境软实力的实践方式

　探讨恢复环境软实力的认知原理　理论研究是为了引导实践，研究环境软实力的根本目的，是引导人们重建环境治理认知和环境治理方式，实施对环境软实力的恢复和提升，努力揭示恢复环境能力、提升环境软实力的自身原理，构成环境软实力研究的前提性工作。

　人类与自然环境，犹如个人与社会那样，是个体与整体的关系。人类活动可以相对某个具体环境因素而发挥作用，静止、孤立地看，这种作用相对整个地球来讲，其影响微小到甚至可以忽略不计。然而，人类以自身之力介入自然界的这些惊天动地的活动对地球以及整个自然环境所产生的在小尺度上可以完全忽略的微小影响因素，又往往被一种神奇的方式聚集性生成为一种强大的大尺度力量导致整个地球环境的衰变，其所遵循的根本自然原理，是层累原理、突变原理和边际效应原理。只有深刻揭示制约环境软实力的这三大原理的内在运作机制，才可为恢复环境能力、提升环境软实力提供正确认知和实践方法。

探讨恢复环境软实力的伦理原则 面对日益恶化的环境状况，探索社会转型发展的生态文明建设、低碳生存方式和可持续生存式发展的努力，都是为了恢复环境能力。当代境遇中，恢复环境能力的根本战略，就是限制人类介入自然的活动，关键是抑制人类向地球索取资源、向自然要财富的过度欲望。所以恢复环境能力必须遵循如下基本伦理原则。

共互原则：恢复环境软实力的奠基原则——共互原则即自然、生命、人合生存在和环境、社会、人共生生存原则[1]，它构成恢复环境能力的奠基原则。

支撑共互原则的本体论认知是：人是世界性存在者，生命是世界性存在者。[2] 这一认知源于对存在事实的抽象概括：在地球上，无论个人、个体生命，还是物种或其他存在者，其存在必以他者存在为前提。比如，你作为个人，既离不开人群，也离不开他人的劳动性服务，更离不开土地、阳光、空气、水。你所喝的那瓶只需付两元钱的矿泉水，却经过了成百甚至上千的人的劳动才送达到你的手上，如果没有这些你根本不认识的人的劳动付出，哪怕你拥有成千上亿的钞票，也买不到一瓶水喝。

共互原则蕴含了四条环境生态学法则：

（1）每一种事物都与别的事物相关。[3]

① 唐代兴：《生境伦理的哲学基础》，上海三联书店 2013 年版，第 85—145 页。
② 唐代兴：《生态理性哲学导论》，北京大学出版社 2005 年版，第 92—96 页。
③ ［美］巴里·康芒纳：《封闭的循环：自然、人和技术》，候文蕙译，吉林人民出版社 2000 年版，第 25 页。

（2）一切事物都必然要有其去向。①

（3）自然界所懂得的是最好的。②

（4）没有免费的午餐。③

第一条环境生态学法则告诉我们：要恢复环境软实力，必须关注事物之间的关联性，即必须充分考虑自然与社会、人与地球生命、城市与农村、荒野与耕地、江河与山岭、树木与花草、走兽与飞禽等等之间的生态关联，必须考虑人、事、物、自然之间的原始关联性。

第二条环境生态学法则告诉我们：要恢复环境软实力，必须尊重自然、尊重事物、尊重生命的本性，并在这种尊重基础上努力以不作为方式让自然、事物、生命按自身本性自在地存在。唯有如此，自然、事物、生命才可获得自我滋养与再生，以及相互滋养与再生。自然、事物、生命以自身本性方式存在的自我滋养与相互滋养的过程，既是环境软实力自恢复过程，也是环境软实力自提升过程。

第三条环境生态学法则告诫我们：自然才是智慧和方法之源。人类的一切，包括文化、文明，以及最让人类所崇拜的科学技术、哲学思想、文学艺术等，其最终源泉是自然。自然所懂得的才是最好的，人类所懂得的要成为最好的，必须是自然所懂得的。自然所懂得的那些智慧与方法，才是最好的智慧和方法，才是真正能够引导我们去恢复环境软实力的最好的智慧和方法。换言之，只有当我们听从了自然的指引，接受自然智慧的点化，我们才可获得恢复环境软实力的最好方法。这种最好的方法就是面对自然，学会虔诚地尊重自然，放弃对自然的太多作为，这就是无为而无不为的环境治理方法。

第四条环境生态学法则告诫我们：自然世界既是有生命、有意志的，

① ［美］巴里·康芒纳：《封闭的循环：自然、人和技术》，候文蕙译，吉林人民出版社2000年版，第31页。

② ［美］巴里·康芒纳：《封闭的循环：自然、人和技术》，候文蕙译，吉林人民出版社2000年版，第32页。

③ ［美］巴里·康芒纳：《封闭的循环：自然、人和技术》，候文蕙译，吉林人民出版社2000年版，第34页。

也是有判断、选择和取舍能力的。正是这种能力才生成自然、地球生命、社会、人之间损荣与共的关系：向自然索取一分资源，就必须为自然回报一份付出；如果你只知索取而不予付出，自然就会给予你一份甚至多份惩罚来作为对你的警示。比如，30多年的跨越式经济发展，我们向自然索取得太多，但我们却对自然缺乏任何担当与维护。因而，自然世界就以诸如霾气候、酸雨、酷热、高寒之类的环境灾难和疫病等方式惩罚我们，使我们一步一步丧失起码的生存条件。面对这种不可逃避的环境悬崖甚至已经出现的局部性环境崩溃状况，要恢复环境软实力，必须牢记"自然界没有免费的午餐"的警示，学会向自然索取任何东西都必须付费，这种付费方式就是环境维护。恢复环境软实力，第一要义是放弃过去那种热衷征服自然、改造环境、掠夺地球资源的方式，学会对自然、地球采取不作为方式善待自然。第二要义是一旦出于不可避免的索取，必须要在索取过程中展开环境维护，这就是付费索取自然，因为"任何在自然系统中主要是因为人为而引起的变化，对那个系统都有可能是有害的。"[1]

唯生命原则：恢复环境软实力的基本原则——从现象看，环境能力衰竭、环境软实力丧失，体现为环境灾害和疫病的全球化和日常化，极端恶劣气候和极端环境灾害的增多与暴虐。但从实质论，则是生物多样性和植物多样性丧失，此双重丧失导致整个地球生态链条破裂或断裂。进一步看，导致生物多样性和植物多样性丧失、地球生态链条破裂或断裂的最终制造者，是人类对地球生命的蔑视以及由此带来的对地球生命的暴虐。要恢复环境软实力，必须学会尊重地球生命，并且应将地球生命与人的生命放在同一个天平上予以平等尊重，这就是唯生命原则，它具体为不伤害原则、不干涉原则、真诚原则和补偿原则。

第一个原则，不伤害原则。这是不伤害自然界一切生命的原则。这一原则的具体实施，是以不作为方式尊重自然界的一切生命和事物，使它们按照自己本性的方式敞开生存。根据这一原则，恢复环境软实力，必须全

---

① ［美］巴里·康芒纳：《封闭的循环：自然、人和技术》，侯文蕙译，吉林人民出版社2000年版，第32页。

面尊重自然界每个生命，除非有特殊理由或不得已的境遇要求，不能任意地伤害地球上的任何生命。并在此基础上，为各种物种生命创造自组织、自生长、自繁殖的条件，以在保证一切物种生命正常生存的前提下，促进自然世界生物多样性的繁殖。

第二个原则，不干涉原则。人类不是造物主，相反，人类是造物主创造的产物。并且，造物主首先创造了万物生命，然后才创造了人。这不仅是宗教的说法，更是生命世界诞生人的基本事实：人首先是动物，然后才进化为人。造物主创造世界生命时赋予每种生命以同样多的自由。在自然世界里，存在即生命，并且生命乃自由。每个物种、每种生命存在都标识了它拥有天赋自由本性。作为后来者的人，同样必须尊重生命自由权利。从存在层面讲，每个生命都是自由的；从生存层面论，每种生命都有追求自由生存的权利。基于这一双重要求，恢复环境软实力必须充分尊重每个生命的自由本性，不干涉它们自由存在和自由繁衍。

第三个原则，真诚原则。我们存在于自然之中，生存在大地之上，赖以存在和生存的一切，都由自然提供，包括智慧、思想、方法，都以自然为源泉。自然给予了我们一切，我们理应心怀敬意，理应感恩，理应真诚地理解自然和地球生命的亲生命性。在这种真诚理解基础上善待自然、善待地球上一切生命，是恢复环境软实力所必须遵循的具体原则。因为环境由生命构成，恢复环境软实力的必要前提就是理解、尊重、敬畏生命；只有真诚地理解、尊重、敬畏生命，才可平等地善待生命；只有平等地善待生命，才可真诚地矫正被物欲所异化了的人性，自我抑制对地球生命的杀戮，使地球生命能以自己的方式休养生息，这是环境软实力得以恢复的必须方式。

第四个原则，补偿原则。存在于自然世界里的人类，因与环境有本原性的亲缘关联和亲生命本性，要求它必然在生存过程中遵循不得已原则，即只有当处于不得已的绝境或孤境之中时，才可有理由伤害地球生命或破坏自然环境，但要尽可能将这种破坏或伤害降低到最低限度。遵守这一基本生存原则，一旦遭遇不得已境遇，被迫破坏了自然环境生态或伤害了地球生命，还须在其后尽可能以自身之力做弥补。唯有这样，自然生态才可恢复自生境功能，地球生命才可恢复多样化活力，人类生存也才可因此重新获得自然环境的柔性滋养，社会存在才可因此而激励与自然共生的创化力量。

第九章 低碳生存的环境资源代际储存

人要健康地存活下去，社会要可持续生存地发展，需要环境提供土壤和条件。环境本身是一种以自生本性为取向的自在存在，它自为地生并促其构成要素（即个体生命）生生存在。环境只有被纳入人和由人组成的社会，作为自存在自生生的环境，才成为一种资源。并且，当环境作为资源时，它构成了国家社会谋求可持续生存发展的基石性、动力性的软实力。社会谋求发展的当代进程中所面临的全部存在危机和生存风险，最终源于环境资源的自生境能力的衰竭。因而，立足未来而节制现实，制定环境资源代际储存这一基本国策，全面探索环境资源代际储存的广泛社会方式，构成国家社会安全存在的前提。

由此，环境资源代际储存构成以生境主义为价值引导、以生境文明为目标的低碳生存和可持续生存式发展方式探索的重要问题。严肃讨论环境资源代际储存，成为必须。但是，要讨论环境资源代际储存，需要先厘清"环境资源""环境软实力""代际储存"这三个概念的内涵，明确三者之间的生成关系，揭示环境资源代际储存的紧迫性和如何有效实施环境资源代际储存的战略思路。

一、核心概念的内生性关系

1."环境资源"概念及释义

"环境资源"是为我们所熟悉的概念，但熟悉的东西并不一定了解。要了解它，需从"资源"概念入手。

从语言学角度讲，任何概念都具有能指与所指的双重功能。能指，是指概念可以指涉哪些内容，它展示概念的功能范围；所指，是指概念的实际指涉对象，它展示概念的功能实现。"资源"概念同样客观地存在着"能指"与"所指"的问题：从能指角度看，"资源"概念相对生命才有意义，它指地球上物种生命得以继续存活的物质条件的总和。由于人是地球物种生命系统中一个种类，所以在特指意义上，所谓"资源"，乃指人类得以继续存活或更好存活的全部条件，这些条件既包括自然为其提供的，比如阳光、空气、气候、雨水、土地、森林、草原、江河湖泊、动植物以及微生物、地下矿藏等；也包括人为制造或创造出来的东西，前者如器械、工具、商品等，后者如文化、知识、思想、技艺、方法等。"资源"概念的能指性，揭示资源之所以成为资源，在于它必须与生命或人构成一种生存关系，并且这种生存关系必以"用"为依据，即生命或人"用"之，它才成为资源，不用，即使存在，也不是资源。从所指角度看，能够成为资源的"东西"一定是"可用"和"必用"的"东西"，即这些"东西"必定发挥"用"的功能而被人所用。所以，在所指层面，"资源"概念的功能实现表现为分类学运用，大而划之，资源可分为三类：A. 自然生长的资源，即自然资源；B. 人力制造的资源，即社会资源；C. 为前二者提供生产或制造的土壤、条件的资源，即环境资源。

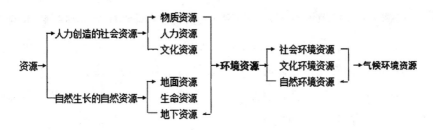

图 9-1 环境资源的完整构成

如上简图，首先揭示资源与环境之间的关系，这种关系既是内在的、内容的、本质的，也是外在的、形式的、现象的。仅前者论，资源既具自生性，也具他生性。这主要体现在两个方面：首先，资源的自生性是指资源具有自生成、自生长、自繁殖的内生能力；其次，任何形式的资源，无论自然资源、社会资源，或是环境资源，其生成、生长、繁殖或衰竭、枯萎、消亡，都与他者关联，都要受他者影响。这是因为所有形态的资源都在关系中生成和展开，离开己与他者（或个体或整体）之间所缔造的关系，进一步讲，离开了"用"与"能用"和"必用"与"所用"的关系，任何东西都不构成"资源"。仅后者论，任何存在物之成为"用"物的功能的实现，都有待于人（在更广阔意义上是地球上的"生命"）对它的实实在在的"使用"，所以，相对"使用"的主体来讲，一切形式的资源都是外在的、形式的和现象的。

如上仅是在一般意义上而论的，在特殊的指涉范围内，一切形式的人造的物质资源，都仅具有生他性，而缺少内生功能。

其次，环境资源是资源的具体类型，如上简图为我们更好地理解环境资源提供了直观把握方式。

首先，环境资源是一种综合性资源形态，它对自然生长的自然资源和人力创造的社会资源具有整合功能。并且，环境资源对自然资源和社会资源的整合，是以整体方式实现的。也就是说，在两相比较的具体语境或者说框架下，凡是以**具体**形式呈现的资源，就是自然资源或社会资源；反之，凡是以**整体**形式或**整合**形式呈现的资源，就是环境资源。

其次，环境资源的基本功能，就是为自然资源或社会资源提供生的土壤、条件。在这个世界上，能够成为资源的东西，不仅有"用"和"被用"的功能，首先在于它是存在物，并且作为存在物一定要敞开生存。所以，它必须具有"生"性，并获得"生"的功能。概括地讲，作为资源的"东西"，有使自身存在和敞开生存的功能，这就是资源的内"生"功能或者说自生功能；当它被（生命或人）所"用"时，它就发挥出生他功能，亦称之为外在功能。自然资源和社会资源的"生"性旺盛并能充分释放生他的功能，则需要环境资源为其提供滋生的土壤和催化力量。从另一方面讲，环境资源要对自然资源或社会资源发挥如上两个方面的功能，则需要它本身具有很强的自生和生他的力量，而且这种自生和生他的强力一定是整体的和整合的。

最后，环境资源作为资源的整合形式，它本身具有分类学形态。自然环境资源和社会环境资源是其基本形态：前者是对自然资源的整体呈现形式；后者是对社会资源的整体呈现形式。比如，江河水是自然资源，这条江或那条河的状况如何，由其江河流域的实际状况所决定，因而，决定这一江河水状况的江河流域状况，构成了这一江河水的环境资源。又比如，美德是一种构建和保持良好生活秩序和心灵秩序的社会资源，但老人跌倒无人扶助等现象的普遍化，则表明行美德的社会环境资源呈枯竭状况。

自然环境资源与社会环境资源，二者能够获得内在关联性，有赖于文化环境资源为其提供创发力和凝聚力。并且，自然环境资源与社会环境资源之间还需要具备外在功能上的协同性，这种协同功能的发挥有赖于气候环境资源：气候环境资源构成自然环境资源和社会环境资源功能发挥的整合方式。

2. "环境软实力"的生成性

环境软实力概念的生成 "环境软实力"是一个新概念，运用这个新概念可以从功能发挥方式角度重新审视"环境资源"，从而发现"环境资源"独特的自生与生他方式。

概括上节所述内容，第一，环境资源是资源的整体形式，或可说是具体资源的环境形态，为表述方便，我们将这种构成具体资源的环境形态的"环境资源"，简称为"环境"，与个体的"资源"概念相对应。第二，作为具体与整体相对应的资源和环境，都相对人和生命才有意义，或者说只有当生命、人与它们构成实际体用关系时，才彰显价值，并滋生意义。第三，无论从自身存在和生存方面论，还是从"用"和"被用"角度讲，资源与环境，既是具体与整体的关系——资源是具体，环境是整体；又是体用关系。并且资源与环境互为体用：从资源角度观，资源是体，环境是用；但从环境观，环境是体，资源是用。这种互为本体的体用关系，既源于资源始终以环境为整体条件、土壤和动力，也源于资源最终以具体的生存敞开达向整体，实现对环境的生成功能。第四，生成构建资源与环境形成互为体用关系的主体性条件，恰恰是生命和人：自然资源的体用化，源于生命，包括人这个生命；社会资源的体用化，源于人。生命和人，既是资源和环境的主体条件，也是资源与环境的构成内容。

从环境角度观，作为整体的环境，其构成的核心因素不是物质范畴的各具体形态的资源，而是地球生命和人。从本质讲，作为整体的环境，最终相对生命和人而论：相对生命论，环境就是自然世界，它包括地球和宇宙，当然还有将地球和宇宙贯通起来的气候周期性运行以及这种运行所展示出来的阴晴圆缺和风调雨顺；相对人论，环境就是制度社会，简称为社会，它包括物质与文化、政治和经济，将此贯穿使之构成整体运作的是思想和情感。

生命与人，从现象学角度大而划之，二者是两分的，各不相属；但从本质论，二者相互交叉和重合，因为人也是生命，并且人首先是生命，然后才成为人。人的这一双重性，使环境获得了交叉性：人既存在于自然之中，与地球生命同在一个地球上，共享一个宇宙；同时也将宇宙、地球以及地球上的生命带入人的制度社会，人的制度社会与自然世界发生交叉，人与地球生命的存在敞开也发生交叉。

人与地球生命互涵、社会与自然共生，这是最真实的和本原意义的环境资源，简称环境。换言之，人与生命互涵、社会与自然共生所**敞开的那种状态**，就是环境。由此不难看出，环境不仅是整体的，而且是复合的；不仅是具体的资源融合体，而且是人与生命、自然与社会互涵与共生体。所以，在本原意义上，环境的生命化呈现为三个方面。第一，环境自身的"生"性本质表征为它始终具有自组织、自创构的自生潜能与运作力量。第二，环境具有亲生命性取向。因为生命和人才是环境的构成主体，生命和人的天赋的内在规定和外化表达，就是亲生命性。亲生命性既是"人类关注其他生命形式并期望融入自然生命系统的天性"[①]，也是大到宇宙和地球，具体到物种及个体生命本能地敞开对他者的要求性。第三，环境具有生他的功能，这是环境之成为环境的存在论规定：环境如果没有生他的

---

① ［美］爱德华·威尔逊：《生命的未来》，陈家宽等译，上海人民出版社 2005 年版，第222 页。

功能，就丧失了它自身。

环境的自"生"性本质、亲生命朝向和生他功能，此三者构成自身生境化。在本原意义上，环境始终是自生境化取向的。

"生境"与"死境"这两相对立的概念，始终相对"环境"才有意义。环境自生境化取向，表明环境的**原生**状态是生境化的；环境死境化取向，意为环境是逆生态化的。由此表明，环境死境化取向不是环境本身所意愿的，它是外在力量对环境的扭曲。环境在本原上的生境取向，源于环境本身是由具体的资源、物种生命、人构成的整体存在形式。环境的这一独特构成，使它获得了自生性、亲生命性和生他性，并构成环境的自生成、自生长、自繁殖能力。这种能力向内凝聚，就形成环境自组织、自调节、自修复；向外释放，就形成环境生他功能和环境与他者共生互生功能。概括地讲，环境是以共互关联的方式和亲生命的柔性方式发挥自生和生他功能的。比如，一棵树，可以遮一片天空，遮挡酷烈的阳光或风雨；然而，一片树林或森林，不仅其中的树与树相互关联，而且其整体也与周边的山水、江河、农田、人口、牲畜等关联起来，影响气候、形成气候，影响周边地区生命存在和人的生存。但是，这一切影响，都不是以一种刚性的、直接的、剧烈的方式发生作用，而是以一种关联的、柔性的、间接的方式发生作用。自然环境是这样，社会环境亦是如此。比如，在政令畅通情况下，政策实施往往是刚性的，但政策实施后所产生的效应却变成了环境的构成内容，它所发挥出来的边际功能却是柔性的、间接的，往往不为人们所注意到。举个实例，缴纳个人所得税，这既是制度，也是法律，它呈现刚性特征。在全面人道和完全平等的制度和普遍公正的法律规范引导下，公民成为纳税人，纳税成为体现公民意志和意愿的主动、自觉行为。但在我国，让人们主动、自觉地纳税，可能推行起来较难。于是，为了求简便，政府采取单位代为扣税的方式来促进公民担当和实现纳税的责任。这背后就涉及不同的纳税环境问题。一个国家的纳税环境，由许多因素构成一个复杂系统，但其中有一个很重要的因素，就是以制度和法律方式制定和实施严格的纳税奖罚制度：逃税则重罚，纳税则奖励，这种奖励方式就是返还制度，即将退休金、养老金的多少以及子女读大学可以减免多少学费等等福利联系起来，纳税多，对社会贡献大，其退休金、养老金就多，反之，则愈少。中国人主动纳税意识淡漠，这背后就是我们所存在于其中的社会环境，不构成对公民主动纳税的激励因素，具体地讲，当市场为强权所垄断的状况下，偷税漏税成本低，依法纳税成本高的关联方式，构成一种促使个体消极对待纳税的柔性方式。社会环境的这种关联的和柔性的消极功能的发挥，往往迫使政府要花很大力气来应付，才可改变这种柔性的和关联的环境力量。由此，我们也可以发现，环境往往具有独立性，环境能力的释放、环境功能的发挥，往往是无声息的，但它对社会、对人的柔性影响力却异常强大，而且持久。

环境发挥自生和生他功能的这一独特关联性的柔性方式，一旦为我们所发现，就会因它的这一独特功能发挥方式被概括为"环境软实力"。

环境软实力的构成　所谓"环境软实力"，就是环境自组织、自繁殖、自调节、自修复的自生境能力。由于环境总是由特定的社会和人所享有，由此形成环境既获得地域性质，也获得国家定位。从国家角度观，环境软实力是指一个国家的硬实力和软实力得以解构或建构的深厚土壤、关联条件、柔性工作平台。比如，一个国家的人口基数，是具体的硬实力。一国人口基数的大小，却形成了社会需求取向度、深广度、欲望度等等的独特性，并且这种由人口基数所生成的独特的需求取向度、深广度和欲望度，恰恰又与各种社会因素，比如国土面积、生存空间、资源条件、分配方式、社会制度尤其福利制度等发生关联，形成一种整体性的柔性力量，即环境软实力，影响社会变革或发展的方向，更影响社会的进程，当然包括影响经济政策、政治创新、国民教育等。再比如，国民教育能力，这是国家能力的基础能力、动力能力。但是，不同政治要求、法律规范和价值导向的国民教育，所形成的实际的国民教育能力状况可能会完全不同。国民教育能力相对一个国家的经济水平、科技实力、军事力量、人口基数等硬实力来讲，它是软实力。但国民教育能力这种软实力，既受一国之社会环境软实力的制约或激励，又是一国之社会环境软实力的构成要素，并最终融进国家的社会环境软实力之中，不仅反过来影响国家的民国教育能力的增强或弱化，也影响国家的科技实力、国民素质，甚至影响国家的制度活力和国家战略。

以国家为基本单位，环境软实力的基本构成要素有二：

一是自然环境软实力，它由地球环境软实力、生物圈环境软实力、气候环境软实力三大宏观要素构成。其中，地球环境软实力状况主要体现在三个方面：一是地球承载力状况；二是大地植被覆盖率；三是地球自净化力程度。地球生物圈环境软实力状况，主要从三个方面得到呈现：一是地球生物的多样性程度；二是荒野面积；三是湿地面积。气候环境软实力状况亦体现三个方面：一是气候变化的周期性状况；二是大气环流波动频率；三是降雨的时令性程度。

二是其社会环境软实力，它主要由五大要素构成：第一是制度环境软实力，包括政治制度、经济制度、法律制度、劳动分配制度、社会福利制度、教育制度、家庭婚姻制度等软实力要素整合生成的整体性倾向、状态，以及这种倾向、状态所释放出来的整体力量。第二是政策环境软实力，一国之政策的出台和实施获得多大程度的软实力功能，主要取决于四个因素：首先，它是否体现普遍的人性要求和人人生存、自由、幸福的想望；其次，它是否符合国家的人权宪法并完全接受国家实体法的规范；再次，政策与政策之间的连续性程度；最后，政策实施实际体现出来的人道、平等、公正程度。此四者的整合状态及功能释放，就是政策环境软实力。第三是政府环境软实力，它由政府行为和政府作为或不作为等因素整合构成：政府行为表征为政府作为或不作为。政府作为，必然产生硬实力效果，但不一定产生软实力效果。在实际的国家治理过程中，并不是政府事事作为，就是好的；也不是政府不作为，就是坏的。政府作为或不作为，能否释放相应的软实力功能，以及能否释放出多大程度的软实力功能，取决于政府作为或不作为的行为体现多大程度的无私性，因为无私，才诚，才信，才有普遍的人道、平等和公正，而这些才是政府公信力的来源。换言之，政府软实力就是政府（作为或不作为的）行为所体现出来的公信力、人性力量、道德力量。政府为国民所信服、尊崇和维护，是因为政府作为或不作为释放出来的普遍人性光辉、公信力量和道德榜样的整合倾向，给予了国民以存在的希望和生活自由的富足和做人尊严感。所以，政府在一个缺乏公信力的社会环境里，很难发挥最大功能；反之，在一个公信力四溢的社会环境里，政府的任何（作为或不作为的）行为，都可发挥出巨大的环境软实力功能。第四，公民社会环境软实力。一个国家具备公民社会的实质要件和形式要件的完备程度，决定公民社会环境软实力的有无或强弱。公民社会环境软实力功能发挥的基本指标有五：其一，社会有个人，具体地讲，就是社会关心个人，社会为个人提供生存、自由、幸福及其能平等发展的公正平台。其二，个人有社会，具体地讲就是个人关心社会，个人将社会的良序存在作为自己生存发展的必备环境与舞台。其三，小政府大社会，即政府只做社会不能做的事情，凡是社会能做的事情都不能由政府去包办。小政府大社会是最节约社会成本的社会，也是最节约资源成本的政府，而且是更人道和更具有道德感召力的政府。所以，在"小政府、大社会"框架下的政府，是最具道德水准、公信力和榜样力量的政府。其四，责任社会，即每个公民都能自觉担当公民的社会责任，因而，责任诉求构成公民社会环境软实力的内在动力。其五，教育环境软实力，这里的教育环境包括国家范围内的家庭教育环境、学校教育环境、社会教育环境、个人教育环境，这四种教育环境形成的整合力量，就是教育环境软实力，它的内在灵魂是普遍人性要求和生境主义，而不是强权控制或谎言欺骗。唯有如此，教育环境软实力所发挥出来的柔性功能，构成一个国家谋求生存发展的原动力土壤：教育是国家生存发展的原动力，而教育环境软实力则构成这个国家生存发展所需的原动力得以生生不息的输送的源泉和土壤。

将一国的自然环境软实力和社会环境软实力统合起来，使之发挥整体动力功能的是国家的文化环境软实力。一个国家的文化环境软实力生成构建及功能发挥取向，主要取决于如下七个因素的整合作功：一是这个国家对自然力、自然环境以及对自然资源的基本认知和看待，对土地、对地球生存状况的关怀意识和关怀程度；二是对国家制度、对制度框架下的政治理想、政治实践、政治方法的关心程度，辨别、判断能力和认同、支持程度；三是对法律制度、法律实施的认同、支持及自觉遵守程度，以及法律的普适性程度和对普适性法律的敬畏和捍卫程度，对非普适性法律及司法方式的反思能力、变革能力的强弱程度；四是国家教育对自然、生命和人性的遵从程度，社会公众、公民对国家教育的参与程度，以及对国家教育的引导、矫正力量的强弱程度；五是文学艺术繁荣的普遍性和开放性程度；六是哲学创造的时代性、本土化和世界化程度；七是传统和民俗的当代释放功能方式和释放功能强弱的程度。

3. 何谓"环境资源代际储存"

从资源角度看，环境软实力既是对资源的整合形态，也是一种具体资源，或可说是一种整体性资源。环境软实力作为一种整体性资源形态，既可能是自然资源，也可能是社会资源，又可能是文化资源。所以，环境软实力的全称应该是"环境资源软实力"。

其一，资源在"能用"和"被用"中体现价值、创造价值、实现价值，环境软实力亦是在"能用"和"被用"中创造价值、实现价值、张扬价值。其二，资源的"能用"与"被用"始终相对生命和人才有实际意义，环境软实力的"能用"和"被用"也是如此。其三，资源的"能用"和"被用"涉及两个方面，即限度和时空问题，环境软实力也是如此。

首先，任何形态的资源，一旦纳入"用"的过程，其"能用"和"被用"始终呈现出最终的极限，没有哪种资源具有"用"的无限度性。洛克为近代社会所构建的"资源无限论"，最终不过是一种主观的想象和虚假的预设。它是制造出今天的世界风险和全球生态灾难的观念源泉。环境软实力亦具有"用"的限度性，因为环境软实力始终是具体的资源要素的整合状态和整体表达。

更重要的是，资源的"用"始终在某种不能明确的限度范围内才可获得生的功能。这种不能明确的限度范围，就是资源——比如一棵树、一匹马、一条江河水等等——本身的自生境能力，即资源的自生成、自生长、自繁殖能力构成了资源在"用"的过程中的限度标志：当其"用"超过了该资源的自生境能力，那么该资源就处于不能再生的自消耗状况，最后变成完全的负熵。反之，资源的"被用"始终在自生境能力的范围内，那么，该资源就始终处于自生成、自生长、自繁殖的生境状态中，成为最具有再生活力的资源。

资源的自生境能力所形成的对"用"的限度性，从根本上反驳了两种物理观念：一是已形成强大传统的牛顿观念，即物质运动、能量守恒观念，这种观念导致了近代以来工业化、城市化、现代化进程中的"资源无限论"谬论，并且正是这种"资源无限论"谬论才构成"只发展不治理"或"先发展后治理"的认知依据，才形成不讲条件、不讲时空、不讲限制的"发展才是硬道理"的社会观念。二是现代的热力学第二定律，即物质运动始终向不可逆的负熵方向展开，在"用"的状态下，死寂是世界的必然。这种观念同样是荒谬的，因为它与牛顿观念一样，把自然世界、把资源看成纯粹"被用"的东西，它没有自生能力。这两种观念都违背了资源、环境本身的自生性存在事实，即无论具体的资源，还是整体的环境，它们都具有自生成、自生长、自繁殖的自生境能力，只有当某种或某些外在于它们的力量无限度地"使用"它们时，它们才因此丧失自生境功能而趋于死寂或死亡。

其次，任何资源的自生境能力都不是抽象的、空洞的，它必须在具体的时空中展开自生境能力。并且，任何资源从"能用"到"被用"都需要以时空为保障，都须在特定的时空中敞开。这两个方面的自身规定，使资源获得从"能用"到"被用"的限度性，并且这种限度性最终要通过时空来标识。比如，人工制作的物件、产品，没有自生功能，它的使用寿命的长短取决于两个因素：一是取决于制作的精良度；二是取决于使用频率。如果一个制作精良的电视机，本可以使用十年，但如果开机后不停止地使用，结果因高度磨损而使其在一年之内丧失"用"的功能。与由人工制作且无自生功能的物件、产品不同，具有自生能力的自然资源、环境资源以及文化资源等，它们"被用"的限度，是它能否"生"的边界。换言之，资源在"用"的框架下，其自"生"的能力取决于"被用"的限度性。比如长江和黄河，它们作为中国两条最大的和具有极强自生能力的大江，今天却呈现出巨大的"生"的危机，这是经历长期的尤其近几十年来对它们的过度开发利用而累积形成的自生能力不断弱化的体现。

由于资源具有"用"的限度性和时空规定性，才使资源储存变得重要、根本和可能。

资源的储存古已有之：在遥远的上古时代，人类先祖们冒着生命危险捕猎谋求生存，当捕猎得来的食物满足了当下生存之后还有剩余，从这时开始，储存意识和观念就萌生了，这就是对剩余食物的保管与看护，以备不时之需。后来，定居生活和耕种生产方式，使生存所需要的资源大量剩余而产生财富，萌生私有观念，催生国家和私有制的产生。社会性的储备观念形成，即无论国家或是家庭，都有了储备观念，形成储备能力，进行粮食、蔬菜、衣物、财富等的储存。后来，有了金融业，发展到以黄金、白银、货币为媒介的储存。于是，储存的重心已不是在有生之年防备明天之需，而是跨越生之界限而获得代际性，使储存产生了代内与代际之分。

客观地讲，无论是代内储存还是代际储存，都不是一种新观念，新做法，而是在人类从动物向人迈进的进化历程中，其人质意识的觉悟和提升而形成的一种普遍盛行的老观念、老做法。比如，"养儿防老"，这是代内储存；建功立业，封妻荫子，造福子孙，这就是代际储存。所以，无论代内储存或是代际储存，作为一种老观念、老做法，都是从家庭和国家两个层面本能地生成，本能地运用，并且这种储存观念、储存方式和方法又伴随着文明上升、社会进步、科技教育文化发展、经济繁荣而不断地发展。这种本能的运用与发展储存的观念和方法，一旦伴随人类进入当代进程中，它就作为一个全新的问题成为实践理性的研究对象，由此形成明确的"代内储存"和"代际储存"概念。并且，在这种实践理性呈现的过程中，"代际储存"问题将引发更多的关注，这是因为近代以来的工业化、城市化、现代化进程，使人们的欲望无限度地膨胀，满足欲望的各种资源不断丧失自生境能力而日现枯竭，生存的不安全意识普遍化，一方面形成了代内储存意识、观念和实践的升级；另一个方面代际储存的危机意识更是迅速滋生，由此使"代际储存"问题不断社会化。

"代际储存"虽然是老观念、老方法，它伴随代内储存一路走来，普遍而深入人心。直到今天，代际储存也如同代内储存一样，在民众的日常生活中以及在执政者的意识里，仍然是以物质、财富、资本、金钱为储存的基本内容。自然资源、物质财富之外的社会资源以及整合自然资源和社会资源的环境资源，并没有进入人们的储存意识构成代内和代际储存的基本内容。1866 年，德国生物学家厄恩斯特·赫克尔提出"生态学"（Oecologie）这一概念，是从 economy 这个古老的词中发现 Oikos 这一希腊文词根而得来，具体地讲，Oecologie 概念是从 Oikos 这个词派生出来的。Oikos 一词是指家庭中的家务及日常生活中的活动与管理。因为在近代政治经济学思想没有产生之前，人们习惯于把对一个国家的经济事务看成是管家预算和食物贮藏室的扩大。赫克尔使用 Oecologie 这个词时，亦是沿袭这一思路赋予它相类似的含义：地球上活的有机物构成了一个单一的经济统一体，组合成为一个家族或亲密的家庭；地球有机物就生存在地球这个大家庭里，它们之间存在着冲突，但同时也在互相帮助。赫克尔所提出的"生态学"观念里面，实际上包含了自然资源和环境资源的代际储存意识，但很可惜，20 世纪 60 年代形成并迅速发展扩张的生态学，并没有很好地挖掘这一蕴含其中的代际储存思想。直到今天，自然世界和人类世界普遍出现生境危机的状况下，环境资源代际储存问题才被突显出来引发理性认知上的关注和学理上的探讨。

概括地讲，代际储存问题既涉及代内储存问题，更涉及人类生活方方面面，内容丰富复杂，而且相互交叉、相互生成。首先看前者，代内资源储存，主要是物质层面的，它所要解决的是当代人的可持续生存和发展问题；与此不同，代际资源储存既包括物质方面的内容，比如资本、金钱、产品资源等，也包括文化、教育、思想、艺术、制度等方面的资源储存，更包括自然资源和环境资源方面的储存。仅从后者看，对代际储存的众多资源内容可以归纳概括为如下类型体系：

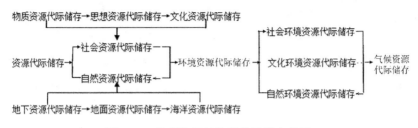

图 9-2　资源和环境资源代际储存类型

二、环境资源代际储存实施

1. 环境资源代际储存定位

任何一个家庭，当然包括任何一个国家，都必须考虑资源储存问题。资源储存之于任何家庭、任何机构以及任何国家而言，都必须同时展开两个维度，即资源的代内储存和资源的代际储存。比较论之，在人口少、物质需求相对有限的农牧时代，以及工业文明前期，人们更多地关注资源代内储存，因为当时的资源使用和消耗并不呈现枯竭状况的生存境遇，资源使用对后代生存并不造成影响，因而，其代际储存意识相对淡薄。在全面甚至加速推进工业化、城市化、现代化及向后工业化、后城市化、后现代化挺进进程中，人口基数越来越大、物质欲求被全面激活，生产成本越来越高，资源危机、环境危机、生态危机越来越普遍，在这种生存境遇中，资源代际储存问题比代内储存更严重，因为它从根本上涉及未来生存的基本条件能否得到保障，更涉及民族国家能否具备"安全生存和永续发展"的基本条件。

在资源代际储存中，最重要、最根本的内容，是环境资源的代际储存。因为环境资源是资源的母体、土壤和整体条件。从根本讲，资源再生能力的有无与强弱，取决于作为整体的环境资源自生能力和生他能力的强弱。比如，生物多样性状况并不取决于生物本身，而是取决于作为整体的生物圈状况；作为整体的生物圈状况，又取决于气候环境状况和整个地球承载力以及地球表面的自净化能力状况。社会亦是如此，比如政府公信力如何，当然需要政府的实际作为，但是，政府作为的有无与大小，以及政府作为能否产生相应的良好效应，需要一种良好的社会环境资源力量的滋养、引导和激励。比如，更为人性化的、体现普遍平等、公正、人道价值诉求的良好制度环境资源以及公民社会环境资源等，才是政府作为创造公信力的土壤、平台、源泉。

客观地讲，当我们将环境资源纳入代际储存范围作为考量对象时，则会发现，在社会环境资源、文化环境资源、自然环境资源这三大类中，最需要进行代际储存的是自然环境资源。

首先，自然环境资源代际储存构成一切的基础。恩格斯曾经指出："事实上，我们一天天地学会更正确地理解自然规律，学会认识我们对自然界的习常过程所作的干预所引起的较近或较远的后果。特别自本世纪自然科学大踏步前进以来，我们越来越有可能学会认识并因而控制那些至少是由我们的最常见的生产行为所引起的较远的自然后果。但是这种事情发生得越多，人们就越是不仅再次地感到，而且也认识到自身和自然界的一体性，而那种关于精神和物质、人类和自然、灵魂和肉体之间的对立的荒谬的、反自然的观点，也就越不可能成立了，这种观点自从古代衰落以后出现在欧洲并在基督教中取得最高度的发展。"[1] 自然环境资源既是所有资源储存的基础内容，也是所有自然资源储存的基础内容，更是所有资源代际储存的基础内容。因为，第一，人来源于自然，最终需要以自然环境为存在土壤、生存前提，自然环境构成了人存在和生存的基础。第二，人类社会的建立，是以自然社会为土壤、为条件的，自然环境构成了人类社会产生与继续存在的基础。第三，人类存在和生存所需要的一切自然资源、物质资源甚至是文化思想资源，都源于自然，哪怕是科学、技术、思想、方法、艺术等智慧，都蕴含在自然世界、自然事物、自然环境之中，从最终意义讲，人类的伟大，不在于"创造"，而是不断发现了自然世界、自然事物、自然环境本身的律令、法则、原理、规律及所蕴含的深刻智

---

① 《马克思恩格斯选集》第 4 卷，人民出版 1995 年版，第 384 页。

慧，然后将这些发现予以有序提炼、展示和目的性、个性化运用。

其次，进行自然环境资源代际储存，这是从根本上消除当前存在风险和生存危机，顺利实现社会转型发展的基本国策和基础战略。客观地看，当前所面临的最大存在风险和生存危机，是气候失律、污染社会化、地球承载力弱化、自然自净化功能衰竭，所有这一切直接影响到存在安全和生存可持续。更具体地讲，如上存在风险和生存危机不仅直接制约市场发展和社会经济繁荣，更直接影响社会稳定和政治安全。试想，要应付连续不断的灾害与疫病，其行为本身就是在源源不断地耗去社会经济发展所创造的大量财富，比如要彻底治理正在嗜掠的霾气候，将要耗费多少社会财富，有谁能计算出来？更重要的是，连续不断的灾害和疫病一旦得不到根治，其层层积累所形成的巨大破坏性能量，有可能带来各种巨大的国家安全隐患并制造出各种意想不到的政治不稳定因素，人类历史上许多文明的消亡、不少朝代的更替，都源发于此。然而，要从根本上改变这一切，必须恢复地球承载力和自然自净化功能。要做到这些，改变自然环境资源状况，使其重获自生和生他的生境功能，既是基础，更是前提。

2. 环境资源代际储存实施

党的十八大报告提出"大力推进态文明建设……实现中华民族永续发展"①，最终必须落实在自然环境资源的代际储存上：实施自然环境资源代际储存，是为了实现民族国家的永续存在、永续生存和永续发展。

生存与发展，永远是一对矛盾体：无限度地谋求发展，必然会损害生存；追求可持续生存，必须要限制发展，实现**有限度**地发展。为了民族国家的永续存在、永续生存和永续发展之根本目的，实施自然环境资源代际储存，必然构成当前指向未来的基本国策。实施这一国策的首要前提，需要反思"发展才是硬道理"的片面发展观，重建"生存才是硬道理"的发展观。无可否认，在农业文明向工业文明迈进的起步阶段，强调发展就是一切，用"发展才是硬道理"的思想来冲破惰性的生存观和一切向后看的认知模式，是必要的，并且在特定的境遇下也是必须的。但当工业化、城

---

① 《十八大报告辅导读本》，人民出版社 2012 年版，第 39 页。

市化、现代化进入到使地球存在、自然生存滑向死境方向，并在事实上影响到人类安全存在，使人类可持续生存的基本条件迅速丧失（比如嗜掠的霾气候，就使我们丧失呼吸清洁空气这一最低生存条件）的状况下，就必须调整这种发展观，因为"发展才是硬道理"的发展观，既是一种欲望主义发展观，也是一种无限度的发展观，这种发展观无限度地激活和放大了人的物质主义、消费主义和享乐主义欲望，使政治、经济脱离**国家善业**的轨道，无视自然法则，无视生命原理，更无视限度存在和限度生存的生境逻辑，强调人定胜天，强调经济可以解决一切存在问题和生存问题。并且已有的发展历程证实了"发展才是硬道理"这一发展观一旦被推向绝对，必然铸就一种"先发展后治理"或"只发展不治理"的环境观。今天的污染问题、霾气候问题、酸雨问题，以及诸多积压的城市环境难题和农村环境困境，都源于这种"先发展后治理"或"只发展不治理"的环境观。与此相反，"生存才是硬道理"的发展观，是一种限度发展观，更准确地讲，它是一种以可持续生存为引导和规范的发展观，这种发展观就是党的十八大报告中所讲的"永续发展"的发展观，这种"永续发展"的发展观将环境的生境维护和环境的自生境能力保持、提升作为衡量发展的根本指标，将自然、地球生物圈、人、社会四者共生互生的可持续生存作为发展的真正目的。马克思指出："不以伟大的自然规律为依据的人类计划，只会带来灾难。"① 因为"自然规律是根本不能取消的。在不同的历史条件下能够发生变化的，只是这些规律借以实现的形式。"② 自然的规律，就是个体与整体、物种与物种、生命与生命的共在互存、共生互生，就是个体与整体、物种与物种、生命与生命，当然也包括人与自然、地球与社会之间的限度生存。从根本讲，不讲条件、不讲限制、不计生态学后果的发展观，违背了这一自然规律，给人类带来了数不清的环境灾难和生存危机，这正如恩格斯所警告那样："我们不要过分陶醉于我们人类对自然界的胜利，对于每一次这样的胜利，自然界都对我们进行报复。每一次胜利，起

---

① 《马克思恩格斯全集》第31卷，人民出版社1972年版，第251页。
② 《马克思恩格斯全集》第32卷，人民出版社1974年版，第541页。

初确实取得了我们预期的结果，但是往后和再往后却发生完全不同的、出乎预料的影响，常常把最初的结果又消除了。……因此，我们每走一步都要记住：我们统治自然界，决不像征服者统治异族人那样，决不是像站在自然界之外的人似的，——相反地，我们连同我们的肉、血和头脑都是属于自然界和存在于自然界之中的；我们对自然界的全部统治力量，就在于我们比其他一切生物强，能够认识和正确运用自然规律。"① 相反，"生存才是硬道理"的发展观，是遵循如上自然规律的发展观。要化解当代存在风险和生存危机，必须进行环境资源代际储存；要卓有成效地展开环境资源代际储存，确立"生存才是硬道理"的发展观是认知前提。

其次，展开环境资源代际储存，必须要将"生存才是硬道理"的发展观落实为可持续生存式发展。探索可持续生存式发展的社会方式，可从不同领域和方面展开，择其主要者有四：

其一，应从整体上调整生态文明建设战略。首先，调整经济建设带动生态文明建设的实际操作模式，以生态文明建设为主导方向，带动经济建设、社会建设、政治建设以及其他方面的建设。其次，生态文明建设应以全面恢复地球承载力和自净化功能为核心任务。为此必须坚决打击、控制和消解地方主义、本位主义，实施全面产业升级和产业转移，制定严格时间表，淘汰、关闭所有高污染、高碳排放、高耗能产业和企业。

其二，探索社会整体动员的低碳化生产方式、消费方式和生活方式。这可具体落实到诸如为降低城市污染，大力发展城市公共交通体系，鼓励出行乘坐公共交通工具或步行，缩短北方供暖时间，限制甚至取消一次性产品生产与消费，以法律制度方式简化产品包装等社会措施，既可在全社会范围内杜绝巨大资源浪费，也可全面降低碳排放。因为，今天的高污染、高碳排放和高耗能，一方面由低技术造成，另一方面由高浪费造成。

其三，采取政策、法律、舆论、道德、经济以及完善或新建制度等综合方式，全面倡导、鼓励、引导、奖励厉行节约，构建简朴生活方式。

其四，放缓农村的城市化速度，一则让城市有时间进行自我消化；二

---

① 《马克思恩格斯选集》第 4 卷，人民出版社 1995 年版，第 383—384 页。

则可以此重新设计和建设农村，从根本上解决城市发展拥挤不堪与农村空巢化所带来的诸多层层积压和重叠性的社会问题。

放缓城市化速度，亦可采取许多积极措施。比如，暂缓推行"城乡一体化"发展战略，终止大中城市规模发展，促进大中城市转向功能建设，提升城市水平和对市场、科技、文化、教育的引导功能，全面提升大中城市向周边区域和农村的服务功能、导向功能。与此同时，大力发展县城和镇城，即以一县之县城为中枢，选择县域内具有带动功能的若干乡镇政府所在地，有规划地建设镇城，使之构成以县城为中枢的城镇网络通道和共享的发展平台，展开与大中城市的横向交流与共互建设。

其五，以大中城市的导向发展为指南，以有规划地发展县城和镇城的功能为动力，带动农村发展，全面发展农业和农资工业。在发展以农林牧副渔等农产品为基本原料的农村工业的同时，有限度地压缩地膜高温农业、渔业和畜牧业，创造条件大力发展绿色农业，这是保持水土、净化空气、降低污染、实现低碳社会的重要方式，也是实现土地耕作有机化的根本方式，更是有效实施自然环境资源代际储存的广泛社会方法。

第十章 低碳生存的绿色生活方式

自改革开放以来，30多年的快速经济发展，意外地造成了国域内环境生境的整体性破坏，这种整体性破坏的立体呈现形态，就是霾污染和由霾污染扩散所形成的霾气候。所谓霾气候，就是无限度扩散的笼罩于国域上空常驻不散的霾污染。霾污染的扩散，霾气候的形成，表明人宜居的最低生存条件真正丧失了。人宜居的最低生存条件有三，即清洁的空气、无污染的水和有机化的土壤。今天，空气、水体、土壤，都是高污染化的，面对宜居的最低生存条件丧失的环境状况，自救的根本之方，就是探索表本兼治的治理污染的社会方式，这一社会方式展开为两个维度，即社会化的减排化污和社会化的节俭生存方式。相对地讲，减排化污最重要，所以刻不容缓；节俭生存最根本，必须自上而下和自下而上进行社会整体动员。

社会化的节俭生存方式，落实在日常生活过程中，就是绿色生活，因而，重构性回归绿色生活方式，将必然成为普遍的社会生活运动和低碳生存方式。绿色生活方式的要义，是向自然学习，以自然为师。这种向自然学习、以自然为师的生活方式，它的本质是敬畏，目的是使人的存在环境生境化，其行动指南是利用厚生。利用厚生的社会化敞开方式，是开源节流、节俭实用、生生不息；其个体诉求，是以简朴为安，以简朴为乐，以简朴为美。重建性回归绿色生活方式的基本社会途径，是消除不正当垄断和无序竞争，建构限度开源和高度节流的社会结构，发展绿色经济，实施绿色包装，限制纸业的生产与消费，禁止生产一次性产品；其个体性努力，是回归慢节奏生活，凡事简朴，改变空调式生活方式，重新学会适应自然、适应气候，并身体力行于日常生活，从小事做起，从细节做好。

一、绿色生活方式的基本认知

绿色生活方式，原本是人类敬畏自然、以自然为师的生活方式。只因近代以来不断加速的工业化、城市化、现代化进程，推动人们逐渐抛弃了它而追逐高科技化生存，这种高科技化生存不仅制造了高浪费、高消耗、高污染，也带来了日趋严重的环境破坏。返本还原，重建性回归绿色生活方式，成为化解环境危机的根本之道。

1. 为何回归绿色生活方式

2015 年 5 月，《中共中央国务院关于加快推进生态文明建设的意见》明确提出"培育绿色生活方式，倡导勤俭节约的消费观。"[①] 在该意见指导下，环境保护部于 2015 年 11 月发布了《关于加快推动生活方式绿色化的实施意见》，倡导全民"生活方式绿色化"。[②] 国家在决策层面如此强调绿色生活方式，是要通过绿色生活方式的重建，全面落实"坚持节约资源和保护环境的基本国策。"[③] 因为如今国域内的地球环境和气候环境更为恶劣，尤其是气候环境，其日趋恶劣的**一般表现**是气候灾害暴虐不断，极端酷热、高寒、强降雨、特大干旱、飓风等无序交替；气候环境加速恶化的**极端表现**就是酸雨天气扩散，霾污染扩张并最终形成霾气候。国域中人们所生活的城市，大都被霾气候所包围，即使被誉为"天府之国"的成都，也在 2016 年 11 月下旬始被霾气候笼罩长达几个月之久，PM2.5 每立方米突破 500 微克的重度污染曾在 2017 年一月初在成都市上空发生，并持续一个星期之久。

霾气候是立体污染的呈现形态。在已成气候的霾污染中，对人体危害最大的是 PM2.5。世界卫生组织在制定空气质量标准时，规定 PM2.5 年

---

① 《中共中央国务院关于加快推进生态文明建设的意见》，2015 年 5 月 5 日，见 http：//news. xinhuanet. com/politics/2015-05/05/c_1115187518. htm。

② 环境保护部：《关于加快推动生活方式绿色化的实施意见》，2015 年 11 月 16 日，见 http：//www. mep. gov. cn/gkml/hbb/bwj/201511/t20151116_317156. htm。

③ 《十八大报告辅导读本》，人民出版社 2012 年版，第 39 页。

均浓度小于 $10\mu g/m^3$ 时，才达到人体安全值。以此来看，全国范围内大中城市空气质量达到**人体安全值标准**的没有一座。《2015 中国环境状况公报》显示，全国 338 个城市中，PM2.5 年均浓度小于 $35\mu g/m^3$ 只占 28.1%，其中只有 1.2% 的城市 PM2.5 浓度小于 $15\mu g/m^3$。国际环境组织绿色和平与上海闵行区青悦环保信息技术服务中心，联合发布了与 2015 年相对照的《2016 年中国 366 个城市 PM2.5 浓度排名》（排名表上只 365 个，没有北京）。全国 366 座城市中，空气中 PM2.5 浓度在 $35\mu g/m^3$ 以下的有 85 个，PM2.5 浓度在 $20\mu g/m^3$ 以下的只有 11 个，而空气中 PM2.5 浓度在 $10\mu g/m^3$ 以下的城市一个都没有（参见表 10-1）。

表 10-1　PM2.5 浓度 $20\mu g/m^3$ 以下的 11 座城市及与 2015 年对照

城市	PM2.5平均浓度（$\mu g/m^3$）		所属省份
	2016 年	2015 年	
阿里地区	19.9	18.3	西藏
阿坝州	19.0	19.4	四川
伊春市	19.0	26.1	黑龙江
塔城地区	18.5	21.8	新疆
山南地区	17.8	18.2	西藏
玉树州	17.0	19.4	青海
丽江市	15.9	16.1	云南
迪庆州	15.6	16.7	云南
锡林郭勒盟	15.5	17.5	内蒙古
阿勒泰地区	14.1	12.1	新疆
三亚市	13.8	17.2	海南

这就是说，按照联合国卫生组织关于 PM2.5 "年均 $10\mu g/m^3$ 以下，才达到人体安全值"的空气质量标准，在我国，无论是 2015 年还 2016 年，全国 366 座城市没有一座城市的空气中的 PM2.5 浓度达到了人体安全值，更具体地讲，仅就人的宜居的最低条件要求——空气来讲，没有一座城市具备最低的生存条件，即没有一座城市是宜居的。

以 PM2.5 为元凶的霾气候，是立体污染的呈现形态。造成这种立体污染的主要原因是"胜天"的人力。[①]

首先，不断加速的工业化和城市化进程，持续加大了各种温室气体和废弃污染物的立体排放。其中，最严重的是废水、废气、固体废弃物排放。2014 年，全国废水排放总量达到 716.2 亿吨，其中，因为城市人口快速增加，生活废水排放总量达到 510.3 亿吨，占 71.25%。[②] 2015 年，全国废水排放总量达到 735.3 亿吨，县城和镇城生活污水排放总量达到 535.2 亿吨，约占 72.79%。[③] 汽车是废气产生的主要来源之一，汽车生产、销售、运输、消费使用的过程产生大量废气。中国汽车协会的统计数据显示：2009—2016 年，中国汽车年生产量和销售量蝉联世界第一。并且，在消费促增长政策推动下，汽车生产和消费将会继续增长。通过对汽车的生产、销售、运输和消费使用，一个流动的废气排放源、噪音源和热岛效应源，在全国各城市形成，并向农村扩张。除此之外，更为广泛的污染是固体废弃物，即我们通常所称的"垃圾"，包括工业垃圾、建筑垃圾和生活垃圾，形成了从城市对乡村的包围。

其次，全方位的资源开发，必然导致环境破坏无限扩张。尤其是以规模扩张为导向的城市建设，粗放型的县城和乡镇扩建大潮，还有大力度的基础工程建设，此三者整合形成**纵深式**圈地运动，大量土地变成了水泥森林。原本具有呼吸功能的大地，一旦变成水泥森林就丧失了生命功能，其具体表现就是大地的自净化功能削弱或者完全丧失。另一方面，加速开发江河、湖泊、海洋，大量砍伐森林和无度放牧草原，以及野性开发旅游业和航空业等等，都从不同方面推动大地和大气层自净化功能加速弱化或丧失。比如，"天府之国"的成都近年来之所以也成为霾气候笼罩的城市，

① ［澳］乌尔里希·布兰德：《绿色经济、绿色资本主义和帝国式生活方式》，张沥元译，《南京林业大学学报（人文社会科学版）》2016 年第 1 期。
② 国家环境保护部：《全国环境统计公报（2014）》，2015 年 10 月 29 日，见 http://www.zhb.gov.cn/gzfw_13107/hjtj/qghjtjgb/201605/t20160525_346106.shtml。
③ 国家环境保护部：《2015 年环境统计年报》，2017 年 2 月 23 日，见 http://www.zhb.gov.cn/gzfw_13107/hjtj/hjtjnb/201702/P020170223595802837498.pdf。

并且霾污染越来越严重，是因为原本具有优良环境生态的成都平原，现在几乎变成了水泥森林，从而导致承载成都这座日益庞大的水泥森林的大地丧失了生命的呼吸。

霾气候的形成和扩散，是立体污染层累性集聚突破环境生态容量极限所致。造成这种意想不到的生态学后果，是"人类犯下的最严重的错误之一，就是认为自己的存在和行为与其他物种毫无关联。事实上，任何物种都不是绝对孤立地存在的，都与其他物种同处一个生命系统中，相互关联。"[1] 因为，"我们统治自然界，决不象征服统治异民族一样，相反地，我们连同我们的肉、血和头脑都是属于自然界、存在于自然界的，我们对自然界的整个统治，是在于我们比其他一切动物强，能够正确认识和运用自然规律。"[2] 自然对我们的报复意在使我们觉悟，收敛征服自然和改造环境的行为，与自然和解。回归绿色生活方式，是尽最大努力与自然的和解，从而"实现中华民族永续发展"。[3]

2. 何为"绿色生活方式"？

"绿色生活方式"虽然近两年才引来人们的特别关注，并构成国家发展战略中的重要构成内容，但其概念却在十几年前就提出来了。礼村在《今日中国（中文版）》2000 年第 4 期上发表了《绿色生活方式》，但这篇文章并没有对"绿色生活方式"做任何定界，只是介绍了北京市建功南里小区居民如何身体力行从家庭到社区建设养成绿色生活习惯，培养绿色生活方式。

从发生学讲，"绿色生活方式"作为一种生存理念产生于民间。中国民间环保运动第一人、全国大学生绿色营创始人唐锡阳先生认为绿色生活方式就是绿色消费，他将其概括为 3R 和 3E，即减少（Reduce）非必要消费、修旧利废（Reuse）、回收（Recycle）使用再生产品和经济（Economic）实惠、生态（Ecological）效益和公平（Equitable）的原则。

① ［美］J. 唐纳德·休斯：《世界环境史：人类在地球生命中的角色转变》，赵长风等译，电子工业出版社 2014 年版，第 48 页。
② 《马克思恩格斯选集》第 3 卷，人民出版社社 1995 年版，第 517 页。
③ 《十八大报告辅导读本》，人民出版社 2012 年版，第 39 页。

唐锡阳先生的绿色生活理念实际上贯穿了中国古代的"利用厚生"思想："3R"侧重强调物、工具、商品的"利用"，即尽量少消费，并且，凡消费，必尽量用其物理功能；"3E"却侧重于"厚生"，即凡所消费者，必尽可能符合其生之原则，并促其生生。北京地球村环境文化中心创办人廖晓义女士却将绿色生活方式概括为节约资源、减少污染（Reduce），绿色消费、环保选购（Reevaluate），重复使用、多次利用（Reuse），分类回收、循环再生（Recycle），保护自然、万物共存（Rescue）。[1] 廖晓义女士所倡导的"5R"，不仅包含唐锡阳先生绿色消费的基本内容，而且更强调人与环境、人与自然、人与万物生命的共生。

整合观之，所谓绿色生活方式，就是**利用厚生**的低碳生活方式。

"利用厚生"的思想，是中国上古先民就已经形成的一种比较成熟的生存思想。这种思想产生于何时，以及在哪个时代形成了理性总结，现已不可考。只就文字记载看，关于"利用厚生"思想的成熟文字出自两个文本：一是《尚书·虞书·大禹谟》记载"德唯善政，政在养民。水、火、金、木、土、谷唯修，正德、利用、厚生唯和。"[2] 宋以来的儒者们证伪《大禹谟》，但另一则较成熟的文字是《左传·文公七年》记载"《夏书》曰：'戒之用休，董之用威，劝之以《九歌》，勿使坏。'九功之德皆可歌也，谓之九歌。六府、三事，谓之九功。水、火、金、木、土、谷，谓之六府。正德、利用、厚生，谓之三事。义而行之，谓之德、礼。"[3] 这两个文本相互映衬，表明利用厚生思想至少在战国中期就很流行了。

在古代，"正德"是基本的政治学原则，"利用"是基本的经济学原则，"厚生"是基本的伦理学原则。在以王道主义为价值导向的上古社会，正德、利用、厚生，此三者以正德为导向，利用和厚生是从不同方面实现正德的社会治理原则和价值系统。在以正德为导向和规范下，"利用"作

---

① 杨通进：《何谓绿色生活方式》，《书摘》2003 年第 12 期。
② ［清］阮元校刻：《十三经注疏·尚书正义》，中华书局 2008 年影印版，第 135 页。
③ ［清］阮元校刻：《十三经注疏·春秋左氏正义》，中华书局 2008 年影印版，第 1846 页。

为自给自足的农牧经济原则，就是开源节源①的原则。这一经济原则对经济生活的指导，当然鼓励开源，但却更强调节流。重"节流"的思想，可能与上古农牧时代，生存的自然环境生态严峻，而且人的劳动技能低下、劳动能力薄弱相关。所以，在利用经济原则中，节流才是根本。尤其是越往前追溯，距离我们今天越远古的时代，人的能力越是相当有限，在恶劣的自然生存环境里，仅以双手为基本生产工具的生存时代，资源获取相对艰难，因而，珍惜得来不易的生存资源，就变得特别重要。在上古社会里，"利用"的经济学原则特别强调"节流"，其突出和贯穿的是实用节俭的经济道德原则，它的伦理依据是"物尽其用"，其本质规定却是"物尽其性"。与此不同，"厚生"的伦理原则，却是强调对生命的善待，这种善待生命的伦理原则，应该说是源于"万物有灵，是物皆神"的自然宗教思想的滋养和引导，当然，这里面也包含了一个普遍性的直观经验，那就是生命得来不易，而且生命的生长更是不易。在上古时代，人类自身繁衍生息的人口生产本身的经历，恰恰是这方面的最好的经验来源和生活教化。

概括地讲，上古社会传递下来的"利用厚生"的思想，就是一种向自然学习、尊重自然、敬畏自然的生存思想，这一生存思想可以概括地表述为开源节流、节俭实用、生生不息。遵循开源节流、节俭实用、生生不息的法则，展开生产和消费，就是绿色生活方式，它具有如下内涵规定。

绿色生活方式既是一种消费方式，也是一种生产方式，是生产方式和消费方式的有机统一。它要求在生产和消费两个领域开源节流、节俭实用、生生不息；并且，只有当生产贯彻了绿色理论，开发出绿色技术，生产出绿色产品时，绿色消费才成为可能。比如，当禁止生产一次性产品变成必须遵守的社会规范时，不消费一次性产品，才成为现实。

绿色生活方式作为一种开源节流的生活方式，是一种有限度地利用自然、资源和财货的生活方式。开源节流的经济学本质，是**节约**；开源节流

---

① 在现代社会，完整的经济学就是开源节流的经济学：开源，是生产的经济学；节流，是消费的经济学。经济学的社会目的和伦理本质，就是在开源中节流，在节流中开源；经济学的基本功能，就是引导社会探索经济的"可持续生存式发展"。

的伦理学本质，是**善待**。节约，是相对物、相对资源、相对环境而言；善待，既相对物而论，更相对生命而论。而且，在节约与善待之间，也存在一种本质性的关联性。因而，在根本意义上，存在世界的物、资源、环境，都是不同尺度上的生命存在体，所不同的是，各种不同尺度上的生命存在体，展开生命自存在的方式有所不同。正是存在物的生命本性和生命本质，或者存在物与存在物之间的本原性亲缘关联和亲生命性，决定了节约也是通过善待的方式实现的；反过来讲，善待本身要求存在与生存必须节约。这是人、生命、自然合生存在和人、社会、环境共生生存的基本要求，或可说是人、生命、环境、自然、社会的互为体用，即"用"与"被用"关系上的要求。

由于节约和善待构成开源节流的本质性规定，开源节流对社会生产和社会消费提出不同的要求。

首先，基于节约和善待，开源节流对社会生产提出如下三个方面的要求：第一，生产不能无限度；第二，生产不能高浪费、高消费；第三，生产必须贯穿两个基本理念：（1）生产出来的产品，必须经久耐用；（2）生产资源无废料，必须充分利用和回收再用。

其次，基于节约和善待，开源节流对社会消费提出两个基本原则。第一，必须消费原则，即只有必须消费时，才消费；并不必须的消费，比如可消费也可不消费的消费，则完全可以不消费。必须消费原则所蕴含的基本理念是节制。在必须消费原则规范下，表面看，节制所指涉的是物，但本质上却是节制本能性的欲望和野性散漫的习惯。本能性的欲望，来源于生命的内在匮乏感，这是一种内在的生命疾病；野性的散漫习惯，来源于缺乏必要的规训与训练，比如各个领域流行的高消耗、高浪费、高消费，很大程度上属于缺乏严谨规范的节制所养成的生存毛病，从本质上讲，这也是一种生存疾病。这两种疾病都是生物主义性质的。第二，维修新用原则。所谓维修新用，是指所生产出来的产品，要具备两个条件要求，一是能够维修；二是通过维修可以获得新产品的功能。这就是产品的维修新用原则。这一原则所蕴含的基本理念是物尽其用。遵循这一原则，需要节制人的喜新厌旧的天性和虚荣奢侈的恶习。因此，回归绿色生活方式，本质上是与人的喜新厌旧天性和虚荣奢侈恶习做斗争的生存方式。

　　绿色生活方式作为一种节俭实用的生活方式，是指一种简朴生活方式，它要求生活以简朴为安、以简朴为乐、以简朴为美。**以简朴为安**，是指以简朴为安身立命的基本准则，因为简单质朴是"天地之大德曰生"①的内在规定性，是自然生生不息的内在规定性："大自然本身是一致的，并且是很简单的。"② 依据简单性准则，"自然永远按照更容易的方式做，绝不费力走弯路"③，因而"自然会利用尽可能少的手段，这是自然科学中的最高公理"④，也构成人的生活世界的最高公理——简朴，即自然的简单法则的人生化。简朴为安，就是遵循简单的自然法则而安身立命。《周易》曰"君子以俭德辟难，不可荣以禄"⑤，因为"地力之生物有大数，人力之成物有大限。取之有度、用之有节，则常足；取之无度、用之无节，则常不足。"⑥ "辟难"和"常足"，这是人安身立命的两个方面：辟难，是生活无虞之安；常足，是生活超欲之安。**以简朴为乐**，是因为大自然的简单法则，才是社会和人生快乐的源泉。领悟大自然的简单法则，凡事简朴，过度的欲望自然消解，欲望之苦自然消失，心灵宁静而乐伴生活，快乐人生。**以简朴为美**，是因为简朴是无负荷地生活，它实实在在地融通了物尽其用和人尽其性的生生法则。简朴之生生法则，就是人与心调、人与物调、人与天地调的法则。这一法则既是大德，也是大美，它为先哲表述为"人与天调，然后天地之美生。"⑦

　　绿色生活方式作为一种生生不息的生活方式，是指健康的、可持续生

　　① ［清］阮元：《十三经注疏·周易》，中华书局1980年版，第74页。
　　② ［美］埃德温·阿瑟·伯特：《近代物理科学的形而上学基础》，张卜天译，湖南科学技术出版社2012年版，第228页。
　　③ ［美］埃德温·阿瑟·伯特：《近代物理科学的形而上学基础》，张卜天译，湖南科学技术出版社2012年版，第40—41页。
　　④ Johannes Kepler, *New Asronomy*, Translated by Willian H. Donahue, Cambridge：Cambridge University Press，1992，p. 51.
　　⑤ ［清］阮元：《十三经注疏·周易》，中华书局1980年版，第17页。
　　⑥ ［宋］司马光：《资治通鉴》第十六册，胡三省音注，中华书局1956年版，第558页。
　　⑦ ［清］戴望：《管子校正》，中华书局2006年版，第242页。

存的生产方式和消费方式，它蕴含两个规范原则：（1）生境原则。这一原则的具体表述就是合生存在和共生生存，或者共互生存。基于合生存在和共互生存之根本要求，生产和消费领域必须同时做到低污染和低排放，实现低污染和低排放生活。（2）敬畏原则。即凡事心生敬畏，行为才有约束和限度；也因为敬畏，才懂得珍惜而挚爱。根据敬畏原则，在生产和消费领域，必须敬畏自然、敬畏环境、敬畏生命。因为，自然是我们的存在之母，环境是我们的生存土壤，生命是我们的生活源头。其次必须敬畏有限和匮乏，因为一切有限和匮乏的东西，都是神圣的；并且越是有限和匮乏的东西越是神圣。只有真诚地敬畏有限和匮乏，人才能节制野性的欲望，回归理性的常态，有节制地生产和消费。最后必须敬畏已有的文明。如果你去感受一下无直道的伦敦，再回来重新打量直道化的中国城市，则可以获得比较性思考：生产在本质上是创造文明的，消费在本质上是保护文明的，因而生产和消费不能沦为毁灭文明的方式：伦敦之所以没有直道，不仅是因为维护市民人权，更为根本的是因为保护已有文明和历史而使然；中国的大小城市，甚至乡镇，几乎全是直道。何以会如此呢？因为中国社会是大政府的社会，政府是真正的社会主体和唯一的权威，由此形成我们的社会是政府主导一切的社会，因而，只要政府愿意，政府同意或者政府默许，很多情况下是可以强拆的。所以，中国的城市几乎全是直道，并且是簇新的建筑，难以有年轮（历史、风格、艺术、美，还有伟大的思想、想象力、创造力，以及深广的人性、美丽的心灵、丰富多彩的人格和个性）留驻下来。这种由簇新的直道垒筑起来的绝对脸谱化的城市，既毁灭了已有的文明，也是对有限资源的巨大浪费。这种行为，表面看是为发展经济，实质上是缺乏对文明和历史的敬畏。

二、回归绿色生活的基本努力

1. 回归绿色生活方式的途径

绿色生活方式的本质是敬畏，核心是生境，行动指南是利用与厚生。

由此观之，第一，绿色生活方式不是一个简单的生活问题，它是生产和消费的整体问题，并涉及经济学的整体性重建：绿色生活方式呼唤绿色的生产经济学和绿色的消费经济学的诞生，这是讨论绿色生活方式所必须正视的基本维度。第二，绿色生活方式不只是一个经济学问题，它在本质上既是一个政治学问题，更是一个伦理学和教育学问题，还是一个未来学和文化学问题。它需要经济学、政治学、伦理学、教育学、未来学、历史学、文化学等等的整合考量，这是研究绿色生活方式时必须具备的大科际整合视域。第三，绿色生活方式是人向自然谋求生存的本原性方式，只是无限度膨胀的工业化、城市化追求将它人为地抛弃了。倡导绿色生活方式，就是对本原性的"利用厚生"生活方式的真正回归。

重建性回归绿色生活方式，首先需要解决垄断和不平等竞争，因为垄断造成了不平等竞争，不平等竞争造就了"守法成本高"和"违法成本低"。而"守法成本高"和"违法成本低"恰恰成为社会化的高消费、高浪费、高污染的真正推动力。正是在这个意义上，由垄断而造成的"不平等不仅本质上是恶劣的，而且对环境也是有害的"。[①]

其次，应根据"生态文明建设"的基本国策，全面实施经济增长方式的转型。因为绿色生活方式虽然是个人化的问题，但"影响个人生活方式的诸多因素中，力量最大的是整个社会所倡导的发展模式。因此，从更深一层来说，绿色生活方式能否成为主流生活方式，很大程度上由社会发展模式所决定。"[②] 尤其在"我们的现实环境中，强有力的观念、意识、措施，很少是鼓励和支持绿色生活方式的，甚至绝大部分是对它的限制与损害。因此，如果我们的决策者、管理者在整个国家发展格局、发展目标上没有一个根本性的改变，在近期内或者中期内，绿色生活方式就不可能成为主流。"[③]

---

① ［澳］乌尔里希·布兰德：《绿色经济、绿色资本主义和帝国式生活方式》，张沥元译，《南京林业大学学报（人文社会科学版）》2016年第1期。

② ［美］艾伦·杜宁：《多少算够——消费社会与地球未来》，毕聿译，吉林人民出版社2004年版，第81页。

③ 刘兵：《绿色生活方式近中期难成社会主流》，《绿叶》2009年第2期。

再次，重建性回归绿色生活方式，关键是深化社会体制改革。因为绿色生活方式的实质是利用厚生，利用厚生的本质是开源节流、节俭实用、生生不息。最能全面促进社会开源节流、节俭实用并使人与环境共生的社会结构，就是金字塔式的社会结构，这种金字塔式的社会结构就是"小政府、大社会"结构。在保证社会正常运行的前提下，处于社会金字塔顶层的政府越小，管理社会的运作成本越低、社会财富消费越小，就越能自觉地带头开源节流、节俭实用；反之，政府越大，机构越臃肿，机关人员越人浮于事，管理就越低效，管理成本就越高，政府消耗社会财富就越多，为了更大程度地满足其消耗，政府就不得不想法扩大自己的事权，形成更多的垄断，造成垄断性竞争甚至资源掠夺，最后形成对环境的最大破坏，成为环境的最大破坏者。深化体制改革，精简机构，裁减冗员，成为绿色生活方式社会化的根本动力。

最后，重建性回归绿色生活方式，其基本社会努力就是建设绿色经济。从本质讲，工业化、城市化、现代化的经济是一种白色经济，或者说是白色经济和灰色经济即水泥经济①的混合形态。通过重建性回归绿色生活方式来建设绿色经济，这是使工业化、城市化、现代化进程所追求的白色经济、水泥经济向生境方向转型所形成的新型经济形态，不仅注重于绿色开源，更强调绿色节流。绿色开源，就是可持续生存地发展绿色经济；绿色节流，就是可持续地节制欲望，节约用度。

建设绿色经济，就是恢复绿色存在。首先是恢复自然世界的绿色存在，其次是恢复生活世界的绿色存在。基于此双重目的，建设绿色经济的基本任务有三：

一是进行社会整体动员，重建绿色生活环境，其前提是消灭白色污染。消灭白色污染的解决之道有二：（1）恢复季节农业，改变地膜化种植方式；（2）恢复垃圾桶、菜篮子、布袋子生活方式，家庭生活尽可能不用塑料袋。

---

① "白色经济"是指农村的"地膜经济"，"水泥经济"是指以城市为中心所展开的主要以房地产和基础设施建设为驱动力的粗放型、高消耗、高污染的经济形式。

二是实施生产绿色化。生产绿色化涉及方方面面，择其重要方面有四：

其一是实施清洁生产，推动清洁生产社会化。这需要从三个方面努力：（1）以绿色为标准，以建设绿色生活方式为目标；（2）根据可持续生存式发展远景，完善绿色标准体系，并以此进一步完善清洁生产法规、准入制度和规范标准体系；（3）全面推行绿色设计、推广绿色认证、推进绿色包装、开展绿色回收、强化绿色开采，促进和提高废物再生循环和综合利用水平。

其二是全面实施绿色包装。其基本要求有二：（1）包装低碳化或无污染化；（2）包装必须贯彻"开源节流、节俭实用、生生不息"的绿色生活理念和绿色生活准则。为此，绿色包装必须遵循三个原则，即低碳或低污染原则、高度节省原则和必要包装原则。前两个原则必须贯穿在第三个原则中，第三个原则必须统摄前两个原则。

所谓必要包装原则，就是最大程度地拒绝高污染、高消费、高浪费的资源节俭利用原则。这一原则落实为两个具体实施准则：（1）只有必须包装的产品才实行包装；（2）凡必须包装的产品，应以产品（运输）安全为准则而实施简单包装。

其三是实施"限塑法令"，有限制地生产和使用塑料产品。塑料产品的生产和使用，给人类增添了巨大财富和数不清的便利，但同时也制造了巨大的环境威胁。因为塑料是从石油或煤炭中提取的化工产品，它难以自然降解。所以形成塑料出现在哪里，那里就被污染；并且，哪里一旦污染，哪里就沦为了长久性的污染源。塑料给人类带来的危害，远远大于它给人类带来的福利。为存在安全和可持续生存，必须限制塑料的生产和消费。尤其是我国，目前已经沦为白色污染大国。至2015年，我国塑料生产量达到7560.82万吨。如果废弃塑料以10%的比例计算，每年将有数百万吨废弃塑料抛向国人赖以存在的自然环境中，所带来的巨大污染如果得不到有效抑制，最终将突破大地的容量极限而导致环境崩溃。

其四是实施"限纸法令"，限制纸业生产和纸品消费。造纸业是高污染行业，对纸品无限度需求和高浪费、高消费所推动的纸业构成了最大的污染源之一。

限制纸业的生产和消费，主要应在四大领域实施。一是在包装纸业领域推行必要包装制度，实施简易包装。二是日常生活纸业，应通过倡导节约使用卫生纸、餐巾纸、草纸来缩小生产规模，尤其可以倡导使用手绢。手绢可以重复使用，一个人一年使用一张手绢，消费不会超过 20 元；但一人一年仅用于擦手擦脸的卫生纸，至少不低于 50 元。三是应限制印刷领域的纸品消费，首先是政府机关做表率，即简政裁员和充分利用网络技术，从根本上解决文山会海，克服文牍主义，以大大压缩纸品消费。一旦将会议治国和文件治国的模式转变为全方位的法律治国模式，政府机关的用纸消费量至少可以减少三分之二，仅政府用纸节省财政资源而言，全国从上到下每年可以节省数以百亿计的财富。更不说减少纸品生产所带来的低碳效应。其次要求学校减少浪费，降低污染。其基本努力有二：第一是全面恢复国民教育的正常秩序，依法严厉禁止大中小学教育领域中的一切形式的应试辅导、培训；第二是在大中小学全面依法推行教科书的回收利用制度。四是在报业、书刊业有步骤地废除纸质生产与传播方式，推行电子版销售与阅读方式。

第三个基本任务是进行制度约束，严格法律规范，除特殊要求外，禁止生产一次性产品，比如一次性塑料包装袋，一次性筷子、一次性食物碟子，以及一次性婴儿尿布、内裤、电池、剃刀、罐子、瓶子、杯子、牙膏、牙刷等。这既是从根本上抑制环境污染和破坏的社会化方式，更是从源头上引导社会节俭消费的社会方法。

2. 回归绿色生活的日常方式

绿色生活方式的重建性回归，最终要落实为个人的生活，个人的作为，并构成个人的日常生活内容，这需要人人从如下几个方面努力。

第一，回归慢节奏的生活方式。

回归慢节奏生活，涉及社会与个人两个方面。就社会而言，就是放缓城市发展速度，根本方式是终止大中城市规模建设，引导城市转向内涵发展，即通过法律与政策导向，引导城市将建设重心转向城市功能发展和导向发展，给人们提供更方便、更安全、更自由的生存空间和给市民创造更多的自由支配的生活时间。就个人论，就是重构基本的存在态度和情感方式，改变以社会为舞台来消费休闲时光的生活方式，因为这种休闲生活的社会化方式，既使家庭逐渐淡化而丧失基本的存在凝聚力和情感功能，也导致了个人和家庭生活成本的不断提高，使整个社会形成巨大的浪费和浪费链条。放缓生活节奏，过慢节奏的生活，就是使人重新回归以家庭为中心的休闲生活方式，让家庭重新炊烟不断、笑声不断，使家庭亲情化，让阅读、交流成为家庭的日常内容，让冷清的家庭餐桌上每天充满热气腾腾的欢乐和诗意。回归家庭的生活方式，既是降低家庭生活成本的有效方式，也是节约社会资源并杜绝浪费的有效方式。

回归慢节奏生活的另一个种努力方式，就是改消费休闲为绿色休闲。所谓消费休闲，就是将休闲变成消费活动，这种消费休闲的方式既浪费有限的积蓄和财富，又制造高碳排放和污染，更疲惫身心，将整个人拖入动荡不安的生存状况中："我们现在陷入了一个怪圈：旅游、休假，如果没有到风景名胜之地去消费，住高级宾馆，吃大餐，这个假就算休得没有档次、没有意义。大家在各个旅游'胜地'之间穿梭往来，除了花钱，还累。休完假，回来后接着玩命工作。"[1] 与此相反，绿色休闲就是对绿色保持、绿色增长做出实际性贡献的休闲方式，比如去郊外散步，去公园锻炼，又比如阅读、交流活动，社区义工活动，环保自愿者活动等等，都是一种对社会绿色发展的间接性贡献。

第二，日常生活简朴化。

日常生活凡事简朴，应以基本需求满足为原旨，以清洁、卫生、庄重、有序为基本要求。以自由、宁静、快乐、美为根本准则。

日常生活凡事简朴，主要从三个方面身体力行。一是穿着简朴。穿着简朴，是指除非正式的或隆重的场合，平时多穿休闲服装。服装消耗能源主要发生在洗涤过程中，比较而论，洗涤过程中休闲服装的能源消耗量最

---

① 刘兵：《绿色生活方式近中期难成社会主流》，《绿叶》2009 年第 2 期。

少。所以穿休闲服装，不仅符合节俭实用之绿色生活原则，也降低了污染，减少了环境破坏性。二是住行简朴。住行简朴，应遵循生活必需原则。比如，有的人买车不是为了工作方便，更多是表示身份地位；又比如，过分宽敞的住房，过于奢华的居室装修，更多的不是发挥必需的生活功能。虚荣与奢侈，造就人的复杂与内在生活的非安宁；相反，在生活的行住条件方面越是简朴，人就越简单，就越拥有自我而更富有宁静快乐的精神和洋溢于内心的美。三是饮食简朴。饮食的目的是维持身体的健康。在饮食上追求精致、美味、新奇，追求身份、地位、档次、水平，不仅会形成铺张和浪费，制造污染和高碳，而且会使人丧失内在的心志和情感，很难有自足的快乐、幸福和美。从根本论，上帝创造了我们的生命和身体，也为我们制造了一个非常有限的胃。每个人的胃的最大容量，就是维护身体健康和生命活力，无论从量上还是从质上，一旦吃进去的东西超过其度，持续以往，就层累性生成各种疾病，推动人加速走向死亡。简朴的饮食，恰恰成为健康、快乐、幸福、美的生活方式；而健康、快乐、幸福、美的生活方式，才是诗意悠然的生活方式。

第三，日常生活凡事节俭。

日常生活凡事节俭，更多地表现为举手之劳，人人都可以做到，关键是有无凡事节俭的意识和自我要求。有，凡事节俭就能成为生活习惯。日常生活中凡事节俭的品质和能力，可通过如下行动而自我养成。

（1）自觉拒绝使用任何类型的一次性产品。

（2）购物只买必需的，少买或不买喜欢的。

（3）不囤积东西，使家庭简洁、空阔、敞亮。

（4）杜绝小便宜，不使用任何便宜货和次品。

（5）恢复布袋购物方式，少用或不用纸袋或塑料袋。

（6）用篮子买菜、用桶装垃圾，少用或不用塑料袋。

（7）学会垃圾分类从家庭开始，推及社区。

（8）饮水用瓷杯或玻璃杯，少用或不用纸杯。

（9）恢复使用钢笔，少用或不用中性笔。

（10）喝白水或茶水，少喝或不喝饮料和果汁。

（11）出行乘公交、地铁或骑单车，少开或不开车。

（12）使用高效节能灯，进出房屋随手关灯。

（13）多用肥皂或香皂，少用或不用洗涤剂。

（14）尽量使用电子邮件，少用纸或不用纸。

（15）家庭每月少用2度电、2吨水。

（16）制冷或制热季节，每个房间每天少开1—2小时空调。

第四，向自然学习，在生活方式上适应自然。

一是适应寒冷，即重新学会在低温条件下生活的能力。以此为基本要求，北方的供暖时间可以推迟半个月或一个月，停暖时间亦可以提前半个月。这样可以大大节约能源，降低污染和高碳排放。这需要政府的作为，更需要北方人的环境自觉。

二是最大程度地适应气候，承受一定程度的高温。根据人的体温所形成的气候适应力，人在28—30℃的气温下是完全可以正常生活的，现在的空调生活方式是违背自然本性和宇宙规律的一种技术化生存方式，它从根本上弱化了人适应自然和气候的生存能力。基于增强人的身体能力的需要和减少温室气体排放的要求，国家可以气候立法的方式规定：无论办公场所或者家庭，夏天制冷空调应调整到27℃以上，冬天的制热空调或者暖气，应开在10℃以下。这是人人可以做到的，所需要的只是改变生活习惯：改变了空调化的生活习惯，就改变了技术化生存的生活方式，使我们的生活低碳化，而且身体更健康。

三是向自然学习，改变或适当调整高热量动物食品的饮食习惯。假如每个人每年少吃1—2斤肉，全国一年下来就少吃14亿—28亿斤肉。每人每年少吃1—2斤肉，这是人人都可以做到的，关键是意识和愿意。如果人人都能在饮食方式上做这样一点小小的改变，整个社会就会大大降低排放和减少各种污染，绿色世界必然在我们的平常努力中获得重建性回归。

参考文献

中文图书

《马克思恩格斯全集》第 1 卷，人民出版社 1956 年版。

《马克思恩格斯全集》第 3 卷，人民出版社 1960 年版。

《马克思恩格斯全集》第 23 卷，人民出版社 1972 年版。

《马克思恩格斯全集》第 31 卷，人民出版社 1972 年版。

《马克思恩格斯全集》第 32 卷，人民出版社 1974 年版。

《马克思恩格斯全集》第 42 卷，人民出版社 1979 年版。

《马克思恩格斯全集》第 44 卷，人民出版社 2001 年版。

《马克思恩格斯选集》第 1 卷，人民出版社 1995 年版。

《马克思恩格斯选集》第 2 卷，人民出版社 1995 年版。

《马克思恩格斯选集》第 3 卷，人民出版社 1972 年版。

《马克思恩格斯选集》第 3 卷，人民出版社 1995 年版。

《马克思恩格斯选集》第 4 卷，人民出版社 1995 年版。

恩格斯：《自然辩证法》，人民出版社 1984 年版。

《十七大报告学习辅导百问》，学习出版社 2008 年版。

《十八大报告辅导读本》，人民出版社 2012 年版。

［清］戴望：《管子校正》，中华书局 2006 年版。

［清］阮元：《周易》，中华书局 1980 年版。

［清］阮元：《春秋左氏正义》，中华书局 2008 年影印版。

［清］阮元：《尚书正义》，中华书局 2008 年影印版。

［宋］司马光：《资治通鉴》第十六册，胡三省音注，中华书局 1956
年版。

［元］脱脱：《宋史》卷六十一，中华书局 1997 年版。

蔡禾：《城市社会学：理论与视野》，中山大学出版社 2006 年版。

顾颉刚：《古史辨》第 1 册，上海古籍出版社 1982 年版。

黄凤祝：《城市与社会》，同济大学出版社 2009 年版。

梁启超：《论中国学术思想变迁之大势》，上海古籍出版社 2012 年版。

刘绍民：《中国历史上气候之变化》，商务印书馆 1982 年版。

刘湘容：《生态文明论》，湖南教育出版社 1999 年版。

罗志希：《科学与玄学》，商务印书馆 1999 年版。

裴广川主编：《环境伦理学》，高等教育出版社 2002 年版。

邱泽：《社会学是什么》，北京大学出版社 2013 年版。

钱穆：《历史与文化论丛》，九州出版社 2011 年版。

佘正荣：《生态智慧论》，中国社会科学出版社 1996 年版。

世界自然保护同盟等编：《保护地球：可持续生存战略》，中国环境科
学出版社 1991 年版。

孙周兴选编：《海德格尔选集》，上海三联书店 1996 年版。

唐大为主编：《中国环境史研究：理论与方法》，第 1 辑，中国环境科
学出版社 2009 年版。

唐代兴：《人类书写论》，香港新世纪出版社 1991 年版。

唐代兴：《优良道德体系论》，中国大百科全书出版社 2003 年版。

唐代兴：《生态理性哲学导论》，北京大学出版社 2005 年版。

唐代兴、杨兴玉：《灾疫伦理学：通向生态文明的桥梁》，人民出版社
2012 年版。

唐代兴：《生境伦理的人性基石》，上海三联书店 2013 年版。

唐代兴：《生境伦理的哲学基础》，上海三联书店 2013 年版。

唐代兴：《生境伦理的心理学原理》，上海三联书店 2013 年版。

唐代兴：《生境伦理的知识论构建》，上海三联书店 2013 年版。

唐代兴：《生境伦理的规范原理》，上海三联书店 2014 年版。

唐代兴：《生境伦理的制度规训》，上海三联书店 2014 年版。

唐代兴：《生境伦理的实践方向》，上海三联书店 2015 年版。

唐代兴：《生态化综合：一种新的世界观》，中央编译出版社 2015 年版。

唐代兴：《语义场：生存的本体论诠释》，中央编译出版社 2015 年版。

万以诚、万妍选编：《新文明的路标：人类绿色运动史上的经典文献》，吉林人民出版社 2001 年版。

汪子嵩：《希腊哲学史》第 1—2 册，人民出版社 1997 年版。

王颖：《城市社会学》，上海三联书店 2005 年版

王正平：《环境哲学》，上海人民出版社 2004 年版。

萧焜焘：《自然哲学》，江苏人民出版社 2004 年版。

姬振海：《生态文明论》，人民出版社 2007 年版。

张天蓉：《蝴蝶效应之谜：走进分开与混沌》，清华大学出版社 2013 年版。

曾建平：《环境公正：中国视角》，社会科学文献出版社 2013 年版。

朱谦之撰：《老子校释》，中华书局 2000 年版。

周辅成主编：《西方伦理学名著选辑》上册，商务印书馆 1996 年版。

庄锡昌等编：《多元视野中的文化理论》，浙江人民出版社 1987 年版。

［奥］埃尔温·薛定谔：《什么是生命》，罗来欧、罗辽复译，湖南科学技术出版社 2003 年版。

［澳］蒂姆·富兰纳瑞：《是你，制造了气候：气候变化的历史与未来》，越家康译，人民文学出版社 2010 年版。

［德］赫尔曼·哈肯：《协同学：大自然构成的奥秘》凌复华译，上海译文出版社 2013 年版。

［德］莫里克·石里克：《自然哲学》，陈维杭译，商务印书馆 1984 年版。

［德］沃尔夫刚·贝林格：《气候的文明史：从冰川时代到全球变暖》，

史军译，社会科学文献出版社 2012 年版。

　　[德] 乌尔里希·贝克：《世界风险社会》，吴英姿、孙淑敏译，南京大学出版社 2004 年版。

　　[德] 乌尔里希·贝克：《什么是全球化？全球主义的曲解：应对全球化》，常和芳译，华东师范大学出版社 2008 年版。

　　[德] 约翰·德赖泽克：《地球政治学：环境话语》，蔺雪春、郭晨星译，山东大学出版社 2008 年版。

　　[德] 冈特·绍伊博尔德：《海德格尔分析新时代的科技》，宋祖良译，中国社会科学出版社 1993 年版。

　　[俄] 克鲁泡特金：《互助论》，李平沤译，商务印书馆 1997 年版。

　　[法] 阿尔贝特·史怀泽：《敬畏生命》，陈泽环译，上海社会科学院出版社 1996 年版。

　　[法] 笛卡儿：《哲学原理》，关文运译，商务印书馆 1959 年版。

　　[法] 马塞尔·莫斯等：《论技术、技艺与文明》，蒙养山人译，世界图书出版公司 2010 年版。

　　[法] 孟德斯鸠：《论法的精神》上下册，商务印书馆 2004 年版。

　　[古希腊] 亚里士多德：《政治学》，吴寿彭译，商务印书馆 1965 年版。

　　[加] 威廉·莱斯：《自然的控制》，岳长龄、李建华译，重庆出版社 1993 年版。

　　[加] 威廉姆·H. 凡登伯格：《生活在技术迷宫中》，尹文娟、陈凡译，辽宁人民出版社 2015 年版。

　　[美] D. 米都斯等：《增长的极限》，李宝恒译，吉林人民出版社 1997 年版。

　　[美] E. 拉兹洛：《用系统的观点看世界》，闵家胤译，中国社会科学出版社 1985 年版。

　　[美] F. 拉普：《技术科学中的思维结构》，刘武译，吉林人民出版社 1987 年版。

〔美〕J. 唐纳德·休斯：《世界环境史：人类在地球生命中的角色转变》，赵长风等译，电子工业出版社 2014 年版。

〔美〕阿尔温·托夫勒：《第三次浪潮》，朱志焱等译，生活·读书·新知三联书店 1984 年版。

〔美〕埃德温·阿瑟·伯特：《近代物理科学的形而上学基础》，张卜天译，湖南科学技术出版社 2012 年版。

〔美〕艾伦、杜宁：《多少算够：消费社会与地球未来》，毕聿译，吉林人民出版社 2004 年版。

〔美〕爱德华·威尔逊：《生命的未来》，陈家宽等译，上海人民出版社 2005 年版。

〔美〕安德鲁·德斯勒、爱德华·A. 帕尔森：《气候变化：科学还是政治？》，李淑琴等译，中国环境科学出版社 2012 年版。

〔美〕巴里·康芒纳：《封闭的循环：自然、人和技术》，候文蕙译，吉林人民出版社 2000 年版。

〔美〕比尔·麦克基本：《自然的终结》，孙晓春、马树林译，吉林人民出版社 2000 年版。

〔美〕彼得·S. 温茨：《环境正义论》，朱丹琼、宋玉波译，上海人民出版社 2007 年版。

〔美〕大卫·雷·格里芬：《后现代精神》，王成兵译，中央编译出版社 1998 年版。

〔美〕戴斯·贾丁斯：《环境伦理学：环境哲学导论》，林官明等译，北京大学出版社 2002 年版。

〔美〕弗洛姆：《健全的社会》，欧阳谦译，中国文联出版公司 1988 年版。

〔美〕霍尔姆斯·罗尔斯顿：《环境伦理学：自然界的价值以及人对自然界的义务》，杨通进译，中国社会科学出版社 2000 年版。

〔美〕霍尔姆斯·罗尔斯顿：《哲学走向荒野》，刘耳、叶平译，吉林人民出版社 2000 年版。

［美］杰里米·里夫金、特德·霍华德：《熵：一种新的世界观》，吕明、袁舟译，上海译文出版社 1987 年版。

［美］肯尼斯·赫文、托德·多纳：《社会科学研究：从思维开始》，李涤非、潘磊译，重庆大学出版社 2013 年版。

［美］蕾切尔·卡逊：《寂静的春天》，吕瑞兰、李长生译，吉林人民出版社 1997 年版。

［美］罗伯特·B.塔利斯：《杜威》，彭国华译，中华书局 2002 年版。

［美］马立博：《中国环境史：从史前到现代》，关永强、高丽洁译，中国人民大学出版社 2015 年版。

［美］梅拉妮·米歇尔：《复杂》，唐璐译，湖南科学技术出版社 2015 年版。

［美］纳什：《大自然的权利：环境伦理学史》，杨通进译，青岛出版社 1999 年版。

［美］欧文·拉兹洛：《第三个 1000 年：挑战与前景》，王宏昌等译，社会科学文献出版社 2001 年版。

［美］乔治·萨顿：《科学史与新人文主义》，陈恒六、刘兵、仲继光译，华夏出版社 1989 年版。

［美］梯利：《西方哲学史》，葛力译，商务印书馆 1995 年版。

［美］谢宇：《社会学方法与定量研究》，社会科学文献出版社 2012 年版。

［美］雅克·蒂洛、基思·克拉斯曼：《伦理学与生活》，世界图书出版社公司 2012 年版。

［日］池田大佐、［英］阿·汤因比：《展望 21 世纪》，荀春生译，国际文化出版公司 1997 年版。

［日］岩佐茂：《环境的思想》，韩立新等译，中央编译出版社 1997 年版。

［瑞士］克里斯托弗·司徒博：《环境与发展：一种社会伦理学的考量》，邓安庆译，人民出版社 2008 年版。

[斯里兰卡] C. C. 威拉曼特里编：《人权与科学技术发展》，张新宝等译，知识出版社 1997 年版。

[英] E. 库拉：《环境经济学思想史》，谢杨举译，上海人民出版社 2007 年版。

[英] R. J. 约翰斯顿：《哲学与人文地理学》，蔡运龙、江涛译，商务印书馆 2001 年版。

[英] W. C. 丹皮尔：《科学史及其与哲学和宗教的关系》，李珩译，商务印书馆 1997 年版。

[英] 爱德华·泰勒：《原始文化》，连树声译，上海文艺出版社 1992 年版。

[英] 安东尼·肯尼：《牛津西方哲学史》第 1—4 卷，王柯平译，吉林出版集团有限责任公司 2012 年版。

[英] 德雷克·德里高利、约翰·厄里：《社会关系与空间结构》，谢礼贤等译，北京师范大学出版社 2011 年版。

[英] 道金斯：《自私的基因》，卢允中等译，中信出版社 2014 年版。

[英] 简·汉考克：《环境人权：权力、伦理与法律》，李隼译，重庆出版社 2007 年版。

[英] 杰文斯：《政治经济学理论》，郭大力译，商务印书馆 1936 年版。

[英] 凯·安德森等主编：《文化地理学手册》，李蕾蕾、张景秋译，商务印书馆 2009 年版。

[英] 罗蒂文·米森、休·米森：《流动的权力：水如何塑造文明》，岳玉庆译，北京联合出版公司 2014 年版。

[英] 马歇尔：《经济学原理》上下卷，朱志泰译，商务印书馆 1997 年版。

[英] 迈克尔·马尔凯：《科学社会学理论与方法》，林聚任等译，商务印书馆 2006 年版。

[英] 曼吉特·库马尔：《量子理论——爱因斯坦与玻尔关于世界本质

的伟大论战》，包新周等译，重庆出版社 2012 年版。

［英］史蒂芬·霍金：《时间简史：从大爆炸到黑洞》，吴忠超译，湖南科学技术出版社 1997 年版。

［英］休谟：《人性论》，关文运译，商务印书馆 1983 年版。

［英］伊懋可：《大象的退却：一部中国环境史》，梅雪芹译，江苏人民出版社 2015 年版。

［英］詹姆斯·拉伍洛克：《盖娅：地球生命的新视野》，肖显静、范祥东译，上海人民出版社 2007 年版。

中文报刊文献

高宏星：《低碳社会的哲学思考》，博士学位论文，中央党校，2011 年。

洪大用：《中国低碳社会建设初论》，《中国人民大学学报》2010 年第 2 期。

胡文瑞：《为低碳社会做好准备》，《中国石油石化》2008 年第 13 期。

李春秋、王彩霞：《论生态文明建设的理论基础》，《南京林业大学学报（人文社会科学版）》2008 年第 3 期。

李绍东：《论生态意识和生态文明》，《西南民族学院学报（人文社科版）》1990 年第 2 期。

林德宏：《双刃剑解读》，《自然辩证法研究》2002 年第 10 期。

刘兵：《绿色生活方式近中期难成社会主流》，《绿叶》2009 年第 2 期。

刘福森：《自然中心主义生态伦理观的理论困境》，《中国社会科学》1997 年第 3 期。

任福兵、吴青芳、郭强：《低碳社会的评价指标体系构建》，《江淮论坛》2010 年第 1 期。

申曙光：《生态文明及其理论与现实基础》，《北京大学学报（哲学社会科学版）》1994 年第 3 期。

唐代兴：《气候伦理研究的依据与视野：根治灾疫之难的全球伦理行

动方案》,《自然辩证法研究》2013 年第 4 期。

唐代兴:《环境能力引论》,《吉首大学学报(社会科学版)》2014 年第 3 期。

唐代兴:《再论环境能力》,《吉首大学学报(社会科学版)》2015 年第 1 期。

唐代兴:《"一带一路"国策实施的综合实力战略研究》,《甘肃社会科学》2015 第 5 期。

唐代兴:《逆向编程:环境滑向悬崖的运行机制》,《哈尔滨工业大学学报(社会科学版)》2016 年第 1 期。

唐代兴:《"环境悬崖"概念之界定与释义》,《道德与文明》2016 第 2 期。

唐代兴:《环境编程:环境自生境规则及运行机制》,《鄱阳湖学刊》2016 年第 4 期。

杨通进:《动物权力论与生命中心论:西方环境伦理学的两大流派》,《自然辩证法研究》1993 年第 8 期。

杨通进:《何谓绿色生活方式》,《书摘》2003 年第 12 期。

詹献斌:《对环境伦理学的反思》,《北京大学学报(哲学社会科学版)》,1997 年第 6 期。

张玉林:《环境问题演变与环境研究反思:跨学科交流的共识》,《南京工业大学学报(社会科学版)》2014 年第 1 期。

赵晓娜:《中国低碳社会构建研究》,博士学位论文,大连海事大学马克思主义学院,2012 年。

周四军、许伊婷:《中国能源利用效率的结构异质性研究》,《统计与信息论坛》2015 年第 2 期。

[澳]乌尔里希·布兰德:《绿色经济、绿色资本主义和帝国式生活方式》,张沥元译,《南京林业大学学报(人文社会科学版)》2016 年第 1 期。

[比] L. 汉斯、C. 苏珊娜:《环境伦理学》,张敦敏译,《哲学译丛》

1997 年第 3 期。

[美]尤金·哈格罗夫：《西方环境伦理学对非西方国家的作用》，《清华大学学报（哲学社会科学版）》2005 年第 3 期。

[英]萨利·M. 麦吉尔：《环境问题与人文地理》，《国际社会科学杂志（中文版）》1987 年第 3 期。

韩立群、胡仁巴：《冰川吞没新疆万亩草场公格尔九别峰冰川移动超二十公里、体积约五亿立方米，专家正准备上山了解情况》，《人民日报》2015 年 5 月 18 日。

《中共中央国务院关于加快推进生态文明建设的意见》。

《中共中央关于全面深化改革若干重大问题的决定》。

国家环境保护部：《关于加快推动生活方式绿色化的实施意见》。

国家环境保护部：《全国环境统计公报（2014）》。

国家环境保护部：《2015 年环境统计年报》。

外文图书

Abbas Tashakkori & Charles Teddlie, *Sage Handbook of Mixed Methods in Social & Behauioral Reseach*, Thousand Oaks：SAGE Publications，2010.

Arne Naess, *Ecology, Community, and Lifestyle：Outline of an Ecosophy*, Cambridge：Cambridge University Press，1989.

Bill Devall & George Sessions, *Deep Ecology：Living as If Nature Mattered*, Salt Lake City：Gibbs Smith，1985.

Bryan G. Norton, *Toward Unity Among Environmentalists*, New York：Oxford University Press，1994.

Bryan G. Norton, *Why Preserve Natural Variety?*, Princeton：Princeton University Press，1987.

D. Duncan, *Notes on Social Measurement, Historical and Critical*, New York：Russell Sage Foundation，1984.

Eugene C. Hargrove, *Foundations of Environmental Ethics*, New

Jersey: Prentice Hall College Div, 1989.

G. E. Moore, *Philosophical Studies*, London: Routledge & Kegan Paul LTD. , 1992.

George Perking Marsh, *Man and Nature*, Cambridge: Harvard University Press, 1965.

Johannes Kepler, *New Asronomy*, Translated by Willian H. Donahue, Cambridge: Cambridge University Press, 1992.

John Passmore, *Man's Responsibility for Nature: Ecological Problem and Western Tradition*, London: Gerald Duckworth&Co. Ltd. , 1974.

Paul Ehrlich, *The Population Bomb*, New York: Ballantine, 1968.

Paul W. Taylor, *Respect for Nature: A Theory of Environmental Ethics*, Princeton: Princeton University Press, 1986.

Reid A. Bryson & Thomas J. Murray, *Climate of Hunger: Mankind and the World's Changing Weather*, Madison: The University of Wisconsin Press, 1979.

Robert Axelrod, *The Evolution of Cooperation*, New York: Basic Books, 1984.

Robin Attfield, *Environmental Philosophy: Principles and Prospects*, Aldershot: Avebury and Brookfield, VT: Ashgate, 1994.

Robin Attfield, *The Ethics of Environmental Concern*, Oxford: Basil Blackwell Publisher, 1983.

R. Routely & V. Routley, "Against the Inevitability of Human Chauvinism", in *Ethics and Problems of the 21th Century*, K. Goodpaster & K. Sayre, Notre Dame: University of Notre Dame Press, 1979.

R. Routely, "Is there a need for a new, an environmental ethic?", in *Environmental Philosophy: From Animal Rights to Radical Ecology*, Michael E. Zimmerman, J. Baird Callicott, Karen J. Warren, et al. , Englewood Cliffs: Prentice Hall, 1993.

Stanley and Roslind Godlovitch & John Harris（eds.），*Animals*，*Men and Morals*：*An Inquiry into the Maltreatment of Non-humans*，New York：Grove Press，1971.

Stuart A. Kauffman，*The Origins of Order*，New York：Oxford University Press，1993

William T. Blackstone（eds.），*Philosophy & Environmental Crisis*，Athens：The University of Georgia Press，1974.

World Commission on Environment and Development：*Our Common Future*，London：Oxford University Press，1987.

外文期刊

Abbas Tashakkori & John W. Creswell，"The New Era of Mixed Methods"，*Journal of Mixed Methods Ressearch*，Vol. 1，No. 1，2007.

Arne Naess，"A Defense of the Deep Ecology Movement"，*Environmental Ethics*，Vol. 6，No. 3，1984.

Arne Naess，"The Shallow and the Deep，Long-Range Ecology Movement：A Summary"，*Inquiry*，Vol. 16，1973.

Christopher D. Stone，"Should Trees Have Standing——Toward Legal Rights for Natural Objects"，*Southern California Law Review*，Vol. 45，1972.

E. C. Hargrove，"Weak Anthropocentric Intrinsic Value"，*Monist*，Vol. 75，No. 2，1992.

Holmes Rolston Ⅲ，"Is There an Ecological Ethic?"，*Ethics*，Vol. 85，No. 2，1975.

Jennifer C. Greene，Valerie J. Caracelli & Wendy F. Graham，"Toward a Conceptual Framework for Mixed-Method Evaluation Designs"，*Educational Evaluation and Policy Analysis*，Vol. 11，No. 3，1989.

Joel Feinberg，"The Rights of Animals and Future Generations"，*Philosophy and Environmental Crisis*，W. Blackstone，Georgia：University of

Georgia Press，1974.

　　Joseph Nye：　"The Challenge of Soft Power"，in *Time*，February 22，1999.

　　Kenneth E. Goodpaster，　"On Being Morally Considerable"，*The Journal of Philosophy*，Vol. 75，No. 6，1978.

　　Paul W. Taylor，"The Ethics of Respect for Nature"，*Environmental Ethics*，Vol. 3，No. 3，1981.

　　Robin Attfield，"The Good of Trees"，*Journal of Value Inquiry*，Vol. 15，No. 1，1981.

　　Warwick Fox，"Deep ecology：A new philosophy of our time?"，*Environmental Ethics*，Vol. 14，1984.

　　William T. Blackstone，"Ethics and Ecology"，*The Southern Journal of Philosophy*，Vol. 11，1973.

索 引

348，350，387

大气环流　22，23，57，100，102—105，120，122，125，135，141，148，150，266，318，347，348，365

代际储存　234，293，358，367，369—373，375，376

当代哲学　17，26，27，50，51，250

低碳　4，24，59，64，66，238，274，276—279，283，285，286，294，297—299，301，304，315，333，343，375，389，390，393

低碳社会　66，262，270—272，274—287，289，290，293—295，297—301，304，332，334，376，401，402

低碳生存　274，304，334，343，351，353，358，377

地面性质　22，23，100，104，105，120—122，134，135，141，177，266，318，348

地球承载力　22，262，267—271，314，350，365，371，373，375

定量分析　47，49，191，210，222—225

定性分析　47，49，191，210，222—225

动态生变性　216

非人类中心　5，16，79，80，151，161—164，166，169，170，172，174，175，177，179

高寒　23，57，110，136，300，317，319，355，378

工业文明　4，60，61，65，115，203，205，208，209，233，236，241—248，258，261，263，266，270，279，282，283，286，311，371，373

共互原则　334，353

共生互生　182，287，292，327，329，331，332，363，374

共生生存　5，18，25，32，48，53，56，57，72，182，183，233，244，245，258—261，263，265，270，271，287，288，290，295，313，314，353，384，386

国家环境治理　1，2，7—9，25

284—286，297，304，314，358

生境重建　19，20，26，66，68，70，72，78，79，152，274，290，293，314，348

生境主义　5，26，233，247，256，259—262，267，272，282，283，287—289，292，293，304，314，334，358，366

生利爱原理　32

生命本性　52，56，61，78，86，108，110，118，126，183，187，209，263，264，326，331，345，356，384

生命原理　52，61，63，78，81，101，111，152，182，189，210，248，261，266，314，374

生态理性哲学　17，27，51—55，57，67，72，249，260，262，286，353，395

生态链断裂　18，19

生态文明　1—5，7，26，65，82，233—250，256，258—263，265—267，269—272，274，281—285，290，304，314，334，343，348，349，351，353，375，378，387，395，396，401，403

生态学　5，10，12，15，16，27，32，33，35，36，38，45，156—160，167，168，187，205，206，234，246，248，272，281，318，370，374，381

生态学法则　185，353，354

生态哲学　33，35，36，38，51

生物活动　22，23，100，102，104，105，120—122，134—136，141，266，318，347

生物灭绝　11，153

时空韵律　17，22，57，100，178，266，275

实践理性　1，4，39，59，169，259，260，272，284，369

实证方法　2，222，225，227，230

实证分析　49，191，192，221—223，226，227

后记

　　进入后环境时代，环境问题成为最大社会问题，人类和平发展和国家良序治理将围绕它而展开。环境治理学必将产生，并成为最富有生存创化意义的综合性学科。

　　卓有成效的环境治理一定是有规律的。这个规律并不是由人来制定，而是由环境为我们所提供。环境治理学研究的意义和价值，就在于它能够为社会环境治理提供所需要的环境规律方面的基本认知、原理、规律，并以此为指南制定有规律的环境治理方案。

　　本书就是在对气候失律和恢复气候两个方面的探讨基础上，进一步探索环境规律，发现环境真理，提出"环境编程原理"，并以此为核心主题展开环境治理学理论的尝试构建，这既是自己自 2008 年以来多年专注致思环境问题的自然呈现，更来源于外部智慧的启发和激励。

　　我能提出"环境编程原理"并使之构成本书的核心理念之一，实受教于高凯征先生，因为"环境编程"理念和"环境编程"概念最初是由高先生提出来的。

　　高凯征先生是一位将深邃文艺美学思想赋形于独树一帜的理论形态的著名文艺美学家，而且还拓展出文学伦理学新领域。高先生博学，有很强的跨学科智识会通力和思想创发力，每次与高先生交流，多是新视野、新思想创发性生成的盛宴。2015 年 4 月，高先生到成都参加全国文艺美学年会，我有幸得高先生一个下午时间。在成都市宽窄巷子三块砖里面四合天井小院的正堂屋里，除了清瘦四壁上几幅淡雅的字画，就是一张老式四方木桌，四把弓形靠背的老式硬木椅，简单，空阔，清幽，一杯雨前竹叶青茶，少有的闲散情致，难得的多年一聚的喜悦。高先生、高先生的高徒杨兴玉教授、我，一边品茶，一边闲聊。不知不觉，漫无目的的话题转向了令人不堪其忧的环境，没想到高先生对环境的真切关注和思考比我更为深入。不知不觉，环境成为深入交谈的内容，其间高先生提出了"环境编程"这个概念，认为环境有如社会一样，是按照自己的法则，进行自我编程的。高先生如是说法以及提出"环境编程"概念，对于他来讲，不过是特定语境中其思想创发力对环境问题的照亮，但对一直专注于环境原理探究的我来说，却为之豁然开阔出新的天空。因为，自 2010 年灾疫伦理之思提出环境灾疫如何形成、怎样暴发以及如何防治的层累原理、突变原理和边际原理，其后对气候失律和恢复气候之思，进一步探讨了这三大原理的生成依据和运作机制。但这仅是环境灾变原理，并且还仅是环境灾变的宏观原理，环境遭受破坏而生成环境灾疫的具体运作机制却不得其解。高先生提出"环境编程"这个概念，为我探讨环境运动的内在秘密打开了最后大门。

准确地讲，由层累、突变、边际效应三者构成的原理，可被称为环境灾变原理，它是环境破坏生成环境灾疫的一般原理。这三大原理背后还应该有一个更本原、更内在的东西，这个东西就是环境如何自存在运动，以及环境如何丧失自存在方式形成层累和突变。这个东西就是环境编程原理，即环境生境运动的顺向编程原理和环境死境运动的逆向编程原理。至于这两个原理形成的依据以及运作的机制如何，对它的具体探讨并形成初步理论形态，得益于 2015 年的"环境悬崖与社会转型发展"研讨会。基于多年致思和对现实环境恶变的状况和态势的忧思，我直觉到了身处其中的存在世界即环境已经进入悬崖进程，于是有了"环境悬崖"的直观，对这一直观的理性审思，将自己的环境问题研究推向一个新的高度。这一年 10 月，本人策划，由自然辩证法研究会环境哲学专业委员会主办、四川师范大学政治教育学院承办的"环境悬崖与社会转型发展"这一小型研讨会，成为我尝试探讨环境编程原理的契机。因为 4 月发出会议邀请函，准备参会的环境学者们对"环境悬崖"这个全新的环境概念提出了理解性要求，为了解决"环境悬崖"提法是否有理和"环境悬崖"概念是否成立的问题，必须将其纳入学理思考。一旦对这两个问题予以学理思考，环境的自生生本性如何推动环境自在运动的内在机制和规律，就呈现了出来，这就是为环境自生境原理所统摄的环境顺向编程和环境逆向编程的原理与机制。所以，认真说来，没有"环境悬崖与社会转型发展"研讨会的筹办与召开，没有参会的环境学者们对"环境悬崖"概念的学理要求，高凯征先生所提出的"环境编程"理念也不会构成具体的环境编程原理理论，环境编程的两套性质不同、方向相反的编程机制、编程规律、编程依据也不会得到具体发现和有序表达。

环境编程原理和环境灾变原理，既揭示了人类活动过度介入自然界如何造成环境运动突破生态容量极限滑向自崩溃运动，也揭示了人类何以可能阻止环境自崩溃进程使之重新恢复生境运动。这就是后环境时代所必须面对的客观冷酷，也是后环境时代能够治理环境和可以治好环境的依据。本书正是基于这两个方面探讨了如何治理环境的社会原理、社会机制及依据。

本书得以顺利出版，首先受益于所在学校四川师范大学科研处和所在单位政治教育学院的资助，其次是人民出版社新学科分社社长陈寒节先生的鼎力支持，最为重要的是编辑孟令堃先生将博学的智识和智慧运用于虔诚敬业的劳作之中，使本书少却了许多错误和失误。在此，谨致以最诚挚的敬意和感谢！

感谢一直以来真诚关心、扶持、帮助我的所有朋友、同事、亲人和学生，尤其是燕子女士、尔多博士和昌阁博士的太多扶助。当然，更该致谢一路走来，那些以另外方式给予我困境式激励和鼓动的人们。

对我来讲，生养我的这块贫瘠的土地，才是终身以守的精神家园。正是因为她的激励，才涌动孜孜不倦地追问"人对人善美何以可能"和"人对环境亲缘性存在何以实现"的思想的洪流。本书之所成，不只是旷野呼唤看护自己的精神家园，更因为旷野呼唤滋养生死相与的这块土地。

　　本书最后完成和修改定稿，恰恰是两个最火热的 7 月，2016 年 7 月和 2017 年 7 月。酷热中熬出的每个文字，浸透了夫人和孩子的无微不至的照顾和对可持续生存的环境如何可能恢复的殷殷期盼。

2017 年 8 月 14 日　书于狮山之巅